반려견의 이해

Understanding of Companion Dogs

김 원

박영사

머리말

 KB금융지주경영연구소의 2018 반려동물보고서에 의하면 2018년 현재 우리나라에서 반려동물을 기르는 가정은 전체 가구 중 25.1%이며, 그중 개를 기르는 가정이 75.3%로 가장 많은 것으로 나타났다. 또한 국내 반려동물 시장도 1~2인 가구 증가와 더불어 최근 3년 동안 연평균 14.1%씩 성장하여 2017년 약 2조 3,300억 원을 상회하였으며, 향후 국내 반려동물 등 관련 시장은 연평균 10% 이상의 성장세가 유지되어 2023년 4조 6천억 원, 2027년에는 6조 원의 시장 규모를 가질 것으로 예상된다. 반려동물 양육 과정에서 요구되는 사료, 장난감 및 액세서리, 관리용품, 동물병원, 미용, 호텔, 장묘업 등 연관 산업의 동반 성장도 기대되고 있으며, 최근에는 반려동물 전용 컨텐츠 제작, 교육 및 자격증 시장까지 다양한 분야로 파급되고 있다.

 이러한 반려동물 관련 산업의 비약적 발전과 함께 이 분야에서 요구되는 인력 수요와 이 분야로 진출하고자 하는 인력들 또한 증가하고 있는 추세여서 반려동물 관련 산업에 요구되는 전문인을 양성하기 위한 다양한 형태의 교육이 진행되고 있으며, 반려동물에 대해 전문적으로 교육하는 교육기관도 증가하고 있다.

 시중에는 수많은 반려동물 관련 서적들이 출간되고 있으나 일반인을 대상으로 하는 서적이 대부분으로 조금 더 전문적으로 교육을 받기를 희망하는 사람을 위한 책은 부족하여 스스로 여러 책을 찾아서 공부해야 하는 어려움이 있다. 우리나라에서 반려동물에 대해 전문적으로 가르치는 대학의 학과가 출현한 지도 거의 15년이 되었지만 아직까지 이 분야에서 공부하는 학생들을 위한 서적은 매우 부족한 현실이라고 할 수 있다.

　본 서적은 반려동물 분야에서 전문적으로 공부하기를 희망하는 분들을 위한 입문서라고 할 수 있다. 입문서라는 관점에서 전체 반려동물 특히 개에 대해서 전체를 조망할 수 있도록 다양한 영역에 대해서 광범위하게 다루었다. 이 책은 총 9장으로 구성되어 있으며, 1장 인간과 개로부터 9장 개의 활용에 이르기까지 다양한 주제를 가지고 서술하였다.

　또한 좀 더 깊이 있게 공부하고자 하는 분들을 위해 각 부분에 유익한 정보를 참고문헌으로 첨부하여 도움이 되고자 하였다. 이러한 입문서를 통해 개에 대해 체계적인 교육이 이루어지길 기대하며, 반려동물 분야의 발전에 초석이 되길 기대한다.

　마지막으로 이 책이 출간되기까지 도와주신 모든 분들께 깊은 감사를 전한다.

2019년 2월

김 원

차례

Part 05: 개와 건강   117

Part 06: 번식   183

인간과 개

🐾 학습목표

· 인간과 동물의 차이점을 이해한다.
· 인간과 동물의 유대관계를 이해한다.
· 시대별 인간과 개의 관계를 이해한다.

    지구상에 있는 모든 생명체는 자신이 살아남아야 하는 존재 중요도에 관계없이 저마다 존재해야하는 가치를 가지고 있다. 모든 생명체는 자신의 환경과 능력범위 내에서 다른 생명체를 분류하고 판단하게 되는데 인간 또한 우리가 가지고 있는 생태적 지위를 활용하여 생명체를 분류하고 판단한다. 이 책에서는 인간의 관점에서 생명체 중 동물에 제한하여 이야기하고자 한다. 인간이 동물을 분류하는 여러 가지 방법이 있을 수 있으며 인간이 동물을 분류하는 방법에 따라 그 동물의 존재와 주변 환경에 매우 중요한 의미를 가진다고 할 수 있다. 즉, 인간에 의해서 선택받은 동물은 그 종을 유지할 수 있지만 그렇지 못한 동물은 이 지구상에 존재하지 못할 수도 있기 때문이다. 이 책에서는 인간이 동물을 보는 관점을 중심으로 야생동물, 산업동물, 반려동물로 분류하고자 한다. 야생동물은 여러 가지 이유로 인간과의 거리가 가장 멀리 있어 함께할 수 없는 동물로 인간은 이러한 동물에 대해서 종 다양성을 유지하기 위한 방법과 수단의 관점으로 바라본다. 산업동물은 인간에게 유용한 식량을 제공해 줄 수 있는 자원의 관점에서 바라보며 반려동물은 인간의 심리적, 정서적 차원에서 우리를 지지하고 도움을 주는 동반자로 생각한다. 이러한 작은 차이의 변화와 구분은 그 종에게는 엄청난 일을 발생시킬 수 있다.

구분	인간과 거리	용도	관점	예
야생동물	멀다	종 다양성	종 다양성 유지 및 관리	호랑이, 사자
산업동물 (농장동물)	중간	음식	식량 자원	소, 돼지, 닭
반려동물	가깝다	가족, 친구	동반자	개, 고양이

모든 동물은 야생동물에서 시작되며 최근까지 산업동물과 반려동물 사이에 있었던 개는 현대 사회에서 반려동물로 확실한 자리를 차지하게 되었다. 반려동물에 속한다는 것은 산업동물에서 보지 못했던 다양한 혜택을 얻을 수 있는 기회를 제공받게 된다. 이 책에서 개는 그 자체로도 의미가 있지만 인간이 바라보는 관점에서의 개라는 것을 기본적으로 생각하고 바라보기 바란다. 즉, 인간과 개라는 장에서 개가 바라보는 인간의 관점이 아니라 **인간이 바라보는 개의 관점**이라는 것을 이해하는 것이 매우 중요하다 하겠다.

Chapter 1 인간과 동물의 차이

우리 인간은 다른 동물에 비해서 생물학적인 관점으로 바라볼 때 매우 어리석고 부족한 점이 많다(인간동물문화연구회, 2012). 첫째, 인간은 성장 기간이 매우 오래 걸린다. 예를 들면 개의 경우 평균 15년을 사는데 대개 1년 정도면 완전히 성장한다. 다른 동물들도 "성장 기간/평균수명"을 따져보면 1/10~1/15의 비율이다. 그런데 인간의 경우 성장기간이 15~20년이 걸린다. 인간의 평균수명을 최대 80세라고 잡아도 1/4~1/5의 비율로 모든 동물들 중에서 가장 비용 효율이 매우 떨어지는 동물이다. 둘째, 인간만큼 불완전한 신체 조건을 갖고 태어나는 동물은 없다. 생물학적으로 제 앞가림을 하는 데 오랜 시간이 걸린다. 대부분의 포유류들은 태어나자마자 조금 비틀거리다가 걷기 시작하는데 인간은 혼자 걸을 수 있게 되기까지는 무려 1년이 걸린다. 하나의 생물학적 개체로서 독립할 때까지 걸리는 시간이 동물 가운데 가장 길다(Bramlett, 1993).

　이처럼 인간이 가지고 있는 취약한 점이 많음에도 불구하고 모든 동물보다 우위에 있는 이유는 무엇일까? 어느 한 동물의 작은 생물학적 차이나 변화는 그 동물의 생존과 생태계상의 지위에 영향과 변화를 주게 된다. 인간은 다른 동물들과 생물학적 차원에서 다음과 같은 차이로 지구상의 생물 중 최상위에 위치하게 된 것이다(인간동물문화연구회, 2012). 첫째, 인간은 적도에서 북극에 이르기까지 가장 넓은 지역에 걸쳐 살고 있고, 그 어느 동물보다도 잡식성이다. 모든 종류의 먹이를 먹어 치울 수 있다는 것은 때와 장소에 구애받지 않고 자기의 종을 퍼뜨리는데 필수 불가결한 조건으로 한 가지 먹이에만 의존하는 동물들은 그 먹이가 떨어지면 생존에 위협을 받게 된다. 인간이외에도 개미, 바퀴벌레, 돼지, 쥐들도 잡식성이다. 이러한 종들은 주위 환경에 가장 잘 적응하기 위해 언제라도 먹이의 종류를 바꿀 수 있으며, 새로운 먹이로 인한 전염병 감염이나 독성을 피하기 위하여 먹이를 먹기 전에 반드시 시험을 한다는 공통점을 가지고 있다. 둘째, 인간의 신체 능력 가운데 다른 동물보다 우월한 것으로 오래달리기를 들 수 있다. 단거리 경주에서 인간보다 빠른 포유류들은 많지만 장거리 경주를 한다면 인간이 가장 빠르게 달릴 수 있다. 이러한 오래달리기 능력은 사냥을 할 때 상대방이 지쳐 쓰러질 때까지 쫓아가야 하기 때문에 필수적이다. 일반적으로 장거리 추적과정은 많은 열을 발산하게 되는데 대부분의 포유동물들은 코와 입으로만 열을 방출하기 때문에 오랜 시간 추적이 불가능하다. 그러나 인간은 물기를 땀샘으로 내보내 피부를 빠른 시간 내에 적심으로써 열을 식힐 수 있는 추가적인 냉각 장치를 가지고 있다. 인간에게는 이러한 땀샘이 5백만 개나 있으며 증발을 통한 냉각의 효율을 극대화하기 위하여 털이 제한적으로 분포되어있다(김찬호, 1995). 셋째, 인간은 지구상에 살고 있는 어떤 동물보다도 부피의 총량(몸집×개체수)이 크다. 생태계를 살펴보면 몸집이 큰 동물들은 개체 수가 적고, 개체 수가 많은 동물들은 몸집이 작다. 그런데 인간은 몸이 큰 편인데 개체 수도 엄청나게 많다. 넷째, 동물의 세계에서 인간은 나약한 편에 속한다. 사람 정도의 체구를 가진 다른 짐승들은 물론 그보다 훨씬 작은 동물들도 인간과 싸워서 이길 수 있는 동물들은 많다. 인간에게는 날카로운 이빨이나 발톱 같은 무기가 없고 근육도 그다지 튼튼하지 한다. 그런데 이러한 신체적인 약점에도 불구하고 생태계의 최상위에 있었던 비결은 두뇌 덕분이다. 인간과 가장 가깝다는 침팬지의 두뇌가 500cc인데 인간은 무려 1,300cc나 된다. 또한 인간의 뇌는 다른 포유류에 비해서 2차 영역이 굉장히 많이 발달되어 있다. 이는 정보들의 의미를 다시 생각할 수 있도록 해주기 때문에 고등 사고를 할 수 있다는 것을 의미한다. 다섯째, 인간의 몸에서 유난히 작은 부위는 입으로 인간은 포유류 치고 입이 매우 작다. 입이 크다면 싸우거나 먹을 때는 편리하겠지만 말을 할 때는 매우 불편하다. 참고로 무는 힘인 악력은 침팬지가 150Kg, 고릴라는 500Kg에 비해서 인간은 50Kg밖에 되지 않는다. 인간이 자신의 입을 **싸우는 무기에서 소통하는 매체**로 전환시키면서 언어를 구사할 수 있게 되었다. 인간의 언어 능력은 문화의 발전에 중요한 핵심으로 그것이 가능한 것은 크게 세 가지 해부학적 조건이 갖춰진 덕분이다. 추상적인 사고를 가능하게 하는 큰 두뇌(인간은 다른 포유류에 비해서 가장 많은 언어와 관련된 뇌 영역을 가지고 있음), 정교한 발음을 만들어내는 구강구조, 그리고 여러 가지 소리를 울려주는 목이다. 유인원과 인간은 인두(pharynx)의 모양이 크게 다르다. 유인원의 경우 후두개(epiglottis)와 연구개(soft palate)가 밀착되어 있는 데 비해서 인간은 그 사이에 큰 공백이 있어 다양한 발성이 가능하다(박선주, 1992). 여섯째, 인간은 완전한 직립을 하고 있다. 다른 영장류들의 경우 척추가 활처럼 완만하게 휘어져 있는 데 비해, 인간의 척추는 S자형으로 되어 있어서 손을 땅에 짚으면서 걷지 않는다. 그리고 발바닥의 뼈가 교량 형태로 휘어져 있어 몸 전체의 하중을 완충할 수 있도록 되어 있다(이선복, 1989). 직립보행은 체간을 직립시켜 후지를 교대로 내딛는 것으로 몸을 전진시킨다(강영희, 2008). 동물학의 관점에서 인류를 규정하는 최대의 특징으로, 이 자세는 인류의 형태, 생리 기능, 생활에 혁명적인 변화를 초래하였다. 본래 전진운동기관인 앞다리가 상지(팔)가 되어 전진운동 이외의 운동, 특히 섭식 활동, 도구의 제작 및 사용, 몸짓 운동에 사용하게 되었다. 이러한 상지 및 손의 운동은 수상생활을 하는 고등 영장류나 유인원에서도 볼 수 있는 것이지만 그들의 전진 방법은 주로 사족보행이다. 직립자세는 그밖에 대뇌화를 촉진하여, S자형으로 완만한 곡선의 척추, 내장을 지지하는 넓은 골반, 강한 뒷다리, 척행(발바닥 전체를 땅에 대고 걷는 것)에 적합한 발, 전후로 편평한 흉부 등 인체에 있어 중대한 변화를 초래하였다. 전신의 중심 위치는 높아지고 또한 뒷다리만을 보행에 사용하기 때문에 불안정하게 나타나지만, 그것은 신경계의 발달에 의해 보완되고 있다. 그러나 빈혈, 위하수(위가 밑으로 쳐져 있는 경우), 요통, 치질 등은 인간이 아직 완전히 직립에 적합하지 않다는 것을 나타내는 것이기도 하다. 직립이족보행은 유인원의 사족보행에 비하여 에너지 소비가 적고 장거리이동에 적합하다. 인간이 직립보행을 하면서 두 손으로 도구를 만들어 사용하기 시작했다. 불을 사용하면서 고기를 익혀 먹기도 하고, 추운 곳에서도 살 수 있게 되었다. 고기를 익혀 먹으면 단백질의 흡수가 빨라져 두뇌가 발달하게 된다. 한편, 부드러운 고기를 먹으면서 원래 70여 개나 되던 이가 퇴화하게 되었고 덕분에 혀가 움직일 수 있는 공간이 생기고, 언어를 사용할 수 있게 되면서 글자까지도 만들어내게 되었다. 결국 인간이 직립보행을 하게 되면서 다른 동물과의 관계가 크게 달라지고 자연에 개입할 수 있는 능력도 증진되었다. 일곱째, 인간에게는 상대방의 표정을 읽고 그의 감정 상태를 파악하는 능력이 선천적으로 주어져 있다. 인간만이 소리 내서 크게 웃을 수 있다. 이러한 능력은 집단적인 일체감과 감정의 고양을 획득할 수 있게 해준다. 이 모든 것이 사회적인 유대를 강화할 수 있는 능력이라고 할 수 있다.

Chapter 2 인간과 동물의 유대

인간은 자신과 비슷한 생명체에게 매력을 느끼고 그들을 이해하려고 한다(Eddy, Gallup Jr., & Povinelli, 1993). 개는 주행성이어서 우리가 활동하는 시간에 깨어 있고 그렇지 않을 때는 잠을 자며, 품종별로 크기가 다양해서 공간에 따라 선택할 수 있는 폭도 넓다. 또한 인간의 몸과 비슷한 신체 기관들이 있어서 그렇게 낯설지도 않다. 개는 인간보다 좀 더 날렵하긴 하지만 움직이는 방식은 인간과 어느 정도 비슷하다. 활동할 에너지를 비축하기 위해 휴식을 취하는 것도 유사하다. 오랫동안 혼자 지내는 데도 문제가 없으며 먹이를 주는 것도 복잡하지 않다. 다루기가 쉬워 특정한 목적으로 훈련을 시킬 수도 있다. 개의 수명은 인간의 수명과 조화를 이룬다. 개는 주인이 어릴 때부터 20대 초반까지의 모습을 지켜본다. 또한 개는 쓰다듬어주고 싶은 털과 유아성을 가지고 있다(Gould, 1979). 비교행동학의 창시자인 콘라드 로렌츠(Konrad Lorenz, 1903-1989)는 1960년대에 인간과 동물의 유대 관계를 다음과 같이 정의하였다(구세희, 2011). 유대관계는 객관적으로 논증할 수 있는 상호 애착적 행동 형태로 동물들 간의 유대관계를 짝짓기 같은 '목적'이 아닌, 서로 함께 지내고 서로를 기쁘게 받아들이는 '과정'으로 재조명하였다. 이처럼 **목적에서 과정으로 관점을 전환**한 로렌츠의 정의는 종내 혹은 종외 개체들 사이에 짝짓기 없이 형성되는 진정한 유대관계를 숙고하는 계기가 되었다. 개들 중에서는 사역견이 유대관계를 설명하는 대표적인 예로 양치기 개는 앞으로 양을 돌보는 일을 위해 강아지 시절부터 양과 의도적으로 유대관계를 형성한다(Coppinger, & Coppinger, 2001). 인간이 개와 유대관계를 맺는 것은 그것이 인간 본성에 이끌리기 때문이다. 자연주의자이자 사회생물학자인 에드워드 윌슨(Edward Osborne Wilson, 1929~)은 인간에게 다른 동물들과 특별한 관계를 맺으려는 타고난 종 특유의 경향이 있다고 주장하였으며 이것을 바이오필리아 가설(biophilia hypothesis) 또는 생명존중 가설이라고 하였다(안소연, 2010).

다른 사회적 동물들과 다르게 개는 인간과 유대관계를 맺을 수 있는 중요한 수단을 가지고 있다(구세희, 2011). 첫 번째는 **접촉**으로 동물과 닿는 것은 단순히 피부에 있는 신경을 자극하는 것과 차원이 다르다. 1950년대에 해리 할로라는 심리학자가 자식과 어미가 나누는 접촉의 중요성을 밝히기 위해 특별히 고안한 유명한 실험을 했다. 붉은 털 원숭이 새끼들을 어미와 격리시키고 새끼들이 있는 곳에 두 종류의 대리모를 넣어주었다. 하나는 철사로 만든 실제 크기의 원숭이 모형에 속을 채운 뒤 털옷을 입히고 전구로 따뜻한 체온을 만든 것이었고, 다른 하나는 철사로 만든 모형에 우유가 든 병을 달아 놓은 것이었다. 실험 결과 새끼 원숭이들이 대부분의 시간을 털옷 입은 대리모 곁에서 지내다가 배가 고플 때만 철사를 앙상하게 드러낸 우유 대리모에게 갔다(Harlow, 1958). 강아지 연구자들은 형제 강아지들과 어미로부터 떨어져 홀로 서러움을 겪는 강아지에게 푹신한 인형을 주면 덜 낑낑거린다는 사실을 알아냈다(Elliot, & Scott, 1961; Pettijohn, Wong, Ebert, & Scott, 1977). 어미와 격리되어 성장한 새끼 원숭이들이 신체적인 면에서는 비교적 정상적으로 자라지만 사회적인 면에서는 그렇지 못하였다(Harlow, & Suomi, 1971). 사회적 교류와 개인 간의 신체적 접촉은 단순히 바람직한 수준을 넘어 정상적인 성장을 위해 반드시 필요한 요소이다. 생태학자 마이클 폭스는 강아지가 머리에 무언가 닿을 때까지 반원(semicircle)으로 고개를 움직이는 습성을 **'온도-촉각 감지 탐색**(thermotactile sensory probe)'이라고 불렀다(Fox, 1971). 이 최초의 사회적 행동은 접촉을 수반하고 접촉을 통해 강화된다. 두 번째로 동물들이 헤어졌다가 다시 만났을 때 하는 인사로 로렌츠는 '재회 위로 의식'이라고 불렀다. 재회를 축하하는 이 의식은 상대를 인식하고 인정한다는 의미의 표현이다. 동물이 자신의 영역에 갑자기 나타난 사람을 보면 공격성을 보이거나 반가워하는 반응을 보이게 되는데 그 둘 사이에는 거의 차이가 없다. 일반적으로 개와 늑대처럼 사회적 갯과 동물들의 환영인사는 비슷하다(구세희, 2011). 야생에서 새끼들은 부모가 은신처로 돌아오면 고기를 게워주기 바라면서 부모 입으로 달려든다. 이때 부모의 입과 입술을 핥고 복종 자세를 취하며 꼬리를 격렬하게 흔든다. 이와 비슷하게 개를 키우는 수많은 주인이 '뽀뽀'라고 기분 좋게 묘사하는 행동은 개가 주인에게 먹이를 게워달라고 보채면서 얼굴을 핥는 것으로 이해하면 된다. 세 번째는 개와 인간이 상호작용하는 속도는 그 상호작용의 성공과 실패에 영향을 미친다. 모든 놀이에서 한쪽의 행동은 상대방의 행동과 관련되어 달라지는데(Horowitz, & Bekoff, 2007), 그 중 가장 중요한 것은 반응속도이다(Sagaguchi, Jonsson, & Hasegawa, 2005). 개가 인간의 행동에 반응하는 데 걸리는 시간은 인간이 반응하는 데 걸리는 시간과 거의 같다. 물건을 던진 후 물어오게 하는 놀이는 몇 초 안에 주인에게 반응한다. 이처럼 인간이 개와 함께 놀 때 우리 몸에서는 기분을 좋게 해주는 엔도르핀(endorphine)과 사회적 애착을 유발하는 두 가지 호르몬인 옥시토신(oxytocin)과 프로락틴(prolactin) 수치가 증가한다(Jones, & Josephs, 2006). 반면 스트레스 호르몬인 코티솔(cortisol) 수치는 낮아진다(Horváth Dóka & Miklósi 2008). 개를 키우는 것은 심혈관계 질환에서 당뇨병, 폐렴에 이르기까지 다양한 질병의 위험을 감소시키고, 이런 질병을 앓는 환자의 회복 속도를 높이는 효과가 있다(Friedmann, 1995; Odendaal, 2000; Wilson, 1991). 개와 유대관계를 맺는 것은 처방약을 장기 복용하거나 오랫동안 인지행동치료를 받는 효과를 낼 수 있다. 반대로 개가 우리와 똑같은 영향을 받는 경우도 많다. 인간도 개의 코티솔 수치를 낮출 수 있다(Serpell, 1996).

Chapter 3 인간과 개의 관계

자연계에서 살아가는 동물들은 먹고 먹히는 포식 관계, 먹이나 영토를 다투는 경쟁 관계, 그리고 서로 도우며 혜택을 나누는 공생관계 등 서로 복잡하게 얽혀있다(인간동물문화연구회, 2012). 과거 개는 어떤 생물이 다른 종류의 생물에게 물질적인 서비스를 제공하고 그 대가로 먹이를 얻고 보호를 받는 일반적인 의미의 공생 동물이었다. 인간은 동물들과의 관계가 각별하고도 복잡하지만, 언제나 인간 사회와 밀접하게 연루되어 있다(과학세대, 2004). 문명이 자연에 대한 지배력을 높여 온 과정이라고 할 때, 다른 짐승들을 다스리는 힘의 획득과 증진은 그 중요한 열쇠가 된다(인간동물문화연구회, 2012). 먹이, 옷, 노동, 수송, 전쟁, 놀이, 스포츠, 관상용, 과학 실험, 심부름, 애완동물 등 인간은 그 어느 종보다도 많은 동물들과 다양하고 긴밀한 인연을 맺고 있다. 지난 수천 년 동안 개가 제공한 이러한 서비스들은 인간에게 매우 중요한 것이었다. 그러나 지금은 이 전통적인 역할로부터 반려동물의 역할로 바뀌었다(허봉금, 2011). 그런 의미에서 종의 진화 단계에서, 개는 **비물질적 공생 관계**의 첫 번째 예가 된다고 말할 수 있다. 비물질적 공생 관계란, 숙주(인간)가 공생 동물(개)에게 먹이를 제공하고 보호해 주는 대신 공생 동물(개)로부터 비물질적인 서비스를 기대하는 서로 다른 종 사이의 협력 형태를 의미한다.

- **애완동물**(愛玩動物, Pet Animal)
  사람과 생활하는 동물로 개, 고양이, 토끼, 기니피그, 돼지, 닭, 오리, 앵무새, 도마뱀, 이구아나, 사슴벌레, 금붕어 등을 지칭하며, 애완동물도 가축(家畜)이지만 축산물 생산을 목적으로 하는 산업가축과는 구별된다.

- **산업가축**(産業家畜, Farm Livestock)
  축산물 생산을 위해서 농가가 사육하는 소·말·돼지·염소·사슴·닭·오리 등을 통칭한다.

- **반려동물**(伴侶動物, Companion animal)
  사람과 더불어 사는 동물로 동물이 인간에게 주는 여러 혜택을 존중하여 애완동물을 사람의 장난감이 아니라는 뜻에서 더불어 살아가는 동물로 개칭하였는데 1983년 10월 27-28일 오스트리아 빈에서 열린 인간과 반려동물의 관계를 주제로 하는 국제 심포지엄에서 동물행동학자로 노벨상 수상자인 콘라트 로렌츠가 처음으로 제안된 이름이다. 미국, 유럽, 일본 등에서는 일반용어로 정착되었으며, 우리나라에서는 2007년 동물보호법이 개정된 이후부터 공식적으로 사용하고 있다.

개는 다른 어떤 동물과도 비교할 수 없을 정도로 커다란 성공을 거두었다. 개의 선조였던 야생 늑대는 이제 멸종 위기에 있으며 전 세계에 남은 늑대는 10만 마리도 안 된다.

그러나 지구상에 사는 개들의 수는 늑대 수의 수천 배에서 수만 배를 차지하고 있다. 개는 인간에게 수많은 경제적 지출과 병을 전염시킬 수 있음에도 불구하고 인간에게 기생하는 성공적인 동물이 된 것이다. 기생하는 존재는 직접적으로 위해를 가하지 않는다(이상원, 2005). 그런 식의 공격에 대해서는 모든 유기체가 적극적인 방어 기제를 가지고 대처하기 때문이다. 동물행동학자들은 이런 현상을 가리켜 **선천적 이완 기제**라고 부른다. 예컨대 뱀을 보게 되면 자신도 모르게 놀라고 당황하게 되는데 이러한 행동은 생존과 직결되어 있기 때문에 오랜 세월을 거치면서 무의식적 반응으로 굳어진 것이다. 그러나 반대로 작고 약하거나 더욱이 눈이 크고 머리가 둥근 대상을 보면 감싸고 보호해 주어야 한다는 느낌을 가지게 된다. 포식 본능과 영역 본능이 얼마나 강한지를 고려할 때 진화하는 차원에서 후손을 보호하기 위해서는 이러한 행동이 반드시 필요했던 것이다. 우리 마음속 깊숙한 곳에는 귀엽고 작은 존재에 대한 타고난 호감이 분명히 존재한다. 사람이 기르는 가축을 죽이는 개는 살아남지 못한다. 결국 이는 늑대에게서 물려받은 포식 행동을 버리게끔 하는 강력한 선택 기제가 되며 먹을 것이 넘쳐나는 도시에서는 굳이 사냥할 필요가 없기 때문에 이 또한 포식 행동을 약화시킨다. 이러한 포식 행동보다는 먹을 것을 구걸하고 애처롭게 보이는 것이 훨씬 살아남을 확률이 높기 때문이다. 사람이 세상을 살아가면서 항상 만족스러운 것만은 아니기 때문에 실망이나 외로움 혹은 불행이 다가올 징조나 가능성이 보이면, 미리 준비하여 인생을 더 즐겁게 만들어야 한다. 그런 방법 중의 하나가 반려동물과 함께 사는 것이다. 다른 방법보다 개가 뛰어난 점은 다른 사람이 중개 역할을 하지 않아도 개는 사람에게 양질의 감정을 일정하게 공급해 준다는 것이다. 다시 말하면, 개가 주인에게 매 순간마다 보여주는 애정 어린 관심을 통해 개의 주인은 자신의 존재감과 중요성을 곧바로 확인할 수 있게 된다(허봉금, 2011).

신경과학에서는 뇌의 두 시스템 사이의 인지적 갈등을 **도덕적 인지**(moral cognition)이라고 한다. 즉, 정서적 "hot" 시스템과 합리적 "cold" 시스템 간의 갈등을 의미한다. 2013년 토폴스키는 이러한 도덕적 인지를 확인하기 위하여 573명을 대상으로 생물학적 가족과 정신적 동일 종족 중 위험 상황에서 누구를 구할 것인가에 대한 연구를 하였다(Topolski, Weaver, Martin, McCoy, 2013). 인간은 외국 여행객, 도심 행인, 먼 친척, 친한 친구, 조부모, 형제자매로 관계 수준을 정하고 반려동물은 자신의 반려동물, 다른 사람의 반려동물로 관계 수준을 정하였다. 연구 참여자들은 자신과의 관계 수준이 높을수록 반려동물보다 사람을 구하는 것을 선택하였으며 다른 사람의 반려견보다 자신의 반려견을 먼저 구조하였다. 이러한 연구결과는 사람들이 반려동물을 정신적 동일 종족으로 보고 있다는 것을 의미한다.

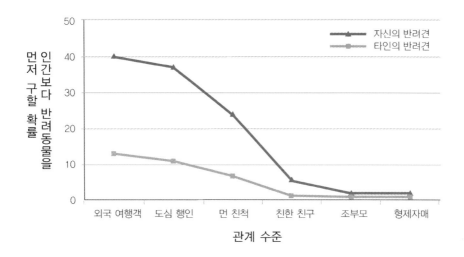

이처럼 개는 인간이 스스로 돈을 지불하면서도 미소 지을 수 있도록 만들게 하는 인간의 본성을 이용하는 존재이다(이상원, 2005). 이미 2,000년 전 로마인들도 모자이크 무늬 바닥에 "Cave canem"이라고 적어 두었는데 이 글자의 의미는 라틴어로 "개 조심"이라는 뜻이다(이상원, 2005).

☑ 무리 개념

인간 사회의 한가운데 있는 동물을 어떻게 다루어야 할지 모르는 우리에게 **무리** 개념은 사회적 동물에 대한 구조적 설명 체계를 제공한다. 지배는 사회적 동물에서 아주 흔한 현상이다. 동물행동학에서는 사회적 동물에 대한 전체적 개념을 설명하기 위하여 알파—오메가 개념을 사용한다. 초기 늑대 연구에서 늑대 무리를 또래 늑대들이 모인 하나의 집단을 팩(pack)이라고 하여 모여 있는 것이라고 생각했고, 이에 따라 각 늑대 간의 서열도 존재할 것이라고 생각했다. 일반적으로 다른 동물을 지배하는 우두머리 동물을 '알파'라고 부른다. 무리 형태로 살아가는 늑대 무리에서 알파 늑대는 대부분 무리의 새끼를 기르고 있는 부모이다. 짝짓기 하는 암컷 늑대에 대한 이러한 접근은 사회적으로 새끼를 만들라는 강력한 압력을 받게 된다(Mech, 1999). 늑대 무리에 대한 전통적인 학설은 알파 늑대 한 쌍이 다수의 '베타', '감마' 늑대를 다스리는 수직적 위계를 가정한다. 서로 처음 보는 늑대들은 축사 안에 갇힌 채 제한된 공간과 지원만을 이용해 권력 싸움을 치르고 그 안에서 수직 구조를 형성한다. 이는 포획한 늑대를 관찰한 결과를 근거로 한 것이며, 어떤 사회적 동물이든 작은방 안에 갇혀 지내게 되면 동일한 행동 양상을 보일 것이다. 하지만 자연 상태의 야생 늑대는 친족이나 배우자와 무리를 형성한다(Mech, & Boitani, 2003). 무리 내의 늑대들은 한 가족이기 때문에 굳이 지도자 자리를 놓고 다투지 않는다. 인간 부모와 다른 가족 구성원을 지배하지 않듯 늑대 지도자도 구성원을 지배하지 않는다. 피지배자인 어린 늑대의 지위 또한 엄격한 위계질서보다는 나이에서 비롯된다. 서열은 위계질서가 아닌 연령차에서 비롯된다. 사실상 인간과 개의 관계는 무리라기보다는 온화한 동반자에 가깝다고 할 수 있다.

☑ 의인화(擬人化)

의인화란 사람이 아닌 생물이나 무생물도 감정과 정신 상태를 가지고 있을 것이라고 본능적으로 믿는 것을 말한다. 그뿐만 아니라 사람은 존재하지도 않은 인과 관계를 찾아내고, 어떤 사건이 일어난 것을 보면서 그 사건에 사회적인 의미를 부여하는 경향도 있다(허봉금, 2011). 개의 **의인화(擬人化)**는 인간의 관점에서 개의 행동을 보고 말하고 상상하는 것을 의미한다(구세희, 2011). 우리는 개의 행동을 이해하고자 의인화를 사용하지만, 우리 자신의 경험에 들어맞는 정도까지만 개의 행동과 사고를 이해하게 된다. 우리 조상들은 잡아먹거나 잡아먹힐지도 모를 동물의 행동을 설명하고 예측하고자 의인화를 이용했다. 대신 우리는 동물을 가족의 일원으로 받아들였다. 하지만 동물과 유연하면서도 충만한 관계를 형성하는 데는 의인화의 도움이 필요치 않다. 개용 비옷도 우리의 의인화의 예라 할 수 있다. 개와 늑대는 타고난 외투를 걸치고 있다. 비가 오면 늑대는 은신처를 찾는다. 하지만 몸을 덮을 만한 것은 찾지 않는다. 그러므로 비옷의 필요성이나 선호 여부를 따지는 것은 무의미하다. 그런데 의인화에 입각하여 동물을 해석하다 보면 사람들은 함정에 빠질 수 있다(허봉금, 2011). 예를 들면, 주인이 외출 후 집에 돌아왔을 때 자신이 기르던 개가 온 집을 엉망으로 만들어 놓은 경우 사람들은 자신만 외출하고 개를 혼자 두어서 자신에게 복수한다고 생각한다. 그러나 실제로는 개가 혼자 있게 되어 불안을 느끼기 때문이다. 이러한 의인화가 동물에게는 전혀 다른 의미일 수 있다. 돌고래의 경우 미소 짓는 듯한 생김새는 생리적으로 고정된 특징이다(Bearzi, Stanford, 2008; Davis, 2009). 침팬지의 경우 미소는 두려움이나 복종의 표시일 뿐 행복과는 거리가 멀다(Chadwick-Jones, 2000). 인간은 놀랐을 때 눈썹이 올라가지만 흰목꼬리원숭이는 놀라지 않아도 눈썹이 올라간다(De-Waal, Dindo, Freeman, & Hall, 2005). 근처에 있는 원숭이에게 친해지고 싶다는 의사 표시를 하는 것이다. 반면 개코원숭이는 상대에게 위협을 가하고 싶을 때 눈썹을 올린다.

구석기 시대와 신석기 시대에는, 사람의 먹이가 되는 동물의 의도나 커다란 야수들의 의도를 간파해 내고 이해하는 능력에 따라 사람의 생존이 좌우되었다. 사람의 생존을 위하여 인간과는 다른 종인 동물의 의도를 간파해야 했던 필요성은 진화의 방향을 바꾸어, 자신과 같은 종인 다른 사람들의 의도를 간파하는 능력으로 발전했다(허봉금, 2011). 동물을 비유한 많은 부분들은 그 동물의 실제 속성과 무관하게 인간이 지어낸 허구적 이미지인 경우가 많다(김찬호, 2007). 일상 언어에서도 사람의 성향이나 어떤 상황을 묘사할 때 종종 동물로 비유한다(인간동물문화연구회, 2012). 이 예로는 '여우처럼 교활하다', '늑대처럼 엉큼하다', '곰처럼 미련하다', '양처럼 순하다', '꾀꼬리 같은 목소리', '잉꼬부부', '평화의 비둘기', '개미군단', '다크호스', '상아탑', '장사진을 이룬다', '사족을 달다' 등 수없이 많다. 우리는 사람을 욕할 때 '개'가 포함된 것이 많다. "개"는 아주 오래전부터 어느 문화권에서든 경멸을 뜻하는 용어로 사용되었는데 이는 우리나라만의 특징이 아니며 많은 언어에서 공통적으로 나타난다. 라틴어 사전에서 "canis"라는 단어는 "기생충, 식객"의 의미이며, 고대 히브리어 성경에서 개를 뜻하는 "kelev"의 의미는 "신전에 있는 남창이나 엉터리 예언자"로 더 많이 사용되었다(이상원, 2005). 인간에게 워낙 오랫동안 가까이에 붙어 살아온 동물이라서 짐승의 대표로 쓰이는 듯하다(인간동물문화연구회, 2012).

개가 무엇을 진정으로 원하는지 알아내는 방법은 '개의 입장에서 생각을 해보는 것'이다(구세희, 2011). 동물의 삶을 이해하고 싶은 사람은 동물의 주관적인 세상, 즉 '움벨트(Umwelt)'를 고려해야만 한다. 움벨트는 독일어로 '환경'이라는 뜻이다. 인간은 다양한 동식물과 같은 시간과 공간에서 살고 있는 것 같지만 인간을 비롯해서 개개의 생명체가 지각하고 있는 세계는 서로 완전히 다르다. 독일의 생물학자 야곱 폰 웩스쿨(Jakob von Uexküll, 1864~1944)은 1957년 저술한 "동물과 인간세계로의 산책(A Stroll Through the Worlds of Animals and Men: A Picture Book of Invisible Worlds)"이라는 책에서 객관적으로 실재하는 세계를 벨트(welt)라고 정의하고, 동물들이 주관적으로 인식하는 세계를 상대적인 개념으로 움벨트(Umwelt)라고 정의했다. 움벨트는 모든 동물이 공유하는 경험이 아니라 개개의 동물에게 특별한 유기적 경험인 것이다. 동물의 삶을 이해하는 또 다른 방법은 해당 동물이 어떻게 살아가는지 생각해보는 것이다. '지각'과 '행동'은 모든 생물의 세상을 정의하고 그 한계를 정한다. 즉, 개의 관점을 이해하려면 먼저 개의 능력, 경험, 의사소통 방식을 이해해야 한다.

Chapter 4 시대별 인간과 개의 관계

1 선사시대

☑ 경쟁관계

신생대 제4기 홍적세(180만 년 ~ 1만 3백 년 전)인 구석기 시대에 포유류가 등장하면서 인류의 시대가 시작되었다. 적어도 1만 2천 년 전인 빙하기 말기(홍적세 말기), 무리를 이루어 사냥을 하는 인간의 최대의 경쟁자는 늑대였다. 늑대(Canis lupus)는 거의 100만 년 전에 이미 북유럽과 아시아 생태계의 일원이었던 반면, 인간은 서서히 북쪽으로 이동하는 침입자로 인간과 늑대는 동일한 먹이를 쫓으며 서로 경쟁하였다. 비록 사람은 영장류이고 늑대는 상당히 뒤떨어진 식육목에 속하지만 북반구 구석기 시대의 생활은 늑대의 생활양식에 가장 가까웠다. 육상 포유류 중 가장 영리한 사냥꾼인 늑대와 인간은 둘 다 사회적 사냥꾼으로 발전했고, 초기 홍적세의 빙하기 동안 여기저기 동일한 분포를 보이며 같은 대형동물을 먹이로 했다. 고기는 일 년 내내 풍부하지만 식물은 극지방 봄의 막바지를 제외하면 공급이 부족한 툰드라 지역에서는 생활조건이 열악해짐에 따라 인간과 늑대의 고도로 발달한 사회적 행동이 진화하였다. 또한 당시 모든 포유동물처럼 인간과 늑대도 추위를 견디기 위한 자연선택의 법칙에 따라 체구가 커지는 등 자연에 적응하였다.

■ **베르그만의 법칙**(Bergmann' s Rule)

베르그만의 법칙은 항온동물의 온도 적응에 대한 법칙으로 19세기 독일의 동물학자인 크리스티안 베르그만(Karl Georg Lucas Christian Bergmann, 1814~1865)이 1847년에 주창했다. 베르그만의 법칙에 의하면 동종 혹은 가까운 종 사이에서는 일반적으로 추운 지방에 사는 동물일수록 체구의 크기가 커지는 경향이 있다. 이는 추운 지방에 사는 동물은 물질대사로 발생한 열의 발산량을 줄이기 위해 몸의 부피를 늘려 몸의 부피에 대한 체표면적 비율을 낮추기 때문에 일어나는 현상이다. 추위에 견뎌야 하는 동물의 몸집은 옹공차고 구형(球形)인 반면, 더위에 견뎌야 하는 동물은 키가 크고 원통형이다(김찬호, 1995). 구형에서는 몸의 부피에 대한 표면적의 비율이 원통형보다 작기 때문이다. 옹골차고 땅딸막한 사람의 몸은 열을 발산할 수 있는 피부 표면적의 비율이 작기 때문에 열을 보존할 수 있다. 반면에 키가 크고 깐깐한 사람의 몸은 그 표면적의 비율이 크기 때문에 열을 방출한다.

■ **알렌의 법칙**(Allen' s rule)

알렌의 법칙은 1877년 조엘 아삽 알렌이 정립한 생물학 법칙이다. 알렌의 법칙에 따르면 동물이 사는 위치의 평균 기온이 내려갈수록 체내의 열을 지키기 위해 신체 말단의 크기가 줄어든다.

■ **글로거의 법칙**(Gloger' s rule)

글로거의 법칙은 적도로부터 거리가 멀어지고 연평균 온도가 감소하면서 온혈동물의 개체 수가 감소한다는 이론이다. 온난하고 습도가 높은 지역에 사는 동물일수록 색소 침착이 두드러지는데, 인종 형성의 측면에서 보면 이 현상은 흑인에게 해당하고 특히 밀림 속에 사는 니그로(Negro)는 칠흙에 가깝다. 적도에서는 백인이 살아남기 어렵다. 그러나 고위도 지대에서는 살결이 흰 편이 자외선을 피부 속으로 받아들이기 쉽고, 비타민 D의 생성에도 적합하다.

혹독한 자연환경 속에서도 전 세계 생태계에 널리 분포한 인간과 늑대에게는 다른 동물보다 탁월한 자연에 대한 적응력이 있었다. 몸을 따뜻하게 하고 먹이를 찾아내며, 먹이를 추적할 때는 늘 시야 안에 두고 멀리까지 쫓아가서 결국은 죽인다. 멸종한 여러 동물에서 볼 수 있듯이 진화론적으로 중요한 문제점인 연약한 유아기의 생존율을 높이는 방법도 잘 알고 있었다. 늑대는 필요 이상의 고기를 삼킨 후 굴로 돌아와 토해내어 새끼와 출산으로 집에 남아있던 암컷이나 새끼에게 먹였고, 손을 사용하는 인간 역시 간단하게 문제점을 극복할 수 있었다. 비슷한 먹이 감을 쫓는 인간과 늑대의 무리는 당연히 마주칠 경우가 많았

Humans and Dogs **15**

고, 때로는 서로를 죽이기도 하였다. 홍적세(1만 3백 년 전 ~ 현재)가 시작된 신석기 시대에 추운 기후조건으로 인하여 인류는 사냥만이 중요한 행동방식이 되면서 놀라운 지능발달을 가져왔다. 이러한 지능발달은 인류가 불과 도구를 이용할 수 있게 되었으며, 도구의 효율적인 사용으로 늑대보다 사냥의 우위를 차지하면서 경쟁관계는 종말을 가져왔다. 늑대는 인간의 사냥감이지만 인간의 입장에서 볼 때 늑대는 사냥의 경쟁자이기도 했다(최상안, 김정희, 2002). 처음에는 다른 늑대들을 유인하는 미끼로 쓰기 위해 늑대 새끼들을 잡아들였다. 그런데 어린 새끼란 대개 인간에게 보호 본능을 자극하는 경우가 많으므로 인간들은 늑대 새끼를 집안에 두고 아이들의 놀이 친구로 삼았던 것이다. 구석기 시대에서 신석기 시대로 넘어오면서 인간은 정착생활을 시작하였으며 거주 형태의 변화로 짐승을 가축화하는 데 중요한 역할을 하게 되었다. 인류 최초의 주거 형태는 수상 가옥으로 수상 가옥에서 인간이 먹다 남은 음식을 처분해줄 짐승이 필요하였기에 물이라는 장애물을 건너 짐승들을 인간의 거처에 머물게 하였다. 이 시기의 인간과 개의 관계를 **느슨한 유대 관계**라고 한다. 인간은 그들에게 규칙적으로 먹이를 주지도 않고 길들이지도 않았으나 식량이 부족한 시기에는 잡아먹기도 하였다. 수상 가옥에서 키울 수 있었던 개의 수는 한정되어있기 때문에 자연히 동종 교배가 이루어지면서 유전적인 변화가 일어나 집짐승으로 점차 바뀌어가게 되었다. 이 개들은 대부분 털이 매끈하고 꼬리가 동그랗게 말려있으며 몸집은 독일산 셰퍼드보다 작고 스피치보다 컸다. 작고 이빨이 날카로운 개 토르프스피츠의 두개골이 발트해 연안의 수상 가옥 유적지에서 발견되었다(구연정, 2006).

인간이 개를 이용한 최초의 현실적인 목적은 사냥이었다(최상안, 김정희, 2002). 사냥꾼과 개의 관계가 몇몇 단어만 살펴보아도 긴밀했음을 알 수 있다. 사냥꾼을 지칭하는 그리스어 "키네게테스(Kynegetes)"는 개를 데리고 다니는 자라는 뜻이고, 고대 북유럽어의 "훈드르(hundr)"는 사냥꾼 또는 포획자를 의미하며, 사냥꾼을 뜻하는 영어 단어 "헌터(hunter)"도 개를 뜻하는 "훈트(hund)"에서 파생되었다. 개를 묘사한 최초의 그림은 기원전 8천 년 ~ 7천 년의 것으로 추정되며 사냥 장면이 그려져 있다. 최초 인간은 몽둥이나 창 같은 무기를 들고 근거리에서 사냥을 하였다. 그러나 이러한 사냥은 매우 위험하며 사냥꾼이 쫓기는 짐승을 멈춰 세울 경우에만 효과가 있었다. 활과 화살의 발명은 좀 더 안전하면서도 효과적인 사냥을 가능케 해주었다. 화살로는 사소한 상처만을 내기 때문에 부상당한 짐승은 출혈이 있더라도 달아났으며 이때 사냥개가 투입되며 개는 타고난 후각본능이 있어서 핏자국을 집요하게 추적하면서 상처 입은 짐승이 지쳐 쓰러질 때까지 따라가면서 그 짐승을 쉽게 잡을 수 있었다.

발카모니카의 카문족이 새겨놓은 암각화에서 사육된 개의 모습을 보여주고 있다. 암각화에 개의 모습이 자주 등장한다는 사실로 미루어 그 당시 이미 사람들의 일상생활에서 개가 중요한 역할을 담당하고 있었다고 짐작할 수 있다. 신석기 시대 도시 형태의 거주지였던 챠탈 휘익의 담장 벽에서도 사냥 장면이 묘사된 벽화가 발견되었는데 덩치가 매우 큰 개 한 마리가 등장한다. 이 개는 생김새로 보아 마스티프의 일종으로 체중이 많이 나가는 힘센 개들의 대표적인 품종이었던 것 같다. 마스티프에 관한 언급은 기원전 2천 년에 설형문자로 기록된 문서에서 발견되었다.

2 고대

☑ 이집트와 페르시아

초기에 인류의 친구는 날렵하고 강인하며 집요한 성격의 사냥개인 그레이하운드의 먼 조상으로 이는 오늘날 터키에 해당되는 아나톨리아 북부 산악지대의 가장 북쪽에서 살았던 늑대가 몸집이 작고 가벼우며 날쌘 종으로 변화한 형태라 할 수 있다. 가젤 하운드 혹은 페르시아 그레이하운드 등으로 불리는 살루키 종은 티그리스와 유프라테스, 나일강 유역에 위치한 메소포타미아, 이집트의 소위 "비옥한 초승달 지대"의 기후에 적합한 개였다. 많은 장점을 가진 페르시아 그레이하운드는 고대 중동 문명에서 특별한 사랑을 받았다(김희정, 2013). 이집트의 벽화를 통해 살펴보면 기원전 2,000년 전부터 이미 두 부류의 살루키가 존재했다는 것을 알 수 있다. 남부 살루키는 가볍고 긴 다리를 가졌으며 키가 크고 털이 적어 나일강 유역의 환경에 적합한 날쌔고 저항력이 뛰어난 사막 개이며, 북부의 그레이하운드는 춥고 기복이 심한 날씨에 산이 많은 시리아와 이라크 북부 그리고 이란 땅에서 사냥용으로 사육되었기에 다부지고 튼튼한 체형을 가졌으며 길고 풍성한 털로 온몸이 뒤덮여 있다. 고대 이집트에서는 목축업이 성행하였지만, 개는 오직 사냥용으로만 길러졌다.

특히 왕들의 개로 알려진 그레이하운드는 귀족들에게만 기르거나 소유하는 것이 허락되었다. 이집트의 장례 신화에서 개는 저승을 지키며 인간의 영혼을 인도하는 존재로 여기면서 자신들이 숭배하는 신들 가운데 몇몇 신들에게 개와 비슷한 형상을 부여했다. 예를 들면, 아누비스로 전설에 따르면 아누비스(Anubis)는 오시리스(Osiris)의 아들로 이시스(Isis)는 남편 오시리스가 몰래 처제인 넵티스와 동침한 사실을 알게 되었다. 이시스는 부정한 관계로 낳은 후 버려진 아이를 개를 앞세워 찾아낸 다음 그 아이에게 아누비스라는 이름을 지어주고, 개가 인간을 지키는 것처럼 신을 지키게 했다(최상안, 김정희, 2002). 오랜 옛날 아누비스는 죽은 자들의 신이었다. 아누비스는 이집트어 '인푸(Inpou)'를 그리스어로 발음한 것으로 "시체에 향유를 바르는 자"로서 "미라의 수의를 가진 자"이고, "죽은 자들의 도시를 다스리는 지배자"이며, "묘지의 수호신"으로 알려져 있다. 아누비스는 명부(冥府)의 사자로서, 서방 세계의 명부(아멘테트) 안으로 시체를 들여보낼 준비를 하고 있다가 사자(死者)들의 재판관인 오시리스 앞에 데려다주는 임무를 맡고 있었다. 그런 다음에는 호루스와 아누비스가 죽은 자들을 저울에 올려놓고 생전의 업적을 평가하였다. 아누비스는 검은 개의 모습으로 석관(마스타바) 위에 엎드려 묘실 입구를 지킨다. 때로는 검은 피부와 자칼의 머리를 지닌 인간의 모습으로 나타나 저세상으로 데려갈 미라를 굽어보는 자세로 묘사되기도 한다. 아누비스의 성소(聖所)는 이집트의 키노폴리스(개의 도시)에 있다. 이집트에서 발견된 수많은 문헌 자료에 의하면 기원전 6세기부터 개가 점차 사랑받는 동물로 변화되었다는 사실을 알 수 있다. 페르시아인들은 이집트인들과 비슷하였다. 그러나 사산 왕조 이후부터 개를 단순한 유용 동물 이상의 존재로 취급하기 시작했다. 그들은 개를 "양 떼를 지키는 파수꾼이자 인간의 보호자"로, 모든 동물들 중에서 으뜸으로 평가했다. 개를 잘 대접하는 일은 의무 사항으로 인식되었으며 개를 학대하거나 죽이는 행위를 범죄로 취급하는 법령이 존재하였다.

☑ 그리스와 스파르타

그리스의 철학자 아리스토텔레스(기원전 384-322)는 "자연학"이라는 저서에서 개의 종류를 원산지명에 따라 키레네견, 인도견, 이집트견, 라코니아견, 에피루스견 등으로 분류했다(최상안, 김정희, 2002). 페르시아 제국의 크세르크세스 왕이 큰 몰로시안 맹견을 데리고 다넸다는 사실이 증명되면서 몰로시안 맹견은 제2차 페르시아 전쟁(기원전 480) 무렵에 출현한 것으로 짐작된다. 몰로시안 맹견은 집이나 궁정을 지키는 경비견일 뿐만 아니라 왕과 부호들의 신변을 지키는 경호견으로 가치를 인정받았으면서 신화시대의 왕들도 이 개들에게 성을 지키게 했다. 이 개의 전형적인 특징으로는 우람한 몸집, 수려한 외모, 용맹성, 충성심을 들 수 있고, 물어뜯는 성질과 짖어대는 소리 역시 공포감을 주기에 충분했다.

그리스시대의 개와 관련된 신화로 제우스와 인간인 알크메네와의 사이에서 태어난 헤라클레스는 제우스의 부인인 헤라 여신의 계략으로 자기 자식들을 모두 살해한 죄를 지어 그 죄를 씻기 위해 찾아간 티린스 지방의 왕 에우리스테우스를 12년 동안 섬기면서 왕이 명령한 12가지의 모험을 벌이게 되는데 그것이 바로 헤라클레스의 12공업이다. 12공업 중에서 마지막 임무는 저승을 지키는 머리가 세 개인 케르베로스를 저승에서 이승으로 데려오는 것이었다. 저승에 도착한 헤라클레스가 하데스에게 자신이 저승에 온 까닭을 설명하자 케르베로스를 데려가는 것을 허락하였다. 하지만 절대로 무기를 사용하지 말고 데려갈 것을 주문하였다. 고민에 빠진 헤라클레스에게 도움을 준 것은 저승까지 동행한 그의 친구 테세우스로 테세우스는 저승에 이미 머무른 경험이 있었기 때문에 케르베로스 습성을 잘 알고 있었다. 테세우스는 헤라클레스에게 케르베로스는 머리가 세 개고, 짖는 방법도 각기 다르니 개를 길들이기 위해선 세 가지 다른 목소리를 사용해야 한다고 알려주었다. 케르베로스를 사로잡으려면 명령은 단호하게, 야단칠 때는 크게, 칭찬은 부드럽게 해야 효과적이라는 것이다. 헤라클레스는 테세우스의 도움으로 케르베로스를 저승에서 이승으로 데리고 올 수 있었다. 그 이후로 개를 훈련할 때 이 명령법이 기본이 되었다고 한다. 그리스 시대에 개는 아킬레스의 방패에 새겨진 불독처럼 공격성의 상징이자 화병에 묘사된 스피치처럼 파수꾼의 표상이었다.

☑ 로마

로마인들은 개와 사냥에 대해 관심이 많았으며 개 사육은 이미 여러 분야로 확산되어 있었다. 키케로(기원전 106-43)는 기원전 45년에 저술한 철학적 대화편 "신에 관하여"에서 개는 네발을 지닌 인간의 친구이며 오로지 인간의 즐거움과 번영을 위해 탄생한 자연의 선물이라고 칭송함으로써, 개의 미덕과 유용성에 관한 당시 사람들의 모든 생각들을 요약해서 표현했다(최상안. 김정희. 2002). 또한 통신용으로 이용되기도 했는데 목걸이에 편지를 달아매어 전달하였다. 또한 로마 시대에는 국경 방어 지대의 수많은 감시탑에 맹견들을 배치함으로써 적이 접근해오면 큰 소리로 짖게 했다.

여러 증거로 볼 때, 고대인들은 일반적으로 개를 호의적으로 다루었다는 사실을 확인할 수 있다. 대부분의 자료에서 사냥개로서의 기능에 중점을 두고 있으나 그림이나 문헌 자료에서는 단순한 목적을 벗어나 인간과 개 사이에 상호 작용이 일어나면서 깊은 친밀감이 형성되어 있음을 보여준다. 고대인들은 인간의 가장 충실한 친구인 개를 영원히 기념하기 위해 여러 가지로 노력을 기울였다. 예를 들면, 오디세우스에게 충성을 바쳤던 애견 아르고스의 이야기를 그 예로 들 수 있다. 호메로스(Homeros)의 "오디세이(Odyssey)"에 따르면, 오디세우스는 트로이전쟁에 출정한 지 20년이 지나서 고향인 이타카(Ithaca)에 돌아왔을 때, 아내 페넬로프(Penelope)를 괴롭히던 구혼자 무리의 눈을 피하기 위하여 거지로 변장하였다. 아무도 오디세우스를 알아보지 못하였으나 그의 늙은 개 아르고스(Argos) 만은 한눈에 주인을 알아보았다. 그러나 오디세우스가 떠날 때 강아지였던 이 개는 너무 나이가 들어 주인이 돌아오자마자 숨을 거두었다고 한다.

☑ 종교, 신화, 관습

개는 가장 오래된 가족의 일원이자 사냥꾼과 목동들의 동반자로서 충성심과 경계심을 상징하는 동물로 인식되었다(최상안. 김정희. 2002). 그러나 한편으로는 불결하고, 탐욕스럽고, 위험한 동물로 여겨지기도 했다. 구약성서에 나오는 개는 비천하고 경멸스러운 존재의 표상으로 열왕기하 9장 36절에 나오는 예언자 엘리아가 이사벨 여왕을 저주할 때, "개들이 이사벨의 고기를 먹으리라"라는 말을 하고 있다. 개한테 잡아먹힌다는 것은 유태인들에게는 최악의 수치요, 내세를 잃는 것이며, 아브라함의 왕국으로 돌아갈 수 없음을 의미했다. 성경에는 악인들을 개에게 맡겨 저주를 받게 하는 장면이 아주 많이 나올 뿐만 아니라, 개와 연관된 모든 것은 사악하고, 더럽고, 부정하다고 보았다. 그러나 고대 문화에서는 대부분 보편적으로 개를 긍정적으로 평가했다. 개는 모든 동물들 중에서 인간에게 가장 잘 복종하는 동물로 여겨졌고, 나아가 동물의 영역과 인간의 영역, 미개와 문명, 자연과 문화, 그리고 도덕적 차원에서는 선과 악의 중개자 역할을 담당했다. 종교 영역에서도 개의 위치는 당연히 이승과 저승의 중간 세계에 속한다. 인도 게르만 민족의 신화에서는 이승에서 인간과 가장 친근한 동물인 개에게 세 가지 임무를 부여하고 있다. 이를테면 개는 저승에서 영혼을 인도하거나, 죽은 자의 뒤를 따라가거나 또는 지옥을 지키는 케르베로스로 인식되었다. 로마인들이 상상하는 세계에서도 개는 영물이요 사자를 인도하는 안내자였다. 그러나 개는 저승으로 가는 자를 인도하는 역할만 할 뿐이지 절대로 직접 저승으로 들어가지는 못했다. 개는 반드시 중간 세계에 남아 있어야 했던 것이다. 이처럼 아주 오랜 신화적 상상의 세계에서도 개는 영계(靈界)로 들어가는 문을 지킨다. 예를 들면 그리스 신화에 의하면 사람이 죽어 저승에 가려면 카론이라는 뱃사공이 노를 젓는 배를 타고 비통의 강을 건넌 후 저승의 길목에 다다르게 된다. 하데스의 궁전은 케르베로스(Cerberos)라는 머리가 셋 달린 사나운 개가 지키고 있다. 케르베로스는 들어오는 영혼들에게는 관대하나 나가는 영혼들은 절대 용서하지 않았다고 한다. 그렇기 때문에 사람들은 죽은 자를 하데스 신에게 보낼 때 케르베로스를 진정시킬 수 있도록 그에게 던져줄 꿀 과자 한 조각을 넣어주었다. 개를 지옥의 파수꾼으로 또는 지옥을 지배하는 신의 수행원으로 간주한 예는 여러 민족들에게서 자주 발견된다. 심지어 오늘날까지 남아있는 여러 가지 관습에서도 나타난다. 예를 들면 시칠리아에서는 지금까지도 장의사 입구에 개 그림이 그려져 있는 것을 볼 수 있다. 중세 시대부터 18세기까지 계속된 관습으로 벌을 주는 의미로 개를 운반하게 하는 풍습이 있었다(최상안, 김정희, 2002). 개 운반은 치안 범죄자에게 주는 형벌로서 특히 독일의 프랑켄 지방과 슈바벤 지방에서 행해졌다. 그 당시에 "개"라는 말은 욕이었고 개 자체가 최대의 모욕을 상징했다. 개를 이용한 처벌 방식과 비슷한 의미로 해석할 수 있는 예가 있다. 범죄자와 늑대를 함께 매달아 죽이는 처형 방식이다. 11세기에 와서는 늑대 대신에 개를 이용했다. 유대인들은 개를 특히 불결하게 여겼기 때문에 재판관들이 심리적으로 처벌 효과를 높이기 위해 유대인 죄수들을 개와 함께 처형시키는 일이 많았다. 자비라는 기독교적 미덕이 법률적으로 동물과 이교도에게도 적용되기 시작한 시기는 17세기 중반 이후였다. 동물 재판은 중세 시대에 이르러 새로운 전성기를 맞이했다. 중세와 근세 초기에 이와 같은 수많은 동물들이 학살되었다.

③ 중세

중세 초기 로마 제국의 몰락으로 인해 도시가 파괴되고 도로가 유실되었다. 숲은 인간이 접근하기 어려운 야생 상태로 돌아갔으며 굶주린 개 무리는 먹이를 찾아 도시 주변을 배회하였고 이들은 늑대와 마찬가지로 두려운 존재였다(김희정, 2013). 귀족과 교회가 지배권을 행사하던 중세 시대의 개는 특히 두 가지 점에서 중요한 의미를 갖는다(최상안, 김정희, 2002). 하나는 궁정 귀족 사회에서 사치스런 애완견이자 사냥개로 이용되었다는 점이고, 다른 하나는 문학 작품이나 그림에서, 또는 철학과 신학 분야의 담론에서 상징적 동물이거나 비유적 서술의 대상이었다는 점이다. 일상적인 생활 요소들이 독립적으로 취급되기 시작한 것은 중세 말기에서 근세 초기에 이르는 시기였다. 이 무렵의 개는 남자들에게는 주로 사냥을 돕는 조수로 이용되었고 여성들에게는 장식품이자 품에 안고 노는 놀이 친구였던 것이다. 봉건 영주들의 권한이 강화됨에 따라 사냥이 통치자의 특권에 속하게 되자 마침내 과도한 사냥 풍습으로 인하여 부작용이 발생하기 시작했다. 덴마크, 노르웨이, 영국을 통치하던 카누트 대왕(King Canute)은 1016년에 자신이 소유한 숲의 10마일 주변에서 기르는 신하들의 개들을 대상으로 다리를 부러뜨려서 야생 짐승에게 해를 끼치지 않도록 하라는 명령을 내렸다. 영국 국왕의 자리에 오른 정복왕 윌리엄(1027-1087)은 노르망디의 공작을 지내던 시절에 신하들에게 명령하여 공작의 사냥개를 제외한 모든 개들의 민첩성을 둔화시키기 위해 이빨을 세 개씩 뽑게 했다. 어떤 종류의 개들이 사냥용으로 높은 평가를 받았는지는 게르만 민족법(5-9세기)에 자세히 소개되어 있다. 사냥개는 크게 두 종류로 나누어지는데 하나는 짐승의 발자국을 추적하면서 길을 인도하거나 냄새를 추적하는 개로서 조이리어라는 종류가 있다. 이런 개들은 특히 후각이 잘 발달되어 있었다. 그리고 또 다른 종류는 직접 사냥감을 찾아 뒤쫓는 개들이다. 사냥에서 개가 차지하는 중요성은 수많은 속담에도 나와 있다: "늙은 개가 사냥을 잘 한다.", "짖는 개는 사냥에 쓸모가 없다.".

중세 시대의 기독교계가 동물을 종교적 의미로 해석한 사례들이 많았는데, 이러한 사실은 개가 현실적 기능과 더불어 상징적, 표상적 의미를 지닌 존재로 중요시되었음을 의미한다. 동식물과 광물을 설명해놓은 중세의 자연 백과사전인 피지올로구스(Physiologus)는 성경 다음으로 널리 보급된 책으로서 동물에 관한 서양인들의 인식에 결정적인 영향을 주었다. 피지올로구스는 "자연연구가", "자연에 대해 아는 자"라는 뜻이다. 개와 관련된 수많은 해석들 중에서 종교적 의미가 있는 사례들도 있다. 구약성서의 잠언 26장 11절을 보면 "개는 그 토한 것을 도로 먹는 것 같이, 미련한 자는 그 미련한 것을 거듭 행하느니라."라고 소개되어 있다. 자신의 죄행을 버리지 못하고 또다시 죄의 구렁텅이로 빠져드는 인간을 의미한다. 12세기의 영국 우화집의 "욕심 많은 개"에 등장하는 개는 물속에 비친 고기가 탐이 나서 이미 입에 물고 있던 고기를 떨어뜨리고 물속으로 뛰어든다. 이 우화는 불확실한 재산에 대한 욕심 때문에 현재의 재산을 버리는 어리석은 인간을 비유한 것이다. 이 시대에는 개에 대한 가치 판단은 일관성이 없어 부정적인 해석과 긍정적인 해석이 양분되어 있다. 예를 들면 오늘날까지 자주 인용되는 부정적인 속담 속에는 "개 같은 인생", "개판이 되었다"라는 말을 흔히 사용했다. 중세 시대에도 "개를 운반한다"라는 표현은 귀족들에게 매우 불명예스럽고 치욕적인 말이었다. 이러한 부정적인 의미와 더불어 긍정적인 의미도 동시에 존재했다. 개의 장점은 경계심, 대담성, 영리함 그리고 충성심을 들 수 있다. 이러한 요소들은 개의 긍정적 이미지 형성에 중요한 기여를 했고, 개는 세심한 파수꾼으로서 성직자의 상징이 된다.

결론적으로 중세 시대의 개의 이미지는 두 가지로 요약할 수 있는데 부정적인 측면의 개는 치욕과 죄악과 공포의 대명사로서, 때로는 악마와 같고, 자신의 배설물을 먹어치우는 비천한 동물이다. 반면에 긍정적 측면에서 바라본 개는 예민하고 충직하며 동정심이 많은 동물로서, 파수꾼이자 성직자요, 교사인 동시에 의사이며, 재판권을 상징하는 동물이다.

4 근세

근세의 시작과 더불어 인간과 동물 사이에는 커다란 간극이 생겨났다. 인간은 이성을 지닌 존재이며, 동물은 순전히 육체로만 구성된 존재라는 인식으로 인해 동물은 인간의 연구 대상으로 전락했다. 중세 시대의 인간과 동물은 모두 신의 피조물로서 동등한 지위를 갖고 있었지만 근세에 들어와서 인간은 예정된 질서의 틀에서 벗어나 스스로 지배력을 행사하면서 자연과 동물을 단순히 인간의 필요에 봉사하는 실험 대상으로 여겼다. 개는 인간의 역사에서 시대에 따라 다양한 기능을 수행함으로써 여러 동물들 가운데서 항상 특별한 위치를 차지했다. 동물이 단순한 대상물로 전락하는 근대에 들어와서도 개는 예외적 존재로 남아 있었다. 물론 개도 자연의 일부이지만 다른 동물과 달리 과거나 지금이나 매우 인간적인 속성을 지닌 존재이자 인간 생활의 일부로 당연하게 인정되었고, 인간이 예측 불가능한 야생 동물에 대해 두려움을 갖고 있을 때 개는 길들여진 동물로서 그 두려움을 완화시켜주는 역할을 했다. 그 당시 사람들은 일상생활 속에서 개를 다른 짐승들과 구분하여 특별한 존재로 취급했다. 상호 의존과 존중에 바탕을 둔 그 시대 특유의 애정이 반영되어 있다.

지배자들은 그들 나름의 취향에 따라 특정한 품종의 개를 선호했는데, 여기에는 오랜 옛날부터 내려오는 전통적인 내력이 있었다. 윌리엄 3세 시절의 영국 지배자들이 좋아했던 가장 대표적인 개는 불독이었다. 영국 군주들이 불독을 선호하게 된 계기는 윌리엄 1세로부터 유래되었다. 그는 스페인 군대가 네덜란드 진영을 급습했던 1572년 9월 11일 밤에 불독 덕분에 목숨을 건졌기 때문이다. 프랑스 앙리 3세도 개를 무척 좋아했다. 그는 빌림, 미미, 티티라는 이름이 강아지를 특히 좋아했는데, 허리와 목에 금으로 만든 사슬을 매어 항상 바구니에 넣어 가지고 다녔다. 1589년 8월 1일 도미니쿠스 교단의 젊은 수도사 한 명이 찾아와 왕을 알현하고 싶다고 간청했다. 수도사가 안내를 받아 안으로 들어오자 빌림이 무섭게 짖어대기 시작했다. 착한 이 강아지가 평소에는 그런 적이 없었으므로 왕은 강아지를 옆방으로 데려가게 했다. 그런데도 강아지는 좀처럼 진정될 기미를 보이지 않았다. 그 직후에 왕이 그 수도사에게 살해당했던 것이다. 중세 시대의 개는 조물주에 의한 창조의 서열 안에서 여타의 피조물들과 마찬가지로 자신의 위치를 차지했고 그에 합당한 의미를 갖고 있었다. 중세 후기에는 개를 비유의 대상으로 삼았던 중세의 일반적인 경향에서 벗어나 있었다. 그 당신 사냥개 그림은 섬세한 묘사 때문에 개의 신체적 움직임이 생생하게 느껴지도록 그렸다. 근세 초기에 이 그림의 표준을 받아들여서 훨씬 정교하게 그림으로써 각각의 개 품종에 대한 특유의 생김새를 확인할 수 있게 되었다.

5 근대

16세기 이후 수렵은 점차 경제적 원리에 따라 조직되는 경향을 보였고, 사냥을 할 수 있는 특별 권한이 법률 형태로 확립되어 지배자의 절대적 권리로 보장되기에 이르렀다. 이와 같은 새로운 해석에 따라 야생 동물 및 수렵과 관련하여 국익에 필요한 모든 조치는 오로지 군주만이 취할 수 있게 되었다. 특히 군주들이 수렵에 관심을 갖게 된 이유는 가뭄으로 인한 비상사태가 매번 되풀이됨으로써, 사냥을 통해 얻은 고기가 궁정의 재산을 위한 식량으로 갈수록 요긴해졌기 때문이기도 하다. 또한 궁정에서는 사냥한 짐승의 고기를 팔아서 궁중의 수입을 올리는 수단으로 이용되기도 한다. 이때부터 국가는 엄격한 훈련 과정을 거친 수렵 및 산림 담당관을 임명하여 고정적으로 배치하였다. 또한 대규모 수렵에 동원될 사냥개를 길러 내기 위해서 훈련을 받은 인력이 필요했다. 이러면서 점차 대규모 사냥 대회로 발전했다. 이러한 행사는 특히 17세기와 18세기에 대성황을 이룸으로써 마침내 궁정 수렵의 전성기가 도래하였다. 독일에서는 독일식 사냥, 프랑스에서는 포획 사냥, 영국에서는 18세기 초부터 여우 사냥이 유행했다. 독일식 사냥은 문자 그대로 사냥감을 뒤쫓아서 사살하는 방식인데, 잘 훈련된 개를 동원하여 사냥감을 끈질기게 뒤쫓는 방식만이 사냥 다운 사냥이라고 인식되었다. 그러나 총을 쏘아 잡는 방식의 사냥이 보편화된 이후로는 다양한 역할을 해내는 사냥개 또는 예민한 후각으로 사냥감의 흔적을 찾아내는 능력 이외의 특수한 능력을 지닌 개들이 더 중요해졌다. 프랑스식 포획 사냥은 프랑스어로 "사냥개의 도움을 받아 추적하여 사로잡는 방식"이라는 의미에서 유래되었다. 포획 사냥은 사냥개를 동원하여 사냥감을 뒤쫓게 함으로써 사냥감이 상처를 입지 않은 상태로 탈진하여 쓰러지게 하는 방식이다. 포획 사냥은 루이 14세와 루이 15세가 통치하던 17~18세기에 최고 전성기를 이루었다. 영국에서도 최소한 17세기 말까지 프랑스의 포획 사냥이 유행하다가 18세기에 이르러 프랑스와의 관계가 소원해지기 시작하면서 프랑스의 사냥 방식에서 벗어나 여우 사냥이라는 새로운 형태의 사냥 풍습이 생겨났다. 여우 사냥은 사냥꾼이 말을 타고 개떼를 동원하여 여우나 토끼를 뒤쫓는 방식인데 1750년 무렵부터 잉글랜드와 스코틀랜드에서 지배 계층의 사냥 형태로 자리 잡게 되었다. 독일식 정통 사냥, 프랑스식 포획 사냥, 영국식 여우 사냥 등 궁정의 호사로운 사냥 풍습은 지배자의 카리스마적 권위 강화와 정당성 확보를 위한 수단이었다.

한편 지배자의 입장에서 개는 다른 측면에서도 중요한 의미를 갖는 동물이다. 개는 충실한 동반자로서 항상 주인 곁에 가까이 따라다니면서 충성심과 애정을 보여주기 때문에 주인에게는 분명히 기분 좋은 파트너가 된다. 군주처럼 정상의 자리에 있는 사람은 필연적으로 외로울 수밖에 없다. 주변에 모여드는 사람들은 간교하고 신뢰할 수도 없고, 아첨을 일삼거나 속임수를 쓰는 사람들뿐이기 때문이다. 그러므로 군주에게는 충성스럽고 믿을 수 있고 판단력을 겸비한 친구가 필요하다. 그러나 인간들 중에서는 그러한 친구를 찾기가 쉽지 않고 오직 동물만이 고독한 지배자에게 필요한 충성심과 애정과 직감 능력을 선사할 수 있다.

6 현대

중세 이후의 수백 년은 인간과 동물 사이를 점차 멀어지게 만든 시대였다. 19세기에 들어와서는 여러 분야에 진화 사상을 집중적으로 수용하는 과정에서 인간과 동물을 다시금 가까운 존재로 바라보는 계기가 마련되었다. 20세기에 들어와서는 전례 없이 인간과 동물을 서로 가까운 존재로 인식하는 경향을 보였다. 한편 동물은 동력이 발달하면서부터 항상 투입 가능한 기계와는 반대로 새로운 기계론적 요구에 부응하지 못하게 되었고 인간의 노동 과정에서 완전히 밀려나게 되었다. 그러나 다른 한편으로 동물은 기술 세계의 전체 체계 안에서 중요한 역할을 부여받았다. 이를테면 산업과 경제 분야에서 유용한 동물로 이용되고 개인의 사적인 영역에서는 인간의 파트너로서 사랑을 받는 애완동물의 역할을 하게 된 것이다.

기술 중심적 노동 세계의 부작용을 보완하는 수단으로써 생동감과 자발성을 지닌 동물을 친밀한 대화 파트너로 삼으려는 경향도 점차 강하게 나타나고 있다. 어느 사회 계층에 속하는 사람이든 상관없이 동물을 통해서 자율적이고 생동감 넘치는 자연의 세계에 동참하고 싶어 하는 인간의 욕구를 보여주는 증거로 많은 사람들이 작은 동물을 기른다는 점을 들 수 있다. 인간의 욕망을 개에게 적용하려는 경향은 우리 시대에 와서 처음으로 나타난 것은 아니었다. 이미 19세기 초반에 파리에서는 애완견 미용실이 있었으며 개에게 사치스러운 치장을 해주는 관습도 예전부터 있어왔다. 이집트 왕들의 개는 귀금속을 달고 다녔다. 이러한 결과 애견 전람회가 생겨나고 그곳에서 사람들이 모여들기 시작했다. 최초의 애견 전람회는 1859년에 영국의 뉴캐슬에서 열렸다. 1863년에 이르러 프랑스와 독일에서도 그와 같은 전람회가 시작되었고, 1865년에는 런던의 알링턴 구역에서 세계 여러 나라의 개들을 한자리에 모아 놓고 서로 비교하여 최고 애견을 뽑는 대회가 열렸다. 1877년에 시작한 미국의 웨스트민스터 전람회는 오늘날까지 그 전통을 지켜오면서 매년 뉴욕의 메디슨 스퀘어 광장에서 개최된다. 1878년 파리에서 개최된 세계 애견 박람회는 독자적인 전시관을 갖고 있었고, 파리에서 독자적인 전람회를 조직한 "개 사육 육성회"는 경마클럽보다도 고급스러웠다. 인간 상호간의 관계가 갈수록 계산된 목적성을 띠면서 냉랭한 소외감을 드러내는 시대에 살고 있는 우리 인간은 그 어느 때보다 자율적이고 인간적인 접촉이 필요하게 되었다. 하지만 인간 상호간에 그와 같은 접촉이 이루어지지 않기 때문에 우리는 아무 조건 없이 친밀한 관계를 가질 수 있는 애완동물을 점점 더 찾게 되는 것이다.

19세기와 20세기에 들어와서 개의 수효는 현저하게 증가했고, 과거와 달리 개라는 동물이 인간의 의식 속에서 차지하는 정서적 비중도 증대되었다. 그러나 오늘날 개의 활동 영역은 예전보다 훨씬 좁아졌다. 이런 현상은 다른 어떤 동물보다도 인간을 조력자이자 동반자로서 중요한 역할을 담당했던 사냥 분야에서 특히 두드러졌다. 사냥에 동원되는 개의 수와 사육 방식에도 변화가 나타났다. 대규모의 개떼가 사라지고 몸집이 거대한 근육질의 개들도 사라졌다. 그 대신 소규모의 소시민적 사냥이 도입됨에 따라 사냥감을 앞지르거나 잡은 짐승을 물어오는 개가 필요하게 되었고 이로써 개의 혈통이 매우 다양해지는 시대에 접어들었다. 점차 사냥 활동의 주인공으로 부상한 시민 계급의 사냥꾼들은 대부분 봉건시대의 사냥꾼들과 달리 많은 개를 기를 형편이 되지 못했다. 그들에게는 최대한 모든 경우의 사냥에 써먹을 수 있는 다목적용 개가 필요했다. 이와 같은 다용도 품종을 주로 사육한 나라는 독일로 그런 개는 용도별 쓰임새로 본다면 과거의 특수견을 따라갈 수 없지만 종합적으로 고려하면 훨씬 뛰어난 능력을 갖고 있었다. 과거 봉건 시대 방식의 사냥에서는 사냥감의 종류에 따라 각기 다른 개에게 역할을 분담시켰지만 이제는 그 모든 역할을 한꺼번에 해내는 개가 탄생한 것이다. 다목적 개의 탄생은 이미 사냥 풍습이 쇠퇴하기 시작했다는 증거인 동시에 사냥터에서 개의 필요성이 점차 사라진다는 증거다. 개의 중요성이 줄어든 것은 목양 분야에서도 마찬가지인데 양 떼의 수가 점점 감소함에 따라 집을 지키는 일이 개의 주요 기능으로 전환됨으로써 양치기 임무는 부차적인 것이 되어버렸다. 특히 벨기에, 네덜란드, 영국의 개들은 19세기 말에 이르기까지 우유 배달부, 바구니 세공사, 과일 행상인, 가위를 가는 사람들의 마차나 수레를 끄는 임무를 맡았으나 1826년 프랑스를 시작으로 영국에서는 1843년에 법률이 제정됨으로써 개들이 그와 같은 의무에서 해방될 수 있었다. 그럼에도 불구하고 인간은 오늘날까지 개의 도움을 완전히 뿌리치지 못하고 있다. 인간의 능력보다 개의 타고난 능력이 훨씬 효과적인 분야가 여전히 존재하기 때문이다.

오늘날의 개들은 가족의 친구이자 동반자로, 혹은 여가를 함께 보내는 애완견으로, 때로는 어린이의 놀이 친구로, 혹은 사치품으로 자유롭게 살아가고 있는데, 이는 인간적인 통찰의 결과라기보다는 동물보호론자들이 오랜 세월에 걸쳐서 인간의 부당한 행위에 맞서 열성적으로 투쟁한 결과인 것이다. 16세기 인간들은 개의 본성을 인간 자신의 본성과 문화에 대한 도전으로 받아들여 개를 상실된 인간의 본성을 대변하는 존재로 인식되었다면 17, 18세기의 인간은 이성을 지녔다는 점에서 이성이 없는 동물과 명백하게 구별되었고, 그 동물은 하등 생물로 취급되었다. 그러다가 19, 20세기에 들어와서 동물은 인간과 비슷한 위치로 격상되어, 인간을 닮은 존재로서 인간과 비교되는 단계까지 이르렀다. 근대철학의 초석을 다진 학자로 인정받는 르네 데카르트는 동물에게 감정도, 감성도, 영혼도 없다고 보았다. 그는 동물은 물론 사람의 유체도 "정교하게 조립된 기계"에 불과하다고 생각했다. 반면 진화론을 규명해낸 찰스 다윈은 동물도 인간과 동일한 감정과 감성을 가지고 있음을 많은 관찰연구를 통해 입증했다. 데카르트의 입장을 받아들여 동물의 영혼과 감정을 부인하며 기계로 인식하려는 철학적 바탕은 자연과 생명뿐만 아니라 사람마저 정복의 대상으로 보고 있어 동물은 함께 어울리기가 힘들게 만든다(허현회, 2013). 현대에 오면서 청교도 국가인 미국에서는 동물을 가축과 반려동물로 구분해 가축은 이전과 같이 정교하게 조립된 기계로 보아 단지 우유와 계란, 고기만을 생산해내는 기계로 취급한 반면 개나 고양이와 같은 반려동물에 대해서는 학대나 식용을 금지하고 가족의 일원으로 보아 재산을 상속하는 등 사람과 동일하게 취급하려는 움직임이 확산되고 있다.

요약

개가 바라보는 인간의 관점이 아니라 인간이 바라보는 개의 관점이라는 것을 이해하는 것이 매우 중요하다.

Chapter 1: 인간과 동물의 차이

인간이 다른 동물과 다른 차이는 가장 넓은 지역에 걸쳐 살고 있고, 잡식성이며, 긴 털이 신체의 몇몇 부분에만 국한되어 있고, 땀을 흘린다. 또한 부피의 총량(몸집×개체수)이 크며, 뛰어난 두뇌를 바탕으로 언어 구사와 감정 읽기를 할 수 있으며 완전한 직립을 하고 있다.

Chapter 2: 인간과 동물의 유대

인간과 동물의 유대 관계는 객관적으로 논증할 수 있는 상호 애착적 행동 형태를 말한다. 즉, 동물들 간의 유대관계를 짝짓기 같은 '목적'이 아닌, 서로 함께 지내고 서로를 기쁘게 받아들이는 '과정'으로 관점을 전환함으로써 종내 혹은 종외 개체들 사이에 짝짓기 없이 형성되는 진정한 유대관계를 숙고하는 계기가 되었다.

개는 인간과 유대관계를 맺을 수 있는 접촉, 재회, 반응속도와 같은 중요한 수단을 가지고 있다.

Chapter 3: 인간과 개의 관계

인간과 개는 '비물질적 공생 관계'로 인간이 개에게 먹이를 제공하고 보호해 주는 대신 개로부터 비물질적인 서비스를 기대하는 서로 다른 종 사이의 협력 형태를 변화하였다.

개를 이해하려면 먼저 개의 능력, 경험, 의사소통 방식을 이해해야 한다.

Chapter 4: 시대별 인간과 개의 관계

구석기시대에는 인간과 개는 서로 경쟁관계였으나 인간의 지능발달에 의한 불과 도구의 사용으로 경쟁관계는 종말을 가져오게 되었다. 신석기 시대에 인간이 정착생활을 하면서 인간과 개는 느슨한 유대관계를 맺게 되었다.

고대 문화에서는 보편적으로 개를 긍정적으로 평가했으며, 개는 모든 동물들 중에서 인간에게 가장 잘 복종하는 동물로 여겨졌고, 나아가 동물의 영역과 인간의 영역, 미개와 문명, 자연과 문화, 그리고 도덕적 차원에서는 선과 악의 중개자 역할을 담당했다.

귀족과 교회가 지배권을 행사하던 중세 시대의 개는 첫째, 사치스러운 애완견이자 사냥개로 이용되었으며, 둘째, 문학 작품이나 그림에서, 또는 철학과 신학 분야에서 상징적 동물이거나 비유적 서술의 대상이었다.

동물이 단순한 대상물로 전락하는 근대에 들어와서도 개는 예외적 존재로 남아있게 되었으며, 사냥이 유행하면서 사냥개에 대한 체계적 관리로 사냥개의 전성시대를 맞이하였다.

16세기 인간들은 개의 본성을 인간 자신의 본성과 문화에 대한 도전으로 받아들여 개를 상실된 인간의 본성을 대변하는 존재로 인식했다. 이에 비해 17,18세기의 인간은 이성을 지녔다는 점에서 이성이 없는 동물과 명백하게 구별되었고, 그 동물은 하등 생물로 취급되었다. 그러다가 19,20세기에 들어와서 짐승은 인간과 비슷한 위치로 격상되어, 인간을 닮은 존재로서 인간과 비교되는 단계까지 이르렀다.

02

개의 기원 및 가축화

Part 02

개의 기원 및 가축화

🐾 학습목표

· 개의 출현과정을 이해한다.

· 개의 가축화 과정을 이해한다.

· 개와 늑대의 차이를 이해한다.

Chapter 1 **개의 기원**

개는 기원전 10만 년 전 아프리카와 중동 지역에서 호모 사피엔스가 출현한 시기에 개의 선조라 생각되는 늑대에 가까운 카니스 루프스(Canis Lupus)가 개과인 카니스 루프스 파밀리아리스(Canis Lupus familiaris)로 진화했다(정재경, 2011). 지금까지 개의 기원과 형태에 대한 수많은 추측만 난무했을 뿐 입증된 것은 거의 없었다. 그러나 2002년 세계적인 과학전문지 사이언스는 지구상에 퍼져 있는 모든 개의 조상이 1만 5,000여 년 전 동아시아에서 길들여진 늑대라는 연구 결과를 제시하였다(Savolainen, Zhang, Luo, Lundeberg, & Leitner, 2002). 이 연구를 주관한 스웨덴 왕립기술연구소의 과학자들이 전 세계 654종의 개 DNA를 분석한 결과, 동아시아의 개가 유전적 다양성이 가장 풍부하다는 것을 확인하였으며, 이는 이 지역의 개가 가장 오래전에 가축화되었음을 의미하는 것이다. 또 오늘날 북미와 남미에 살고 있는 개와 과거 아메리칸 인디언이 길렀던 미국 토종개도 모두 이 지역 토종이 아닌 유라시아 동일 모계의 후손임을 확인하였다. 연구팀은 초기 인류가 1만 5,000년 전 베링 해협(러시아와 알래스카 사이)을 건너 미주 대륙에 정착할 무렵 가축으로 데리고 간 늑대가 이들의 조상일 것으로 추정했다.

개의 기원에 관한 문제를 해결하기 위하여 과학자들은 끊임없는 연구를 통해서 연구결과를 계속적으로 발표하고 있으며, 대표적인 연구결과를 살펴보고자 한다. Coppinger와 Coppinger(Coppinger, & Coppinger, 2011)는 자신들의 연구를 통해서 개의 mtDNA 이론과 유전자 선택 과정에 대해서 자세히 설명하고 있다. 세포 속에는 미토콘드리아라는 세포가 존재하며, 이 미토콘드리아는 산소의 도움을 받아 당을 에너지로 전환시키는 세포 속의 세포로 세포의 작용과 재생산을 관장하는 고유한 DNA이다. 미토콘드리아의 가장 큰 특징은 무성 생식을 하며, 미토콘드리아의 DNA는 100퍼센트 그 어미로부터 온다. 어미와 자식의 미토콘드리아 DNA가 차이가 난다면 그 이유는 오로지 돌연변이밖에 없다. Vila와 동료들(Vila, 1997)은 이러한 DNA 분석연구를 통해 개의 선조와 야생늑대가 1만 5,000년보다 훨씬 이전에 유전적으로 분리되었다는 유전적 증거를 제시하였다. 또 다른 연구에서는 약 3만 3,000년 전 알타이에서 발견된 홍적세 개가 DNA 분석 결과 현대 개와 관련이 있다고 한다(Druzhkova, 2013).

개의 조상이 몽골과 네팔을 포함한 중앙아시아 지역의 늑대일 가능성이 크다는 연구결과도 있다(Shannon, Boyko, Castelhano, Corey, Hayward, McLean, White, Said, Anita, Bondjengo, Calero, Galov, Hedimbi, Imam, Khalap, Lally, Masta, Oliveira, Pérez, Randall, Tam, Trujillo-Cornejo, Valeriano, Sutter, Todhunter, Bustamante, & Boyko, 2015; 2016). 미국 코넬대학교의 로라 섀넌과 애덤 보이코 박사 연구팀은 161개 품종의 순종 4,676마리와 38개국의 떠돌이 개 549마리의 수컷 Y염색체 추적과 암컷 미토콘드리아 추적을 함께 실시했는데 암수를 막론하고 같은 결론이 나왔다. 이 검사에서 연구진은 무려 18만 5800건이 넘는 유전표지를 분석했다. 그 결과 몽골과 네팔의 개는 다른 지역의 개에서 발견된 대부분의 DNA 형태를 포함하고 있었다. 연구팀은 "1만 5000년 전 이 지역에서 늑대가 개로 변했고 전 세계로 확산한 것으로 보인다"고 밝혔다. 중국 과학 아카데미 소속 쿤밍 동물원 (Kunming Institute of Zoology) 연구팀은 중국 남부의 개 DNA 1000여 종의 유전자 데이터를 분석 한 결과 중국 남부가 네팔과 몽골보다 개 기원이 될 가능성이 있음을 발견함으로써 중국 남부 개 기원설을 주장했다(Wang, Peng, Yang, Savolainen, & Zhang, 2016). 최근에는 여러 지역에서 동시에 개를 길들여왔다는 '복수 기원설' 이 힘을 받는다. 지난해 영국 옥스퍼드대 연구팀은 5000년 전 개 유골에서 세포핵 DNA 를 추출해 현생 개 605종과 비교했다. 연구팀은 6400~1만 4000년 전 지역에 따라 견종이 분리된다고 봤다. 개가 아시아, 중동, 유럽에서 따로 길들여졌다는 얘기다.

늑대가 개로 진화하기 전 중간 단계의 종이 있었다는 연구 결과도 있다(Skoglund, Ersmark, Palkopoulou, & Dalén, 2015). 러시아 시베리아 지역 타이미르반도에서 발견된 동물 뼈를 방사선 탄소 분석을 통해 이 조각이 3만 5천 년 된 것임을 확인했으며, DNA 분석 결과 늑대와 개의 중간 단계 생물의 뼈라는 사실을 밝혀냈다. 이 새로운 종은 발견된 곳인 타이미르 반도의 이름을 따 '타이미르 늑대'로 명명됐다. 지금까지는 오늘날의 개가 1만 5000년 전인 빙하기 말기 늑대에서 갈라져 나왔다는 이론이 지배적이었다. 개와 관련된 가장 오래된 고고학 기록도 1만 5천 년 전의 것이었다. 하지만 타이미르 늑대의 발견으로 개가 3만 년 전에도 존재했다는 사실이 드러났다. 3만 5000년 전 살았던 것으로 추정되는 타이미르 늑대는 현대의 늑대와 개의 특징을 모두 가지고 있어 늑대가 개로 진화되기 중간단계 종으로 분류됐다. 시베리안 허스키와 그린란드 썰매견이 현존하는 개 중 타이미르 늑대와 가장 DNA가 비슷한 것으로 알려졌다.

생물학자인 로버트 웨인(Robert Wayne)과 동료들은 길들여진 개 140마리의 혈액에서 얻은 미토콘드리아 DNA 배열 평균을 늑대 162마리와 비교하는 연구를 수행하였다(Wayne, & Ostrander, 1999). 비교 결과 그 평균의 차이는 1%였다. 화석 자료로 미루어 볼 때, 100만 년 전에 서로 달라진 것으로 확실시되는 늑대와 코요테의 차이는 7.5%이므로, 늑대와 개가 유전적으로 갈라진 시기를 추정해보면— 대략 13만 5,000년 전이 된다. 이 연구 결과에 의해서 개의 직접적인 선조가 될 수 있는 동물은 늑대뿐이라는 것을 알 수 있다. 개의 DNA 서열이 늑대의 것과 12개 이상 틀린 경우는 하나도 없었지만 자칼의 DNA 서열과 비교했을 때에는 모든 개가 20가지 이상의 차이를 보였다. 개의 DNA 서열은 총 26가지이며 다시 유사도를 기준으로 네 그룹으로 나눌 수 있다. 이는 개가 늑대로부터 분리되는 계기가 한 번 이상 있었다는 것을 의미한다. 또한 개들에게서 가장 많이 나타난 DNA 서열 그룹 중에 늑대의 서열과 겹치는 것이 하나도 없다는 것은 모든 개들의 단일한 선조가 존재했음을 의미한다.

2004년 미국과학진흥협회(AAAS) 연례회의에서 미국 오하이오주 개 연구소의 드보라 린치(Deborah Lynch) 연구팀이 개의 생리와 행동, 역사적 기록과 유전 정보를 조사했다. 연구팀은 1만 5,000여 년 전 동아시아 늑대가 처음 개로 가축화됐고 1만~1만 2,000년 후에 10종의 선조 개들이 나타났으며 이후 3,000~5,000년 동안 300여 종의 개들이 생겨났다고 설명했다. 연구팀이 족보에서 선조를 확인한 10종은 사이트 하운드, 센트 하운드, 사역 및 경비견, 플러싱 스패니얼, 워터 스패니얼 및 리트리버, 포인터, 테리어, 목양견, 애완 및 반려견, 그리고 북방견이다. 사이트 하운드를 예로 들면 사냥감을 쫓아다니는 데 재주를 가진 이 종류의 선조는 기원전 5,000~4,000년 메소포타미아에서 출현했다고 추정된다. 그레이하운드나 아프간하운드와 같은 현대 종이 이 종류에 속한다. 냄새를 잘 맡는 센트 하운드의 선조는 기원전 3,000년경에 나타났고, 불독이나 로트바일러가 속하는 사역 및 경비견의 선조는 기원전 3,000년경 티베트에서, 푸들이나 퍼그가 속하는 애완 및 반려견의 선조는 비슷한 시기에 지중해 몰타에서 출현했던 것으로 추정된다. 오늘날 이루어진 동물 유전 연구에서도 동일한 지역에서 살아가는 개와 늑대 사이, 혹은 개 속의 다른 야생 동물들 사이에 교미가 이루어진다는 증거는 발견되지 않았다. 결국 개는 자기 의지에 따라 인간 사회에 정착한 존재하였던 것이다(이상원, 2005).

Chapter 2 가축화

개는 '가축화'된 동물이다. '가축 (家畜)'이라는 단어에는 '집에 속하다'라는 뜻이 담겨있다. 가축화는 자연 대신 인간이 개를 가족의 울타리 안으로 들이겠다고 의도적으로 선택한 진화 과정의 변주라 할 수 있다. 가축화를 위한 길들이기는 인간의 의지와 의도에 따라 지배하는 것을 의미한다. 그러나 인간의 의지나 의도에 따른 길들이기는 어떠한 조건도 되지 못한다. 자연계에서는 인간과 무관하게 길들여지는 사례는 매우 많다. 즉, 길들이기의 성패 여부는 우리 인간뿐 아니라 상대 동물의 특성에 따라 좌우된다(이상원, 2005). 독일의 생물학자 에릭 치멘(Eric Zimen)은 인간이 기르는 늑대와 야생 늑대 모두를 대상으로 실시한 행동 연구에서 인간이 기르는 늑대가 훨씬 더 위험하고 예측 불가능하다는 점을 발견하였다(Zimen, 1981).

시베리아의 알타이 산맥에서 발견된 개 유골은 늑대보다 현대 개와 더 밀접한 관련이 있으며 개가 3만 3,000년 이전에 가축화되었다는 것을 의미한다(Ovodov, Crockford, Kuzmin, Higham, Hodgins et al., 2011). 알타이에서 발견된 유골은 지금까지 발견된 것 중에서 가장 오래된 가축화된 개 중 하나이다.

알타이에서 발견된 가장 오래된 가축화된 개의 유골

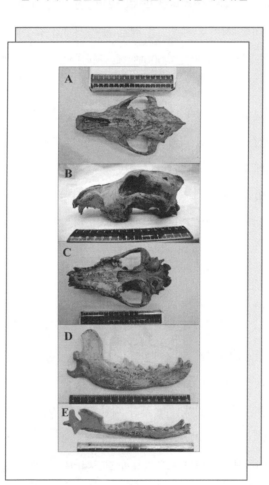

또 다른 하나는 약 3만 6,000년전의 것으로 추정되는 벨기에의 Goyet Cave에서 발견된 것이다.

Goyet Cave에서 발견된 가축화된 개의 가장 오래된 화석

발견된 개의 화석 중에서 가장 오래된 것은 1만 4,000년 전 중동지방 여러 곳에서 발견되었다. 턱이 짧고 이빨이 촘촘한 것이 같은 지역의 늑대들과는 상당히 다르다. 중동에서 밀과 보리가 경작되기 시작한 것은 1만 1,500년 전이었고 9,500년 전에는 염소와 양이 대규모로 목축되었다. 뒤이어 마을과 농장이 생겨났고, 이와 함께 그 수가 폭발적으로 늘어나면서 개들이 전 세계에 빠른 속도로 퍼져 나갔다^(이상원, 2005). 7,000년 전부터 개의 뼈가 인류의 고고학 유적지 근처에서 대량으로 나오게 된다. 1만 2,000년 전의 것으로 추정되는 이스라엘 북부의 에인 말라하^(Ein Mallaha)에서 발견된 고대 나투프 유적에서는 반쯤 웅크린 자세로 왼쪽 손을 4~5개월 된 강아지 머리뼈 위에 얹어 놓은 어느 노인의 유골이 발견되었다.

에인 말라하에서 발견된 강아지와 노인 유골

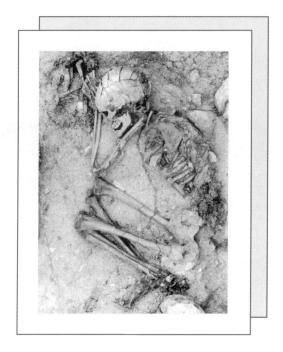

러시아 유전학자 드미트리 벨라예프(Dmitri Konstantinovich Belyaev, 1917~1985)는 1959년에 초기 가축화가 어떻게 진행되었는지를 보여주기 위해 여우를 잡아 선택적으로 교배 시키는 프로젝트를 수행했다(Belyaev, 1979). 그는 외삽법(外揷法)을 통해 개를 관찰하고 과거의 가축화 과정을 추정하는 대신 다른 갯과 동물을 번식시키는 방법을 택했다. 벨라예프는 개와 흡사한 은여우에 주목했다. 이전까지 개나 늑대의 먼 친척인 은여우(Vulpes Vulpes)는 사육하는 동물이 아니었다. 벨라예프는 가축화 속도를 증가시킬 수 있음을 증명해 보였다. 처음 130마리에서 시작해 그중 인간을 두려워하지 않고 공격 성향이 낮은 '유순한' 개체들만 골라 교배를 거듭하였다. 벨라예프는 죽기 전까지 이 작업을 계속하였으며 그가 남긴 프로그램은 아직까지도 이어지고 있다. 40년이 지난 후, 전체 개체 중 4분의 3이 '가축화 집단'에 속하게 되었다(Trut, 1999).

벨라예프의 은여우 실험

　최근 게놈 지도 연구를 통해 벨라예프의 길들인 여우와 야생 은여우의 유전자 중 40 여 개가 다르다는 사실이 밝혀졌다. 놀랍게도 불과 반세기 만에 한 가지 행동 특질을 선택해 교배를 거듭한 것만으로 한 종의 유전자 정보가 변화한 것이다. 게다가 이러한 유전자 변형은 다양한 외형적 변화도 불러왔다. 개량된 여우는 개가 그렇듯 털 색깔도 다양해졌다. 또한 귀가 늘어지고 꼬리가 등 쪽으로 더 말려 올라갔다. 두상은 더 넓어졌으며 주둥이는 짧아졌다. 한마디로 여우는 이전 세대에 비해 훨씬 더 귀여운 외양을 갖추게 되었다. 벨라예프의 은여우 실험을 통해서, 발달 과정의 사소한 차이가 결과적으로 광범위한 차이를 만들어 냈음을 알 수 있었다. 여우는 1,000만 년에서 1,200만 년 전 무렵 늑대에서 갈라져 나왔다. 그런데도 불과 40년간의 선택적 교배를 통해 길들일 수 있었다. 또한 엥스밍거도 개의 가축화 과정을 잘 기술하고 있다(Ensminger, 2013). 개의 가축화와 관련된 또 다른 연구는 개가 늑대와 갈라진 이유 중 하나는 음식으로 고기를 먹는 늑대와 달리 개는 쌀과 감자처럼 탄수화물이 풍부한 음식을 잘 먹는데, 이는 '개의 가축화'와 관련이 있다는 것이다. 스웨덴 웁살라대의 케르스틴 린드블라드-토(Kerstin Lindblad-Toh) 교수팀

은 늑대와 개의 게놈(유전체)을 비교해 '두 종간의 차이를 뇌 발달과 탄수화물 소화능력에 있다'고 하였다(Axelsson, Ratnakumar, Arendt, Maqbool, Webster, Perloski, Liberg, Arnemo, Hedhammar, & Lindblad-Toh, 2013). 개가 길들여진 구체적인 이유를 밝히기 위해 연구진은 늑대 12마리와 14품종의 개 60마리의 게놈을 분석해 '유전적인 변화'를 추적했다. 그 결과 늑대와 개의 결정적인 차이가 드러나는 36개 부분을 찾았는데, 이중 19개는 뇌 발달에 대한 것이었고, 8개는 신경시스템과 관계있었다. 이런 유전적인 차이가 개의 감각이나 행동을 변화시켜 사람과 가장 친한 친구로 만들어줬을 것이라고 분석했다. 더 놀라운 점은 10개 부분이 녹말을 소화하고 지방을 부수는 걸 돕는 기능에 관여한다는 것이었다. 개는 장에서 탄수화물을 소화시키는 아밀라아제를 위한 유전자가 늑대보다 많았다. 실험실에서 이를 검증한 결과 개는 늑대보다 녹말 소화 능력이 5배 정도 뛰어난 것으로 밝혀졌다. 녹말 소화에 중요한 효소인 말타아제에 관한 유전자(MGAM)도 달랐다. 유전자 숫자는 같았지만 개의 말타아제는 늑대보다 더 길게 만들어진다는 것이다. 이는 토끼나 소 같은 초식동물, 쥐나 여우원숭이 같은 잡식동물에서 나타나는 것과 비슷하다. 한 마디로 개는 풀 같은 음식도 잘 소화시킨다는 뜻이다.

① 가축화 조건

영국의 인류학자 프란시스 골턴(Francis Galton, 1822-1911)은 동물이 가축화되기 위한 조건을 제시하였다(Galton, 1865; 과학세대, 1996). 모든 야생동물들에게 가축이 될 수 있는 기회가 있다고 생각하기 쉽지만, 이러한 조건을 만족한 극소수의 동물만이 가축이 될 수 있었다. 가축화의 조건은 첫째, 튼튼해야 한다. 어린 새끼는 대부분 젖을 떼기 전에 어미로부터 떨어져도 살아남을 수 있어야 한다. 또한 새로운 생활환경, 온도, 습도, 전염병, 기생충 등과 같은 여러 조건에 적응할 수 있어야 한다. 둘째, 천성적으로 사람을 잘 따르고 좋아해야 한다. 인간을 주인으로 인정하고, 다 자란 후에도 계속 사람의 영향 아래 있을 수도 있도록 절대적인 위계질서를 토대로 한 행동 양식을 갖는 사회성이 강한 동물이어야 한다. 셋째, 생활환경에 대한 욕구가 너무 높지 않아야 한다. 적응성이 없는 동물들은 가두어두거나 과밀한 상태에서 사육되면 먹이를 먹지 않거나 번식을 중단할 수 있다. 넷째, 고대인들에게 유용성이 커야 한다. 원시 공동 사회에서는 보유가 쉬운 식량원, 즉 필요한 때면 언제든 고기를 제공할 수 있는 살아 있는 저장 식량으로서의 기능이 일차적으로 요구된다. 다섯째, 자유로운 번식이 가능해야 한다. 가축화가 성공하기 위해서는 가장 필수적인 조건이다. 여섯째, 사육이나 관리가 쉬어야 한다. 성질이 양순하고, 식성이 까다롭지 않으며, 군거성을 가져야 한다.

또 다른 가축화의 이론은 진화 생물학자인 제러드 다이아몬드 교수에 의해서 주장된 안나 카레니나의 법칙(Anna Karenina Principle)이다(김진준, 1998). 톨스토이의 소설 안나 카레니나의 유명한 첫 문장인 "행복한 가정은 모두 엇비슷하고, 불행한 가정은 불행한 이유가 제각기 다르다(Happy families are all alike, every unhappy family is unhappy in its own way)"라는 문장을 인용하여 "가축화할 수 있는 동물은 모두 엇비슷하고 가축화할 수 없는 동물은 가축화할 수 없는 이유가 제각기 다르다"라는 유명한 안나 카레니나의 법칙을 탄생시켰다. 야생동물을 애완용으로 기르고 길들이는 일은 곧 가축화의 초기 단계에 해당한다. 많은 야생동물이 인간과 동물의 관계에서 가축화의 첫 단계에 이르렀지만 그 마지막 단계까지 나아가서 마침내 가축이 된 동물은 극소수에 불과하다. 고고학적 증거를 통해 가축화 시기를 알고 있는 동물은 모두 B.C. 8,000 ~ 2,500년경에 가축화되었다. B. C. 2,500년 이후에 새로 생긴 중요한 가축은 아무것도 없었다. 야생 후보 종이 가축화되기 위해서는 많은 특성을 갖추어야 한다. 이 필수적인 특성들 중에서 단 한 가지만 결여되어도 가축화는 실패하게 된다. 안나 카레니나 가축화 조건은 다음과 같다.

1. 식성(초식성)

어떤 동물이 식물이나 다른 동물을 먹을 때 그 먹이가 가진 생물자원이 소비자의 생물자원으로 환원되는 효율은 100%에 훨씬 못 미친다. 대개는 10% 수준에 불과하다. 예를 들면, 450Kg 초식동물을 사육하기 위해서는 옥수수 4,500Kg이 필요하다. 그러나 450Kg 육식동물을 사육하기 위해서는 옥수수 45,000Kg을 먹고 자란 초식동물 4,500Kg이 필요하다는 것이다. 이렇게 근본적인 비효율성 때문에 육식성 포유류는 단 1종도 식용으로 가축화되지 못했다. 그중에서 가장 예외적인 존재라면 개라고 할 수 있다. 개는 원래 번견이나 수렵견의 용도로 가축화되었지만 아즈텍 시대의 멕시

코, 폴리네시아, 고대 중국 등지에서는 식용으로 개발하여 기르기도 했다. 그러나 개를 일상적으로 잡아먹는 풍습은 달리 육류를 구할 수 없는 인간 사회에서 마지막으로 취하는 수단이었다. 또한 개는 육식성이 아니라 잡식성이다.

생물자원 환원율

구분	대상	먹이
초식성 포유류	450kg의 초식동물(소)	옥수수 4,500kg
육식성 포유류	450kg의 육식동물	옥수수 45,000kg을 먹고 자란 초식동물 4,500kg

2. 성장속도

가축은 빨리 성장해야만 사육할 가치가 있다. 고릴라나 코끼리는 먹이를 가리지 않고 많은 고기를 얻을 수 있으나 성장 기간이 15년이나 되어 가축화되지 못하였다.

3. 감금 상태에서 번식시키는 문제

구애 과정과 세력권이 복잡한 동물들은 감금 상태에서 번식이 어렵기 때문에 가축화가 어렵다. 치타(수렵용), 비쿠냐(털)는 구애 과정이 길고 복잡하여 가축화되지 못한 경우이다.

4. 골치 아픈 성격

가축화에 이상적인 후보 종인데도 예측할 수 없는 공격성이 있다면 가축화될 수 없다. 그 대표적인 예가 회색 곰, 아프리카들소, 하마 등이 있다.

5. 겁먹는 버릇

신경이 예민한 종들은 감금 상태로 관리하기가 어려워 가축화되지 못하였다. 이 종들은 가둬놓으면 겁을 먹고 그 충격으로 죽어버리거나 탈출하려고 울타리를 마구들이 받다가 머리가 깨져 죽기도 한다. 순록을 제외한 사슴이나 영양류가 여기에 해당되며 그 대표적인 예가 가젤이다.

6. 사회적 구조

　　포유류 중에서 사회적 특성, 즉 무리를 이루어 살고 무리의 구성원들 사이에 우열 위계가 잘 발달되어 있고, 각각의 무리는 서로 배타적인 세력권이 아니라 중복되는 행동권을 갖고 있으면 가축화하기에 이상적이며 목축에 적합하다. 그러나 무리를 이루고 사는 동물이라고 해서 가축화되는 것은 아니다. 그 이유는 첫째, 동물들의 무리는 서로 중복되는 행동권을 갖지 않고 각기 다른 무리에 배타적인 세력권을 지키는 경우가 많다. 둘째, 연중 무리를 이루어 생활하던 동물도 교미 철이 되면 각자 세력권을 지키는 경우가 많다. 셋째, 군거 동물 중에서는 우열 위계가 분명하지 않고 우세한 지도자를 본능적으로 기억하지도 않는 종들이 많다.

가축화 조건의 비교

구분	프란시스 골턴	다이아몬드
환경적응성	건강해야 함	예민하지 않는 성격
	사람에게 순종적	사회적 특성을 가지고 있어야 함
유용성	유용성이 커야 함	환원효율이 높아야 함
		성장속도가 빨라야 함
사육관리용이성	번식이 쉬워야 함	교미과정이 단순하여 번식이 쉬워야 함
	사육관리가 쉬워야 함	온순한 성격

2 **가축화에 의한 변화**

　　사육된 동물의 후손 세대는 선사 시대에 살았던 동물이든 현존하는 동물이든 자연 선택이 아니라 사람이 개입한 인위 선택의 지배를 받는다(과학세대. 1996). 다시 말하면 그 종이 살아남는 데 필요한 특성보다는 인간에게 유용한 경제적, 문화적, 미적 형질이 선택되는 것이다. 야생동물이 가축화되면서 몇 가지 공통적인 변화가 나타난다(하지홍. 2008). 대부분의 가축종에서 볼 수 있는 특징으로는 몸 크기에 비해 뇌 용량이 줄어들고 감각 기관도 퇴화하게 된다. 더 큰 변화는 머리뼈와 골격에서 관찰되는데 단지 여러 세대의 육종에 의해서도 머리뼈의 안면부와 턱뼈의 길이가 짧아진다. 이러한 현상은 개에서 특히 두드러지는데 앞어금니와 어금니 사이의 좁아진 간격으로 인해 조밀한 치열을 형성하게 된다. 이 특징은 초기 집개와 늑대 뼈를 구별하는 중요한 지표이다.

네오테니(neoteny) 혹은 유형성숙(幼形成熟)은 '유아화'를 뜻하는 말로 동물이 성적으로 완전히 성숙된 개체이면서도 비생식 기관은 미성숙한 현상을 말하는 것으로 생물이 나이를 먹었는데도 어릴 적 형태를 그대로 간직하는 것을 의미한다. 개의 턱뼈와 안면부가 짧아지는 현상은 유형성숙의 증거가 된다. 턱뼈 크기 단축에 의해 수반되는 이빨 크기의 감소 또한 거의 모든 개에서 관찰되는데 그레이트댄의 경우 늑대보다 몸집은 더 크지만 이빨은 훨씬 작고 머리뼈의 형태도 늑대보다 단순하고 날카로운 각이 무뎌져 있다. 사육되는 동물의 경우에는 단지 수 세대에 머리뼈의 안면부와 턱뼈의 길이가 짧아진다. 이러한 현상은 많은 종에서 공통적으로 나타나지만, 초기 집개에서 가장 현저하게 나타난다. 첫째로 유전학적으로 머리뼈보다 훨씬 변화가 적은 어금니의 크기에서는 앞에서 이야기한 단축화는 전혀 나타나지 않는다. 그 때문에 앞어금니와 어금니 사이의 간격이 조밀한 치열을 형성하게 되는데, 이 특징은 가장 오래된 집개의 유골과 야생 늑대의 뼈를 구별하는 지표로 활용된다. 턱뼈의 크기 단축에 의해 필연적으로 수반되는 이빨 크기의 감소는 가축화된 동물에서는 항구적으로 진화 발전되는 특징이며, 특히 개의 경우가 가장 두드러진다. 이러한 유형성숙은 돼지나 개처럼 서로 다른 포유동물에서 동일한 변화를 발생하게 한다. 피하지방의 축적, 말린 꼬리, 크고 처진 귀 등이 그러한 변화이다. 귀의 길이와 신체 다른 부분 사이의 불균형은 말을 제외한 거의 모든 가축종에서 나타나고 있으나 특히 개에서 발견되는 불균형은 어떤 다른 동물종보다도 더 크다. 말린 꼬리, 처진 꼬리 등 개 꼬리의 모양 또한 품종에 따라서 다양하게 나타난다.

모든 포유동물들은 가축화의 초기 단계에서 거의 언제나 체구의 소형화를 거치게 된다. 이후 진행된 가축화의 후기 단계에서는, 사람들의 편의에 따라 본래의 야생종보다 훨씬 대형이거나 소형인 개체들이 선별되고 여러 세대를 거치면서 품종이 형성된다. 초기 집개와 가축의 번식을 시도했을 때 구별이 쉬운 특징을 가지고 있는 강아지는 같은 어미에게서 태어난 다른 새끼들보다 주의 깊은 보살핌을 받으면서 더 나은 생활환경에서 길러지게 되었을 것이다. 이런 과정을 거쳐 가축 종에 점차 풍부한 다양성이 받아들여졌을 것이다. 말린 꼬리는 개의 품종에서 거의 공통적으로 발견된 변화이다.

대부분의 가축종의 모피가 무척 다양한 특성을 보이는 것은 사람들이 좋아하는 방향으로 품종 개량을 거듭한 것도 큰 요인이지만 그 지역의 기후 풍토와도 연관이 있다. 예를 들면 고산 지방이 원산인 개의 털은 빽빽하게 나지만, 열대 지방의 품종이라면 털이 거의 나지 않았을 것이다. 따라서 개에서 볼 수 있는 다양한 모질의 차이, 밀생의 정도, 장단모의 구분 같은 것들은 초기 서식지 기후의 영향을 결정된 것이다. 유형성숙에 따른 변화는 성품에도 변화가 병행되는데 개 행동 양식에 나타난 전반적인 현상은 사람에 대해 겁이 없어지고 개와 사람 간에 쌍방향 의사소통이 좀 더 자유로워진 것을 들 수 있다. 생리적 현상에도 상당히 큰 변화가 나타났는데 연 1회의 번식 주기만을 가지는 늑대와는 달리, 계절에 상관없는 연 2회의 번식도 가능하게 된 것이다. 모든 가축 포유동물은 독거성보다는 군거성이 강한 야생종의 행동을 이어받고 있다. 그 야생의 선조종에서 발달한 특성이 거의 변하지 않은 상태이다. 따라서 작고 귀여운 애완견인 페키니즈의 경우 외모 면에서는 늑대와 판이하지만, 그 행동은 역시 늑대와 같음을 확인할 수 있다. 그래서 체구는 작지만 큰 개라는 말이 나온 것이다.

Chapter 3 늑대와 개

늑대는 사육되기 이전의 개로 대개 늑대는 일부일처이고 4마리~40마리에 이르는 동족과 무리를 지어 생활하며 분업을 통해 협력한다(Mech, D. L., & Boitani, L., 2003). 어린 새끼를 돌보는 일은 주로 나이 든 늑대가 하고 사냥은 무리 전체가 힘을 합쳐 협동한다. 영역을 지키고 세력권 다툼을 하는 데 상당한 시간을 보낸다.

1 늑대와 개의 차이

에릭 지멘은 동일한 환경에서 푸들 무리와 늑대 무리를 키워 행동 비교 연구를 수행하였다(Zimen, 1981). 푸들과 늑대의 가장 커다란 차이는 표현 능력이었다. 늑대는 얼굴 표정, 귀의 움직임, 꼬리 위치, 자세 등이 무척 다양했다. 그러나 푸들에게서는 이러한 표현들이 크게 단순해

졌고 아예 사라져 버리기도 했다. 또한 늑대가 개가 되기 위해 필요한 두 가지 요소, 즉 거리를 두려는 본능의 약화와 사회화 및 유대 관계 형성 강화가 서로 독립적으로 전해지는 유전 형질이라는 결론을 내렸다. 개는 공포심이나 공격성이 덜하고 지배 복종 관계를 확인할 능력을 지니고 있긴 해도 사회적 상호작용에 늑대 무리의 경우와 같은 긴박함이나 강제력은 없다.

개와 늑대는 여러 면에서 차이가 있다(구세희 외, 2011; Mech, & Boitani, 2003; Scott, & Fuller, 1998). 발달상의 차이를 보면, 강아지는 생후 2주 이상이 지나야 비로소 눈을 뜨는 반면 늑대 새끼는 생후 12 ~ 14일이면 눈을 뜬다(Horowitz, 2010). 일반적으로 개의 신체적 행동적 발달은 늑대에 비해 더딘 편인데 이 작은 차이로 완전히 다른 길을 걸어가게 된다. 개는 느리게 생애 초기에 다른 종의 생물에 노출되어 다른 종에 애착을 형성하고 호감을 느낀다. 애착과 호감은 공격적 성향이나 두려움을 압도하게 되는데 개는 이러한 사회적 학습의 '결정적 시기(혹은 민감한 시기)'동안 누가 자신의 친구인지 아닌지를 배우고, 어떻게 행동을 하고 협력해야 하는지도 습득한다(Lord, 2013). 반면 늑대는 더 짧은 기간 안에 누가 적이고 친구인지 판단해야 한다. 사회 조직의 차이도 있다. 개는 진정한 무리를 형성하지 않는다. 가정에 있는 모든 구성원들뿐만 아니라 다른 애완동물들과도 무리를 형성한다. 늑대는 늑대 팩(pack)이라는 혈연관계의 가족으로만 무리를 형성한다. 개는 협동해 사냥하지 않지만 협조성이 있다. 개와 늑대는 외형적인 면에서도 다르다. 시베리안 허스키와 같은 견종은 늑대처럼 보이지만 치와와 등은 늑대와 완전히 다른 형태를 가지고 있다. 개는 모양, 색상 및 크기에서 가장 다양한 종을 가지고 있으나 늑대는 다른 야생동물과 마찬가지로 서식 환경에 따라 외형이 일률적이다. 아무리 원형에 가까운 '평균적인' 개라 해도 늑대와 확연히 구별되는 몇 가지 특징이 있다. 개의 피부는 늑대에 비해 두껍다. 치아의 개수(42개)와 종류는 늑대와 동일하되 크기가 작다. 또한 늑대는 강력한 턱을 가지고 있어서 분쇄 압력이 약 1,500(lbs/square inch)로 저먼셰퍼드의 평균 분쇄 압력 740(lbs/wquare inch)보다 월등히 높다. 머리 크기 비율도 개가 20퍼센트 정도 낮다. 개와 늑대의 몸통 크기가 비슷하다고 할 때 개의 두개골이 훨씬 작으며 뇌의 크기도 더 작다. 늑대는 약 30% 정도 큰 뇌를 가지고 있으며 물리적 퍼즐 같은 문제 해결 과업에 능하다. 개는 늑대보다 신체적 능력은 떨어지지만 자신의 부족한 부분을 관계 맺기 능력으로 채우고 있다. 개는 먹이 위치, 인간의 감정, 벌어지는 사건에 관한 정보를 얻기 위해 사람의 눈을 쳐다보고 관찰한다. 반면 늑대는 눈을 피한다(윤영애, 2003). 개는 상대의 눈을 지나치게 오래 응시하는 행동을 회피하려는 본능을 타고났으면서도 정보, 허락을 구하기 위해 인간의 얼굴을 관찰한다. 인간과 시선을 맞추려는 개의 성향은 사회적 인지능력을 길러주는 토대가 된다. 시선 교환은 사람들 사이의 핵심적인 의사소통 수단이기 때문이다.

개와 늑대의 차이

	차이점	개	늑대
신체	유전자 차이	0.04%	
	모양, 색상, 크기	가변성	균일성
	머리 크기	작다(20%) <	
	뇌 크기	작다(30%) <	
	턱 크기	작다 < 크다	
	치아 수	동일(42개)	
	치아 크기	작다 <	
	눈 색상	갈색, 파랑 등	황색, 호박색 (갈색은 없음)
발달	눈 뜨는 시기	생후 2주 ~	생후 12 ~14일
	사회화 시기	생후 4주	생후 2주
	사회화 기간	길다	짧다
	유아성(neoteny)	유지	유지 안됨
행동	훈련	가능	약간 가능
	길들이기	가능	불가능
	유아기 행동	유지	유지안됨
	짖기	짖음	거의 짖지 않음
	문제해결	소유자에 의지	스스로 해결
사냥	코트 색상	다양	흰색, 검정, 회색, 빨강, 황갈색의 혼합
	사냥 순서	비준수	준수
번식	번식방법	선택적 교배	자연 교배
	성적 성숙	6~9개월	18~24개월
	번식 횟수	2회/년	1회/년
사회성	사회화 범주	인간사회집단의 구성원 (다른 애완동물 포함)	늑대 팩
	사회화 지속유무	지속적 사회화	사회화 중지

2 늑대의 가축화 가능성

　　개와 늑대는 모두 갯과(canis lupus)에 속하며 생김새도 서로 비슷하다. 그런데 개는 '인간의 가장 좋은 친구'인 반면, 늑대는 야생에 살며 쉽사리 길들여지지 않는다. 케트린 로드 미국 매사추세츠대 진화생물학과 교수팀은 늑대가 어린 새끼 시절 주변 환경에 관심을 갖기 시작하는 사회화 시기가 감각이 발달하는 시기와 어긋나기 때문에 길들일 수 없다는 사실을 밝혀냈다(Lord, 2013). 개와는 달리 새끼 늑대는 오감이 어떤 순서로, 언제 발달하는지 지금까지 자세히 알려진 바가 없었다. 개와 같은 종이기 때문에 막연히 비슷하리라 추측만 하고 있었다. 이를 위해 로드 교수팀은 11마리의 늑대 새끼들의 오감이 발달하는 순서를 관찰했다. 둘째 주에 후각, 넷째 주에 청각, 그리고 여섯째 주에 시각이 순차적으로 발달했다. 강아지의 오감 발달과 큰 차이가 없었으나 주변 환경에 관심을 갖기 시작하는 시기는 강아지와 새끼 늑대가 서로 달랐다. 실험에 이용한 43마리의 강아지는 후각과 청각, 시각이 모두 발달한 후에야 비로소 돌아다니며 주변 사물을 익히기 시작하였으며 늑대는 후각만 발달한 둘째 주부터 활발하게 주변 환경을 인식하기 시작했다. 그런데 여기서 차이가 발생하기 시작한다. 새끼 늑대는 이미 냄새가 익숙해진 대상이라도 청각과 시각이 발달하면 또다시 익숙해지는 시간이 필요했다. 결국 새끼 늑대는 낯선 대상에 익숙해지는 데 강아지보다 많은 시간이 걸리기 때문에 사람과 친해지기가 어려웠던 것이다. 이 연구를 주도한 로드 교수는 "유전자의 차이가 아니라, 유전자가 발현하는 시기의 차이가 개와 늑대의 차이를 만든 것"이라고 설명했다.

3 개의 퇴화 기능

　　개가 늑대로부터 이어받은 사회적 행동 중 일부는 퇴화가 진행 중이다. 늑대는 영역을 표시하기 위하여 용변을 영역 내에 남기는 본능을 가지고 있다. 현대의 개도 자기 영역을 확실하게 표시하기 위한 용변 보기 행동이 남아있으나 그 기능을 상실해가고 있다. 땅파기 행동은 늑대나 코요테가 남은 먹이를 보관하기 위한 방법이 개에게 유전된 것으로 이것 또한 퇴화된 기능이라 하겠다.

요약

Chapter 1: 개의 기원

지구상에 퍼져 있는 모든 개의 조상은 1만 4,000여 년 전 동아시아에서 길들여진 늑대이다.

선조를 확인한 10종은 사이트 하운드, 센트 하운드, 작업 및 경비견, 플러싱 스패니얼, 워터 스패니얼 및 리트리버, 포인터, 테리어, 목양견, 애완 및 반려견, 그리고 북방견이다.

개는 자기 의지에 따라 인간 사회에 정착한 존재이다.

Chapter 2: 가축화

〈프란시스 골턴의 가축화 조건〉

1. 튼튼해야 한다.

2. 천성적으로 사람을 잘 따르고 좋아해야 한다.

3. 생활환경에 대한 욕구가 너무 높지 않아야 한다.

4. 고대인들에게 유용성이 커야 한다.

5. 자유로운 번식이 가능해야 한다.

6. 사육이나 관리가 쉬워야 한다.

〈제러드 다이아몬드의 안나 카레니나의 법칙〉

1. 초식성

2. 성장 속도

3. 감금 상태에서 번식시키는 문제

4. 골치 아픈 성격

5. 겁먹는 버릇

6. 사회적 구조

사육 동물의 후손들은 인간의 유용성에 따라 인위 선택된다. 가축화되는 동물들은 외모가 변화되나 유전적 장벽에 의해 제한된다.

Chapter 3: 늑대와 개

유전자의 차이가 아니라, 유전자가 발현하는 시기의 차이가 개와 늑대의 차이를 만든다.

03

개의 특성

Part 03

개의 특성

🐾 **학습목표**

· 개의 감각기관들의 특성을 이해한다.

· 개의 인지·정서 능력을 이해한다.

Chapter 1 개의 감각

1 시각

인간의 눈이 가진 가장 두드러진 특징은 조정 능력이다 (이상원, 2005). 디옵터란 수정체의 조정 능력을 표시하는 광학 단위인데 이 조정 능력은 초점을 맞춰 바라볼 수 있는 능력을 의미한다. 개는 수정체의 조정 능력이 현저히 떨어져 가까운 광원에 맞추어 원근을 조절하지 못하기 때문에 대개 2~3디옵터를 넘지 못한다. 즉, 그 부분의 빛을 받아들이는 데 관여하는 망막세포가 상대적으로 적기 때문에 30~60센티미터 거리의 대상에 대해서만 초점을 맞출 수 있어서 더 가까이 있는 대상은 잘 보이지 않는다. 눈의 크기는 인간이나 개 모두 비슷하지만 인간의 동공은 캄캄한 방에 있을 때나 흥분했을 때 혹은 두려워할 때는 9밀리미터까지 확대되고, 밝은 태양 아래 있거나 아주 편안한 상태일 때는 1밀리미터까지 수축한다. 그러나 개의 동공은 빛의 강도나 흥분 정도와 상관없이 3밀리미터에서 4밀리미터로 비교적 고정적이다. 또한 동공의 크기를 조절하는 근육을 홍채라고 하는데, 인간의 홍채는 동공과 다른 색을 띠는 반면 개의 홍채는 동공과 같은 색이다. 개가 순수하다거나 애처롭게 느끼는 이유가 바로 여기에 있다. 인간의 홍채는 공막의 정중앙에 위치하며 이러한 눈의 해부학적 구조로 우리는 언제나 다른 사람이 보는 곳을 볼 수 있다. 동공과 홍채가 방향을 가리키고 공막의 양이 그 방향을 강조해주기 때문이다. 반면 개의 눈은 동공과 홍채를 부각시키는 공막이 없고 동공이 뚜렷이 구분되지 않기 때문에 개가 관심을 보이는 방향이 어느 쪽인지 알기가 쉽지 않다. 측면 및 전체 시야에서도 종마다 차이가 많이 난다. 인간의 눈은 정면을 바라보게 되어 있어 시야가 180도를 이루며, 왼쪽과 오른쪽 눈의 시야가 많이 겹친다. 3차원으로 대상을 인식하자면 반드시 눈이 두 개여야 하고 시야가 겹쳐 깊이를 파악할 수 있는 영역이 최대로 되어야 한다. 개의 눈은 인간보다는 약간 측면에 치우쳐 있다. 덕분에 뒤쪽을 조금 더 많이 볼 수 있어서 전체 시야가 넓어지지만 그 대가로 양쪽 눈의 시야가 겹치는 영역은 좁아진다. 코가 긴 견종의 경우에는 코가 시야를 방해하여 두 눈 시야가 겹치는 부분뿐 아니라 전체 시야도 줄어든다. 품종에 따라 머리 크기는 다르지만 눈 크기에는 별다른 차이가 없다. 양안 시각은 눈이 머리 앞쪽에서 얼마나 떨어져 있느냐에 따라 달라진다. 인간의 양안 시각은 140~160°인 반면 개의 양안 시각은 60~116°이다. 인간의 총 시야각은 180°인 반면 개의 시야각은 단안 시각인 86~90°를 포함하여 240~290°이다. 보르조이는 양안 시각 50°를 포함하여 총 290°의 시야각을 가지며, 페키니즈는 양안 시각 110°를 포함하여 총 220°의 시야각을 가진다(Mery, 1970). 어린 강아지는 시각이 성숙되는 4개월까지는 물체를 식별하는데 어려움을 겪게 된다(Campbell, 1992).

영장류는 하나의 시각 세포가 하나의 신경절을 형성한 뒤 뇌에 신호를 전달한다. 그러나 개와 같은 동물은 시각 세포 네 개를 하나의 신경절로 묶는다. 이는 개 신경절의 밀도가 인간에 비해 훨씬 낮다는 것을 의미한다. 눈에서 뇌로 전달되는 신경 섬유의 총개수를 비교해 보면 개의 경우 17만 개, 인간의 경우 120만 개다. 그러나 개는 시력을 포기하는 대신 야간에 잘 볼 수 있게 되었다. 망막을 통과한 빛은 망막 조직에 삼각형 모양으로 반사된다. 개의 망막 뒤쪽에는 반사판이라는 세포막이 있는데 개 사진을 찍으면 눈이 밝게 나오는 이유가 타페텀 루시둠(tapetum lucidum)이라는 반사판 때문이다(Plonsky, 1998). 일종의 거울 역할을 하는 반사판은 눈에 들어온 빛을 망막 세포를 통해 반사한다. 빛은 최소한 두 번 망막에 부딪히는데, 상이 더 또렷해지는 것이 아니라 상을 보이게 해주는 빛의 양이 증대되는 효과가 있다. 그러나 이 과정에는 영상을 흐릿하게 만드는 부작용이 생기며 특히 해 질 무렵에 더욱 심해진다. 개는 이러한 시각 체계 덕분에 밤이나 낮은 조명에서도 더 잘 볼 수 있어 인간보다 약 3배 정도 약한 빛에서도 물체를 볼 수 있다(Bradshaw, 1992).

갯과 동물의 망막은 광수용세포의 분포와 작업 속도에서 작은 차이가 있다. 광수용세포의 분포는 개가 먹이를 쫓거나 색을 구분하지 못하고 바로 앞에 있는 사물을 보지 못하는 것과 관련이 있다(McGreevy, Grassi, Harman, 2004). 작업 속도는 TV에 개가 전혀 관심을 보이지 않는 것과 관련이 있다. 우리 눈은 앞쪽을 향해 있고 망막에는 중심와(中心窩, fovea, 광수용세포가 풍부한 중심부)가 있다. 망막 중앙에 많은 세포들이 밀집해 있다는 것은 우리가 정면에 있는 대상을 아주 자세하고 선명하게 볼 수 있다는 것을 의미한다. 중심와는 영장류에게서만 나타나며 개에게는 중심역(area centralis)이라는 것이 있다(구세희, 2011; Mowat, Petersen-Jones, Williamson, Williams, Luthert, Ali, & Bainbridge, 2008). 중심역이란 수용체가 중심와 보다는 적지만 눈의 주변부에 있는 것보다는 많은 중앙의 넓은 영역을 일컫는다. 개는 품종에 따라 망막 모양이 굉장히 달라서 주둥이가 짧은 품종들은 중심역이 발달되어 있다. 퍼그의 중심역은 거의 중심와 수준으로 발달되어 있으나 시각 선조(visual streak)의 밀도가 낮다. 시각선조는 시각 띠라고도 부르며 망막에서 가장 높은 시력의 영역으로 단일 지점이 아니라 망막을 가로지르는 길쭉한 줄무늬를 말한다. 주둥이가 짧은 종일수록 시각 선조의 밀도가 낮고 주둥이가 긴 종일수록 밀도가 높다. 시각 선조의 밀도가 높은 개는 더 멀리까지 볼 수 있고, 시야도 훨씬 선명하며, 인간보다 주변 시야도 넓다. 중심역이 발달한 개는 얼굴 정면에 있는 물체를 더 정확하게 볼 수 있다. 개는 움직임에 대단히 예민한 동물인데 정지한 물체의 경우 그 존재를 인식하려면 400미터 거리 내에 있어야 하지만 움직이는 물체라면 800미터 떨어진 것도 금방 인식할 수 있다. 본디 동물은 포식자로부터 몸을 숨기기 위해 주변 환경에 섞여든다. 그러나 이러한 위장술도 움직일 때는 소용이 없다. 그래서 늑대들은 움직임을 감지하는 시각적 능력이 매우 뛰어나다.

위스콘신 의과 대학의 제이 니츠 팀의 연구 결과에 의하면 비록 색맹 수준이기는 해도 개는 분명히 색을 인식한다는 점이 밝혀졌다(Neitz, Geist, & Jacobs, 1989). 인간은 무지개의 모든 색을 구분할 수 있는데 세부 인식과 색 구별에 관여하는 추상체(원추 세포)가 있기 때문이다. 세 종류의 추상체는 각각 빨간색, 파란색, 초록색 파장에 반응한다. 그러나 영장류를 제외한 대부분의 포유류에게는 추상체가 두 종류뿐이다. 개도 추상체가 노랑과 파랑 두 종류뿐이며 세포의 양도 인간보다 적다(Neitz, Geist, & Jacobs, 1989). 개들은 노란빛이 도는 초록과 보라에 해당하는 파장에 가장 민감하다. 결국 개들은 (빨강 – 주황 – 노랑 – 초록)과 (파랑 – 보라)를 볼 수 있으며 흰색이 회색과 다르다는 것을 안다(Miller & Murphy, 1995). 동일 스펙트럼 내에서는 각각의 색상이 가지고 있는 명도의 차이를 이용해서 색을 구별한다. 개의 눈에 빨간색은 흐릿한 초록색처럼 보이고 노란색보다는 진해 보일 것이다. 하지만 각 집단 내의 색들을 구분하지는 못한다. 노란색과 초록색 그리고 빨간색을 구분하지 못하고 파란색과 보라색을 다르게 보지 않는다. 개들은 다양한 색을 경험하지 못하기 때문에 특정한 색을 선호하는 일도 드물다. 빨간색 혹은 파란색 풍선을 보고 흥분하는 것은 흐릿한 개의 시야에 그 두 가지 색이 유난히 눈에 띄기 때문이다. 잔디 위에 놓인 맑은 빨간색 공과 주황색 공은 우리 눈에는 선명하게 보이지만 개에게는 구분되지 않는다. 배경이 초록이라면 보라색 공이나 파란색 공을 선택하는 편이 훨씬 좋을 것이다. 그러나 색깔이 다른 물건을 골라내는 훈련을 시키면서 빨강과 노랑, 혹은 주황과 초록을 사용한다면 성공 가능성이 극히 낮게 된다. 개는 부족한 추상체 수에 대한 약점을 다수의 간상체로 대신한다. 간상체는 대게 빛이 부족하거나 빛의 밀도에 변화가 생길 때 반응한다. 우리 눈에 있는 간상체는 주변부에 밀집해 있고 시야 가장자리에서 움직이는 물체를 인식하거나 해 질 녘이나 밤에 추상체의 반응이 느려질 때 도움을 준다. 보통 개는 인간의 간상체보다 세 배 정도 많다. 개의 간상체는 물체가 움직일 때 매우 민감하게 반응하며 1.6Km의 거리에서 흔드는 손을 볼 수 있다(Messent, 1979; Mery, 1970). 공룡 시대 후반기에 처음으로 포유류가 나타났을 때 유일한 생존 틈새는 밤 시간이었을 것이라고 추정한다. 따라서 최초의 포유류는 어떤 희생을 치르더라도 야간에 잘 보이는 눈을 가져야 했다. 그런데 색 인식을 결정하는 원추 세포는 희미한 빛에는 그리 민감하지 못하다. 반대로 빛에 예민한 망막의 간상세포는 색깔을 전혀 구분하지 못한다. 결국 초기 포유류는 더 많은 간상세포를 위해 원추 세포를 포기한 것이다. 개의 지각, 경험, 행동에서 나타나는 이 모든 차이는 갯과 동물들 안구 뒤쪽에 있는 세포 분포의 작은 차이에서 비롯된다. 모든 포유동물의 간상체와 추상체는 세포 안에 있는 색소를 변화시켜 빛의 파동을 전기 신호로 바꾼다. 이 전환 과정에 걸리는 시간은 굉장히 짧지만 그 시간 동안은 세포가 외부에서 더 이상의 빛을 받아들일 수 없다. 외부에서 들어온 시각 정보의 깜박거림 정도를 감지하는 정도를 점멸 융합률(flicker-fusion rate)이라고 한다. 우리 눈에 세상은 1초 동안 연속하는 60개의 고정 이미지가 깜박거리는 것처럼 비친다. 60/sec가 인간의 점멸 융합률이며 개의 융합률은 우리보다 훨씬 높은 70~80/sec다.

② 청력

인간의 청각 범위는 20Hz에서 20KHz까지이며, 인간의 소리는 100Hz에서 1KHz 사이에서 전달된다(Messent, 1979). 개는 인간의 유모 세포(柔毛 細胞-일종의 청각 세포)로는 감지하기도 힘든 40Hz에서 60KHz의 소리를 탐지할 수 있다(Case, 1999; Elert, & Condon, 2003; Harrington, & Asa, 2003). 개는 이렇게 높은 소리를 내지 않지만 작은 설치류는 그러한 소리를 낸다. 결국 개의 청각 범위는 고음을 내는 먹잇감을 찾기 위한 포식 동물의 적응 결과라 할 수 있다. 인간은 1도 정도 차이가 나는 두 방향에서 들리는 소리를 구분할 수 있다. 말이나 소, 염소는 20~30도 정도 차이 나는 두 곳에서 들리는 소리도 잘 구분하지 못하지만 개는 8도 정도만 떨어져 있다면 구분할 수 있다. 일반적으로 뇌는 양쪽 귀에 도달하는 소리의 상대적 크기 혹은 양쪽 귀에 처음으로 소리가 들리기 시작했을 때의 시간 차이를 이용해 방향을 알아낸다. 개도 인간처럼 소리의 방향을 찾기에 유리한 두뇌 구조를 가지고 있다. 정밀 측정 결과 개는 왼쪽 귀와 오른쪽 귀에 소리가 도달하는 시간 차이가 55마이크로초(100만분의 1초)만 되어도 방향을 충분히 찾아낸다고 한다. 개와 인간은 두뇌에만 의존하는 또 다른 소리 방향 찾기 수단을 가지고 있다. 두뇌 회로가 나중에 전해지는 반향 신호를 완전히 무시해 버리는 덕분으로 두뇌는 몇 밀리초(1,000분의 1초) 차이로 들려오기 시작하는 소리가 반향이라는 것을 알고 이를 분석에서 빼 버리는 것이다. 개를 대상으로 한 연구에서도 강아지가 발달 과정에서 반향 신호를 삭제하는 능력을 가지게 된다는 점이 밝혀졌다. 또한 개의 귀는 대부분 소리가 나는 곳에서 귀 안쪽으로 연결되는 통로를 더 잘 열기 위해 외부 귓바퀴가 회전한다.

또한 외이의 아래쪽에 열려있는 주머니 같은 구조가 있는데 이것을 헨리 주머니(Henry's Pocket)라고 부르는데 모든 고양이에게 있으며 개의 경우에는 차우차우, 보스턴 테리어, 코기, 퍼그 등 귀가 서 있거나 털이 짧은 일부 견종들이 가지고 있다. 그 기능에 대해서는 아직까지 정확히 밝혀지지 않았으나 고음을 감지하는 데 도움을 주며 귀를 접거나 피는 것을 용이하게 하기 위한 것으로 알려져 있다. 모색과 관련된 유전적 요인으로 선천적인 난청이 발생할 수 있다. 달마시안은 10~12%가 색소결핍으로 선천적인 난청이 발생한다.

3 후각

개는 다른 많은 동물과 마찬가지로 후각을 통해 주변 세상을 이해하고 기억한다. 개는 종과 상관없이 대부분 후각능력이 뛰어나다. 외부 정보를 뇌까지 가장 빠르게 전달하는 경로는 바로 코로 개의 코에 있는 수용체는 냄새 분자를 잡아내는 미세한 솜털로 덮여있으며 이 수용체는 전구 모양으로 생긴 후각 망울(olfactory bulb)에 있는 신경에 직접적으로 연결돼있다. 개의 뇌에 있는 후각 망울은 크기 면에서 여덟 번째로 큰 부분이며 비율적으로만 봤을 때 인간 뇌의 중앙 시각 처리 센터라 할 수 있는 후두엽 돌출부보다도 크다. 후각 망울이라는 커다란 신경 세포 다발이 코의 점액선 바로 위에 포진해 있다. 이것의 기능은 1차 수용 세포가 전해 주는 후각 신호를 처리하는 것이다. 뇌는 인간에 비해 10배나 작은데 개의 후각 망울은 인간에 비해 3배나 더 크다. 1차 신경 세포의 수도 인간에 비해 40배나 더 많다. 점액선은 위치에 따라 서로 다른 화학 특성을 가지고 있어서 특정 분자 형태를 더 잘 흡수할 수 있는데 한 부분에서는 수용성 물질을 다른 부분에서는 지용성 물질을 더 잘 흡수하게 된다. 자연계에 존재하는 몇몇 화학 물질 쌍은 모든 점에서 똑같고 다만 서로의 2차원 거울상이라는 점만이 다르며 이를 입체 이성질체(stereoisomer)라고 한다. 그러나 정확성을 측정하면 그 결과는 기대 이하인데 이는 어떤 화학적 구성이냐에 따라 감지 능력이 달라지기 때문이다. 특정 유기 화합물에 대해서는 인간보다 농도의 몇 백분의 1만 되어도 개가 충분히 냄새를 맡는다. 심지어는 몇 백만 분의 1만 되어도 가능한 경우도 있다. 개는 한꺼번에 뒤섞여 풍겨 오는 냄새들 중에서 자기가 관심 있는 냄새를 찾아내어 구별하는 능력이 있다. 인간의 경우 코의 감각 수용체는 5백만 개이지만 개는 약 2억 2천만 개를 가지고 있다(Dodd, 1980). 견종 중에서 후각능력이 뛰어난 브러드하운드는 3억 개의 후각 수용체를 가지고 있다(Core, & Hodgson, 2007). 고양이는 약 5,000만 개 정도의 후각세포를 가지고 있어서 개보다는 못하지만 사람보다는 뛰어나다.

견종별 후각 수용체의 수

종	후각 수용체의 수(백만)
인간	5
닥스훈트	125
폭스 테리어	147
비글	225
저먼세퍼드	225
브러드 하운드	300

출처: http://www.dummies.com/how-to/content/understanding-a-dogs-sense-of-smell.html

또한 냄새는 시간을 남기는데 연구에 의하면 개는 인간의 한 발자국과 다음 발자국의 미묘한 냄새의 차이를 구별할 수 있다는 연구결과도 있다(Hepper, & Wells, 2005). 개가 어떻게 냄새를 맡는지에 대한 후각 기관의 흐름 역동성을 연구한 결과도 있다(Craven, Paterson, & Settles, 2010). 냄새 맡는 행위에 대해 특수 사진 판독법에 의해서 드러났지만 코에서 내뿜는 약한 바람이 그 위로 공기 기류를 만들어냄으로써 더 많은 새로운 냄새가 안으로 빨려 들어갈 수 있게 돕기 때문이다(구세희, 2011). 개는 숨을 내쉬면서 자연스럽게 작은 기류를 만들어 내는데 그것이 들숨의 속도를 높여준다. 코 내벽 조직은 아주 미세한 세포 내 수용체로 완전히 덮여있는데, 각각의 수용체마다 하나의 코털이 마치 병사처럼 지키고 서서 특정한 모양의 분자를 이동하지 못하도록 돕는다.

개에게는 보습코기관(Vomeronasal organ) 또는 야콥슨기관(Jacobson's organ)을 통해 냄새를 인식하는 추가적인 방식이 있다(이한기, 2002; Adams, & Wiekamp, 1984). 보습코기관은 코중격이라 부르는 코의 바닥을 따라 입천장 즉 경구개 위쪽에 자리 잡고 있다(Case, 1999). '보습코(vomeronasal)'에서 'vomer'라는 단어는 콧속의 감각세포가 들어 있는 작은 뼛조각을 설명하는 말이며 플레멘 반응(Flehmen Reaction)은 윗입술을 들어 올려 입천장의 야콥슨기관을 통해 냄새를 감지하는 행위를 말한다. 파충류에서 처음 발견된 보습코기관은 입 위쪽에 있는 특수한 주머니로 분자를 감지하는데 이용되는 많은 수용체로 뒤덮여 있다. 파충류는 길을 찾아가고 짝을 찾는데 이 기관을 이용한다. 도마뱀이 혀를 던지듯 내미는 것은 맛을 보거나 냄새를 맡기 위함이 아니라 화학적인 정보를 끌어가기 위함이다. 페로몬이라는 이 화학물질은 동물에게서 분비되는 호르몬으로서 같은 종의 동물에게 감지된다. 페로몬은 종종 액체를 매개체로 해서 운반되는데, 특히 소변은 어떤 동물이 짝짓기 대상으로 간절히 원하고 있는 특정 이성에게 개인적인 정보를 보내는데 대단히 뛰어난 매체 역할을 한다(Natynczuk et al., 1991). 개는 코를 촉촉하게 유지하는 데 그 이유 또한 보습코기관 때문이다(Mason, LeMaster, & Muller-Schwarze, 2005). 보습코기관을 가진 동물은 대부분 코가 젖어 있다. 킁킁거림이 냄새 분자를 비강 안으로만 끌고 들어가는 것은 아니다. 작은 분자 조각들이 축축한 코의 외부 조직에 들러붙기도 한다. 일단 그곳에 분자들이 들러붙으면 용해되어 내부 운송기관을 통해 보습코기관으로 이동한다(Sommerville, & Broom, 1998).

- **주화성(chemotaxis, 走化性):**
주성은 생물체가 외부에서 받는 자극에 의해 이루어지는 방향성이 있는 운동으로 생물이 어떤 자극에 대하여 몸 전체를 움직여서 그 자극에 접근하거나 피하는 성질을 말한다. 주화성은 화학물질의 농도 차가 자극을 받아 나타나는 주성(走性)으로 음식물이나 이성의 탐지에 도움이 된다. 예를 들면 파리는 암모니아에, 나방류의 수컷은 암컷이 분비하는 유인물질로, 주화성에 가까이 끌린다. 화학주성이라고도 한다.

영국 경찰견인 블러드하운드는 개 중에서도 후각이 가장 발달한 종류에 해당된다(Lindsay, & Voith, 2000; Sommerville, & Broom, 1998). 몸의 많은 특징이 특별히 강한 후각을 키울 수 있도록 도와주고 있기 때문이다. 머리를 약간만 흔들어도 귀가 펄럭이면서 더 많은 냄새가 콧속으로 들어가게 만들어 주며 끊임없이 흘러내리는 침은 보습코기관으로 더 많은 액체가 흘러들어가게 하는 완벽한 역할을 한다. 바셋하운드는 다리가 짧아 머리가 거의 바닥에 닿아 있다. 보습코기관과 개의 코는 정기적으로 그 역할을 바꾸면서 콧속으로 들어오는 향기를 신선하게 유지한다.

미국의 도그타임에서 발표한 후각 능력에 대한 개의 순위는 다음과 같다(Thornton, 2013).

10위 포인터(Pointer)

사냥꾼들은 포인터의 새를 찾는 능력에 대해서 감탄을 하며 모든 포인팅 품종이 좋은 후각을 가지고 있다고 생각한다. 포인터는 새를 찾기 위한 넓게 개발된 콧구멍과 길고 깊은 머즐을 가지고 있다.

9위 저먼 쇼트헤어드 포인터(German Shorthaired Pointer)

저먼 쇼트헤어드 포인터는 뛰어난 후각과 훈련 능력을 가지고 있다. 머리를 위로 들고 탐색하는 포인터와 다르게 큰 갈색 코를 땅에 가까이하여 땅에서 나는 강한 냄새를 추적한다.

8위 쿤하운드(Coonhound)

쿤하운드 품종들은(블랙 앤 탄(Black and Tan), 플루틱(Bluetick), 잉그리쉬(English), 프로트(Plott), 리드본(Redbone), 트링 워커(Treeing Walker)) 냄새를 맡는 형태는 다르지만 매우 효과적인 후각 능력을 가지고 있다. 다른 품종들은 다소 오래된 흔적을 추적하기 때문에 평온한 코(cold-nosed)라고 부르는 반면 쿤하운드 품종들은 가장 최근의 신선한 흔적을 추적하기 때문에 열정적인 코(hot-nosed)라고 한다.

7위 잉글리시 스프링어 스패니얼(English Springer Spaniel)

가장 인기 있는 잉글리시 스프링어 스패니얼 품종은 현장형(field-type)과 쇼형(Show-type)이 있다. 현장형의 스프링어는 현장에서의 후각 능력 때문에 적갈색 또는 검은색의 넓은 콧구멍을 가지고 있는 것을 사냥꾼들은 선호한다. 잉글리시 스프링어 스패니얼은 폭발물, 마약, 위조지폐, 벌집, 유적 등 다양한 냄새를 감지 위한 훈련을 받고 있다.

6위 벨기엔 말리노이즈 (Belgian Malinois)

벨기엔 말리노이즈는 수색과 구조견으로 활용하기 위하여 일반적으로 군대와 경찰에서 선호하는 품종이다. 이 품종은 매우 예민한 후각을 가지고 있는 것으로 알려져 있어 폭발물, 암을 탐지하는데 뛰어난 능력을 가지고 있다.

5위 래브라도 리트리버 (Labrador Retriever)

래브라도 리트리버는 미국에 가장 인기 있는 품종이다. 좋은 반려견 이외에도 뛰어난 후각 능력을 가지고 있는 것으로 알려져 있다. 래브라도 리트리버는 방화, 약물, 폭발물 탐지와 같은 탐지 관련 임무를 수행할 수 있다.

4위 저먼 셰퍼드 (German Shepherd)

목양견으로 알려져 있는 저먼 셰퍼드는 2억 2만 5천만 개의 후각 수용체를 가지고 있는 것으로 알려져 있다. 잘 알려져 있는 능력 중의 하나는 공기 중의 냄새를 탐지하는 능력이다. 코를 땅에 대고 있는 것보다는 바람에 의해서 전달되는 인간의 냄새를 더 잘 탐지할 수 있다. 저먼 셰퍼드는 경찰, 군대, 수색 및 구조 단체에서 활용하고 있다.

3위 비글(Beagle)

비글은 하운드 그룹에서 가장 작은 견종 중의 하나이지만 저먼 셰퍼드만큼의 후각 수용체를 가지고 있다. 대부분의 작은 하운드들은 공기와 대지의 냄새를 탐지한다. 비글의 뛰어난 후각 능력은 사냥꾼과 공항에서 필수품을 탐지하기 위하여 세관에서 활용하고 있다. 비글은 잠깐의 탐지활동으로도 90% 이상의 탐지 성공률과 거의 50종의 다른 냄새를 탐지할 수 있다.

2위 바셋하운드(Basset Hound)

프랑스가 원산지인 바셋하운드는 냄새를 추적하기 위하여 개량되었다. 프랑스어로 바스(BAS)는 낮다는 뜻으로 바셋하운드는 코를 땅에 가까이 대고 냄새를 맡는다. 또한 길고 무거운 귀는 땅에 있는 냄새를 후각능력이 뛰어난 코로 올려 보내기 위하여 땅을 쓸면서 다닌다. 목 밑의 처진살(듀랩(dewlap))은 냄새를 더욱 잘 탐지할 수 있도록 도와준다. 미국켄넬클럽에 의하면 바셋하운드는 브러드하운드 다음으로 가장 뛰어난 후각 능력을 가지고 있다고 한다.

1위 블러드하운드 (bloodhound)

이 거대한 품종은 3억 개의 후각 수용체를 가지고 있다. 사람의 자취를 추적하는 능력이 우수한 것으로 유명할 뿐만 아니라 그 증거가 법정에서도 인정될 만큼 신뢰할 수 있다. 블러드하운드는 지상에서 냄새를 추적할 수 있을 뿐만 아니라 공기 중의 냄새도 추적할 수 있다. 바셋하운드의 사촌인 것처럼 크고 긴 머리를 가지고 있는 완벽한 추적견으로 개발되었다. 블러드하운드는 크고 개방된 콧구멍으로 냄새를 맡고 지상의 냄새를 공중으로 올리기 위하여 긴 귀를 사용하고, 느슨한 목살이 망토역할을 해서 냄새를 모아주고 유지시켜준다. 더군다나 블러드하운드의 체력과 지구력은 뛰어난 추적견으로 만들어 준다.

④ 미각

미각은 진화적 관점에서 매우 오래된 감각이다. 생명체가 어떤 물질을 섭취할 때 어떤 물질은 음식으로 제공되고, 일부는 경고 메시지를 주며, 어떤 물질은 손상이나 죽게 될 수도 있다. 생물이 진화하면서 이러한 미각 시스템은 점점 전문화되고 정교해졌다. 맛에 의해서 제공되는 즐거움과 혐오감은 생존 기능에 매우 중요하다. 나쁜 맛은 해롭거나 소화되지 않거나 유독함을 발견할 수 있는 신호이며 좋은 맛은 유용하고 소화 가능한 물질이라는 신호이다. 따라서 개의 생존을 위해서 맛을 느끼는 미각이 빠르게 발달해야 하는 감각이 되는 것은 너무나 당연한 것이다. 어린 강아지가 태어나서 촉각, 미각, 후각을 가지고 있는 것처럼 보이지만 미각은 완전히 발달하기 위해서는 여러 주가 요구된다. 인간과 마찬가지고 개의 미각은 미뢰(taste buds)라는 특별한 수용체에 달려있다. 미뢰는 유두(papillae)라고 부르는 혀의 표면에 있는 작은 융기물에서 찾을 수 있다. 미뢰는 입천장과 목이 시작되는 후두개와 인두가 있는 입의 뒤쪽에도 존재한다. 동물의 미각 감도는 후각이 후각 수용체의 수에 의존하는 것처럼 미뢰의 수와 유형에 따라 다르다. 인간은 미뢰가 약 9,000개가 있다면 개는 단지 1,700개 정도 가지고 있다. 참고로 고양이는 약 470개의 미뢰를 가지고 있다.

개는 인간과 마찬가지로 단맛, 짠맛, 쓴맛, 신맛을 느낀다(Lindemann, 1996). 개가 지각하는 단맛은 우리와 약간 다르다. 짠맛은 개의 단맛 지각을 강화한다. 개의 혀에는 단맛 수용체가 많이 분포되어 있으며, 포도당에 비해 자당이나 과당이 수용체를 더욱 활성화시킨다. 식물이나 과일이 익었는지 안 익었는지를 구별할 줄 알아야 하는 잡식성 개에게 유리하게 작용한다. 개의 단맛 미뢰는 퓨라네올(furaneol)이라는 화학물질에 반응한다. 이 화학물질은 여러 과일과 토마토에서 발견된다. 개의 입천장과 혀에 있는 염기 수용체는 인간이 느끼는 순수한 짠맛은 지각하지 못한다. 개는 육식동물로 야생에서 음식의 대부분이 고기였으며 고기에는 나트륨 함량이 높기 때문에 개의 야생 조상들은 이미 충분한 양의 소금을 가지고 있어 소금 수용체나 소금에 대한 강한 열망을 키우지 못했다. 개는 완전한 육식성은 아니지만 일반적으로 육식동물로 분류된다. 즉, 고기뿐만 아니라 식물도 먹는다는 것을 의미한다. 그럼에도 불구하고 야생에서 개의 식단은 80% 이상이 고기가 될 것이다. 이러한 이유 때문에 단맛, 짠맛, 신맛, 쓴맛 외에 육류, 지방 그리고 육류 관련 화학물질에 알맞은 특정 맛 수용체가 있다. 기본적인 맛을 위한 미뢰는 혀에 똑같이 분포되어 있지 않다. 단맛은 혀의 앞쪽과 옆쪽 부분에서 가장 잘 느낀다. 신맛과 짠맛을 느끼는 미뢰는 옆쪽 부분에 있지만 짠맛을 느끼는 부분은 다소 작다. 혀의 뒷부분은 쓴맛에 가장 민감하다. 고기 맛은 혀의 상단에 흩어져 있지만 앞쪽 2/3에 가장 많이 분포되어 있다. 개는 쓴맛을 싫어한다. 쓴맛을 느끼는 미뢰가 혀의 뒤 쪽 1/3에 분포되어 있어 충분한 씹기 활동이 있어야만 그 맛을 느낄 수 있다. 개와 고양이 그리고 다른 육식동물들이 가지고 있는 물을 느낄 수 있는 미뢰도 가지고 있다. 인간은 이 미뢰를 가지고 있지 않다. 물맛을 느끼는 미뢰는 혀의 끝에 존재한다. 이 부분은 항상 물에 반응하지만 특히 짠 음식이나 단 음식을 먹으면 물맛에 대한 민감도가 증가한다. 그 이유는 체내의 체액을 균형 있게 유지하기 위한 것으로 추측되며 이러한 진화는 개가 육식동물이기 때문에 매우 유용했을 것이다.

5 촉각

촉각은 통증, 온도, 압력 등을 느끼는 감각으로 신경을 통해 뇌로 전달되고 정서적 교감에 중요한 역할을 한다. 개와 인간이 가지고 있는 오감 중 촉각이 가장 유사하다. 촉각은 출생 시부터 가지고 있는 감각으로 강아지는 따뜻함과 영양을 위한 어미 개의 젖꼭지를 찾는 데 사용된다. 갓 태어난 강아지는 본능적으로 모유가 잘 나오도록 어미 개의 젖꼭지를 발로 밀어 자극하고 어미 개도 강아지를 핥아주고 자극한다. 이 양방향 과정은 강아지에게 안전함과 따뜻함 그리고 먹이를 제공받을 수 있는 정서적 유대를 형성하게 할 뿐만 아니라 이러한 유대가 인간에게로 옮겨질 수 있다. 강아지를 처음부터 쓰다듬고 껴안으며 몸 전체를 만져주면 인간과의 사회적 유대 관계를 발달시킬 수 있다. 매일 강아지를 만져주면 인간의 손길을 좋은 것으로 받아들여 만지거나 손질하는 것을 힘들어하지 않게 된다. 특히 인간의 손길은 개에게 진정 효과를 준다. 개의 심박수를 줄이고 스트레스를 낮추어 준다. 인간과 개 사이의 접촉은 개와 인간 모두에게 편안함을 제공한다.

사람과 개는 촉각을 느끼는 기능이 약간씩 다르다. 사람의 경우는 털이 동물보다 적기 때문에 직접적으로 신체적인 자극을 뇌로 전달된다. 그러나 개는 털이 많기 때문에 1차적으로 털이 중요한 감각 기관이 된다. 개는 눈 위와 주둥이 그리고 턱 아래에 주변의 기류 변화를 감지하는 수염이 있다. 이 수염이나 비브리사(Vibrissae)는 피부에 단단히 고정되어있으며 그 기저에는 수용 세포가 있다. 이것은 개의 얼굴이나 눈에 가까이 오는 물체에 대해서 경고하는 기능을 하는 것으로 개를 목욕한 후 드라이어로 얼굴의 털을 말릴 때 개가 보이는 이상 반응과 밀접한 관련이 있다. 이 수염이나 비브리사는 고양이, 쥐, 곰 및 물개를 포함하여 다양한 동물에서 발견된다. 수염 외에도 개에는 피부에 다른 유형의 감각(고통, 신체 움직임 및 위치, 온도, 압력 및 화학 자극)을 구분할 수 있는 5가지의 촉각 수용체가 있다. 개에 가장 민감한 부분은 척추와 꼬리 부분이다. 코는 반려동물에게 매우 예민한 부위로 코를 자꾸 만지거나 또는 코에 안 좋은 기분을 전달하게 되면, 개는 정서적으로도 불안하고 안 좋은 감정을 가지게 된다. 귀도 상당히 예민한 부분으로 귀를 함부로 만지거나 괴롭히는 행동은 좋지 않다. 또 항문도 매우 예민한데 항문낭을 짜줄 때 너무 세게 짜거나 할 경우 이것이 계속해서 반복되면, 항문 주위를 만질 때 경계를 하거나 공격성을 나타낼 수도 있다. 개의 발 패드는 패드 사이 피부만큼이나 매우 민감하다. 아주 살짝 잡아당기거나 때리는 것만으로도 대부분의 개에게 큰 아픔을 줄 수 있다. 심하게 뭉친 패드 사이의 털은 아픔을 줄 수 있기 때문에 제거해 주는 것이 좋다. 겨울철에 얼음이나 눈, 길가에 뿌려진 화학물질과 염분이 자극을 줄 수 있어 불편함을 유발할 수 있다.

개의 인지

☑ 개의 지능

2006년 캐나다 브리티쉬 컬럼비아 대학교의 심리학 교수인 스탠리 코렌은 개의 지능에 등급을 매긴 연구 결과를 발표하였다(Coren, 2006). 연구는 개와 함께 사는 주인, 훈련사, 수의사들에게 질문지를 보낸 후에 받은 답변을 분석하여 개의 지능에 등급을 매겼다. 등급을 매긴 기준은 본능적 지능(instinctive intelligence), 문제 해결 지능(adaptive intelligence), 복종 지능(working and obedience intelligence)이다. 본능적 지능은 각 견종의 본연의 임무를 수행할 수 있는 능력과 관련되며 문제 해결 지능은 개 스스로 문제를 해결할 수 있는 능력을 의미한다. 복종 지능은 인간으로부터 학습할 수 있는 개의 능력을 의미한다. 스탠리 코렌은 3가지 지능 중에서 특히 복종 지능을 중심으로 기술하였다. 보더콜리(Border collie)는 상위 10종에 지속적으로 이름을 올린 견종이며, 아프간하운드(Afghan Hound)는 지속적으로 가장 하위 견종으로 이름을 올린 견종이다(Coren, 2006). 이러한 분류에 의해 최상위에 속한 견종은 보더콜리(Border collie), 푸들(Poodle), 저먼셰퍼드(German Shepherd), 골든리트리버(Golden Retriever), 도베르만 핀셔(Doberman Pinscher)이다. 그러나 최근 견종의 순위는 개 지능의 훈련 능력(trainability) 관점에서 견종 간의 차이를 설명하는 것이 가장 바람직하는 견해가 수용되고 있다(Csányi, 2005; Davis, & Cheeke, 1998; Miklósi, 2009).

개 지능을 측정하는 또 다른 방법은 이러한 순위 결정에 일반적인 형태를 고려하는 것이다(Helton, 2009). 즉 행동적 정보를 사용하는 것이 아니라 견종의 훈련 능력을 결정하기 위해서 개의 형태학(morphology)을 사용하는 것이다. 개의 두부 지수(두개골의 너비와 길이의 비율)를 기초로 장두형(dolichocephalic), 중두형(mesocephalic), 단두형(brachycephalic)으로 분류한다. 장두형 견종은 해부학적으로 달리기와 관련된 분야에 더욱 적합하며, 단두형 견종은 싸움과 관련된 분야에 적합하다고 할 수 있다.

가장 영리한 견종은 명령을 5회 이내에 수행할 수 있으며 첫 번째 명령에서 95% 이상을 수행할 수 있다는 것을 의미한다(Coren, 1995).

1. 보더콜리 (Border Collie)

2. 푸들 (Poodle)

3. 저먼셰퍼드 (German Shepherd)

4. 골든 리트리버 (Golden Retriever)

5. 도베르만 핀셔 (Doberman Pinscher)

6. 셔틀랜드 십독 (Shetland Sheepdog)

7. 라브라도 리트리버 (Labrador Retriever)

8. 파피용 (Papillon)

9. 로트와일러 (Rottweiler)

10. 오스트레일리아 캐틀 독 (Australian Cattle Dog)

가장 영리하지 못한 견종은 명령을 80회 이상 반복해야 수행하며 첫 번째 명령에서 30% 이하의 수행 능력을 보이는 견종을 의미한다 (Coren, 1995).

70. 시츄 (Shih Tzu)

71. 바셋하운드 (Basset Hound)

72. 마스티프 (Mastiff)

비글 (Beagle)

73. 페키니즈 (Pekingese)

74. 블러드하운드 (Bloodhound)

75. 보르조이 (Borzoi)

76. 차우차우 (Chow Chow)

77. 불독 (Bulldog)

78. 바센지 (Basenji)

79. 아프간하운드 (Afghan Hound)

☑ 개의 언어 습득 능력

카민스키와 동료(2004)들은 콜리 종인 리코가 단어를 배우는 과정을 통해서 개의 언어 습득 능력을 밝혀냈다(이소영, 2012; Kaminski, Call, & Fischer, 2004). 실험은 방에 열 개의 물건을 놓고 연구진이 물건의 이름을 말하면 리코가 그 물건을 가져오는 식으로 이루어졌다. 물건을 바꿔가며 여러 번 반복한 이 실험은 높은 성공률을 기록했다. 리코는 200개 이상의 단어를 기억했다. 이 실험에서 가장 놀라운 것은 리코가 **표상 대응 능력**을 지니고 있다는 사실이었다. 표상 대응 능력이란 새로운 단어와 낯선 대상을 연결해 어휘를 확장시켜 나가는 것으로 두 살 이상의 어린이들에게서 발달하는 능력이다. 연구진은 리코 앞에 리코가 이름을 아는 물건 일곱 개와 리코가 한 번도 본 적이 없는 물건 한 개를 섞어놓았다. 그런 다음에 리코에게 모르는 물건의 이름을 대며 그것을 가져오라고 했다. 이 실험은 매우 빠른 속도로 진행되었는데 리코는 들어본 적 없는 그 단어가 8개의 물건 중에 자기가 한 번도 본 적이 없는 물건임을 빠르게 추론한 후 그 물건을 가져왔다. 이를 통해 개는 두 살 이상 어린이와 동일한 언어 능력을 지니고 있다는 사실이 입증되었다. 또한 한 달 뒤 리코를 다시 실험실로 데려왔을 때 연구자들은 리코가 시간이 지나도 익힌 단어를 계속 기억한다는 사실을 발견했다. 이는 그 단어를 습득했다는 것을 의미한다.

☑ 개의 적응력

지능은 추론을 바탕으로 또는 이전의 경험에서 얻은 것을 통해 새로운 문제를 해결하는 능력인 적응력이라고 정의할 수 있다(이소영, 2012). 지능이 주요 기준이 적응력이라면 지능은 환경에 따라 달라진다. 차니(2005)의 연구에 따르면 늑대는 숲에 잘 적응하고, 개는 인간의 집에 잘 적응한다. 그런 이유로 늑대보다 개가 사람과 더 잘 소통하는 것이다(Csányi, 2005). 플로리다 대학교의 모니크 유델과 동료들(Udell, Dorey, & Wynne, 2008)은 늑대와 개를 대상으로 인간과 같은 사회적 인지를 위해서는 가축화가 반드시 필요한 것인지를 알아보기 위해서 실험을 실시하였다. 먼저 실험을 위하여 다음과 같이 5개의 집단으로 나누었다. 1. 친숙한 사람에 의해서 야외에서 평가된 늑대, 2. 친숙한 사람에 의해서 야외에서 평가된 개, 3. 낯선 사람에 의해서 야외에서 평가된 개, 4. 낯선 사람에 의해서 실내에서 평가된 개, 5. 낯선 사람에 의해서 실내에서 평가된 보호소의 개. 실험은 동물로부터 2.5m 거리에 서있는 사람이 자신의 좌우로 0.5m 떨어져 있는 깡통을 손으로 가리켰을 때 그 동물들이 사람이 가리키는 곳으로 가는지를 알아보는 것이었다. 실험 결과 친숙한 사람과 함께 야외에서 평가된 늑대가 가장 좋은 성적을 거두었고, 그다음이 낯선 사람과 함께 야외에서 평가된 개, 마지막이 보호소의 개였다. 이 실험을 통해서 동일한 조건에서는 늑대가 개보다 일부 문제를 더 잘 해결하며, 사람과 함께 살면 늑대와 개 모두 지능이 자극받는다는 것을 알 수 있었다.

☑ 개의 이미지 분류 능력

랑게와 동료들(Range, Aust, Steurer, & Huber, 2008)은 개가 사람이 하는 다양한 일을 해낼 수 있다는 사실을 입증했다. 연구자들은 터치 모니터 앞으로 개를 데려가서는 사진 두 장을 동시에 보여 주었다. 한 쪽은 풍경 사진, 다른 한쪽은 개 사진이었다. 모니터에 발을 대 사진을 선택하는 법을 가르친 후에 몇 마리에게는 풍경 사진을 고르면 먹을 것을 주고, 다른 몇 마리에게는 개 사진을 고르면 먹을 것을 주었다. 그런 다음 개에게 연습할 때와는 다른 개 사진과 풍경 사진을 보여 주었다. 그러자 훈련받은 대로 풍경 사진을 선택했던 개는 풍경 사진을 선택했고 개 사진을 선택했던 개는 개 사진을 계속해서 골라냈다. 이는 개가 시각적으로 이미지를 분류하고 새로운 상황에 자신의 지식을 전이할 수 있음을 의미한다. 개가 실제로 이미지를 인식했느냐는 알 수 없지만 개도 사람과 마찬가지로 복합적인 이미지를 분류하고 각각 다른 범주에 배치할 수 있다는 것을 의미한다.

☑ 개의 모방능력

개는 사람을 통해 학습할 줄 아는 사회적 지능을 가지고 있다. 토팔과 동료들(Topál, Byrne, Miklósi, & Csányi, 2006)은 네 살 된 장모종 셰퍼드인 벨기안 테뷰런종인 필립이 관찰만으로 사람의 행동을 따라 할 수 있다는 증거를 제시했다. 연구자들은 바닥에 있던 병을 다른 곳으로 옮긴 뒤 필립에게 따라 해 볼 것을 요청했을 때 필립은 연구자를 따라서 병을 옮겼다. 이는 개가 모방하는 능력이 있다는 사실을 의미한다. 개는 시각적 관찰을 통해 물건을 옮기는 일련의 동작을 인지할 수 있는 것이다. 강아지들은 어른 개보다 사람을 훨씬 더 잘 모방한다(이소영, 2012). 사람을 포함해 모든 동물의 습득 가능성은 어릴 때 더 높기 때문이다. 이런 이유로 모든 동물은 너무 일찍 어미에게 떨어져서는 안 되며 어미가 젖을 주면서 어른을 모방하고 권위에 복종하는 법 등을 새끼에게 가르치기 때문이다. 어미에게서 일찍 떨어진 동물은 공격성과 지배적인 행동, 반사회적인 행동을 더 많이 보인다.

☑ 개의 상황 지각능력

빈 대학교의 크리스티네 슈바프와 루트비히 후버(Schwab, & Huber, 2006)는 개 16마리와 주인을 대상으로 실험을 했다. 주인이 개에게 엎드리라고 한 뒤 다른 일을 할 때 주인이 개에게 주의를 기울이는지 그렇지 않은지에 따라 개의 행동이 어떻게 달라지는지를 알아보는 실험이었다. 주인이 엎드리라고 한 뒤 계속 개를 지켜보면 개는 바닥에 그대로 엎드려 있었다. 하지만 주인이 책을 읽거나 TV를 보거나 등을 돌리거나 방에서 나가면 슬쩍 일어섰다. 이 결과는 개가 사람의 시선이나 몸짓, 얼굴 방향 등 다양한 요소를 관찰하면서 주인이 자기에게 주의를 기울이는지 그렇지 않은지를 지각한다는 사실을 보여준다. 2005년에 브라이언 헤어와 마이클 토마셀로의 연구(Hare, & Tomasello, 2005)에 따르면, 개는 사람들의 의도와 보내는 메시지를 침팬지보다 더 쉽고 더 완벽하게 해석해 낸다고 한다. 또한 개들이 낯선 사람들에 대한 태도를 달리하는 이유는 해당 인물에 대한 주인의 마음을 읽기 때문이다(Duranton, Bedossa, & Gaunet, 2016). 개들은 낯선 사람이 다가올 경우 그 인물에 대해 주인이 보이는 반응에 따라 자신의 반응 또한 결정하는 경향을 가지고 있다. 이는 1~2세 정도의 인간 영유아에게서도 관찰되는 '사회적 참조'(social referencing) 현상과 동일한 것이다. 발달 심리학에 따르면 이 시기 유아들은 본인의 능력으로 해석하기 어려운 상황이 주어질 때 해당 상황에 대한 부모의 반응을 참조해 자신의 반응을 변화시키게 된다. 개들 또한 이러한 행동을 보인다는 점을 확인하기 위해 간단한 실험을 진행했다. 개와 주인에게 낯선 사람(실험자)을 다가가도록 한 뒤 개들의 행동을 분석한 것이다. 개들은 낯선 사람이 접근할 경우, 그에 대한 자신의 태도를 스스로 결정하기에 앞서 해당 사람에 대한 주인의 태도를 먼저 살폈다. 개들은 주인과 실험자를 번갈아 바라봤으며 주인을 향해 '참조를 위한 쳐다보기'(referential looks) 행동을 취했다. 이후 주인으로 하여금 실험자로부터 물러나거나 반대로 다가가도록 지시한 뒤 두 가지 상황에서 개가 보이는 행동을 서로 비교해 보았다. 그 결과 주인이 뒤로 물러날 경우 개들이 실험자에게 시선을 돌리는 속도가 월등히 빨라졌으며, 주인과 실험자가 실제 접촉하는 시점까지 실험자를 주시하는 시간 또한 훨씬 길었다. 개들의 이러한 사회적 참조 행동은 성별과 품종에 따라서 그 정도가 서로 다르게 나타났다. 우선 수컷보다는 암컷들이 주인을 통해 정보를 얻으려는 경향을 더 많이 보였다. 또 목양견들에 비해 마스티프나 불독 등 주로 경비견으로 활약하며 덩치가 큰 몰로서(Molosser) 계통 개들은 주인과 별개로 독립적 판단을 내리는 성향이 더 강했다.

☑ 연역적 추론

개가 연역적 추리를 통해 장난감을 찾을 수 있음도 밝혀졌다. 에르도헤지와 동료들(Erdöhegyi, Topál, Virányi, & Miklósi, 2007)은 똑같은 그릇 두 개를 엎어놓고 그중 한 개에만 장난감을 넣어두었다. 그런 다음 빈 그릇을 들어 올려 그곳에 장난감이 없음을 개에게 보여 준 후 장난감을 가져오라고 말하자 개는 정확하게 장난감이 든 그릇을 선택했다. 장난감을 가져오라는 말의 의미를 아는 개는 한 쪽 그릇에 장난감이 없는 것을 보고서 다른 그릇에 장난감이 있다고 추론한 것이다. 이를 통해 개는 배제를 통한 연역적 추론을 할 수 있음을 밝혀졌다. 또한 연구자들은 사람이 시선, 몸짓 등의 소통 신호를 보내면 개는 더 이상 추론하지 않고 사람의 신호를 따른다는 것도 밝혀냈다.

☑ 수학적 능력

2007년 워드와 스무츠는 개에게 소시지 덩어리가 가장 많이 든 그릇을 고를 수 있는 능력이 있는지를 실험하기 위해 개 20여 마리에게 각각 다른 양의 소시지가 담긴 접시 두 개를 보여 준 뒤 뚜껑을 닫았다(Ward, & Smuts, 2007). 그런 다음 개에게 원하는 것을 고르게 했다. 냄새가 판단에 영향을 미치지 못하도록 조치한 후 실험을 실시했다. 실험이 시작되자 모든 개는 어김없이 소시지가 많이 담긴 그릇을 선택했다. 이 실험을 통해서 개가 이미지를 떠올려 양을 비교하는 능력이 있음이 확인되었다.

☑ 개의 사람 인식

아다치와 동료들(2007)은 모니터 앞에 개를 앉게 하고 목소리와 함께 사진을 보여 주었다(Adachi, I., Kuwahata, H., Fujita, K., 2007). 주인의 목소리를 들려주면서 주인의 사진을, 낯선 사람의 목소리를 들려주면서 낯선 사람의 사진을 보여 주었다. 이어서 주인의 목소리와 낯선 사람의 목소리를 들려주면서 주인의 사진을 보여 주었다. 마지막으로 주인의 목소리와 낯선 사람의 목소리를 들려주면서 낯선 사람의 사진을 보여 주었다. 그 결과, 주인의 목소리가 들리는데 낯선 사람의 사진이 보이면 개는 깜짝 놀랐다. 반면에 주인의 목소리가 들리면서 주인의 사진이 보이면 사진을 오랫동안 바라보았다. 이 실험 결과는 개가 주인의 모습을 시각적인 이미지로 기억한다는 것이다. 주인의 목소리가 들리면 개는 기억하고 있는 주인의 이미지를 형상화시키는데 보이는 얼굴이 자기가 기억해 낸 주인의 얼굴과 같지 않아서 깜짝 놀란다는 것이다. 개는 사람을 기억하는 데 냄새나 목소리 같은 물리적 요소가 반드시 필요한 것은 아니다. 또 다른 실험으로 나가사와 동료들(2011)은 개가 인간의 표정을 구별할 수 있는가에 대하여 실험을 하였다(Nagasawa, Murai, Mogi, & Kikusui, 2011). 9마리의 개가 웃는 얼굴 사진과 무표정한 얼굴 사진을 구별하기 위하여 참여하였다. 두 사진을 구별하는 훈련을 통과한 6마리의 개가 최종 실험에 참여하였다. 첫 번째 실험은 개가 전에 본 적이 없는 웃는 사진과 무표정한 사진으로 구성된 10세트의 사진을 준비하여 실험한 결과 웃는 사진을 선택한 것이 유의미하게 많았다. 두 번째 실험에서는 개가 전에 만난 적이 없는 20명(남 10명, 여 10명)의 두 가지 종류의 사진 10세트를 보여주었다. 실험 결과 전혀 만난 적이 없는 사람이라도 주인과 동일한 성을 가진 사람의 사진을 선택하는 것에서는 차이가 없었다. 그러나 주인과 성이 다른 사람에 대해서는 현저하게 정확도가 떨어졌다. 이 실험을 통해, 개가 인간과 동일한 시각 처리 체계를 가지고 있는지는 확인할 수 없지만 주인의 사진을 보면서 웃는 얼굴과 무표정한 얼굴을 구별하게 하는 것이 가능하다는 것을 확인하였다. 그레고리 번스 미국 에모리대 심리학부 연구원 팀은 개 뇌의 측두엽이 인간이나 다른 개의 모습을 인식하는 데 사용된다는 사실을 밝혔다(Dilks, Cook, Weiller, Berns, Spivak, & Berns, 2015). 지금까지 인간이나 영장류만 타인이나 다른 종의 얼굴을 인식하는 데 관여하는 뇌 부위를 갖고 있는 것으로 알려졌다. 그러나 연구를 통해 다른 동물에게도 얼굴을 인식하는 신경세포가 있다고 밝혀진 적은 있지만 뇌의 한 영역 전체가 활성화된다고 밝혀진 동물은 개가 처음이다. 연구팀은 개가 기능성 자기공명 영상(fMRI) 장치 안에서 진정된 상태로 움직이지 않고 있을 수 있도록 훈련시켰다. 그런 다음 fMRI 안에 있는 개에게 인간, 개 그리고 일상에서 볼 수 있는 물건의 사진이나 동영상을 보여주면서 뇌의 반응을 촬영했다. 실험에는 개 8마리가 투입됐고, 그중 6마리는 30초 이상 화면을 응시했다. 실험 결과 매일 보는 사물에 비해 사람이나 다른 개의 모습을 볼 때 뇌의 측두엽이 더욱 활발해진다는 사실이 드러났다. 개가 사람을 인지하는 행동이 먹이를 받아먹기 위한 보상 행동이었다면, 뇌의 보상회로가 활성화돼야 한다. 즉 개의 이런 능력은 학습된 것이 아니라 선천적이라는 것이다. 연구팀은 개의 측두엽을 '개의 얼굴 영역(DFA: Dog Face Area)'이라고 명명하였다. 개가 사람의 눈동자를 응시해 마음을 읽을 수 있는지를 실험한 연구가 있다. 아기 실험에서 6개월 정도 된 아기에게 자신을 부르는 사람이 나오는 영상을 보여주면, 아기는 그 사람의 고개나 눈동자를 따라 같은 방향을 바라본다고 한다. 다른 사람과 소통하기 위한 적응행동인데, 당시 실험에 사용한 영상에는 여자가 나오고 여자의 양옆에는 장난감이 두 개 놓여 있었다. 헝가리 중앙유럽대 오르노 테글라스 박사팀은 개를 텔레비전 모니터 앞에 앉혀놓고 아기 실험과 비슷한 영상을 보여줬다(Téglás, Gergely, Kupán, Miklósi, & Topál, 2012). 영상에는 탁자에 앉아 고개를 숙이고 있는 여자가 나오는데, 여자의 양쪽에 화분 두 개가 놓여있다. 두 영상에서 여자는 강아지를 향해 "안녕, 강아지"라고 말한 뒤 양옆에 있는 화분을 바라봤다. 하지만 첫 번째 영상에서는 고개를 들어 개를 쳐다봤고, 두 번째 영상에서는 고개를 아래로 숙여 개를 보지 않은 채 말했다. 실험에 참가한 개는 29마리로 영상 내용에 따라 16마리와 13마리로 나눠졌다. 연구자들은 두 가지 다른 영상을 본 개들이 어떻게 반응하는지 살폈다. 여자와 같은 방향을 보는지, 여자를 얼마나 오랫동안 응시하는지 정도를 측정한 것이다. 관찰 결과 첫 번째 영상을 본 16마리의 개들이 화면을 더 오래 응시하는 것으로 나타났다. 여자가 개를 직접 바라봤을 때 강하게 의사소통을 시도한다고 느꼈기 때문이다. 또 첫 번째 영상을 본 개들이 여자의 고개 움직임을 더 많이 따라갔다. 이 연구는 개들이 사람과 소통하는 능력이 있다는 걸 보여준 것이며 이 방식은 말을 배우기 전에 아기들이 다른 사람과 소통하는 방식과 비슷하다는 것을 의미한다. 여러 실험 결과를 통해서 개는 다양한 능력을 보유하고 있음을 확인하였다. 이러한 연구결과는 여러 분야에서 개가 중요한 일을 맡아서 할 수 있다는 근거가 되며 개의 활용 가능성이 무궁무진하다는 것을 의미한다.

Chapter 3 개의 정서

과거에 인간은 영혼이 있고 그 증거로 의식과 감정을 가지고 있다고 생각했다. 그러나 동물은 인간과 동일한 시스템을 가지고 있을지는 모르지만 영혼이 없기 때문에 진정한 감정을 경험할 수 있는 능력이 없다고 생각했다. 프랑스의 철학자이자 과학자인 르네 데카르트는 개와 같은 동물들은 단순한 어떤 종류의 기계라고 생각하였다. 최근 과학의 발전으로 개도 인간이 감정을 생성하는 동일한 모든 구조를 가지고 있다는 것을 알게 되었다. 개들도 동일한 호르몬을 가지고 있고 인간이 감정적 상태에서 이루어지는 동일한 화학적 변화를 겪게 된다. 예를 들면, 인간이 다른 사람에 대한 사랑과 애정을 느낄 때 분비되는 옥시토신이라는 호르몬이 개도 가지고 있다. 따라서 개도 인간과 유사한 감정을 가지고 있을 것으로 추측된다. 즉, 인간과 개의 감정적 범위가 동일하다는 것을 가정한다. 인간도 모든 가능한 감정을 가지고 있는 것은 아니다. 어느 시점에 발생한 사건에 대해서 자신의 감정을 온전히 느끼고 표현하는 것은 어려운 일이다. 연구에 의하면 유아와 어린아이들은 제한적인 감정의 범위를 가지고 있으며, 시간이 경과함에 따라 감정의 차별화가 시작되고 좀 더 복합한 감정 상태를 경험하기 된다. 많은 과학자들은 개의 마음이 2년에서 2년 6개월 된 인간 아이의 마음과 동일하다고 믿고 있다. 따라서 감정을 포함한 인간의 정신능력에 대한 연구결과를 통해서 개의 마음 능력을 확인할 수 있다. 영아는 흥분이라는 감정만을 가지고 태어나며, 이러한 흥분의 감정은 매우 평온한 상태에서 격분한 상태까지의 정도를 나타낸다. 생후 몇 주 동안 흥분상태는 그 반응에 따라 긍정적인 느낌과 부정적인 느낌을 경험하기 때문에 이후 만족과 고통이라는 일반적인 감정을 감지할 수 있게 된다. 이후 몇 달 동안 혐오, 두려움, 분노의 감정을 느끼게 된다. 기쁨은 거의 6개월 정도 되었을 때 나타나는 감정이다. 이후 수줍음이나 의혹의 감정을 느끼는 단계로 발전하게 된다. 진정한 애정의 감정은 9개월에서 10개월 사이에 느끼게 된다. 그러나 복잡한 사회적 감정은 상당한 시간이 지난 다음에 느끼게 된다. 부끄러움과 자존심은 3살 이후에 느끼게 되며 죄책감은 그로부터 6개월 정도 후에 나타난다. 경멸감은 거의 4세 이상이 되어야 느낄 수 있다. 이러한 영유아의 발달 과정은 개의 감정을 이해하는데 중요한 단서가 된다. 일반적으로 개들은 인간보다 훨씬 빠르게 발달 단계를 거치며 견종의 성숙 정도에 따라 4 ~ 6개월이 되면 모든 감정이 발달하게 된다. 그러나 이러한 감정의 발달이 인간의 2년에서 2년 6개월 이내로 제한되어 개는 기쁨, 두려움, 분노, 혐오감, 사랑의 모든 기본 감정을 가지게 된다. 현재까지의 연구결과에 의하면 개는 죄책감, 자부심 그리고 수치심 같은 복잡한 감정을 가지고 있지 않다.

시에라 네바다 대학(Sierra Nevada College)의 페트리샤 사이모넷 연구팀은 특정 호흡 또는 흥분한 호흡이 개의 웃음 형태라는 것을 발견했다(Simonet, 2001). 이 팀은 패러볼릭 마이크 (Parabolic Microphone)을 가지고 공원에서 놀고 있는 개의 소리를 녹음했다. 그 소리는 정상적인 호흡소리가 아닌 다른 호흡소리로 개가 평소와는 다른 파장의 특별한 "헥헥"소리를 내는 것을 발견한 것이다. 이 소리를 들은 다른 개들은 스트레스가 감소하였다. 또한 이 소리는 보호소의 개를 진정시키는데도 도움이 된다는 것을 확인하였다.

에머리 대학의 신경경제학 교수인 Berns는 2년간의 MRI 검사를 통해 개가 정서를 가지고 있는지에 대해서 연구를 실시하였다(Berns, 2013). Berns는 완전히 깨어있고 자유롭게 MRI 검사를 받을 수 있도록 12마리의 개를 훈련시켰다. 개는 말을 할 수 없기 때문에 일반적으로 행동 관찰에 의존한다. 그러나 MRI 검사는 직접 개의 뇌를 보고, 어떠한 행동적 제약을 우회함으로써 개의 내부적 상태를 알 수 있다. 2년간 다양한 실험을 실시하여 인간들이 사랑할 때 보여주었던 뇌의 변화들이 개가 자신의 주인에게 사랑을 느낄 때에도 똑같은 뇌의 변화를 보여준다는 것을 확인하였다. 이러한 연구를 통해서 개가 어린아이와 같은 정서를 가지고 있으며 인간과 비슷하거나 거의 동일한 정서를 느낀다는 것을 확인하였다. 오스트리아 비엔나 대학의 레인지 연구팀은 발을 들어 악수하기를 하면 간식을 주고 그렇지 않으면 간식을 주지 않는 악수하기 훈련을 습득한 그룹에 대해서 시험을 실시하였다(Range,

Horn, Viranyi, & Huber, 2009). 만약 다른 개가 보고 있는 상태에서 악수하기를 하지 못한 개에게 간식을 주면 다른 개들이 이 게임을 하지 않는다는 것을 알았다. 원숭이를 데리고 한 실험에서도 동일한 결과를 얻었다. 개와 원숭이 모두 협동적 사회에서 사는 동물이기 때문에 이러한 행동이 일어난 것으로 추측한다. 일반적으로 질투는 감정과 관련된 복잡한 인지 때문에 인간에만 고유한 것으로 여겨져 왔다. 그러나 기능적 관점에서 볼 때 침입자로부터 사회적인 유대를 보호하기 위해 진화된 감정은 개와 같은 다른 사회적 종에서도 존재할 수 있다. 반려견의 질투를 조사하기 위하여 인간의 유아 연구 패러다임을 활용한 연구 결과 질투는 인간의 유아에도 존재하고 인간 이외의 다른 사회 종에 존재하는 몇 가지 "원시" 형태를 가지고 있다고 한다(Harris, & Prouvost, 2014). 또 다른 연구로 제3자가 주인을 대하는 태도에 따라 제3자를 어떻게 취급하는지 알아보는 실험을 하였다(Chijiiwa, Kuroshima, Hori, Anderson, & Fujita, 2015). 54마리의 개를 18마리씩 3그룹으로 나눈 다음 주인이 캔 사료를 따지 못해 당황하는 상황을 연출한 뒤 제3자에게 3가지 상황을 부탁했다. 3가지 상황은 첫째, 제3자가 주인의 요청에 의해서 캔을 열어주는 것을 도와준 경우, 둘째, 제3자가 주인이 요청을 하지 않고 잠시 후 외면한 경우, 셋째는 제3자가 주인이 요청을 하였는데도 외면한 경우이다. 3가지 경우에 대해서 반려견에게 간식을 준 뒤 반응을 관찰했다. 실험 결과 반려견은 주인에게 호의적이지 않는 사람의 간식은 선택하지 않았다. 이 실험을 통해서 개는 자신의 이익과 관계없는 상황에서 제3자를 감정적으로 평가함으로써 불쾌한 사람을 회피한다는 것을 확인하였다.

개는 사람의 슬픈 감정을 공감할 뿐만 아니라 사람을 돕기 위해 빠르게 행동한다(Sanford, Burt, Jeyers-Manoer, 2018). 실험에는 다양한 견종, 크기, 연령의 성견 34마리와 주인이 자원했다. 실험 대상을 두 그룹으로 나누고, 주인과 반려견을 옆방에 분리해서 실험을 진행했다. 반려견과 주인 사이에 있는 문은 자석으로 고정되어 있어 반려견이 쉽게 열 수 있도록 했다. 그리고 문에 큰 유리창을 달아서 반려견이 주인을 볼 수 있게 해주었다. 한 그룹은 주인이 옆방에서 우는 목소리로 "도와줘"라고 15초 간격으로 말하게 했고 다른 그룹은 옆방에 있는 주인이 평소 말투로 15초 간격을 두면서 "도와줘"라고 말하고 노래를 흥얼거리게 했다. 반려견의 절반 정도가 주인에게 달려갔다는 점에서 두 그룹에 차이가 없었지만, 우는 주인보다 흥얼거린 주인에게 가는 시간이 4배 더 오래 걸렸다. 첫 번째 그룹에서 7마리가 문을 열고 옆방에 있는 주인에게 갔으며 두 번째 그룹에서 9마리가 주인에게 가서, 두 그룹 모두 비슷한 수치를 보였다. 다만 시간에서 우는 주인의 반려견들은 평균 23.43초 만에 주인에게 간 반면 평소와 같은 말투로 말한 주인에게 가는 데는 평균 95.89초가 걸렸다. 이 실험과 함께 연구에 참여한 개에 대해서 심장 박동 수 변화를 통해 스트레스를 측정했는데 우는 주인을 위해 문을 연 반려견들이 열지 않은 개들보다 더 낮은 스트레스 반응을 보였다. 반면에 평소 말투로 말한 주인 그룹에서는 문의 개폐와 스트레스 반응 사이에 연관성이 없었다. 개들은 인간과 동일한 방식으로 슬퍼하지는 않지만 무리의 구성원이 죽으면 슬픔을 경험한다. 만약 여러분의 가정에 누군가가 죽으면 함께 사는 개는 식욕 상실, 두려움, 우울증, 수면 부족이나 수면과다, 불안 등 괴로운 징후를 보이면서 반응할 수 있다. 1996년 미국 동물 학대 방지 협회에서 실시한 실험에서 함께 생활한 가족을 잃은 개는 일반적으로 2주 정도면 정상으로 돌아오지만 일부는 회복되기 위해서는 6개월 정도 걸리는 것을 확인하였다.

☑ 개의 성격

개의 성격 형성은 선천적인 부분과 후천적인 부분으로 나눌 수 있다. 태어날 때부터 가지고 있는 성격 기질은 견종의 고유 특성으로 바꾸거나 변화시킬 수 있는 것이 아니다. 그러나 그 이후는 노력 여하에 따라 성격의 변화가 가능하다. 특히, 생후 3주에서 14주까지는 성격에 매우 큰 영향을 줄 수 있는 사회화 시기이기 때문에 어미 및 형제자매 개와 잘 지낼 수 있도록 해주면 사교적인 성격의 강아지로 성장할 가능성이 크다. 또한 입양 후 주인의 성격이 개의 성격 형성에 매우 중요한데 그와 관련된 연구결과를 소개한다. 개 주인 132명과 반려견들을 대상으로 철망 다리를 건너거나, 기우뚱한 단 위에 올라서게 하거나, 복면을 한 타인이 접근하는 등 위험상황에서 반려견의 스트레스 호르몬인 코티솔 수치를 측정했다(Schöberl, Wedl, Beetz, & Kotrschal, 2017). 신경과민 주인의 반려견은 코티솔의 수치 변화를 보이지 않았다. 이는 이미 스트레스 상황에 대처하는 데 실패한 것을 의미한다. 코티솔 수치가 크게 변한다는 것은 스트레스를 줄이기 충분한 회복력이 있다는 것을 의미한다. 세심한 돌봄을 받지 못한 반려견이나 분리 불안을 가진 반려견의 경우도 스트레스 대처 능력이 떨어진 것으로 나타났다. 이는 주인이 비관적이거나 신경과민이기 때문에 다르게 행동하게 되고, 반려견이 주인의 감정을 읽고 세상을 위험하다고 생각하게 되어 그것에 더 반응하게 된다고 연구팀은 설명했다. 또한 비관적인 사람이 키우는 개는 다른 개보다 스트레스에 대처하는 능력이 떨어지는 것처럼 보이며 일반적으로 느긋한 주인의 반려견은 느긋하고 친근한 경향이 있다고 하였다. 반려견 주인의 감정 상태에 민감하기 때문에 '정서 전이(emotional contagion)'가 이루어져 느긋한 성격의 개도 신경과민인 주인을 만나면 성격이 매우 예민하게 바뀐다. 미국 텍사스 오스틴대 연구팀이 개 78마리를 관찰한 결과 사람처럼 개성이 뚜렷하다는 점을 밝혔다. 부지런함·게으름, 우호적·공격적, 불안정·안정, 똑똑함·어리석음 등 4가지 항목을 기준으로 유형화할 수 있다고 한다(Gosling, Kwan, John, 2004).

개의 성격을 테스트하는 방법에 대한 연구를 소개한다. 호주 시드니대학과 미국 위키미디어 재단이 참여한 연구팀이 개 40마리를 대상으로 긍정적인지 부정적인지 확인하는 실험을 실시하였다(Starling, Branson, Cody, Starling, & McGreevy, 2014). 연구팀은 이들 개에 특정 옥타브의 소리를 들려주고 우유를 줬다. 잠시 시간이 흐른 뒤 다시 2음조 높은 다른 소리를 들려줬고 이때에는 물을 줬다. 이런 실험 과정은 개가 소리와 우유의 관계를 완전히 이해할 때까지 진행됐다. 이후 먼저 들려줬던 두 소리와 어느 쪽도 가깝지 않은 완전히 모호한 소리를 들려줬을 때 개의 반응에 따라 성격을 파악하는 것이다. 이때 우유를 줬을 때와 같은 반응을 보인 개를 '낙관적'이라고 간주했다. 개에 따라서는 물을 줬을 때와 같은 소리를 들려줘도 우유와 같은 반응을 보이는 경우도 있었는데 이는 '아주 낙관적'인 성격을 갖고 있는 것이라고 판단했다. 이 연구를 이끈 시드니대학의 멜리사 스탈링 박사는 "실험 결과는 비관적인 개보다 낙관적인 개가 더 많은 것으로 나타났다"고 밝혔다. 또한 개의 수면 유형에 따라 개의 성격을 파악할 수 있는 방법이 있다(Chang, 2016). 개의 수면 유형을 옆으로 누워서 자는 자세, 포근한 여우처럼 말고자는 자세, 슈퍼맨 자세, 다리 들고 자는 자세, 배를 바닥에 데고 자는 자세, 기절하듯 자는 자세로 나누었다. 옆으로 누워서 자는 개는 낙천적이며 충직한 성격을 가지고 있다. 여우처럼 자는 개는 얌전하고 다루기 쉬면 부드러운 성격을 가지고 있다. 슈퍼맨 자세로 자는 개는 에너지가 넘치고 의욕이 넘치는 개다. 다리를 들고 자는 개는 느긋하고 태평한 성격을 가지고 있다. 배를 바닥에 데고 자는 개는 에너지가 넘치고 모험심이 강하며 놀기를 좋아하는 개다. 기절하듯 자는 개는 자존감이 높고 어떠한 상황에도 잘 적응하는 경향이 있다.

요약

Chapter 1: 개의 감각

개의 망막 뒤쪽에는 타페텀 루시둠이라는 세포막이 있어 인간보다 약 3배정도 약한 빛에서도 물체를 볼 수 있다.

개들은 (빨강 – 주황 – 노랑 – 초록)과 (파랑 – 보라)를 볼 수 있다.

개는 40Hz에서 60KHz의 소리를 탐지할 수 있다.

개의 코에 있는 전구 모양의 수용체인 후각 망울이 인간에 비해 20배 이상 많아 인간보다 농도의 몇 백분의 1만 되어도 개가 냄새를 맡을 수 있다.

개에게는 코의 바닥을 따라 입천장, 그러니까 경구개 위쪽에 있는 보습코기관을 통해 냄새를 인식할 수 있는 능력을 배가시킨다.

개는 짠맛, 단맛, 쓴맛, 신맛, 감칠맛을 느낀다.

Chapter 2: 개의 인지

개의 지능은 훈련 능력의 관점에서 분류한 것과 형태적 일반성에 따라 분류하는 방법이 있다.

개는 새로운 단어와 낯선 대상을 연결해 어휘를 확장시켜 나가는 표상 대응 능력을 가지고 있다.

동일한 조건에서 늑대가 개보다 일부 문제를 더 잘 해결할 수 있으며 사람과 함께 살면 늑대와 개 모두 지능이 자극받는다.

개도 복합적인 이미지를 분류하고 각각 다른 범주에 배치할 수 있다.

개는 모방 능력이 있어 시각적 관찰만으로도 물건을 옮기는 일련의 동작을 수행할 수 있다.

개도 연역적 추론을 할 수 있다.

Chapter 3: 개의 정서

개도 어린아이와 같은 정서를 가지고 있으며 인간과 비슷하거나 거의 동일한 정서를 느낀다.

Part
04
개의 학습과 훈련

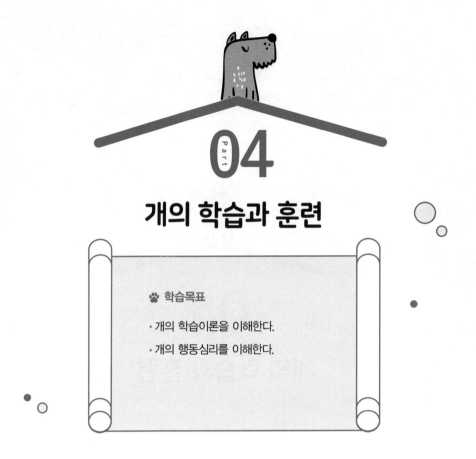

Part 04

개의 학습과 훈련

🐾 학습목표

· 개의 학습이론을 이해한다.

· 개의 행동심리를 이해한다.

Chapter 1 개의 학습

모든 동물은 생존을 위해서 학습 능력을 가지고 있다. 학습 능력은 계속 변화하는 세상을 헤쳐 나가는 방법으로 수백만 년 동안 서로 완전히 다른 생태적 지위 속에서 독자적으로 진화했다. 이는 개에게도 적용되는 것으로 행동 성향에 부합하고 생존에 중요하다고 여겨지는 것에 대해서는 학습이 가능하나 기본적인 행동 성향에 상반되는 일이라면 그 어떤 상을 준다고 해도 사실상 학습이 불가능하다. 개는 사회적 상호 작용에 관심이 많은 동물로 사회적인 의미가 담긴 규칙이라면 개에게 가르치기가 쉽지만, 사회적 변수가 무시된 규칙이나 그 종이 적응해 온 진화적 특성과 상반되는 규칙을 가르치는 것은 대단히 어려운 일이다. 먹이가 여러 곳에 있고 그 위치도 계속 바뀌는 생태적 환경 속에서 진화해 온 동물들은 한 가지 방식을 계속 고집하는 것은 먹이를 찾는 데 유용한 전략이 아니다. 즉, 이전에 주로 먹이를 구하던 곳이 이제는 전혀 쓸모가 없으며 풍부한 먹이 원천이 새로이 확보되었다는 점이 명백하지 않다면 기존의 습관을 쉽게 버리지 않는다. 따라서 확률적 가능성이 높은 쪽을 선택함으로 어느 한 쪽의 상이 항상 더 좋다는 점이 반복되면 학습이 가능하다. 늑대는 체벌이 아닌 서로에 대한 관찰을 통해 학습한다. 개도 마찬가지로 인간의 반응을 예민하게 관찰한다. 개에게 벌을 주는 대신 어떤 행동이 보상받으며 어떤 행동은 보상받지 못하는지 스스로 알아차리게 하면 학습 효과를 극대화 시킬 수 있다. 즉, 개가 관찰력을 발휘할 수 있도록 해주어야 한다. 학습은 경험에 반응해 자신의 행동을 조정하는 자연스러운 신경계작용이다. 신경계가 있는 동물은 모두 이런 식으로 학습한다. 개는 체벌을 사회적인 행동으로 본다(이상원, 2005). 다시 말해 이는 사회적으로 우월한 존재가 지배력을 확인시키기 위해 행해지는 심리적인 표시이다. 베저민 하트(Hart, 1985; Hart, & Hart, 1988)는 개를 때리거나 목덜미를 움켜쥐는 등의 **상호 관계적** 체벌은 그 사유가 지배 — 복종 관계인 경우에만 효과를 거둘 수 있다고 하였다. 권력 싸움이 아닌 경우에, 특히 사회적 의미를 연결하지 못하는 체벌일 경우에는 객관적인 자연법칙처럼 보일 수 있도록 간접 체벌하는 것이 효과적이다. 개에게 체벌을 하는 경우에는 적절한 시점과 강도가 중요하다. 체벌이 효과를 거두려면 잘못된 행동과 거의 동시에 체벌을 가해야 한다. 또한 일단 체벌을 가하기로 했다면 제대로 효과를 거두게끔 해야 한다. 처음부터 효과를 거둘 만한 체벌을 가해야 한다는 것이다. 그러나 체벌이라는 것은 기본적으로 엔트로피의 법칙에 어긋나기 때문에 잘못된 행동을 하면 벌을 주는 것보다는 올바른 행동을 했을 때 상을 주는 편이 훨씬 효율적인 교육 방법이 된다. 개가 복종하지 않거나 우리가 가르치는 대로 배우지 못하는 것은 우리가 그들을 제대로 읽어내지 못하기 때문이다. 개들의 행동이 시작된 시점을 우리가 정확히 알지 못한다는 말이다. 클리커 훈련(Clicker Training)은 인간의 '순간'이 서로 다르다는 문제와 개가 특정 순간 무엇을 하고 있는지 제대로 느끼지 못하는 문제를 해결하기 위해 고안 된 훈련법이다(McGreevy, & Boakes, 2008). 이 훈련은 날카롭고 또렷하게 딸깍 소리를 내는 작은 도구를 이용해서 개가 원하는 행동을 하고 상을 기대하고 있을 때 딸깍 소리를 낸다. 이 소리는 인간의 순간을 개에게 정확히 알려주는 효과가 있다.

요약하면 당신이 개에게 바라는 행동을 명확하게 전달하고, 개에게 요청하는 내용과 방법에 일관성을 유지하고, 개가 임무를 성공적으로 완성하면 곧바로 그리고 자주 보상을 해주어야 한다(McGreevy, P. D., & Boakes, R. A. 2008). 좋은 훈련은 개의 내면을 이해하는 것, 즉 개가 인지하는 것이 무엇이며 무엇이 개에게 동기를 부여하는지 이해하는 데서 출발한다. 개가 무엇보다도 우선적으로 배워야 하는 것은 주인의 중요성이다. 주인이 어떤 행동을 싫어하는지 명확하게 전달하고 일관성 있게 그 행동을 하지 못하게 하여야 한다.

Chapter2 | 개의 학습을 위한 이론들

1 고전적 조건화

이반 페트로비치 파블로프(Ivan Petrovich Pavlov 1849 ~ 1936)는 러시아의 생리학자로 1902년에 타액이 입 밖으로 나오도록 수술한 개로 침샘을 연구하던 중에 사육사의 발소리만으로 개가 침을 흘리고 있던 것을 발견한 것을 계기로 고전적 조건화 실험을 실시했다. 고전적 조건화는 행동주의 심리학의 이론으로 특정 반응을 이끌어내지 못하던 자극(중성자극)이 그 반응을 무조건적으로 이끌어내는 자극(무조건자극)과 반복적으로 연합되면서 그 반응을 유발하게끔 하는 과정을 말한다. 우리에겐 파블로프의 개 실험으로 잘 알려져 있다. 개가 침을 흘리는 것처럼 생체가 본래 가지고 있는 반응을 **무조건 반응**(UCR; UnConditioned Response)이라고 하며 개에게 주는 음식처럼 이러한 무조건 반응을 일으키는 자극을 **무조건 자극**(UCS; UnConditioned Stimulus)이라고 한다. 그런데 종소리를 들려주는 것처럼 무조건 반응을 일으키지 않는 중성 자극을 무조건 자극과 연결하여 새로운 반응(침 분비)을 일어나게 하는 것을 **조건 자극**(CS; Conditioned Stimulus)이라고 하며 이러한 조건 자극에 의해서 일어나는 반응을 **조건 반응**(CR; Conditioned Response)이라고 한다. 중성 자극 직후에 무조건 자극을 주는 것을 반복하면 중성 자극만으로 무조건 반응이 일어나게 되는데 이것을 **고전적 조건형성**(古典的 條件形成, Classical Conditioning)이라고 한다. 예를 들면, 개가 크레이트(이동장)에 들어갔을 때 곧바로 문을 잠가버려서 나갈 수 없게 되거나 병원에 데리고 갔을 때 힘든 시간을 보내게 되면 크레이트는 나쁜 것이라는 연관을 짓게 되고 이러한 나쁜 경험이 계속적으로 반복되면 개는 크레이트를 싫어하게 되어 들어가기를 꺼려한다. 이것은 크레이트와 나쁜 경험들이 조건형성 된 것이다. 이러한 문제를 수정하기 위해서는 현재 개의 기억 속에 있는 나쁜 것으로 연관되어져 있는 특정 대상을 조금씩 없애면서 좋은 것과 연관시켜 주는 것이다. 처음에는 아주 맛있는 간식을 크레이트에서 멀리 떨어져 있는 곳으로부터 시작해서 조금씩 가까이 놓아주고 개가 먹으면 칭찬을 해주어야 한다. 개가 잘 수행하면 크레이트 안에 간식을 넣어준다. 크레이트에 들어가도 문을 잠그지 말고 열어 두어 언제든지 들어가고 나갈 수 있다는 것을 알게 해주어야 한다. 잘 수행하면 이젠 문을 잠그고 외출하여 나쁜 기억이 있는 병원에 데려가지 말고 공원과 같이 개가 좋아하는 곳으로 데리고 나가서 놀아준다. 이처럼 고전적 조건화를 활용한 훈련방법은 나쁜 연관을 희석시킴으로써 좋은 기억으로 연관을 전환하는 과정을 통해서 행동을 교정하는 것이다.

고전적 조건화

조건 형성 실험	예
조건 형성 이전	개는 음식을 보면 무조건 침을 흘린다. 여기서 음식은 무조건자극(UCS)이 되고, 침을 흘리는 반응은 무조건반응(UCR)이 된다. 또한 종소리를 들려주면 개는 반응이 없다. 여기서 종소리는 어떤 반응도 이끌어내지 못하는 중성자극(NS)이 된다.
조건 형성 과정	개에게 음식을 줄 때마다(UCS) 반복적으로 종소리를 같이 들려준다(NS). 이 과정을 무조건자극과 중성자극의 연합, 혹은 조건 형성이라고 표현한다.
조건 형성 이후	조건 형성이 된 후에는 중성자극인 종소리(NS)만 들려주어도 침을 흘리게 된다. 여기서 조건 형성이 된 후의 종소리는 조건자극(CS)이 되고, 조건 형성이 된 후에 침을 흘리는 반사는 조건반응(CR)가 된다.

새로운 조건반응이 형성 또는 확립되는 과정을 **습득**(Acquisition)이라고 한다. 이러한 습득의 효과를 높이기 위해서는 첫째, 두 자극 사이의 제시 간격이 짧을수록 조건반응은 더 잘 습득된다(자극의 근접성). 둘째, 조건자극(CS)이 무조건자극(US)보다 먼저 제시하는 것이 가장 효과적이다(제시 순서와 시간적 관계성). 셋째, 조건자극(CS)이 다른 형태의 자극으로 변경하지 않을 때 효과적이다(일관성의 원리). 넷째, 조건자극(CS)은 조건반응(CR)이 일어날 때까지

계속 제공되어야 효과적이다(계속성의 원리). 다섯째, 조건자극(CS)은 충분하고 강력하게 제공될 때 효과적이다(강도의 원리).

소거(Extinction)는 조건 형성이 풀어져 조건자극이 다시 중성자극으로 돌아가는 것을 말한다. 만약 파블로프의 개 실험에서 조건자극인 종소리만 들려주고 계속해서 음식을 제공하지 않는다면 개는 조건자극인 종소리를 듣고도 침을 흘리지 않게 될 것이다. 즉, 조건자극과 함께 무조건자극을 계속해서 제공하지 않는다면 조건반응은 하지 않게 된다. 그러나 소거가 되었다고 해서 조건반응 자체가 소멸되었다는 것은 아니다. 만약 소거가 일어난 파블로프의 개에게 종소리(조건자극)를 갑자기 제시하면 침(조건반응)을 흘리는 반응이 재훈련 없이 다시 나타난다. 이런 과정을 **자발적 회복**(Spontaneous Recovery)이라고 한다. 이 자발적 회복은 학습이 영속적이라는 것을 뒷받침하는 근거가 되기도 하는데, 반응의 강도는 전의 절반 정도밖에 되지 않으나, 자발적 회복은 학습이란 영원히 소멸되는 것이 아님을 시사해 주고 있다. 또한 소거가 일어난 파블로프의 개에게 다시 종소리와 함께 음식을 제공한다면 종소리는 중성자극에서 다시 조건자극으로 회복되며 종소리(조건자극)와 음식(무조건자극)의 연결은 더욱 단단해지게 된다.

자극일반화(Stimulus Generalization)는 조건자극과 유사한 다른 자극에 동일한 조건반응이 나타나는 것을 말한다. 새로운 자극이 원래의 자극과 유사할수록 일반화의 가능성도 높아진다. 그러나 가시가 많지 않거나 씹어 먹으면 되는 생선통조림을 우연히 먹은 아이는 다시 생선을 먹을 수 있게 되는데 이런 현상을 **변별**(Discrimination)이라고 한다. 변별은 이처럼 자극을 구분하여 반응하는 것을 의미한다. 즉, 자극일반화는 자극 변별에 실패한 상태라 할 수 있다. 변별은 유사한 두 자극의 차이를 식별하여 각각의 자극에 대하여 서로 다르게 반응하도록 학습하는 것인데, 유사한 자극에 대해서 처음에는 자극일반화를 보이나 원래의 자극은 유지시키고 유사한 자극을 소거시키면서 두 자극을 변별하게 된다.

② 조작적 조건화

미국이 심리학자인 버러스 프레드릭 스키너(Burrhus Frederic Skinner,1904~ 1990)에 의해서 제안된 **조작적 조건화**(操作的條件化, Operant Conditioning)는 행동주의 심리학의 이론으로 어떤 반응에 대해 선택적으로 보상함으로써 그 반응이 일어날 확률을 증가시키거나 감소시키는 방법을 말한다. 여기서 선택적 보상이란 **강화**와 **벌**을 의미한다. 조작적 조건화는 작동적 조건화(作動的 條件化), 도구적 조건화(道具的 條件化, Instrumental conditioning)라고도 한다. 조작적 조건형성은 스키너 상자를 통해 실험되고 증명되었다. 스키너 상자는 빈 상자 안에 지렛대가 하나 들어 있으며, 이 지렛대는 먹이통과 연결되어 있어 지렛대를 누르면 먹이가 나오도록 되어 있다. 이 상자를 가지고 조작적 조건형성을 실험했는데 그 과정은 다음과 같다.

1) 배고픈 상태의 흰 쥐를 스키너 상자에 넣는다.
2) 흰 쥐는 스키너 상자 안에서 돌아다니다가 우연히 지렛대를 누르게 된다.
3) 지렛대를 누르자 먹이가 나온다.
4) 지렛대와 먹이 간의 상관관계를 알지 못하는 쥐는 다시 상자 안을 돌아다닌다.
5) 다시 우연히 지렛대를 누른 흰 쥐는 또 먹이가 나오는 것을 보고 지렛대를 누르는 행동을 자주 하게 된다.

이러한 과정이 반복되면서 흰 쥐는 지렛대를 누르면 먹이가 나온다는 사실을 학습하게 된다.

위의 실험에서 흰 쥐가 지렛대를 누르는 행동은 먹이에 의해 강화된 것이다. 만약 지렛대를 눌렀을 때 먹이가 나오지 않았다면 지렛대를 누르는 행동을 학습하지 못했을 것이다. 이렇게 어떤 행동을 한 뒤에 유기체가 원하는 것을 제공하는 것을 **강화**(Reinforcement)라고 한다. 고전적 조건화에서는 강화를 조건화의 과정에서 무조건자극(UnConditioned Stimulus)을 부여하는 것이지만 조작적 조건화에서는 조건화의 과정에서 부여하는 보상을 의미한다. 조작적 조건화가 이루어지기 위해서는 강화가 중요한 역할을 한다.

✔ 강화이론

스키너는 유기체가 어떤 행동을 한 결과가 스스로에게 유리하면 그 행동을 더 자주 하게 된다고 보았다. 이때 그 행동의 결과로 주어지는 것으로 행동의 빈도를 높이는 자극을 **강화물**(Reinforcer)이라고 하는데, 이런 강화물은 일차적 강화물과 이차적 강화물로 나누어 볼 수 있다. 먼저 **일차적 강화물**(Primary Reinforcer)은 유기체의 행동을 직접적으로 증가시킬 수 있는 강화물이다. 예를 들면 음식이나 물과 같은 것이 되는데, 당장 배고픈 유기체에게 음식으로 만족을 주는 것으로써 바로 다음 행동을 증가시킬 수 있다. 반면에 **이차적 강화물**(Secondary Reinforcer)은 유기체의 행동을 바로 증가시키지 못한다. 하지만 일차적 강화물과 연합하여 행동을 증가시킬 수 있는데, 쿠폰이나 토큰 등이 이에 해당한다. 즉, 쿠폰이나 토큰으로도 유기체를 강화할 수 있지만 그것은 유기체를 직접 강화하는 것이 아니라 일차적 강화물과 교환할 수 있기 때문에 강화가 가능하다는 것이다. 이차적 강화물로 가장 대표적인 것이 돈이다. 돈은 여러 종류의 일차적 강화물과 교환할 수 있기 때문에 일반화 된 강화물이라고 부르기도 한다.

강화는 어떤 행동을 한 뒤에 유기체가 원하는 자극을 제공하여 행동의 빈도수를 높이는 것을 말한다. 하지만 좋은 자극의 제공 뿐 아니라 혐오자극의 제거로도 유기체를 강화시킬 수 있는데, 좋은 자극의 제공으로 행동의 빈도수를 높이는 강화를 정적강화라고 하고 혐오자극의 제거로 행동의 빈도수를 높이는 강화를 부적강화라고 한다. **정적강화** (Positive Reinforcement)는 좋은 자극을 제공함으로써 유기체의 특정 행동을 강화시킨다. 개에게 '앉아'를 가르치려고 한다고 하자. 간식을 보면 개는 움직이는데 이때 간식을 들고 있는 손을 들어 올려 개의 시선 위치를 아래에서 위로 가게하면 개는 엉덩이를 바닥에 붙이는 행동을 하게 된다. 그럼 주인은 보상으로 손에 쥐고 있는 간식을 준다. 여기서 행동의 빈도를 높이기 위한 추가 간식은 좋은 자극을 제공함으로써 행동을 강화시킨 것이 된다. 정적강화는 강화의 상대성을 이용한 **프리맥의 원리**(Premack's principle)와도 밀접한 연관이 있다. 프리맥의 원리는 두 반응 중에서 더욱 선호되는 반응은 덜 선호되는 반응을 강화할 수 있다는 것이다. 즉, 일어날 확률이 높은 행동이 확률이 낮은 행동을 강화한다는 것이다. 개 좋아하는 것들에 대한 선호도를 조사하여 그것들을 훈련의 보상기제로 사용하는 것이다. 정적강화나 프리맥의 원리 모두 개가 좋아하는 것들을 보상기제로 사용한다는 공통점이 있다. 반면에 **부적강화**(Negative Reinforcement)는 혐오자극을 제거함으로써 유기체의 특정 행동을 강화시키는 것을 말한다. 부적강화도 정적강화처럼 결과적으로 유기체가 유리하다고 느끼게끔 하는 것이지만 좋은 자극을 제공하지 않고 혐오 자극을 제거하는 것으로 강화한다는 점에서 차이가 있다. 화장실 청소를 하도록 되어 있는 아이에게 '오늘 수업에 열심히 참여하면 화장실 청소를 하지 않아도 좋다'라고 이야기하여 아이가 수업에 열심히 참여하였다면, 화장실 청소라는 혐오 자극을 제거함으로써 수업에 열심히 참여하는 행동을 증가시킨 것이 된다.

한편 어떤 행동을 수정하기 위해서는 특정 행동의 빈도를 감소시킬 필요가 있는데, 이 때 혐오자극을 제공하거나 좋은 자극을 제거함으로써 행동의 빈도수를 감소시킨다(Chance, 1999). 이렇게 행동의 빈도를 증가시키는 강화와 대별되는 것이 **처벌**(Punishment)이다. 처벌은 유기체의 행동의 결과로 어떤 좋은 자극을 제거하거나 혐오 자극을 제공하는 것을 의미한다. 특히 혐오 자극을 제공하는 것을 **정적처벌**(수여성 처벌)이라고 하는데, 정적처벌의 대표적인 예로 체벌을 들 수 있다. 학생이 바람직하지 못한 행동을 했을 때 교사가 체벌을 가함으로써 그 행동을 더 이상 하지 않게 만드는 것이다. 반면에 좋은 자극을 제거하는 처벌은 **부적처벌**(박탈성 처벌)이라고 한다. 부적처벌은 그동안 받아오던 강화물을 제거한다는 말과 같다. 부적처벌의 대표적인 예로 '타임아웃'(Time out)이 있다. 타임아웃은 어떤 학생이 교실을 시끄럽게 하는 경우, 그 학생을 일시적으로 교실 밖으로 추방하는 것이다. 편하게 교실에서 앉아 공부할 기회와 친구들과 함께 있을 기회를 박탈당하는 것은 직접적인 혐오 자극을 부여하는 것이 아니라 좋은 자극을 제거하는 부적처벌에 해당한다. 처벌은 그 효과 면에서 매우 뛰어나기는 하지만 여러 가지 부작용이 있을 수 있다. 유기체가 스스로 바람직하지 않다고 여기는 행동을 했는데에도 불구하고 처벌을 제공하지 않는다면 유기체는 그 행동이 옳은 행동이라고 믿는다는 것이다. 처벌에는 이와 같은 부작용이 많은데, 가장 대표적인 부작용은 처벌을 받은 유기체는 다른 유기체에게 공격적인 행동을 자주 보인다는 것이다. 혹은 부정적인 정서반응과 거짓말, 변명 등의 회피반응을 보이기도 한다. 처벌의 또 한 가지 단점은 처벌이 부적절한 행동을 감소시킬 수는 있어도 바람직한 행동을 증가시킬 수는 없다는 것이다. 그러므로 처벌은 가능하면 사용하지 않는 것이 좋으며, 사용할 수밖에 없는 상황이라면 강화와 함께 사용하는 것이 바람직하다.

처벌을 사용해야 한다면 다음과 같은 사항을 고려해야한다. 첫째, 처벌은 반응이 일어난 후 즉각적으로 주어질 때 가장 효과가 좋다. 둘째, 반응이 나올 때마다 매번 처벌이 주어지지 않는 경우는 오히려 강화를 받게 되므로 처벌은 문제 행동이 나올 때마다 매번 주어져야 한다. 셋째, 처벌의 강도는 처음부터 아주 강한 것이 좋다. 만약 처벌의 강도가 처음에는 약하다가 점점 강해지면 처벌에 적응하게 되는 현상이 생기므로 처음부터 강한 처벌을 줄 필요가 있다. 넷째, 처벌받는 행동에 대해 대안적 행동이 있을 때 처벌의 효과는 커진다. 다시 말하면, 어떤 특정 행동이 처벌을 받을 때 그 행동 이외의 다른 행동을 할 수 있는 기회가 있다면 처벌의 효과는 더 커진다고 할 수 있다. 즉, 문제 행동을 처벌함과 동시에 대안적 행동을 강화해 주면 처벌의 효과는 더 커질 수 있다.

예를 들면, 느슨하게 리드줄을 잡고 산책하는 훈련을 한다고 가정하자. 이 훈련에서 강화하고자 하는 행동은 느슨한 리드줄이며 처벌을 원하는 행동은 개가 팽팽한 리드줄이라고 할 수 있다. 정적 강화를 통한 훈련방법은 개가 느슨한 리드줄을 유지하면서 산책을 하면 간식과 칭찬을 하면서 산책을 계속하는 것이다. 이때 우리가 원하는 행동을 강화하기 위해서 간식과 칭찬과 산책하고 싶은 욕구를 첨가해 주는 강화를 사용한 것이라고 할 수 있다. 부적처벌을 통한 훈련방법은 개가 리드줄을 팽팽하게 당기면 리드줄이 느슨해 질 때까지 산책을 멈추고 간식이나 칭찬을 하지 않는 것이다. 이때 우리가 원하지 않는 행동을 감소시키기 위해서 정적 강화에서 사용되어졌던 강화물을 모두 제거하는 것이라고 할 수 있다. 정적 처벌에 의한 훈련 방법은 원하지 않는 행동을 감소시키기 위해서 좋지 않는 것을 추가하는 것으로 개가 산책할 때 리드줄이 팽팽하게 만들어 끌고 갈려고 하면 리드줄을 잡아당기고 큰소리로 '안돼'하고 소리치는 것을 말한다. 부적강화에 의한 훈련은 좋은 행동을 증가시키기 위해서 원하지 않는 것을 제거하거나 지연하는 것을 의미하는데, 이 경우에는 개가 산책을 할 때 리드줄을 팽팽하게 당길 때까지 리드줄을 당기거나 소리치는 것을 지연하는 것을 의미한다.

강화물이 어떤 행동을 형성시키고 유지시키는 데 있어서 중요한 역할을 하는 것은 사실이지만 강화 계획이 어떤가에 따라 행동이 학습되는 속도와 패턴, 그리고 지속성 등이 달라진다. **강화 계획**(reinforcement schedule)이란 어떤 행동 후에 나오는 강화물이 어떤 방식으로 제공되느냐를 말해 주는 것이다. **지속적 강화**(continuous reinforcement:CRF)는 반응이 생길 때마다 매번 강화물을 주어 강화하는 것을 말하는 것으로 행동을 빨리 변화시키기 때문에 학습초기단계에 가장 효과적이다. **간헐적 강화**(intermittent reinforcement)는 반응이 생길 때마다 강화물을 제시하지 않고 가끔씩 강화하는 것을 말한다. 지속적 강화보다 행동의 소거에 대한 저항이 강하기 때문에 학습된 행동을 유지하는데 유용하다. 간헐적 강화

계획에는 반응간의 시간에 따라 강화하는 것과 반응 수에 따라 강화하는 것이 있다. 이 두 가지 기본 패턴은 시간 및 반응 수를 고정시키는가의 차원에서 다시 2가지로 나누어져 고정비율(반응의 비율), 고정간격(시간 간격), 변동비율, 변동간격의 4가지 패턴으로 만들어진다. 고정비율계획은 일정한 수의 반응을 한 뒤에 강화가 주어지는 것으로 예를 들면 개가 동일한 행동을 5번 할 때마다 한 번의 강화를 주는 것을 말한다. 고정간격계획은 바로 앞의 강화로부터 계산하여 일정한 시간이 경과한 뒤에 처음 반응에 강화가 주어지는 계획으로 예를 들면, 10분에 한 번씩 고정적으로 강화를 주는 것을 말한다. 변동비율계획은 고정된 반응률에 의하여 강화되는 것이 아니라 반응률의 평균치를 중심으로 강화하는 것이다. 몇 번 반응해야 강화가 나올지 모르므로 반응속도는 빨라지고 반응률은 높아지는 경향이 있다. 예를 들면, 개가 동일한 행동을 2번하면 강화물을 주고 3번하면 또 한 번 강화물을 주는 방식으로 강화를 한다. 변동간격계획은 강화의 시간적 주기를 일정하게 하는 것이 아니라 그 주기를 변화시키는 방법이다. 즉, 5분 안에 아무 때나 한 번의 강화를 준다.

3 영리한 한스 효과(Clever Hans Effect)

19세기말 독일의 고등학교 수학교사이던 '빌헬름 폰 오스텐(Wilhelm von Osten)'은 동물 지능에 많은 관심이 있었다. 그는 고양이와 말, 곰에게 수학을 가르치기 시작했는데, 오직 '한스(Hans)'라고 불리는 아랍종 말에게서 특이한 점을 발견하였다. '빌헬름'이 칠판에 숫자를 적으면 '한스'가 그 숫자만큼 발굽으로 땅을 톡톡 쳤기 때문이다. '한스'는 배움을 거듭해서 나중에는 곱셈과 나눗셈은 물론, 제곱근과 분수, 달력보기, 시간 말하기, 사람 이름 말하기 등을 익히게 되었다. 가령 '빌헬름'이 '16의 제곱근은?'이라고 물으면 발굽을 4번 치고, 알파벳 A는 1번, B는 2번 이런 식으로 사람 이름도 정확히 맞췄다. 하지만 '한스'의 89%가 넘는 정답률에 의심을 가지기 시작했고, 결국 독일교육위원회에서 검증에 나섰다. 동물학자, 심리학자, 마필조련사, 교사, 서커스 단원 등으로 구성된 검증위원회는 다양한 실험에 나섰지만, 의심을 증명할 증거를 발견하지 못했다. 이 때 '오스카 풍스트(Oskar Pfungst)'라는 심리학자가 이 미스테리를 풀기 위해 자원했는데, 그는 '한스'와 주인인 '빌헬름'의 관계를 집중적으로 파고 들었다(Pfungst, & Rahn, 2012). 그 결과 '한스'의 엄청난 능력은 지능이 아닌 사람에 대한 반응이라는 결론을 내렸다. 즉 질문을 던진 주인이나 여타 사람들의 무의식적인 몸동작이나 태도, 목소리, 얼굴표정, 숨소리, 체온 등에서 나타나는 미묘한 변화를 감지하고 정답을 찍는다는 것이다. 여기서 '**영리한 한스 효과**(Clever Hans Effect)'라는 말이 나왔다. 이는 실험단계에서 조사자나 관찰자의 미묘한 변화가 피조사자(사람이나 동물)에게 영향을 미친다는 것이다. 따라서 조사자나 관찰자는 실험 내용이나 결과에 대해 그 어떤 사전지식이나 선입견이 없어야 정확한 자료를 도출할 수 있다는 것을 의미한다. 예를 들면, 마약이나 폭발물 탐지견을 훈련시킬 때, 훈련시키는 사람도 어느 가방에 진짜 마약이나 폭발물이 들어있는지 몰라야 한다. 인간이 개에게 보내는 작은 실마리 신호는 명확한 학습에 의한 것이라기보다는 이종 간의 의사소통 방법이라고 해석하는 것이 더욱 바람직하다(Miklósi, Polgárdi, Topál, & Csányi, 1998).

④ 사회화

아기 강아지는 어미개와 함께 충분한 기간 동안 함께 생활하면서 개 사회 내에서의 기본 행동 양식을 배워야 한다. 특히 위계질서에 따른 각종 제약과 그에 대한 대처방법을 배워야 하는데 이것을 개의 사회화 또는 **종내 사회화**라고 한다. 또한 어린 강아지는 사람에게도 익숙해져야하는데 이것을 사회화 또는 **종간 사회화**라고 한다. 종내 및 종간 사회화는 성인 개의 태도에 결정적인 영향을 미치게 된다(허봉금, 2011). 만약 어린 강아지가 이러한 과정을 생략하거나 배울 수 있는 기회가 적으면 종내 뿐 아니라 종간 함께하는데 많은 어려움을 가질 수 있다. 사회적 서열은 무리 생활을 하는 동물들이 겪게 되는 갈등을 해결하기 위한 유용한 도구이다. 무리를 이루면 더 넓은 영역을 방어할 수 있고 힘을 합쳐 외부의 위협을 막아 낼 수도 있기 때문에 진화 과정에서도 무리 형성이 바람직하다. 또한 사회적 서열을 수용하는 것은 무리내의 싸움을 방지하는 방법이다. 지배당하는 입장에 놓인 개체가 복종하는 것은 우월한 개체의 분노와 공격을 막기 위한 단순한 습관적 행동이지만 진짜 목적은 피지배자가 살아남아 자기 유전자를 전할 기회를 찾도록 하는 데 있다. 강아지도 발달 과정에서 사회적 유대 형성을 위한 결정적인 시기를 거친다. 같은 종의 구성원을 어떻게 인식하고 관계를 맺어야 하는지에 대해 기본적인 사회적 행동 규칙을 습득하는 것이다.

☑ 야생 개 실험

1961년 미국 메인 주 바하버(Bar Harbor)의 잭슨 연구소에서 세틀랜드 쉽독, 바센지, 코커 스패니얼, 비글, 폭스 테리어의 다섯 견종 총 100마리의 강아지들을 대상으로 동물 행동 분석을 위한 연구를 실시하였는데 그 중 "**야생 개 실험**"이라는 유명한 연구 결과를 발표하였다(이상원, 2005). 야생 개 실험은 강아지들을 야외에서 인간의 접촉 없이 기르면서 생후 2주에서 9주가 흐르는 동안 한 주씩의 간격을 두고 실험실로 들어가 인간과 상호 작용을 하게 하였다. 그리고 상호 작용의 영향을 알아보기 위해 비교 집단을 두고 그 집단은 실험이 끝나는 생후 14주까지 전혀 인간과 접촉시키지 않았다. 연구 결과 생후 5주째와 9주째 사이에 인간과 접촉한 강아지들이 초기 공포심을 가장 적게 드러냈다. 생후 4주가 되기 전에 형제자매들과 신체적 접촉이 단절된 강아지는 다른 개와 정상적인 관계를 맺지 못하고 짝짓기 행동을 제대로 하지 못하는 경향을 보였다. 초기 공포심은 한 주에 두 번 20분씩의 접촉만으로도 충분히 없앨 수 있다. 사회화 본능은 항상 가지고 있지만 특정 시점에는 공포심이 이를 가로막고 억누른다는 것이다. 이 연구를 통해 강아지들이 생후 2개월 안에 사회적 관계에 대한 지식을 습득하게 된다는 것을 확인하였다. 사회적 행동을 습득하게 되는 더욱 중요한 계기는 젖떼기이다. 이 시점을 시작으로 상호 작용은 7주째에 최고조에 달한다. 위협과 양보, 복종을 실생활에서 학습하는 것이다. 서열은 날마다 혹은 시간마다 뒤바뀔 수 있었다. 먹이나 뼈, 장난감 같은 것에 접근하는 순서가 분명히 정해지는 것은 생후 2~3개월이다. 강아지들의 관심 대상에 대한 접근 순서는 사회적 서열보다는 그 시점의 동기, 순간적 이해관계에 더욱 좌우된다.

개는 자신보다 사회적으로 우월하다고 여겨지는 존재와 함께 어울려 좋은 관계를 유지하고 싶어 하는 강력한 본능을 가지고 있다. 개는 사회적 서열에서 자신이 어느 위치를 차지하고 있는지 끊임없이 확인하기 위해서만 상호 작용을 한다. 인간은 다른 사람들이 어떻게 생각하는지에 관심이 있지만 개는 다른 개들이 자기에게 어떻게 행동하는지에 관심이 있다.

모든 늑대와 개에게는 사회성 개발에 극히 민감한 시기가 있다. 태어난 지 얼마 안 되는 강아지는 자기를 돌봐주는 대상에 대한 선호를 보이고 그 대상을 찾고 유난히 반가워하며 다른 대상을 대하는 것과 다르게 반응한다. 생후 2주에서 4개월 정도 된 개는 종에 상관없이 다른 존재에 대한 학습 능력이 특히 뛰어나다. 젖을 떼기 전(어미젖을 떼는 시기는 생후 6주에서 10주 정도다)에는 새끼강아지가 어미와 함께 있어야하며 이 시기에 한배에서 난 형제들은 물론 인간과도 어울려 지내게 할 필요가 있다.

☑ 개의 성격

개도 인간처럼 각각 개별적인 특성을 가지고 있다. 어떤 개는 매우 활발하며, 어떤 개는 매우 소심하다. 이러한 개의 개별적 차이를 연구한 사람이 이반 페트로비치 파블로프(Ivan Petrovitch Pavlov 1849-1936)이다. 파블로프는 조건반사라는 조건화된 반사적 행동을 발견한 것으로 유명하다. 그의 실험은 음식과 전혀 관계가 없는 자극을 음식을 줄 때 함께 제시한 후, 이 자극만 따로 가할 때 개에게서 분비되는 침과 위액의 양을 측정하는 데에 있었다. 그 연구 결과, 파블로프는 '흥분'과 '억제'라는 두 개의 신경작용 과정을 구별해 내게 되었다(허봉금, 2011). 흥분은 활발한 행동으로 반응하는 것이며 억제란 반응을 줄이거나 멈추는 것을 의미한다. 이 "흥분"과 "억제"라는 두 특징을 어떻게 조합하느냐에 따라서 용감한 개와 소심한 개가 생기게 되는 것이다. 또한 파블로프는 선천성과 후천성에 대한 연구도 하였다. 그는 한 배에서 태어난 강아지들을 두 집단으로 나누고 한 집단은 개장에서 키우고, 다른 집단은 자유롭게 키웠다. 개장에 갇혀 생활한 개는 다른 세상을 접할 기회가 없었기 때문에 새로운 것에 대한 두려움을 그대로 간직하고 있어서 결국 겁이 많은 성인 개로 성장하게 된다. 반대로 자유로운 환경에서 생활한 강아지는 다양한 주변 환경의 변화에 대한 지속적 학습을 통해서 개장에서 성장한 개에 비해서 용감하고 씩씩한 개로 성장하게 된다(허봉금, 2011).

Chapter 3 행동 심리

대부분 개가 하는 모든 행동에는 이유가 있다. 개의 행동은 갯과 동물로서 그리고 특정 품종으로서 개의 역사를 고려해야 한다. 모든 종은 종마다 가지고 있는 능력과 특성이 다르기 때문에 각 종이 가지고 있는 능력과 특성을 발휘할 수 있도록 해주는 것이 중요하다. 예를 들면 리트리버의 능력과 특성을 잘 살린 '공 던지기 놀이'는 무수히 반복해도 좋아 하고 행복해 한다. 이처럼 개의 타고난 성향에 맞는 놀이를 찾아서 해주는 것이 중요하다.

① 도주거리와 임계거리

인간은 망막의 중심에 초점을 맞추어야 사물을 정확히 볼 수 있다(구연정, 2006). 그 주변 부분들은 사물의 상을 제대로 보지도 못하기 때문에 인간의 눈은 거의 끊임없이 한 점에 서 다른 점으로 움직이고 차례차례로 망막의 중심부에 상이 정확하게 나타나도록 초점을 맞추어야 한다. 망막의 중심으로 보면 사람이 동물보다 더 정확하게 잘 보지만 망막의 주 변부로 볼 때는 동물이 사람보다 훨씬 더 잘 본다. 그래서 동물들은 좀처럼 사물에 초점을 맞추지 않으며 맞춘다 할 때에도 오랫동안 지속시키지 못한다. 대체로 두 눈으로 초점을 맞출 수 있는 동물은 대상 동물에게 아주 짧은 시간 동안 초점을 맞추지만 그 순간엔 초 점을 맞춘 대상에 대해 극도로 긴장한다. 왜냐하면 상대가 두려운 존재이거나 아니면 뭔가 를 계획할 때 초점을 맞추기 때문이다. 동물이 초점을 맞춘다는 건 눈과 함께 동물의 가장 강한 무기인 주둥이도 함께 바라보기 때문에 거의 상대를 목표로 하고 있다는 것과 같은 말이다. 동물들은 서로 상대가 자신을 똑바로 쳐다보면 적대적인 감정을 갖고 위협하고 있 다고 느낀다. 따라서 겁을 먹은 강아지로부터 신뢰를 얻고자 하는 사람은 동물의 눈을 정 확하게 응시하지 말고 잠깐 우연히 마주친 것처럼 슬쩍 쳐다보는 게 좋다.

모든 동물, 그중에서도 몸집이 큰 포유류는 자기보다 더 힘센 적을 만났을 때 적이 어 느 지점 안으로 들어오면 즉각 도망친다(구연정, 2006). **도주 거리**(flight distance)는 동물이 도 망가기 전에 접근할 수 있는 최소거리를 말한다. 길들여진 동물은 도주 거리가 거의 0이 라고 할 수 있다(Hediger, 1964). 이 개념은 사람이나 개가 동물을 몰 때 사용한다. 동물들은 사람이나 개 주위에 가상의 '안전 지역'을 형성한다. 만약 이 안전 지역에 다른 동물이나 사람이 침입하면 동물들은 도망친다. 안전 지역 밖으로 물러남으로써 동물을 멈추게 할 수 있다. 이 거리는 동물이 마주친 상대를 얼마나 두려워하느냐에 따라 정해진다. **임계 거리** (critical distance)는 동물이 공격하지 않으면서 가까이 갈 수 있는 최소거리를 말한다. 동물이 본능적으로 임계거리 안으로 들어가는 경우는 첫째, 두려움을 주는 적이 동물을 습격할 때, 다시 말해 알지도 못하는 사이 적이 바로 코앞에 있는 경우이다. 둘째, 동물이 막다른 골목에 몰려 도망갈 수 없을 때이다. 이러한 동물의 행동 특성을 잘 이해한다면 동물이 사람을 가장 잘 따르게 하면서도 공격행동을 하지 않게 할 수 있다.

② 문제 행동

개의 행동 문제에 대한 무작위 면접 조사에서 응답자의 3분의 1이 지나치게 짖는 것을 지적한 바 있다. 아무리 체벌을 가해도 짖기가 주는 이득이 체벌의 고통을 넘어설 정도로 크다는 점이다. 놀기 좋아하는 성향도 인간이나 개가 선택한 것이라기보다는 유전적 변화가 낳은 우연한 산물일 가능성이 있다. 선조로부터 물려받은 다양한 행동을 놀이로 재조합하는 탁월한 능력을 발휘하여 개들은 아주 독특하고 기묘한 행동을 만들어 냈다. 특히 그 과정에서 인간의 반응을 이끌어 낸 행동들은 확고히 확립되었다. 즉, 땅 파기, 뱅글뱅글 돌기, 물건 씹기, 물건 감추기 등 이 있다.

여러 마리 개들이 벌이는 싸움은 대부분 동성 사이에 일어난다. 늑대 무리에서는 암컷의 서열과 수컷의 서열이 따로 존재한다. 이러한 상황에서 효과적인 해결책은 민주주의와 평등을 포기하는 것뿐이다. 개들의 평화는 독재 체제에서만 유지된다. 즉 평화를 위해서는 개들 간의 지위를 보장하고 행동을 인정해 주는 것이다. 일반 규칙은 분명하다. 낮은 지위의 개가 자기 위치를 받아들이고 높은 위치를 넘보지 않는다면 평화로운 세월이 계속되는 것이다. 개들의 사회에서는 자기 위치를 알고 받아들일수록 행복하다. 개들의 갈등 상황을 해결하는 방법은 모두가 공평한 관심을 받을 수는 없다는 점을 확실히 인식시키는 것이다.

개의 경우 주인의 얼굴을 핥는 경우가 있는데 이것은 문제행동이나 주인을 사랑해서는 아닌 유전적이고 진화적 잔존 행위라 할 수 있다. 늑대, 코요테, 여우 등의 갯과 동물들을 연구하는 학자들에 따르면 새끼들이 사냥터에서 돌아온 어미의 얼굴과 주둥이를 핥는 이유는 구토를 유발해 아직 소화되지 않은 고기를 얻기 위해서라고 한다(Fox, 1971). 개가 인간의 입을 핥는 행위는 반복을 통해 이례적인 인사로 굳어졌다. 개와 늑대는 집으로 돌아온 동료를 환영하고 동료가 어느 장소에 다녀오거나 어떤 일을 하고 돌아 왔는지 정보를 얻기 위해 주둥이를 핥는다(최원재, 1998).

③ 놀이

과학에서 말하는 동물들의 놀이는 과장되고 반복적인 행위가 연속으로 혹은 드문드문 다양한 강도로 발생하는 자발적 행동으로 이는 모든 상황에서 확인 가능한 행동 형태이다 (구세희, 2011: Bekoff, & Byers, 1998). 많은 에너지가 필요한 놀이는 상처를 유발할 수도 있고, 야생에서는 동물의 포식 위험을 증가시킬 수도 있다. 놀이 싸움이 진짜 싸움으로 악화되면 부상뿐 아니라 사회적 혼란도 야기할 수 있다. 진화하는 과정에서 도태되지 않았으니 놀이는 동물에게 유용한 것임에 틀림없다. 놀이는 육체적, 사회적인 기술을 연마하기 위한 맥락에서 일종의 연습 역할을 한다. 개들의 놀이가 특히 흥미로운 이유는 늑대를 포함한 다른 갯과 동물보다 개가 더 많이 놀기 때문이다. 개의 능력과 관심을 알아보는 가장 좋은 방법 중 하나는 개가 상호 작용할 수 있는 놀이감을 가능한 한 많이 주는 것이다. 여러 마리의 개가 함께 놀이 활동을 할 때 주의할 점은 조화로운 놀이를 하고 있는지를 보는 것이 중요하다. 즉, 즐겁고 행복한 놀이는 개들이 계속적으로 서로의 역할을 바꾸는 것으로 만약 한 마리의 개가 다른 개를 쫓아간다고 하면, 잠시 후에 다른 개가 쫓아가는 개를 다시 쫓아가는 것을 의미한다. 그러나 어느 한쪽의 일방적인 행동이 이루어지고 불균형적이면서 일방적인 놀이가 진행되고 있다면 즉시 인간이 개입하여 이들 사이를 분리시킬 필요가 있다. 불균형적이고 일방적인 놀이 행동은 계속적으로 짖거나 다른 개를 옆쪽에서 거칠게 부딪치는 것, 다른 개를 움직이지 못하게 고정시키고 계속해서 괴롭히는 행동, 여러 마리가 한 마리를 괴롭히는 행동 등으로 한쪽에서는 즐거운 놀이일 수 있으나 다른 쪽에서는 매우 괴로운 상황이 될 수 있다. 개들이 놀이 활동을 할 때 음성과 함께 다른 싸움관련 경고 신호를 보이기도 한다. 예를 들면, 눈의 형태가 반달모양이고 지속적으로 특정한 개를 응시하거나 이빨이 많이 드러나고 귀가 뒤로 젖혀 있을 때는 매우 좋지 않은 행동신호로 즉시 주인이 개입하여 분리시켜야 한다.

의사소통을 위한 단서의 표출과 해석은 가장 원초적인 형태의 의사소통이다. 이러한 이유로 최근까지도 동물의 행동이나 소리의 의미를 정확하게 설명하는 것은 쉬운 문제가 아니다. 일반적으로 동물이 추구하는 것은 욕구 충족에 기여하는 직접적인 효율성을 얻기 위함이다. 즉, 자기가 내는 소리를 통해 원하는 바를 얻고자 하는 것이다. 의사소통이라는 것은 일반적으로 종내의 정보공유를 위함이다. 그러나 현대사회에서 개와 인간이 함께 살면서 종간의 의사소통이 필요하게 되었다. 그러면 우리는 왜 함께 사는 반려동물 특히 개의 언어를 이해해야 하는가? 종간 의사소통을 통해서 우리가 얻는 유익은 무엇인가?

개 언어를 알고 있으면 개가 전하려는 바를 올바르게 알 수 있게 된다. 개의 감정과 동기를 더 잘 이해하게 되고, 개가 하고 싶어 하는 행동을 예측하기가 더 쉬워진다. 그러한 언어의 이해를 통한 의사소통이 되기 시작하면 우리가 개들이 이해할 수 있는 정확한 신호를 보내는 것도 가능하게 된다. 결국 종간 상호의사소통을 통해서 즐겁고 안정되게 개와 함께 지낼 수 있게 되는 것이다.

개 언어를 이해하기 위해서는 개 행동 언어를 구성하는 표정, 귀 형태, 꼬리 위치 및 전반적인 태도 등 다양한 구성 요소에 대해서 먼저 학습을 해야 한다. 신체 언어의 구성 요소로 분해하여 학습하면 관찰 및 해석 기술을 통해 개 언어를 쉽게 이해할 수 있다. 그러나 신체 언어의 한 가지 측면으로 개의 감정과 의도를 모두 이해하는 것은 불가능하므로 반드시 개가 말하고자하는 것을 정확하게 알기 위해서는 개와 상황이나 맥락 전체를 파악할 수 있어야 한다. 인간은 타인의 기쁜, 슬픔, 좌절 등 타인의 신체 언어에 대해서는 잘 알고 있다. 그러나 타종에 대해서는 신체 언어 이해능력이 많이 떨어진다. 어느 특정한 부분부터 관심을 가지고 주의 깊게 관찰을 시작한 후 익숙히 지면 관심부분을 점점 넓혀간다. 그러나 명심해야 할 것은 자신이 기르고 있는 개의 언어를 이해할 수 있다고 하더라도 다른 개도 그럴 것이라고 하는 생각은 매우 위험한 생각이다. 개마다 조금씩 다르다는 것을 반드시 기억해야 한다.

☑ 행동에 의한 의사소통

늑대의 많은 신호들은 무리 안에서 형성하는 지배 복종 관계와 직접적으로 관련된다. 지배와 위협의 신호는 이빨 드러내기, 귀 쫑긋 세우기, 노려보기 등이 있으며 반대로 복종의 신호는 귀 눕히기, 시선 돌리기, 주저하는 태도로 접근하기, 꼬리를 아래쪽에 붙이기, 배를 드러내고 눕기 등이 있다. 늑대와 개에서 나타내는 많은 복종 행동들은 대부분 강아지 시절의 행동에서 형성된다. 늑대 새끼는 무리의 어른 늑대의 입 가장자리를 핥음으로써 배가 고프다는 의사를 표시한다. 젖먹이 강아지들 또한 앞발로 어미의 젖을 건드리는 본능적 행동을 한다. 이는 어미의 모유 분비를 촉진한다. 이러한 행동은 모두 복종 행동으로 관례화되었다. 흔들어 대는 꼬리의 높이도 일반적 관례를 따른다, 즉 높이 흔드는 것은 지배의 의사 표현이고 낮은 것은 복종적이며 중간 높이는 친밀한 사이에서의 반가움을 의미한다. '놀이 자세'는 개에게 고유한 또 다른 의사표현 방법으로 상대를 놀이에 끌어들이고 싶을 때 개는 앞다리를 길게 내밀면서 몸을 뒤로 뺀다. 마치 기지개를 펴는 것과 같은 모습이다. 늑대와 개도 긴장했거나 극도로 복종해야 하는 경우 입 가장자리가 안으로 들어가면서 미소처럼 보이는 표정을 하게 된다. 개속 동물 중에서 미소를 가장 잘 짓는 것이 바로 개다. 악수하기, 눕기, 구르기, 기기 등은 모두 개가 본래부터 본능적으로 가진 복종 행동에 해당하는 것으로 훈련시키기가 쉬울 뿐만 아니라 가르치지 않아도 잘 할 수 있는 행동이다.

이러한 의사소통방법은 여러 가지 장점을 가지고 있다. 첫째, 소리를 수반하지 않지만 멀리서도 알 수 있게 해준다. 둘째, 신호 발신자가 있는 장소를 쉽게 알 수 있다. 셋째, 순간적으로 나타내는 것도 없애는 것도 가능하게 된다. 넷째, 신호가 되는 움직임을 격렬하고 빠르게 함으로써 그 정도를 바꾸는 것이 가능하다. 그러나 이러한 의사소통은 장점자체가 발신자에게 불리하게 작용할 수 있다. 첫째, 발신자의 모습이 적이나 사냥감에게도 드러날 가능성이 높아진다. 둘째, 고도로 발달한 눈과 섬세함이 있어야 가능 한다. 셋째, 거리가 너무 멀리 떨어져 있는 경우에는 세세한 부분까지 전달하기가 어렵다. 넷째, 장애물이 시각에 의한 의사 전달을 방해할 수 있다. 이러한 행동에 의한 의사소통은 여러 장점에도 불구하고 발신자에게 불리하게 작용할 수 있으므로 소리를 통한 의사소통을 통해서 문제를 해결하게 되는 것이다.

☑ 소리에 의한 의사소통

에릭 치맨은 늑대와 푸들을 비교 연구하여 늑대의 시각 신호가 개에 비해 훨씬 더 풍부하다는 점을 알아냈다(이상원, 2005). 늑대의 시각 신호는 대부분 지배 복종 관계를 나타내기 위한 것이며 늑대에 비해 사회 서열에 대한 관심이 떨어지는 개는 시각 신호에 덜 의존한다. 또 다른 이유는 개는 늑대처럼 얼굴 근육을 자유자재로 움직이지 못한다. 따라서 이를 보완하기 위하여 개는 늑대보다 훨씬 다양한 청각 신호를 사용한다. 짖기는 개가 만들어낸 고유한 신호이다. 공원에서 산책하는 두 사람이 조용한 대화를 나누는 것이 60dB정도이면 개의 짖는 소리는 70dB에서 시작해 거의 최고조에 달할 때는 130dB까지 간다(Moffat, Landsberg, & Beaudet, 2003). 소리 측정 단위인 데시벨(dB)의 증가는 지수로 나타낸다. 10dB이 증가하면 우리가 경험하는 소리의 강도는 100배 정도 증가 한다. 130dB은 천둥소리나 비행기 착륙 소리에 맞먹는다. 개 짖는 소리를 한국 사람은 '멍멍', 프랑스 사람은 '우아우아', 노르웨이 사람은 '보프보프', 이탈리아 사람은 '바우바우'라고 한다.

소리를 이해하기 위해서는 소리의 높낮이, 길이, 반복되는 빈도 이 3가지 기본 요소를 알고 있어야 한다(스탠리 코렌, 2014). 지구상의 생물들은 몸집이 크거나 위협하려는 쪽이 낮은 소리를 낸다. 반대로 복종하는 쪽은 작고 높은 음을 낸다. 으르렁거림 같이 음정이 낮은 소리는 대개 위협이나 분노 또는 공격 태세로 상대가 물러서도록 만들고 싶을 때나 상대에게 행동을 바꾸게 하기 위해서 사용한다. 음정이 높은 소리는 "이리와", "그쪽으로 가도 돼?" 등의 의미를 가지고 있다. 워싱턴 국립 동물원의 유진 모터(Morton, & Page, 1992)는 소리가 어떤 의미를 가지는가가 아니라 어떤 결과를 성취하는가가 중요하다고 주장하였다. 따라서 개가 공포를 나타내든 분노를 나타내든 소리가 언어로서의 기능을 하지 못하게 되면 개는 더 이상 소리를 낼 필요가 없기 때문에 침묵하게 된다. 두 번째로 음의 길이인데 음의 길이는 음의 높낮이가 전하는 의미를 바꾸어준다. 기본적으로 짧고 높으며 날카로운 소리는 공포, 고통, 욕구를 의미한다. 깨갱은 고통을 체험했거나 겁을 먹은 경우에 내는 소리이며 끙끙거림과 같이 긴 경우는 즐거움, 기쁨, 유혹 등을 의미한다. 울부짖거나 끙끙거리는 고주파 소리는 개가 갑작스레 고통을 느끼거나 주의를 끌 필요가 있을 때 낸다(Bradshaw, & Nott, 1995). 이는 새끼강아지가 처음으로 내는 소리로 주로 어미의 주의를 끌려는 의도이다. 일반적으로 음이 길수록 개가 그 신호의 의미와 이어질 행동에 대해 마음을 분명하게 결정하고 있을 가능성이 높음을 의미한다. 세 째는 음의 빈도인데 빠른 속도로 여러 번 되풀이되는 소리는 흥분 상태나 긴급사태가 발생했음을 의미한다. 소리의 간격이 벌어지거나 되풀이되지 않은 소리는 흥분의 정도가 낮거나 잠깐이라도 흥분이 사라졌음을 의미한다.

개의 짖는 소리는 누군가의 접근을 알리는 일종의 경고의 신호다. 그러나 그 소리가 아군인지 적군인지 알려주는 못하며 다만 방어 태세를 갖추는 편이 좋겠다고 하는 것을 동료들에게 전달하는 것 뿐 이다. 따라서 개는 집 밖에 주인이 다가오든 도둑이 침입하든 무조건 큰소리로 짖는다. 낮은 으르렁거리는 것은 공격적인 소리로 다른 동물을 쫓거나 위협의 정도를 강하게 하고자 할 때 내게 된다. 강아지는 먼저 공격하지 않는 성향이 있기 때문에 이런 소리를 내지 않는다. 으르렁거림이 공격적으로 느껴지는 이유 중 하나는 바로 그 낮은 소리 때문이다. 낯선 사람에게 짖는 소리는 가장 낮다. 갇혔을 때 짖는 소리는 주파수가 좀 더 높고 폭이 넓다. 놀고 있을 때 짖는 소리도 고주파지만 고립됐을 때 짖는 소리보다는 빈도수가 높다. 낮은 소리는 위협적인 상황에서 사용되고 주로 큰 개에게서 나타나며, 높은 소리는 친구에게 놀자고 할 때, 다시 말해 경고가 아닌 친교를 원할 때 사용한다. 또 다른 형태는 음향의 특성과 관련된 울부짖음이 있다. 높낮이를 다양하게 함으로써 다양한 환경 조건에서 소리가 더 멀리까지 전달될 가능성을 높이게 되는 것이다. 이러한 형태의 소리전달 방법은 원거리 의사소통이 목적으로 멀리서 울부짖음처럼 여겨지는 소리가 들려오면 개들도 응답하려 한다. 이는 선조인 늑대로부터 이어져 온 행동이 흔적으로 남은 것이라 할 수 있다. 이처럼 개들이 함께 짖는 것은 사회적인 응집성을 나타낸다.

동물은 소리를 통해 어떤 발견이나 위험, 또는 자신의 정체성, 성별, 위치, 무리의 수, 두려움, 즐거움 등을 표현한다(구세희, 2011). 또한 다른 동물을 변화시키기도 한다. 다른 동물을 가까이 부름으로써 서로간의 사회적 거리감을 줄이기도 하고, 겁을 주어 쫓아버림으로서 사회적 거리감을 넓히기도 한다. 소리로 단결을 유도해 반역자나 침입자로부터 무리를 방어할 수 있게 돕기도 하고, 모성애나 성적인 관심을 이끌어 내기도 한다. 이러한 모든 소리는 종의 생존을 안전하게 유지하는 데 도움을 주기 때문에 진화론적으로 중요한 의미를 가지고 있다. 개는 위험이나 두려움을 경고하고 주의를 끌고 인사를 하거나 놀거나 외로울 때, 혹은 불안하고 혼란스럽고 괴롭고 또는 불편할 때 짖는다 (Yin, & McCowan, 2004).

개들은 다만 특정한 소리를 특정한 행동과 연결할 뿐이다. 귀가 말보다 더 오래되었다는 것이다. 포유류의 귀는 수천만 년의 역사를 가지고 있다. 그리고 모든 포유류의 귀는 매우 비슷하다. 하지만 인간의 언어가 등장한 것은 겨우 10만여 년 전이다. 또한 인간의 발성 기관은 상대적으로 최근에 발전된 독특한 구조이다. 언어 발성에 필요한 발성 기관을 가진 동물은 인간뿐이다.

☑ 냄새에 의한 의사소통

땅 위 어디에서나 사용할 수 있고 문자를 제외하고는 유일하게 지속성을 가진 수단은 냄새뿐이다. 시각 신호와 청각 신호는 다른 개체에 대한 풍부한 정보를 제공하지만 이런 정보는 순간적으로 사라져버린다. 그러나 한 마리 개가 남겨 놓은 냄새는 개체 특성에 대한 많은 정보를 담고 있으면서도 상당시간 동안 유지된다. 데이비드 메크는 늑대의 냄새 표시를 관찰하면서 무려 23일이나 된 오줌 표시에 다른 늑대들이 반응한다는 것을 알아냈다 (이상원 2005). 늑대 똥 냄새는 우리 인간도 영하 17도 정도의 추운 날씨에 9미터 떨어진 곳에서부터 맡을 수 있다. 개와 늑대의 오줌, 발과 항문 주위에 있는 냄새선의 분비물은 개체마다 서로 다르다. 방광은 오줌 냄새 때문에 포식자에게 발각되지 않도록 하기 위해 진화한 기관으로 추측된다. 오줌과 함께 배설물(대변)도 개체마다 다르고 구별이 가능한데, 이는 항문 부근에 있는 한 쌍의 냄새선인 항문낭에 의해서 가능하다. 이러한 냄새가 경계신호를 보내는 기능인지 자기보호 기능인지에 대한 것은 아직까지 명확하지 않다. 오줌표시는 의도가 포함된 정보다 (Bekoff, 1979; Bradshaw, & Nott, 1995; Pal, 2003). 개가 오줌을 누는 행위의 특징은 한쪽다리를 들어 올려 오줌을 누는데, 이는 주변에 있는 다른 개에게 시각적으로 과시하는 효과가 있다. 마치 큰 소리로 이야기 하는 것과 같다. 개는 웅크리고 앉아 오줌을 누기도 하는데 작게 속삭이듯 의사를 전달하는 것이다. 방광은 한 번에 완전히 비우지 않고 조금씩 오줌을 배출한다. 연구자들은 개의 오줌 표시 활동이 누가, 어디에, 언제 표시를 했는지에 영향을 받는 다는 사실을 알아냈다. 다른 개의 오줌 위에 새로 오줌을 누어 부가 각인을 하는 것은 수컷 개의 공통적인 행위이다. 단, 이전의 오줌이 덜 우세한 수컷 개의 것일 때만 해당한다. 주변에 새로운 개가 있으면 오줌 표시는 증가하게 된다.

✅ 몸 (자세)에 의한 의사소통

목소리로 한정된 소리만 낼 수 있는 동물에게 자세는 더욱 중요하다. 엉덩이, 머리, 귀, 다리, 꼬리로 만드는 몸의 언어가 있다(Bradshaw, & Nott, 1995; Buley, J. E., 2008). 개는 자세로 공격적인 의도나 겸손을 드러낼 수 있다(Fox, 1971; Goodwin, Bradshaw, & Wickens, 1997). 다리를 쭉 펴고 똑바로 서서 당당하게 머리와 귀를 세우면 싸움을 치를 준비가 되어있음을 알리고 먼저 공격할 채비도 갖추었음을 의미한다. 고개를 숙이고 웅크리거나 귀를 내리고 꼬리를 집어넣는 행위는 복종을 의미한다. 상황을 지배하는 정도와 담력이 드러나는 것은 오직 얼굴의 귀와 입 주변뿐이다. 귀가 앞쪽을 향해 똑바로 서 있고 입이 앞쪽으로 넓게 벌어져 있으면, 두려워하지 않는다는 표시이며 언제든지 공격할 수 있다는 걸 보여 준다. 개가 두려움을 느끼면 입 주변과 귀에 그에 따른 움직임이 나타나는데, 마치 보이지 않는 힘이 나타나 개의 입과 귀를 뒤에서 끌어당기는 것처럼 보인다.

개는 대화 상대가 있을 때만 다양한 의사소통 방식을 시도한다. 개는 우리가 보는 것을 똑같이 보지만 보는 방식이 다르다. 시야각이 넓어서 주변은 잘 보이지만 정면은 잘 보지 못한다. 개는 사람 얼굴에 초점을 맞출 수는 있지만 눈의 위치는 잘 찾지 못한다. 즉, 의미심장한 눈빛보다 얼굴 전체에 드러나는 감정을 더 잘 이해하고, 곁눈질로 보내는 비밀스러운 눈빛보다 손가락으로 가리키는 것을 더 잘 따른다. 개가 우리를 어떻게 인지하는지 대한 실험 결과가 있다(Adachi, Kuwahata, & Fujita, 2007). 연구자들은 대형 모니터를 통해 개에게 주인 얼굴 또는 낯선 사람의 얼굴을 보여주면서 동시에 주인 목소리 또는 낯선 사람의 목소리를 들려주었을 때 개가 어떻게 행동하는지 알아보았다. 개들은 사람 얼굴과 목소리가 일치하지 않을 때, 즉 주인 얼굴을 보여주고 낯선 목소리를 들려주었을 때와 낯선 얼굴을 보여주고 주인 목소리를 들려주었을 때 화면을 더 오래 쳐다봤다. 만약 개들이 주인 얼굴을 더 좋아해서 화면을 오래 쳐다본 것이었다면 어떤 경우에도 주인 얼굴을 제일 오래 쳐다봤을 것이다. 하지만 그들은 무언가에 놀랐을 때, 즉 얼굴과 목소리가 일치하지 않을 때 화면을 제일 오래 쳐다봤다. 인간 말고도 의미 있는 시선을 던질 수 있는 동물은 관심 대상으로 눈길을 돌리지만 그 대상이 같은 종이라면 사회적 압력으로 인해 시선을 피하게 된다. 개는 상대를 응시하는 행위를 위협으로 간주하는 종이기 때문에 개가 눈길을 피할 경우 시선을 맞출 능력이 없어서라기보다 진화의 결과 때문이라고 보아야 한다(Bradshaw, & Nott, 1995). 인간의 눈을 응시해서 얻을 수 있는 정보는 상당히 가치가 높기 때문에 개는 상대 눈을 응시하는 것이 공격을 초래할 수도 있다는 과거의 두려움에 맞서고 있다. 우리에게 시선을 맞추는 개에게 호의적인 반응을 보이는 것은 긍정적 효과를 낼 뿐 아니라 개와의 유대감도 강화시킬 수 있다. 개의 시선을 받아주는 것은 시선 맞춤이라기보다는 얼굴 맞춤에 가깝다는 사실이다. 개는 사람의 얼굴을 바라볼 때 왼쪽, 즉, 상대의 오른쪽 얼굴을 먼저 바라보는 편향된 응시를 하는 경향이 있다(Miklósi, Kubinyi, Topál, Gácsi, Virányi, & Csányi, 2003). 그러나 다른 개를 바라 볼 때는 이런 경향을 보이지 않는다. 그 이유는 현재까지 밝혀지지 않았다. 과거부터 개를 기르는 사람들은 검은 색의 눈을 선호했다(Serpell, 1996). 개가 시선을 피하는 것을 확실히 구분할 수 있기 때문이다. 개가 죄책감을 불러일으킬 만한 짓을 했음을 우리가 이미 확신하고 바라볼 때 특히 더하다.

꼬리 언어를 해독하기 어려운 점은 개의 꼬리 종류가 다양하기 때문이다. 늑대의 꼬리는 길고 숱이 많지 않으며 자연스럽게 살짝 내려간 모양인데, 이는 갯과 동물의 일반적인 꼬리의 모양이라고 할 수 있다. 항문을 거리낌 없이 내놓는 행위는 개들 사이에선 자신감의 표현이다. 자신감이 조금이라도 사라지면 꼬리가 내려간다. 꼬리의 위치는 마치 계기판의 바늘처럼 개가 어느 정도로 용기를 가지고 있는지를 보여 줄 수 있다. 개나 늑대가 꼬리를 높게 세우는 것은 자신감, 자기 확신, 관심이나 공격성을 나타내며, 낮게 내리는 것은 우울, 스트레스, 불안 등을 나타낸다(구세희, 2009). 대담한 개는 꼬리를 곧게 세워 항문 부위를 드러내 자신의 냄새를 공기 중에 퍼뜨린다. 반대로 복종과 두려움을 나타내고자 할 때는 꼬리를 다리 사이에 말아 넣어 엉덩이를 차단 한다. 흔들기도 하기 때문에 꼬리의 높이만으로는 꼬리 언어를 완전히 이해 할 수 없다. 꼬리를 흔드는 것은 단순히 행복하다는 표현만은 아니다. 과학자들은 개의 뇌 활동에 관해 꼬리와 관련된 매우 흥미로운 사실을 발견했다(Quaranta, Siniscalchi, & Vallortigara, 2007). 개는 비대칭적으로 꼬리를 흔드는데 무언가 흥미로운 대상을 발견하면 오른쪽으로 꼬리를 강하게 흔드는 경향이 있다. 처음 보는 개를 만나도 꼬리를 흔들기는 하지만 기분 좋을 때보다는 주저하는 태도를 보이며 왼쪽으로 더 강하게 흔든다.

품위와 체면을 지키고 싶은 욕구는 특별히 인간에게만 있는 것이 아니라, 영혼을 지닌 모든 동물의 본능에 깊이 뿌리내려 있다. 이것이야말로 고등 동물인 인간과 가장 유사한 점이다(구연정, 2006). 동물의 주관적인 경험을 과학적으로 밝혀내기란 결코 쉬운 일이 아니다. 이와 관련된 연구로 소피아라는 개는 산책 가자, 차 타고 나가자, 배고프다, 장난감 줘 등 이미 학습한 여덟 개의 행위가 표시된 키보드를 쓸 수 있다. 적절한 상황에서 적당한 자판을 눌러 원하는 것을 요구하는 것이다(구세희, 2011; Rossi, & Ades, 2008). 그러나 대부분 동물들은 그 경험을 말이나 글로 설명할 수 없다. 따라서 행동이 우리에게 정보를 전달하는 유일한 수단이다. 행동만 주의 깊게 살펴보면 앞으로 하게 될 행동을 충분히 예측할 수 있으므로 평화롭고 생산적인 상호소통이 가능해진다.

지금까지 개의 다양한 의사소통 방법과 그 의미를 살펴보았다. 다음은 이러한 의사소통 방법을 바탕으로 인간이 개와 대화할 수 있는 방법을 설명하고자 한다.

☑ 개와 대화하기

언어에는 말의 의미를 이해하는 수용언어와 말을 표현하는 표현언어로 나눌 수 있다. 개는 표현언어의 측면에서 보면 다시 어린 시기에 사용하는 언어와 다 성장한 개가 사용하는 언어로 나눌 수 있다. 이것을 스탠리 코렌은 "강아지적 언어", "이리적 언어"라고 표현하였다(스탠리 코렌, 2014). 외모 특징이 다 성장한 이리와 가까운 개는 언어에도 이리다운 요소가 많이 남아있지만, 유형성숙(네오테니)의 정도가 높은 개는 이리적 언어보다는 강아지적 언어를 주로 사용한다. 유형성숙의 정도가 높은 개는 카발리에 킹 찰스 스패니얼, 프렌치 불독, 세틀랜드 쉽독, 코커 스패니얼, 라브라도 리트리버, 저먼 세퍼드, 골든 리트리버, 시베리안 허스트 등을 들 수 있다. 즉 카발리에 킹 찰스 스패니얼은 사회적 언어가 부족하다는 것이다. 반면 이리와 닮을수록 구사할 수 있는 사회적 신호의 수가 많고, 행동언어도 풍부하다. 또한 사회적인 문제에 대해서 여러 가지 신호나 동작을 통한 언어를 사용할 줄 알고 다른 개에게 의사도 잘 전달한다. 이러한 개들은 공격적인 신호뿐만 아니라 화해의 신호도 많이 사용한다.

개에게 말을 할 때 온화한 목소리로 목적과 의미를 가지고 말을 걸어주면 개의 수용언어 능력이 높아진다. 또한 "산책 가자", "위로", "거실로" 등 간단한 단어를 사용하여 개에게 의도적으로 말을 걸어 행동을 끌어낼 수 있다. 개의 수용언어 능력을 높이기 위해서는 항상 같은 단어나 문장을 사용하는 것이 중요하다. 예를 들면, "밥 먹자", "맘마", "식사시간" 등 어떠한 것을 사용해도 상관은 없지만 한번 결정했으면 항상 같은 말을 사용해야 한다. 개에게 단어를 빨리 익히게 하려면 일관된 표현을 사용하는 가장 효과적이다. 한 단어에 해당하는 의미는 한가지로 한정하는 것이 좋다. 다른 상황에서 동일한 단어를 사용하면 개는 그 단어의 의미를 이해하는데 어려워하기 때문이다. 가족이 모두 같은 단어를 개에게 사용하면 그 효과는 매우 커진다. 개에게 말을 걸 때에는 가장 먼저 개의 이름을 불러야 한다. 일단 주의를 집중하도록 하는 것이 중요하다. 개에게 어떠한 명령을 가르칠 때에는 순방향으로 가르치는 것이 아주 쉽고 편리하다. 예를 들면, 개가 당신 쪽으로 오려고 하면 그 때 "이리와", 강아지가 앉으려고 하면 그 때 "앉아"와 같이 어떤 행동을 취할 때마다 명령어를 들려주고 칭찬을 해주면 아주 쉽게 배울 수 있다. 특히 사람들이 가르치기 어려운 행동에 대해서 더욱 유용하게 활용할 수 있다. 배변 징후가 보이면 "빨리"라고 하면서 칭찬을 해주고 계속 반복하면 배변을 쉽게 가르칠 수 있다. 프랑스의 생물학자이며 정신과 의사인 보리스 시륄닉(Boris Cyrulnik)은 아이와 동물의 접촉에 의한 의사전달 방식에 연구를 수행하였다(스탠리 코렌, 2014). 장애 아동들이 개와 사슴을 만졌을 때에는 거부나 공포 반응이 매우 적었으나 일반 아동이 만지려고 할 때에는 매우 심한 거부 및 공포 반응을 보였다. 일반적으로 일반아동들이 개에게 다가 갈 때에는 양팔을 들어 올리고 크게 웃으면서 개보다 위에서 정면으로 빠르게 개를 직시하면서 다가간다. 이는 동물이 보았을 때에는 적의의 공격 신호로 보이는 매우 위협적인 행동이다. 반면 장애아동들은 다가갈 때 개를 직시하지 않고 느리게 옆으로 접근하면서 팔의 위치가 낮고 손가락은 안으로 구부리고 있어 동물이 보았을 때에는 위협적이거나 사회적인 지배성 신호가 없기 때문에 거부나 공포 반을 보이지 않는 것이다. 결국 인간이 보내는 작은 신호의 차이로 인하여 동물은 상대를 어떻게 받아들일 것인가를 결정하게 된다.

Chapter 5

개와 스포츠

도그 스포츠는 이름에서 알 수 있는 것처럼 개가 동반된 모든 활동을 의미한다. 그러나 현재까지 도그 스포츠에 대한 정의가 명확하지 않아 다양한 의견과 관점이 존재한다. 첫째, 일반인들이 관람하는 즐거움이 있어야만 도그 스포츠라는 것이다. 예를 들면, 어질리티, 디스크독, Dock Jumping 등이 있다. 이러한 도그 스포츠는 일반인들이 정확한 경기 규칙을 알지 못한다고 할지라도 이해하고 즐기는데 전혀 문제가 되지 않는다. 둘째, 인간이 적극적으로 참여하지 않아도 도그 스포츠라는 관점이다. 예를 들면, 견경주(hound racing)는 하운드 견종이 정해진 트랙을 전력 질주하는 경기로 일반인들에게 빠른 속도를 통해 흥분과 열정을 제공한다. 셋째, 일반인이 경기의 특성을 이해하기가 어려운 활동도 도그 스포츠로 봐야 한다는 것이다. 예를 들면, 전람회는 핸들러와 개가 심사위원으로부터 개의 외관과 구조를 평가받기 위해서 링을 따라 움직이는데 심사위원들이 링 안에서 정확히 무엇을 하고 있는 지 일반인이 이해하기가 쉽지 않다. 이러한 스포츠와 놀이 활동은 인간과 개에게 신체적 변화를 통해 상호 긍정적인 도움을 준다. 어질리티 대회에 참가한 팀을 대상으로 주인과 개들을 관찰한 결과 남성 테스토스테론 호르몬 수치와 개의 코티졸 호르몬 수치 사이에서 상관관계를 발견했다(Jones, & Josephs, 2006). 자극에 따른 반응을 보일 수 있게 해주는 일종의 스트레스 호르몬인 코티졸은 굶주린 사자로부터 달아날 수 있게 해준다. 또한 심리적으로 압박을 받으면 분비된다. 테스토스테론 수치의 상승은 특히 성욕이나 공격성, 지배욕 등을 높인다. 실험결과 민첩성 실험 시 주인의 남성 호르몬 수치가 높을수록 개의 스트레스 상승도가 높았다. 또 다른 실험에서 개는 통제적인 훈련을 할 때에는 코티졸 수치가 높아 졌고, 반대로 주인과 함께 놀 때에는 코티졸 수치가 낮아졌다. 개는 놀이 중에도 우리의 의도를 파악하고 그것의 영향을 받는다. 따라서 개의 복지를 생각한다면 개와 자주 놀아주는 것이 바람직하다.

1 도그 어질리티(Dog Agility)

도그 어질리티(dog agility)는 말의 장애물 경기를 변형한 개의 장애물 스포츠이다. 도그 어질리티는 1970년 후반 영국의 크러프츠 도그쇼에서 처음 소개되어졌다. 도그 어질리티는 정해진 장애물 코스를 핸들러가 개에게 직접 지시하여 완주하는 애견 팀 스포츠이다. 정해진 장애물 코스를 다른 팀보다 더 빠르고 정확하게 완주한 팀이 승리하게 된다. 개는 음식이나 장난감과 같은 어떠한 강화물이 없이 핸들러와 줄을 연결하지 않은 상태에서 경주해야하며 핸들러는 개와 장애물을 만질 수 없다. 따라서 핸들러의 통제는 음성, 움직임, 다양한 몸 동작으로 제한되기 때문에 동물의 뛰어난 훈련과 핸들러와의 조화가 요구된다. 장애물 코스는 지정된 크기의 영역에서 심판이 선택한 구성에 따라 표준 장애물들을 배치함으로써 구성된다. 표면은 잔디, 흙, 고무, 특수 매트가 될 수 있다. 대회의 유형에 따라 장애물의 순서를 번호로 표시하기도 한다. 장애물 코스는 핸들러의 지시 없이 개가 스스로 올바른 방향으로 경주할 수 없도록 복잡하게 구성된다. 따라서 대회에서 핸들러는 장애물 코스를 평가하여 경주 전략을 결정하고, 경주하는 동안 개에게 지시를 할 수 있어야 한다.

도그 어질리티 경기는 모든 장애물 코스가 다르기 때문에 경기가 시작되기 전에 핸들러에게 잠시 살펴볼 수 있는 시간을 허락한다. 이 시간 동안, 경기에 참여하는 모든 핸들러는 개 없이 장애물 코스를 살펴보면서 가장 정확하고 빠르게 자신의 개를 인도할 수 방법을 결정해야 한다. 장애물 코스를 인쇄한 코스 지도(course map)가 경기 전에 핸들러에게 배포되어 핸들러가 장애물 코스에 대한 전략을 수립할 수 있도록 해준다. 코스지도에는 모든 장애물의 위치와 순서가 표시되어 있다. 코스 지도는 과거 손으로 작성하였지만 최근에는 장애물 코스를 설계해주는 전문 프로그램을 사용하여 제작한다. 모든 팀에게 장애물 코스를 완주할 수 있는 기회는 한번이다. 개는 출발 선 뒤에 대기하면서 핸들러의 지시와 함께 장애물 코스를 완주하게 된다. 핸들러는 일반적으로 음성이나 신체언어를 사용하여 자신의 개에게 지시하게 된다. 도그 어질리티에 활용되는 장애물 종류는 접촉 장애물(A-Frame, Dogwalk, Teeter-totter(Seesaw)), 통과 장애물(Tunnel, Collapsed Tunnel), 넘는 장애물(Hurdle, Double and triple jump(Spread jump), Panel jump, Broad jump(Long jump), Tire jump), 기타 장애물(Table(Pause table), Pause Box, Weave Poles)이 있다.

The North American Dog Agility Council(NADAC) : http://www.nadac.com
The U.S. Dog Agility Association : http://www.usdaa.com

② 디스크독(Disc dog)

프리스비란 이름은 버몬트에 있는 프리스비 파이 회사에서 비롯되었다. 이 회사는 얇은 주석으로 만든 접시 위에 파이를 얹어 팔았는데, 근처에 있던 미들버리 칼리지에 다니던 학생들이 파이를 먹고 난 후 빈 접시를 주고받으며 놀던 데서 힌트를 얻어 후에 장난감으로 개발된 것이었다. 실제로 1989년 프리스비가 세상에 나온 지 50주년이 되던 해, 미들버리 칼리지에서는 청동으로 주조된 개가 프리스비를 잡으려고 점프하는 형상의 동상 제막식을 거행하기도 했다(선우미정, 2003). 일반적으로 프리스비독(Frisbee dog)이라고 부르는 디스크독(Disc dog)은 원반을 공중으로 던져서 땅에 떨어지기 전에 개가 물어서 사람에게 가져오게 하는 원반던지기 경기이다. 이 경기는 개가 순간적으로 물체를 보면 뛰어가서 물어오는 습성을 이용한 것이다. 1974년 8월 5일 LA 다저스와 시티네티 레츠간의 야구 경기가 전국으로 방송되고 있을 때 오하이오 출신의 19세 대학생인 알렉스 스테인(Alex Stein)과 그의 개 애슬리 위펫(Ashley Whippet)이 경기장에 뛰어들어 자신의 개에게 원반을 던졌다. 애슬리는 그 원반을 잡기 위하여 시속 56킬로미터로 달려 공중으로 2.7m를 점프하여 원반을 잡음으로써 관중들을 놀라게 했다. 이러한 놀라운 상황이 8분간 전국으로 방송되면서 이 스포츠에 관심을 갖게 하는 계기가 되었다.

디스크독 경기는 주인과 개가 한 팀이 되어 주인이 원반을 던지고 개가 원반을 물어오는 형태로 경기방식은 토스앤 페치(toss and fetch), 프리스타일(Free style), 멀리 던지기(Long distance)가 있다. 토스앤 페치는 다양한 이름으로 부르고 있지만 경기개념은 동일하다. 참가자는 단 1개의 원반을 사용하여 60초 동안 거리를 점점 증가시키면서 원반을 던지게 된다, 그러나 일반적으로 50미터 이상을 초과해서 던지지는 않는다. 개는 이러한 던진 거리를 기반으로 떨어뜨리지 않고 잡아서 가져올 때 점수화되며, 만약 공중에서 완벽하게 잡아서 가져오면 보너스 점수를 부여하는 방식이다. 프리스타일은 스케이트보드나 스노우보드의 하프 파이프(Half-pipe) 경기처럼 주관적으로 평가되어지는 경기 방식이다. 참가자는 제한 시간 1분 30초~2분 사이에 최대 5개의 원반을 사용하여 다양한 묘기를 수행해야 하며 연출과 난이도를 종합적으로 평가하여 점수화 한다. 멀리 던지기는 참가자가 던진 원반이 땅에 떨어지기 전에 개가 물어오기를 제한 시간(보통 60초) 안에 얼마나 많이 하는지를 겨루는 경기이다. 원반이 멀리 날아 갈수록 점수가 높으며, 개가 원반을 물 때 점프를 하면 점수가 추가된다.

③ 플라이볼(Flyball)

플라이볼은 릴레이 경주로 4마리의 개가 한 마리씩 순차적으로 4개의 허들을 넘어 개가 페달을 밟아 뛰어나오는 테니스 공을 물고 출발선으로 돌아오는 기록경기이다. 플라이볼은 1960년 후반과 1970년대 초에 캘리포니아에서 시작되었으며, 허버트 와그너(Herbert Wagner)라는 사람이 최초의 플라잉상자를 만들어 TV 토크쇼(The Tonight Show Starring Johnny Carson)에서 소개함으로써 널리 알려지게 되었다. 현재 세계 신기록은 미국 Sping Loaded 팀이 2014년 수립한 14.657초이다. 플라이볼과 관련된 세계적인 비영리 기관은 the North American Flayball Association(NAFA)가 있다.

The North American Flayball Association(NAFA) : http://www.flayball.org

④ 뮤지컬 케이나인 프리스타일(Musical canine freestyle)

뮤지컬 케이나인 프리스타일(Musical canine freestyle) 또는 뮤지컬 프리스타일(Musical freestyle), 프리스타일 댄스(Freestyle dance), 케이나인 프리스타일(Canine freestyle)이라고 부르는 이 스포츠는 복종 훈련, 기술, 춤을 혼합하여 주인과 개가 창의적인 상호작용을 보여주는 비교적 최근의 스포츠이다. 개와 주인이 한 팀이 되어 주인의 지시에 따라 시선을 마주하고, 다리 사이로 통과하거나, 뒤로 걷는 동작 등을 다양하게 연출하며 사람과 함께 춤을 추는 스포츠이다. 상상력을 자극하는 음악, 다양한 동작으로 구성된 재미있는 댄스, 그리고 주인과 개와의 교감이 어우러진 음악과 동작의 조화를 통해 보는 즐거움을 제공한다. 뮤지컬 케이나인 프리스타일은 힐워크투뮤직(heelwork to music)이라고 알려져 있는 프리스타일 힐링(Freestyle heeling)과 뮤지컬 프리스타일(musical freestyle) 두 가지 유형이 있다. 프리스타일 힐링(Freestyle heeling)은 주인이 음악과 함께 움직이는 동안 다양한 발 형태에 따라 주인과 함께 할 수 있는지에 초점이 맞추어져 있다. 즉, 프리스타일 힐링을 하는 동안 개와 주인은 항상 서로 매우 가까이 있어야 한다. 마치 보이지 않는 줄에 묶여 있는 것처럼 보여야 한다. 뮤지컬 프리스타일(Musical freestyle)은 개가 다양한 기술과 복종 기술을 수행할 것을 요구한다. 뮤지컬 프리스타일에서는 프리스타일 힐링과 다르게 떨어져서 다양한 모습을 연출하는 것이 가능하다.

5 하운드 레이싱(Hound Racing)

우리나라에서는 경견(競犬)이라 부르며, 영어식 표현은 '도그레이싱(Dog racing)' 또는 시속 60Km 이상 빠른 발을 가진 그레이하운드들이 대부분 참가하기 때문에 하운드레이싱(Houndracing)이라고도 한다. 그레이하운드는 이집트가 원산지인 견종으로 중세 귀족만이 소유할 수 있었던 귀족견으로 초기 사냥견으로 사육되던 것이 1909년 캘리포니아주에서 최초의 루어 경주를 필두로 1926년 본산지인 영국에 전파된 후 세계 전역으로 확산되었다. 하운드 레이싱은 훈련받은 그레이하운드들이 약 6m 정도 출발박스 앞에 있는 인공 미끼인 토끼를 타원형 또는 원형의 트랙을 따라 돌면서 다른 견들과 경쟁하는 형식이다. 경견은 카지노, 경마와 함께 세계 3대 도박 산업으로 자리 잡고 있으며, 현재 우리나라에서는 법적으로 허용되지 않고 있다. 그러나 경견 산업은 가장 발달된 호주를 포함하여 미국, 영국, 아일랜드, 벨기에, 프랑스, 네덜란드, 스페인, 이탈리아, 뉴질랜드, 멕시코, 괌, 마카오, 베트남 등 전 세계 32개국에서 합법적으로 시행되고 있다.

사)한국그레인하운드협회 : http://www.greyhound.or.kr

6 머싱(Mushing)

머싱(Mushing)은 개가 끄는 스포츠나 운송방법을 의미하며, 머셔(Musher)는 개가 끄는 썰매(sled)나 카트(rig)을 몰고 가는 사람을 말한다. 즉, 머싱은 머셔가 한 마리 이상의 개를 활용하여 눈 위에서 썰매를 땅 위에서는 카트를 운송하는 것으로 썰매견 경주(Sled dog racing), 풀가(Pulka), 스쿠터링(Scootering), 스키저링(Skijoring), 카팅(carting) 등이 포함된다.

☑ 썰매견 경주(Sled dog racing)

기원전 2,000년부터 썰매를 끌기위하여 개를 사용하였다. 많은 미국 인디언들이 짐을 옮기기 위해 개를 사용한 시베리아 또는 북미로부터 시작되었다. 1911년 노르웨이 탐험가 아문센은 개 썰매를 사용하여 남극에 도달하는 첫 번째 사람이 되었으며, 제1차 세계 대전이 있는 동안 개 썰매는 자연 관광, 숲속의 구급차, 야전에 있는 군인들을 위한 보급품 전달을 위해서 사용되면서 유럽 전역으로 퍼져나갔다. 위대한 자비의 여정(Great Race of Mercy)로 알려져 있는 항혈청 전달은 1925년 놈(Nome)에서 디프테리아가 창궐할 때, 알래스카로부터 6백 74마일(1,085km) 떨어져 있는 놈까지 항혈청을 개 썰매를 활용하여 5일 반 만에 운송에 성공함으로써 유명해지게 되었다. 이 운송을 성공시키기 위해서 20명의 머셔와 150마리의 썰매견이 활용되었다. 이 스포츠는 북미, 북유럽을 중심으로 활성화 되어있다. 전 세계적으로 가장 유명한 썰매견 경주 대회는 노르웨이의 Finnmarksløpet, 알래스카의 Iditarod Trail Sled Dog Race, 프랑스와 스위스의 La Grande Odyssée, 알래스카와 유콘의 Yukon Quest이 있다. Finnmarksløpet 대회는 세계에서 가장 북쪽에서 실시되는 개 썰매 대회로 1981년 이후 매년 10번째 주 토요일에 실시되며 노르웨이의 Finnmark를 횡단하는 경기이다. Iditarod Trail Sled Dog Race 대회는 미국 알래스카주 앵커리지에서 1,000마일(1,600km) 떨어져 있는 놈(Nome)까지 1973년 이후 매년 3월에서 실시되는 가장 잘 알려진 장거리 개 썰매 경주대회이다. 1973년 최초의 우승자는 20일 49분 41초 만에 횡단한 미국인 Dick Wilmarth이며, 미국인 Dallas Seavey는 2014년 8일 13시간 4분 19초에 횡단함으로써 가장 빠르게 횡단한 사람이 되었다. La Grande Odyssée라고 불리는 La Grande Odyssée Savoie—Mont—Blanc 대회는 2005년부터 시작되었으며 알프스산에서 900Km를 경주하는 국제적 개 썰매 경주대회이다. Yukon Quest라는 Yukon Quest 1,000—mile International Sled Dog Race 대회는 1984년이후 매년 2월에 캐나다 Whitehorse에서 알래스카 Fairbanks까지 횡단하는 개 썰매 경주대회이다. 이 경주대회는 세상에서 가장 힘든 개 썰매 대회로 알려져 있다.

국제슬레드도그연맹 the International Federation of Sleddog Sports (IFSS)

The International Sled Dog Racing Association (ISDRA)

✔ 스키 저링(skijoring)

스키 저링은 설원에서 스키를 타고 있는 사람을 개가 끄는 겨울 스포츠이다. 스키 저링은 스키를 운전한다는 노르웨이 단어에서 파생한 것이다. 스키 저링은 크로스컨트리를 하는 스키어를 개가 도와주는 스포츠로 일반적으로 1~3마리의 개가 활용된다. 스키어는 스키 저링용 하네스를 착용하고 개는 개 썰매용 하네스를 착용한 상태에서 서로 줄로 연결한다. 개를 통제할 수 있는 부가적인 장치가 없기 때문에 스키어의 음성 지시에 따라서 움직이게 된다. 대부분의 스키 저링는 5Km에서 20Km 거리를 경주하며, 가장 긴 경주는 러시아 카레바라로 440Km를 완주해야 한다. 스키 저링은 대부분 겨울에 눈이 많이 내리는 나라에서 개최된다.

✔ 풀크(Pulk)

풀크는 스키어가 여행 도중 필요할지도 모를 물품을 옮길 때 사용되는 전통적인 스칸디나비아의 바닥이 평평한 썰매인 터보건(toboggan)을 의미한다. 개와 스키어 사이에 두고 운송하는 스포츠이다.

✔ 개 스쿠터(dog scootering)

개 스쿠터는 개 썰매를 대신해서 한 마리 이상의 개가 동력 전달 페달이 없는 스쿠터를 끄는 활동이다. 개는 개 썰매에서 착용한 동일한 하네스를 착용하고 갱라인(gangline: 개와 스쿠터를 연결하는 중심 선)을 통해서 스쿠터와 연결한다.

✔ 카팅(Carting)

카팅은 개가 개전용 카트를 끄는 활동이나 스포츠를 의미한다. 눈이 없는 계절에 개 썰매를 대신해서 경주대회를 하기 때문에 드라이랜드 머싱(Dryland mushing)이라고도 한다. 드라이랜드 머싱은 개 썰매와 동일한 방식으로 개와 연결하며 3~4개의 바퀴를 가지고 있고 카트의 형태에 따라서 드라이버(driver)가 앉거나 서서 조정할 수 있다. 세계 썰매견연맹에서는 세계 최대 드라이랜드 머싱 행사인 IFSS Dryland World Champioship을 지원한다. 또 다른 카팅으로는 설키 드라이빙(sulky driving)이 있다. 설키 드라이빙은 두 개의 바퀴와 드라이버가 앉을 수 있는 의자를 가지고 있는 경량의 카트인 설키를 개가 끄는 활동이나 스포츠를 의미한다.

☑ 웨이트 끌기(Weight pulling)

웨이트 끌기는 잔디, 카페트, 눈 등 다양한 바닥 환경에서 짧은 거리를 무거운 짐이 있는 카트나 썰매를 개가 끄는 스포츠이다. 다양한 견종이 이 스포츠에 참가할 수 있으며 개의 무게에 따라서 여러 등급으로 나누어서 실시한다. 개는 짐의 무게를 분산하고 부상의 위험을 최소화할 수 있도록 특별히 제작된 하네스를 착용하게 된다. 국제 웨이트 끌기 연맹(The International Weight Pulling Association)이 사역견의 혈통을 발전시키기 위해서 1984년 설립되어 북미를 중심으로 활동하고 있다.

요약

Chapter 1: 개의 학습

개에게 바라는 행동을 명확하게 전달하고, 개에게 요청하는 내용과 방법에 일관성을 유지하고, 개가 임무를 성공적으로 완성하면 곧바로 그리고 자주 보상을 해주어야 한다

Chapter 2: 개의 학습을 위한 이론들

고전적 조건화를 활용한 훈련방법은 나쁜 연관을 희석시킴으로써 좋은 기억으로 연관을 전환하는 과정을 통해서 행동을 교정하는 것이다.

조작적 조건화가 이루어지기 위해서는 강화가 중요한 역할을 한다.

강화물이 어떤 행동을 형성시키고 유지시키는 데 있어서 중요한 역할을 하는 것은 사실이지만 강화계획이 어떤가에 따라 행동이 학습되는 속도와 패턴, 그리고 지속성 등이 달라진다.

Chapter 3: 행동 심리

도주 거리(flight distance)는 동물이 도망가기 전에 접근할 수 있는 최소거리를 말한다.

임계 거리(critical distance)는 동물이 공격하지 않으면서 가까이 갈 수 있는 최소거리를 말한다.

Chapter 4: 의사소통

개는 늑대보다 훨씬 다양한 청각 신호를 사용한다. 짖기는 개가 만들어낸 고유한 신호이다.

목소리로 한정된 소리만 낼 수 있는 동물에게 자세는 더욱 중요하다.

Chapter 5: 개와 스포츠

도그 어질리티(dog agility)는 말의 승마를 변형한 개의 장애물 스포츠이다.

프리스비독(Frisbee dog)이라고 부르는 디스크독(Disc dog)은 원반을 공중으로 던져서 땅에 떨어지기 전에 개가 물어서 사람에게 가져오게 하는 원반던지기 경기이다.

플라이볼은 릴레이 경주로 4마리의 개가 한 마리씩 순차적으로 4개의 허들을 넘어 개가 패달을 밟아 뛰어나오는 테니스 공을 물고 출반선으로 돌아오는 기록경기이다.

뮤지컬 케이나인 프리스타일(Musical canine freestyle)은 복종 훈련, 기술, 춤을 혼합하여 주인과 개가 창의적인 상호작용을 보여주는 스포츠이다.

하운드 레이싱은 훈련받은 그레이하운드들이 인공 미끼인 토끼를 타원형 또는 원형의 트랙을 따라 돌면서 다른 견들과 경쟁하는 스포츠이다.

머싱은 머셔가 한 마리 이상의 개를 활용하여 눈위에서 썰매를 땅위에서는 카트를 운송하는 스포츠이다.

개와 건강

🐾 학습목표

· 개의 소화기관 및 기능을 이해한다.

· 개에게 필요한 영양소를 이해한다.

· 사료의 종류 및 기능을 이해한다.

· 개의 건강검진 방법을 이해한다.

· 개의 질병과 예방법을 이해한다.

Chapter 1 영양

영양은 생물이 살아가는 데 필요한 에너지와 몸을 구성하는 성분을 외부에서 섭취하여 소화, 흡수, 순환, 호흡, 배설을 하는 과정을 의미한다. 인간은 초식이 강한 잡식이고, 개는 육식이 강한 잡식이다. 즉, 개와 인간은 근본적으로 음식을 체내에서 흡수하는 시스템이 다르다.

1 소화기관

소화가 이루어지는 곳을 소화기관이라 하며 입, 식도, 위, 소장, 대장 및 항문으로 되어 있다. 음식물이 섭취되어 배설되기까지 이들 소화기관에서는 분쇄, 혼합, 운반 등의 기계적 작용과 소화액 또는 효소에 의한 분해 등의 화학적 작용에 의한 소화가 이루어진다. 입을 통해서 음식물이 소화기관으로 들어가는 것을 **섭취**(Ingestion)라고 한다. 섭취된 음식물이 소화효소에 의해서 작은 조각으로 나누어지는 것을 **소화**(Digestion)라고 하며, 소화된 음식물이 혈류를 통해서 몸에 들어가는 것을 **흡수**(Absorption)라고 한다. 흡수된 물질은 신체의 세포에 의해서 사용할 수 있게 되는데 이를 **동화**(Assimilation)라고 한다. 소화되지 못하고 남은 폐기물들은 **배설**(Egestion)의 행위를 통해서 몸 밖으로 배출된다.

구분	기능
소화기관	■ 음식물 운반 ■ 분쇄, 혼합, 첨가 등을 통한 음식물의 물리적 처리 ■ 큰 음식물을 작은 음식물 조각으로 나누기 위해 소화 효소를 첨가하는 화학적 처리 ■ 신체가 활용할 수 있도록 작은 음식물 조각 흡수

☑ 소화기관의 기능

가 입

늑대는 주로 초식 동물을 먹잇감으로 삼는다고 알려져 있지만, 실제로는 공격이 가능한 모든 종류의 동물을 닥치는 대로 사냥하는 것으로 밝혀졌다. 심지어 특별한 사냥감이 없을 때는 같은 무리들 가운데 병이 들거나 죽은 시체도 거침없이 먹어 치운다. 이빨은 육식 치아라고 불리는 어금니로 먹잇감의 모든 부위를 깔끔하게 먹어 치울 수 있는데, 마치 가위질을 하듯이 원하는 부위를 골라서 잘라먹는다. 늑대는 먼저 먹잇감의 심장, 폐, 간 등의 내장기관을 먹는다. 그다음에는 뼈에 붙은 큰 근육 덩어리를 찢어 먹고 마지막에는 뼈까지 천천히 씹어 먹는다. 뼈까지 먹어 치우는 것은 갯과에 속하는 동물들의 특징이다. 갯과 동물은 고양잇과 동물보다 어금니 폭이 훨씬 넓어서 먹잇감의 딱딱한 뼈를 위아래 어금니 사이에 넣고 씹을 수 있다. 뒤어금니 숫자도 갯과 동물들이 더 많다. 이처럼 먹기 위해 생겨난 이빨은 오랜 세월에 걸쳐 진화를 거듭했다. 먹잇감이나 사냥 방식에 따라 점차 그 기능이 발달했는데, 그런 점에서 가장 분화된 것이 바로 포유류의 이빨이다. 평생 단 한 번 이갈이를 하는 포유류는 각 기능에 따라 다른 모양의 이빨들이 있다. 앞 이빨은 자르고, 송곳니는 뚫거나 찢고, 어금니는 갈고 짓이기는 식으로 각각 맡은 역할이 나뉘어 발달한 것이다. 다시 말하면, 앞 이빨은 뼈로부터 고기를 긁어내어 벗기는데 사용하며 작은 앞 이빨은 음식물을 잡고 유지하며 큰 앞 이빨은 가위처럼 자를 수 있다. 송곳니는 잡고 유지하며 찢을 수 있고 어금니는 분쇄할 수 있다.

턱은 큰 동물을 잡기 위해 필요한 송곳니를 가질 수 있도록 충분히 길게 발달되어 있다. 개의 턱을 제어하는 근육은 몸 전체에서 가장 강력한 근육 중 하나이다. 사람은 음식물을 갈기 위하여 아래턱을 좌우로 움직일 수 있으나 개는 턱을 옆으로 움직일 수 없다. 송곳니가 그것을 불가능하게 할 뿐 아니라 턱관절이 무릎관절처럼 위아래로만 움직일 수 있는 견고한 경첩 구조를 가지고 있기 때문이다. 이러한 구조는 턱의 무는 힘을 극대화할 수 있게 해준다.

개의 치아 구조상 음식물을 자르고 씹어서 잘게 만드는데 편리하게 되어 있어 분쇄하는 과정을 거치지 않는다. 음식물의 형태나 냄새는 침샘으로부터 침의 분비를 자극하게 된다. 침(타액)은 음식물을 쉽게 삼킬 수 있도록 촉촉하고 부드럽게 만든다. 그러나 개의 침에는 아밀라아제(Amylase)가 충분하게 분비되지 못해 이빨로 분쇄하여 소화하는 과정이 불필요하며, 대신 음식물에 수분을 공급하여 저작과 연하를 용이하게 하는 역할을 한다. 그러나 개의 침에는 향균성 효소 중 하나인 **라이소자임**(Lysozyme)이 많이 들어있어 음식을 통해 들어오는 세균을 죽이는 역할을 한다. 이러한 이유로 개는 사람에 비해서 치석이 덜 끼게 되는 것이다. 그러나 침샘 중에서 광대샘 또는 권골샘이 나오는 개구부가 위쪽 넷째 작은 어금니에 위치하고 있기 때문에 넷째 작은 어금니에 치석이 많이 쌓일 수 있으므로 주의해야 한다. 분쇄된 음식물은 25개의 다른 근육에 의한 복합한 작용에 의해서 삼키게 되며 식도로 넘어가게 된다.

나 식도

넘어온 음식물은 식도 내의 후두개라는 작은 플랩(Flap) 기관을 닫음으로써 위로 넘어가게 된다. 식도는 음식물을 위로 전달하는 기능으로 음식물은 치약을 짜는 것처럼 식도 내부의 부드러운 근육 수축에 의해서 식도를 따라 이동하게 된다. 이러한 운동을 **연동**(Peristalsis)이라고 한다.

다 위

개의 위는 공복 시 자바라 물통처럼 접어져 있다가 음식물이 들어오게 되면 접어져 있던 부분이 펼쳐지면서 확장된다. 즉, 개의 위는 세탁기처럼 한 번에 많은 음식을 소화시킬 수 있는 형태를 가지고 있다. 위는 접히는 부분에 강한 근육을 가지고 있어 지속적으로 음식이 자극을 주면 소화액이 음식물과 접촉할 수 있도록 해준다. 반면 인간의 위는 가방처럼 접히지 않는 구조를 가지고 있다. 인간의 위는 소화기관 전체 용적의 약 20%를 차지하고 있지만, 개의 위는 소화기관 전체 용적의 약 70%를 차지하고 있는 큰 부분이다. 위는 음식물이 모두 용해될 때까지 소화과정을 진행하며 소화과정이 완료되면 영양분을 흡수할 수 있도록 소장으로 이동시키게 된다. 사람의 위가 보통 pH 2~3 정도인데, 개는 pH 1~2 정도로 사람의 위에 비해서 더 산성이다.

라 소장

소장은 기본적으로 가운데가 비어있는 관으로 개 몸의 약 4배의 길이를 가진다. 소장의 내부는 수백만 개의 새끼손가락 형태의 융모(Villi)로 이루어져 있어서 영양분의 소화와 흡수가 용이하도록 표면적을 증가시킨다. 췌장과 담낭에서 소화액이 분비될 수 있도록 소장과도 연결되어 있다. 췌장은 단백질을 분해하는 효소를 분비하며 혈당을 조절하는 내분비선이다. 담낭은 담즙의 저장 및 분비를 조절하는데 담즙은 지방을 분해하기 위해 필요하다. 소장의 주요 역할은 위에서부터 내려온 액체 음식으로부터 영양분을 흡수하는 것이다. 대부분의 영양소가 소장에서 혈액으로 흡수된다. 소장은 혈류를 통해서 신체의 모든 부분에 영양분과 산소를 공급하게 된다.

📌 대장

대장은 소장에서 들어온 음식물에서 대장을 통과하는 동안 물과 전해질을 저장하는 역할을 한다. 즉, 일정한 수준으로 신체의 수분을 유지하는 것이다. 또한 소화가 어려운 물질을 분해하기 위하여 박테리아가 생성된다. 이러한 과정을 통해서 대변이 형성되고 항문을 통해서 배출될 때까지 저장하고 대기한다. 직장은 개의 소화기관의 마지막 정지점이다.

개와 사람의 소화기관 비교

구분	개	사람
체중대비 소화기관 무게(%)	3~7	11
장 길이(m)	2~5	7~8
위 (pH)	1~2	2~3
소화시간(H)	▪ 생 음식 : 4~6 ▪ 반건조 음식: 8~10 ▪ 건조 음식 : 10~12	24~72

요약하면 소화시스템에서 이미 살펴본 것처럼 개는 육성성 잡식으로 찢고 부술 수 있는 턱과 치아를 가지고 있으며, 음식의 소화를 위한 목적보다는 박테리아를 죽이기 위한 침샘이 발달되어 있다. 또한 위는 인간의 위보다 더 산성이며 췌장과 담낭을 통해서 단백질과 지방을 분해할 수 있다. 그러나 단백질과 지방을 이용하여 글리코겐을 합성할 수 있기 때문에 탄수화물은 요구되지 않는다. 소장과 대장은 짧으며 맹장은 발달되어 있지 않다.

② 영양소

식품의 구성 성분으로 탄수화물·단백질·지방·비타민·무기질 등을 영양소라고 한다. 신체 구성 성분의 60% 이상을 차지하는 수분도 필수 영양소에 속하며 생명현상과 건강을 유지하기 위해 이러한 영양소들을 신체에 공급하여야 한다. 개에 필요한 영양소는 다음과 같다(이지묘, 2011).

✅ 단백질

단백질은 신체의 피부, 털, 손톱, 인대, 연골, 근육을 구성하는 주요성분이며, 호르몬과 면역 물질 생성의 재료로도 사용된다. 단백질은 소화와 대사과정을 거쳐서 아미노산 (amino acid)으로 분해된다. 체내의 근육과 장기(臟器)는 단백질로 이루어졌으며, 여러 개의 아미노산으로 구성되어있다. 개에 필요한 아미노산은 총 23종이며, 이중 10종류인 이소루신 (isoleucine), 루신(leucine), 라이신(lysine), 메티오닌(methionine), 페닐알라닌(phenylalanine), 트레오닌 (threonine), 트립토판(tryptophan), 발린(valine), 히스티딘(Histidine), 아르기닌(Arginine)는 필수아미노산이다. 필수아미노산은 생체가 스스로 만들 수 없기 때문에 반드시 음식 섭취를 통해서 공급받아야 한다. 특히 사람과는 달리 아르기닌이라는 아미노산은 개에게는 필수 아미노산이다. 아르기닌의 주요 기능은 단백질 합성과 요소 대사 필수 요소이다. 아르기닌이 결핍되면 개는 아미노산을 이용해서 단백질을 합성할 수 없다. 즉, 상처가 나도 아물지가 않고 병이 생겨서 면역세포가 병에 걸린 세포를 죽여도 복구가 되지 않는다는 것이다. 또한 요소 대사에서 단백질을 만들기 위해 사용되며 일부는 분해되어 다른 곳에 이용된다. 이때 질소를 유독하지 않는 요소로 바꾸어서 배출시키는데 아르기닌이 중요한 역할을 한다. 이러한 필수아미노산은 모두 표준 아미노산치 이상 함께 존재해야만 체내 이용률이 높다. 이것을 아미노산의 최소한의 법칙이라고 한다. 따라서 식물성 단백질과 동물성 단백질의 비율이 3:1일 때 부족한 아미노산의 상호 보완이 이루어져 체내 이용률과 흡수도가 가장 좋은 상태가 된다.

타우린(Taurine)은 아미노산의 하나로 소듐, 칼륨, 칼슘, 마그네슘 등 이온 수송에 관여하여 뇌 신경전달, 심혈관 기능에 영향을 주고, 망막 형성, 세포막 안정화 등 다양한 생리적 기능을 한다. 포유류의 조직 특히 두뇌, 심장근육, 간, 신장 등의 장기와 골격근육, 혈구세포 등에 고농도로 존재하며, 어패류로 오징어, 문어 등에 다량 존재하지만 식물성식품에는 존재하지 않는다. 개는 잡식성이기 때문에 다른 아미노산을 분해해서 타우린을 합성할 수 있다. 그러나 이러한 타우린이 부족하게 되면 눈과 심장에 문제가 발생한다. 눈의 맥락막과 망막의 중요 구조 성분이 타우린인데 이게 부족하면 시각 신호를 제대로 인지하지 못하게 되고 점점 시력을 잃어 종국에는 시력을 상실하게 되기 때문이다. 또한 타우린은 삼투압 및 칼슘이온 이동에 직접적으로 관여한다고 이미 언급하였는데 타우린이 부족하게 되면 칼슘이온 이동에 문제가 발생하게 된다. 칼슘은 심근의 활동성에 중요한 전해질인데 정상적인 칼슘 농도가 유지되지 못하면 심장은 정상적인 수축을 할 수 없게 되고 심장벽의 두께는 얇아지게 된다. 이를 확장성 심근증(Dilated CardioMyopathy, DCM)이라고 부른다. 타우린은 개의 심혈관 건강에 이로우며, 특히 대형견이나 초대형견의 경우 육류에서 얻을 수 있는 타우린이 꼭 필요하다(Backus et al, 2003). 타우린이 결핍되어 심부전증에 걸리기 쉬운 품종은 뉴펀들랜드와 도베르만 핀셔, 아일랜드 울프하운드, 그레이트데인, 복서, 코카스패니얼 등이다. 타우린은 신체에서 생합성하는 능력이 높지 않기 때문에 식품으로 섭취하는 것이 바람직하다. 따라서 개에게 필요한 모든 아미노산을 식물성 단백질에서만 얻는 것은 불가능하다고 할 수 있다. 참고로 고양이는 타우린과 아르기닌을 스스로 합성할 수 없기 때문에 반드시 음식을 통해서 섭취해야 한다.

동물성단백질원으로 익힌 육류(쇠고기, 닭고기, 칠면조, 양고기), 생선, 달걀, 유제품 등이 있으며, 식물성단백질원으로는 대두, 콩류, 견과류, 곡류 등이 있다. 이러한 단백질원은 개에게 필요한 아미노산을 제공한다. 곡물에는 대부분 라이신이 결핍되어 있지만 퀴노아에는 적당량의 라이신이 들어 있기 때문에 완벽한 단백질 공급원이라고 할 수 있다. 돼지고기는 주의해서 먹어야 한다. 지방이 너무 많기 때문에 어떤 개는 돼지고기를 먹고 설사를 하기도 한다. 닭고기를 먹일 때에는 동물성 지방이 많은 껍질을 깨끗이 제거하고 먹이는 것이 좋다.

구분	결핍	과잉 공급
단백질	▪ 발육지연 ▪ 체중 감소 ▪ 생체 기능 저하 ▪ 피모의 발육 저하	▪ 지방 등으로 전환되어 체내에 축적 ▪ 단백질에서 분리된 암모니아는 간에서 요소 또는 질소 폐기물로 전환되고 신장에서 소변으로 배설 ▪ 결국 신장에 부담을 주어 신장의 저하, 신부전 유발

☑ 지방

지방은 가장 농축된 에너지원이며 글리세롤과 지방산으로 이루어져 있다. 건강을 위해서 지방 섭취는 필수적이지만 필요 양보다 많이 섭취하고 있기 때문에 비만을 초래하고 심혈관 질환을 유발하는 등 각종 성인병의 원인이 되는 위험이 따르기 때문에 주의가 필요하다.

필수지방산은 생체 내에서 합성되지 않기 때문에 반드시 음식을 통해 공급해야 한다. 리놀레산(Linoleic acid), 알파-리놀렌산(Alpha-Linolenic acid), 아라키돈산(Arachidonic acid)등이 필요한 필수지방산이다. 리놀레산과 아라키돈산은 오메가 6 필수지방산이고 알파-리놀렌산은 오메가 3 필수지방산이다. 이 중에서 리놀레산은 개에게 필수지방산이며 알파-리놀렌산과 아라키돈산은 고양이에게 필수지방산이다. 오메가 6 지방산은 옥수수, 대두 등 식물성 오일에 많이 들어있다. 오메가 3 지방산은 동물성 지방이나 생선 오일에만 들어있다. 오메가 3 지방산은 음식의 효율성을 높여주기도 하지만 피부의 수분 손실을 줄여 피부와 피모를 윤기 있게 해준다. 오메가 6 지방산에 비해 면역반응도 적어 수술 후나 각종 염증을 완화하는 효과가 있다. 개가 필수 지방산이 부족한 음식을 섭취하면 상처의 회복이 느리고 피부나 피모 상태가 좋지 않게 된다. 오메가 3와 오메가 6는 그 비율이 매우 중요한데 일반적으로 1:10 ~ 1:5를 권장한다. 그러나 피부와 털에 문제가 있는 경우에는 낮을수록 좋다.

심장, 간, 신장, 췌장, 뇌 및 척추들은 생체의 생명유지에 필수적인 기관들이다. 따라서 외부의 마찰이나 압력으로부터 보호되어야 하는데, 이러한 역할을 담당하는 것이 바로 지방이다. 신체를 보호하는 데 필요한 지방량은 체중의 약 4%까지이며, 이러한 지방층은 장기간의 반 기아 상태에서도 거의 감소하지 않는다. 그러나 과도한 체지방은 체온조절을 방해하는 요인이 되므로 주의하여야 한다. 식이지방은 지용성 비타민들(비타민 A, D, E, K)의 운반과 이동을 위해 필수적이며, 이를 위해 매일 약 20g의 지방을 섭취하여야 한다. 그러므로 식이로부터 지방을 완전히 제거하거나 충분한 양을 공급받지 못하면 지용성 비타민의 흡수와 운반에 장애가 생기기 때문에 지용성 비타민의 결핍증이 생길 수 있다. 지방은 식사 후 약 3시간 정도 위에 머물러 있기 때문에 허기를 느끼는 시간을 지연시키고, 적은 양의 식사를 한 후에도 포만감을 느끼게 하는 데 기여한다. 또한 소장 하부에 있는 지방은 위에 있는 호르몬의 방출을 자극시킴으로써 허기를 억제시킨다. 지방이 체내에서 하는 역할은 위에 열거된 기능 외에도 여러 가지가 있다. 즉, 지방층은 체내의 열의 발산을 막아주므로 체온이 항온 상태를 유지하도록 도와주며 또한 식이로 섭취한 지방 중 체내로 흡수되지 않은 지방은 윤활유 역할을 하여 대변을 부드럽게 해주기도 한다. 또한 지질 중 인지질과 스테롤(sterol)은 뇌와 신경 등의 세포막을 구성하는 성분이다. 이들 성분에 의해 세포의 투과성이 결정되므로 세포 내외의 물질교환 및 물질의 평형유지에 매우 중요한 역할을 담당하고 있다. 그리고 불포화지방은 콜레스테롤 대사를 조절하는 작용을 하여 혈액 내의 콜레스테롤량을 저하시킨다. 지방은 음식의 맛과 모양을 결정하는데 중요한 역할을 한다.

구분	결핍	과잉 공급
지방	■ 번식 기능 억제 ■ 피모 광택 상실 후 피부염 ■ 임산 중인 경우 신생아의 이상이나 사망	■ 급성 췌장염 ■ 췌장에서 지방의 소화를 위해 리파아제라는 지방분해 효소가 분비되지만, 섭취하는 지방 양이 너무 많다면 그것을 소화하려고 많은 리파아제를 분비하여 불필요한 부담이 생김

최상의 피부와 털을 유지하기 위해 개에게 꼭 필요한 필수지방산을 먹이고 싶다면 순수 식물성 기름을 먹이면 된다. 순수 식물성 기름에는 맥아유, 해바라기유, 홍화씨유, 콩기름 등이 있다. 식물성 기름에는 개의 건강에 매우 중요한 리놀레산이 풍부하게 들어 있다(Brown, & Andi, 2006). 천연에서 추출한 식물성 기름은 반려동물에게 추가적인 에너지, 풍성한 털, 깨끗한 피부와 건강한 근육을 만들어 준다.

✓ 탄수화물

탄수화물은 생체에 에너지를 공급하는 일을 담당한다. 탄수화물은 단당류(포도당, 과당 등), 이당류(유당 등), 다당류(전분, 글리코겐 등)로 나눌 수 있다. 개의 사료 원료에는 곡물을 많이 사용하는데 그 이유는 이들 원료로부터 식물의 에너지 저장물질인 전분을 공급하기 위해서다. 식물에서 얻을 수 있는 복합 탄수화물이 섬유소이다. 식물의 세포벽을 구성하고 있는 셀룰로오스가 대표적인 섬유소이며 위나 장에서 소화가 안 되는 것이 특징이다. 그러나 개의 대장에 있는 특정 미생물에 의해 이들 섬유소가 분해돼 지방산이 되면 중요한 에너지원으로 사용될 수 있다. 섬유소는 개의 변비나 설사를 방지하는데 중요한 역할을 담당한다. 일반적으로 탄수화물은 소화 과정을 거쳐 간이나 근육에 글리코겐의 형태로 저장되며, 모든 신체 활동에 필요한 에너지원으로 사용된다. 사용하고 남은 글리코겐은 체내에서 지방으로 바뀌어 저장되었다가 필요할 때 사용된다. 이러한 지방이 축적되면 비만의 원인이 된다. 섭취되는 탄수화물의 양이 충분하면 단백질의 대부분은 신체조직을 유지하고 보수하며 성장시키는 데 필수적인 역할을 담당한다. 그러나 탄수화물이 부족하면 신체는 에너지를 공급하기 위하여 단백질을 분해하여 포도당으로 전환시킨다. 이와 같이 탄수화물 저장량이 감소하면 지방의 글리세롤이나 단백질로부터 포도당이 합성되며, 이 과정에 의해 생성된 포도당은 글리코겐이 고갈된 상황에서 탄수화물 이용을 가능하게 해준다. 탄수화물 저장량의 고갈을 대신하여 체내 활동을 계속할 수 있도록 에너지를 제공해 주는 당원 생성과정은 순간적으로 단백질(특히 근육단백질)을 많이 감소시키는 작용을 하게 된다. 극단적인 경우에는 이 과정에 의해 체지방 조직을 감소시키며 또한 단백질 분해의 부산물인 질소 함유 물질을 많이 생성시킴으로써 신장에서의 배설 기능에 부담을 주기도 한다. 그러므로 충분한 탄수화물 섭취와 이용은 조직의 단백질을 유지시키고 보호하는 데 도움을 준다.

구분	결핍	과잉 공급
탄수화물	▪ 임신과 출산 시 문제 발생 ▪ 저혈당 ▪ 변비 ▪ 대장장애	▪ 비만 ▪ 간질환 ▪ 당뇨병 ▪ 설사나 흡수장애 ▪ 소화기능 저하

음식의 원료 중에 단백질이 제일 고가이기 때문에 가능하면 저가인 탄수화물을 사용하여 필요한 에너지를 충분하게 공급하면 비싼 단백질 원료는 적게 사용해도 된다. 당질로는 현미, 통보리, 통밀, 옥수수, 보리, 감자 등이 있으며, 섬유소로는 채소, 버섯, 과일, 해조류 등이 있다. 이 중에서 당질은 개가 가장 흡수하기 좋은 탄수화물이다. 그러나 곡류나 감자류는 전분 성질 때문에 생으로는 소화가 되지 않아서 소화가 용이하도록 잘 익혀서 먹이는 것이 좋다. 탄수화물은 체중을 유지하고 칼로리를 공급하며, 곡물과 야채에 들어 있는 탄수화물과 섬유질은 에너지와 스태미나를 제공한다.

☑ 미네랄

미네랄은 칼슘, 인, 철, 황, 마그네슘 등 무기질 영양소를 의미한다. 미네랄은 동물 체내에서 2~5% 정도에 불과하지만 생체의 구조를 유지하는데 중요한 역할을 한다. 개에 필요한 필수 미네랄은 12종으로 이중 다량 미네랄은 칼슘, 인, 칼륨, 나트륨, 염소, 마그네슘이며 소량 미네랄은 철, 구리, 망간, 아연, 요오드, 셀렌이다.

구분	기능
미네랄	■ 뼈조직, 연조직 등 골격 형성 ■ 산, 염기 균형 조절 및 유지 ■ 효소의 활성제 ■ 체액의 구성 성분으로 삼투압 유지 ■ 빈혈증의 방지 ■ 식욕증진

칼슘은 모든 미네랄 중에서 가장 많은 양이 필요하다. 뼈 형성, 혈액 응고, 근육 수축, 신경 자극 전달 등 여러 기능을 위해서 반드시 필요한 필수 미네랄이다. 하루 칼슘 권장량은 초소형견 100mg, 소형견 200mg, 중형견 300mg, 대형견 500mg이다(이지묘, 2011). 강아지의 체중이 증가하는 것과 비례해 권장량 역시 10%씩 증가시킨다(Zucker, 1999). 뼈, 유제품, 콩과 식물에는 많은 칼슘이 함유되어 있으나 곡물, 육류 및 장기조직에도 소량의 칼슘이 함유되어 있다. 유제품은 칼슘을 충분히 공급할 수 있지만 우유에 들어 있는 칼슘은 흡수되지 않고 설사를 유발할 수 있으므로 주의해야 한다. 뼈는 좋은 칼슘원이지만 뼈에 들어 있는 납과 중금속이 문제가 될 수 있다. 칼슘이 결핍되면 구루병(Rickets)이라는 골격이상이 발생하게 된다. 인은 골격 형성과 세포막 그리고 에너지 대사에 중요한 역할을 하며 육류에 함유되어 있다. 인의 과대 섭취와 구멍이 뚫린 다공성 뼈는 모두 육류 증후군과 관련이 있는데, 인이 칼슘보다 많이 공급되면 칼슘의 흡수를 방해하여 뼈에 이상 증상을 나타낼 수 있다. 칼슘과 인은 발육과 골격 유지, 세포막과 신경계 기능을 건강하게 유지하기 위해 필요하다. 또한 칼슘과 인의 적당한 비율이 유지되는 것이 매우 중요하며 비율은 1.2:1로 공급하는 것이 적절하다.

나트륨 또는 염화나트륨으로 알려져 있는 소듐(So)은 NaCl, 즉 Na 이온과 Cl 이온이 결합한 물질로 체내에 흡수되면 Na 이온과 Cl 이온으로 분해된다. Na 이온과 Cl 이온은 체내에서 중요한 역할을 담당하는 미네랄이다. 즉, Na, Cl은 개가 어떤 형태로든 꼭 섭취를 해야 하는 중요한 영양소이다. 개가 소금을 다량으로 섭취하면 물을 많이 먹게 되는데 물을 많이 먹으면 수분이 혈액으로 많이 유입되어 고혈압을 유발할 수 있다. 소금은 개의 산성도를 중성으로 유지시켜 혈액을 맑게 해주기 때문에 각종 영양소와 산소를 온몸으로 활발하게 운반해줄 뿐만 아니라 세포에서 생명활동을 하고 발생하는 노폐물을 원활하게 배출시켜준다. 또한 소금은 면역력을 정상으로 유지시켜 신장과 심장, 간의 기능을 회복시켜 준다. 따라서 천일염이나 죽염을 음식에 적절하게 공급해야 개의 식욕을 좋게 해 건강을 유지시켜 줄 수 있다(허현회, 2013). 마그네슘은 칼슘, 인과 소듐의 균형을 정상적으로 유지시키는 역할을 한다. 또한 근육의 수축이나 신경의 자극 전달에도 도움을 준다. 마그네슘이 결핍되면 식욕부진, 구토, 증체량(增體量) 감소 등을 일으킨다. 강아지의 경우는 뒷다리의 운동실조, 경련성 간질발작, 소듐과 칼륨 수송의 변조를 보여준다. 또 성견에 있어서는 체중 감소, 혈청 마그네슘의 감소가 일어난다. 칼륨은 소듐과 균형을 이루어 정상 혈압을 유지하고, 몸속 노폐물 처리와 에너지 대사 및 뇌기능 활성화하는 데 도움을 준다. 염소는 체액의 삼투압 유지와 수분평형에 관여한다. 칼륨이 결핍되면 성장 미숙, 근육마비, 탈수현상, 심장과 신장장애를 일으키고 소듐과 염소가 결핍되면 피로를 쉽게 느끼며 수분평형을 유지할 수 없고 수분 섭취가 줄어든다. 또한 성장지연, 피부건조, 털의 손실을 일으킨다. 소듐, 칼륨, 염소는 산·염기의 평형과 삼투압을 조절한다. 구리는 산화환원효소의 조효소 역할을 하며 적혈구 형성에 간접적으로 관여하며 간에 저장된다. 결핍되면 헤모글로빈이 충분히 형성되지 않으며 빈혈증에 걸린 개에 있어서 헤모글로빈 재생이 일어나지 않는다. 철은 에너지 발생에 중요한 산화환원효소의 구성 성분이며, 혈구 형성, 산소 운반 등에 관여한다. 결핍 시에는 빈혈과 조직 내의 산소결핍증을 나타낸다. 또 평균 헤모글로빈 농도와 부피가 줄어들며 적혈구와 혈색소가 감소하므로 빈혈이 발생된다. 반면에 모든 빈혈이 철의 결핍에 의해서만 유발되는 것은 아니지만 철이 결핍된 사료를 섭취한 개의 혈청 중 철의 농도는 줄어든다. 구리와 철은 적혈구에 포함되어 몸 전신으로 산소를 공급한다. 베들링턴 테리어는 동저장질환(구리저장병)이라는 유전병이 있어서 구리 중독에 잘 걸리는 경향이 있다. 도베르만 핀셔, 웨스트 하이랜드 화이트 테리어, 코카 스패니얼은 간에 구리가 축적되어 간 질환이 발생할 수 있다. 망간은 뼈의 형성, 번식, 신경계의 정상적인 기능을 위해서 매우 중요하다. 개에 있어서 망간의 결핍증은 거의 발생하지 않는다. 요오드는 갑상샘에서 호르몬을 만드는데 필요하다. 갑상샘 기능이 저하되면 갑상샘 호르몬이 결핍된다. 이 질환은 개에서 가장 많이 볼 수 있는 호르몬 질환이다. 아연은 개의 정상적인 성장, 번식활동, 시각 작용 등에 필수적이며, 체조직 및 상처의 재생이나 치료에 도움을 준다. 아연은 피부와 미뢰를 건강하게 유지하고 면역계를 보조한다. 또한 많은 효소의 기능을 원활히 하고, 암모니아 노폐물을 해독하는 역할을 한다. 아연이 부족하면 피부와 피모에 문제가 발생할 수도 있다. 아연 결핍증은 육류가 적고 곡류가 많아서 아연의 함량이 적은 사료를 공급하면 발생하기 때문에 일반 건식 사료 질환이라고 알려져 있다. 특히 성장이 빠른 대형견과 초대형견의 강아지에서는 먹이에 칼슘이 너무 많으면 아연과 경쟁하여 피부와 피모에 문제가 발생한다. 알라스카 말라뮤트와 시베리안 허스키는 유전성 아연 대사장애가 있어서 아연을 잘 흡수하지 못한다. 셀레늄은 효소계의 중요한 부분으로 심장의 근육과 몸의 조직을 건강하게 유지하는 역할을 한다. 또한 셀레늄은 생식에도 관여한다. 셀레늄은 비타민 A, C, E, 아연, 망간, 구리 등의 항산화물질과 상호작용을 한다. 셀레늄은 중금속이므로 적은 양이라도 축적되면 독성을 일으키므로 아주 미량 공급해야 한다. 결핍 시는 근육쇠약, 피하 부종, 식욕부진, 우울을 일으키면, 과부족 상태가 되면 혼수상태에 빠지기도 한다.

미네랄 기능 요약

구분	주요 기능	결핍
칼슘 (Ca)	■ 뼈와 치아 형성 ■ 혈액 응고 ■ 신경 전달 ■ 나트륨, 칼륨, 마그네슘 균형유지	■ 근육 경련, 구루병, 관절통, 치은염, 우울증
인 (P)	■ 칼슘 대사에 필요 ■ 뼈와 치아 구성에 필수 ■ 정상적인 뇌 기능 ■ 피모의 성장 촉진 ■ 신체의 산성 수준 조절	■ 구루병, 체중 감소, 뼈의 통증, 뼈가 부서지기 쉬움, 치아와 턱의 발달 저해, 피부병, 관절염, 기억력 감소
소듐 (So)	■ 근육과 신경 기능 보조 ■ 체내 수분 유지 ■ 피부 건조 예방	■ 피로, 알레르기, 설사, 가스와 관절염 증가, 식욕 감퇴, 근육 경련, 정신적 감정의 마비, 성장지연, 피부 건조, 털의 손실
칼륨 (K)	■ 체내 수분 유지 ■ 심근 및 혈압 조절 ■ 단백질과 당질의 대사	■ 피로, 부종, 저혈당, 성장 지연, 근육 마비, 근육 약화, 탈수, 심장과 신장 장애
마그네슘 (Ma)	■ 나트륨과 칼륨 운반 ■ 효소 반응 활성화 ■ 콜레스테롤 감소 ■ 납 등의 중금속 해독	■ 식욕 감퇴, 행동 이상, 간질, 근육 경련
염소 (Cl)	■ 위액(염산) 생성 ■ 혈액 세정	■ 빈혈, 피로, 우울증, 호흡곤란, 저혈압, 질병에 대한 저항력 감퇴
철 (Fe)	■ 헤모글로빈 생성 ■ 미오글로빈 효소 제조에 필요	■ 빈혈, 피로, 우울증, 호흡곤란, 저혈압, 질병에 대한 저항력 감퇴
구리 (Cu)	■ 아미노산의 하나인 티로신(피모와 피부의 색소생산)기능에 필요 ■ 철의 흡수 촉진	■ 빈혈, 탈모, 색소 결핍, 저혈압, 갑상선 기능 저하, 면역 반응 저하
망간 (Mn)	■ 뼈 구조에 필요 ■ 영양소의 대사에 필요 ■ 효소의 기능 활성화	■ 발육 부진, 신경계 장애, 생식 이상
요오드	■ 갑상선 호르몬의 원료 ■ 모든 신체 기능 조절 ■ 뼈와 신경, 생식, 피부, 피모, 이빨, 정신 건강에 필요	■ 갑상선 기능 장애, 체중 증가, 피로, 감염에 저항 감소
황	■ 근육, 연골, 활성 조직, 화합물의 구성물	■ 피부 질환, 습진, 피부염
아연(Zn)	■ 소화 효소 생성 ■ 독소의 해독 촉진	■ 피부 질환, 성장 지연, 신장 손상, 눈 질환
셀렌 (셀레늄)	■ 비타민 E와 밀접한 관계 ■ 황산화 물질 ■ 생식 기관의 적절한 기능에 필수	■ 성장 장애, 간기능 장애, 면역 저하, 근육 변성

☑ 비타민

비타민은 생리작용의 조절을 위해 미량이지만 반드시 필요한 성분으로 체내 합성이 불가능하므로 음식물로서 섭취해야 한다. 비타민은 신체 내의 기능 조절에 관여한다. 즉 신체 내에서 일어나는 화학반응에 관여하는 효소의 작용을 촉진하는 보조효소의 기능을 한다. 음식물에 포함된 성분 중에 체내에서 비타민으로 전환이 가능한 것을 프로비타민(Provitamin)이라 한다. 비타민은 지방에 녹는 지용성 비타민과 물에 녹는 수용성 비타민으로 나눌 수 있다. 개는 11종의 필수 비타민을 필요로 한다. 지용성 비타민으로는 비타민 A, D, E이며 수용성비타민으로는 티아민$^{(B1)}$, 리보플라빈$^{(B2)}$, 니아신$^{(B3)}$, 판토텐산$^{(B5)}$, 피리독신$^{(B6)}$, 엽산, 콜린, 코발라민$^{(B12)}$가 있다. 수용성 비타민은 물에 녹기 때문에 일정량이 되면 소변으로 배설된다. 그러나 지용성 비타민은 지방에 녹아 소변으로 배설되지 않고 간과 지방 조직에 축적되기 때문에 과잉 섭취하게 되면 중독 증상을 일으킨다. 현재 과다 비타민증으로 인한 중독이 비타민 결핍보다 더 흔하며 스트레스를 받으면 체내 비타민 합성이 불가하여 결핍을 초래할 수 있다.

☑ 수용성 비타민

비타민 B군은 B1$^{(티아민)}$, B2$^{(리보플라빈)}$, B3$^{(니아신)}$, B5$^{(판토텐산)}$, B6$^{(피리독신)}$, 엽산, 콜린, B12$^{(코발라민)}$가 있다. 비타민 B군은 세포의 기능을 조절하는 효소에 중요하며, 몸의 정상적인 기능을 위해서 필수 요소이다. 비타민 B1$^{(티아민)}$은 산화적 탈탄산작용에 조효소로서의 역할을 한다. 결핍되면 식욕이 감퇴되면서 점차 식욕부진, 성장지연, 체중 감소를 나타내면서 장기간 계속되면 신경계 증상을 나타내거나 사망에 이르게 된다. 비타민 B2$^{(리보플라빈)}$는 생화학적으로 중요한 산화 환원작용에 반드시 필요한 물질이다. 급성 B2$^{(리보플라빈)}$ 결핍증은 식욕부진, 체온 이상강하, 호흡률 저하, 무감각, 점진적인 쇠약, 운동실조 등을 초래한다. 만성 B2$^{(리보플라빈)}$ 결핍증은 식욕부진, 체중 감소, 근육쇠약 등을 일으킨다. B3$^{(니아신)}$은 체세포 대사과정 중 대부분의 산화 환원 작용에 관여하는 조효소의 주요성분이다. 결핍 시 식욕부진, 체중 감소, 홍반, 입과 인후의 심한 염증과 궤양, 끈적끈적한 침을 많이 흘리거나 구취를 나타낸다. B5(판토텐산)는 영양소의 체내 산화작용에 필수적인 역할을 한다. 결핍되면 식욕감퇴, 성장률 저하, 항체반응 저하, 혈청의 콜레스테롤과 총 지질의 농도 저하를 일으키며 장기간 계속되면 뒷다리의 경련, 갑작스러운 쇠약 또는 혼수, 빠른 호흡과 심장박동을 동반하며 경련을 일으킨다. 비타민 B6(피리독신)은 특히 중요하며 포도당 생성, 적혈구 및 신경계 기능, 호르몬 조절, 면역 반응, 니아신 합성 및 유전자 활성화를 담당한다. 성장 중인 강아지에 있어서 급성 비타민 B6 결핍증은 식욕부진, 성장지연, 체중 감소 등이며, 임상적인 증상 없이 갑작스럽게 사망할 수 있다. 비타민 H(바이오틴)는 여러 효소의 구성 성분으로서 체세포 내의 대부분의 탄산화 작용, 즉 이산화탄소 가스 고정 작용에 관여한다. 결핍되면 피부에 비듬이 많이 생기는데 이것은 표면의 상피세포의 각질화 현상에 기인한 것이다. 비타민 B12는 모두 동물의 대사 작용을 위하여 반드시 필요한 비타민으로 골수에서 적혈구의 생성을 돕고, 엽산과 탄수화물의 이용을 도와주며, 신경계의 기능을 유지하는데 관여한다. 일부 슈나우져는 비타민 B12의 흡수를 저해하는 유전병이 있으므로 유의해야 한다. 비타민 B를 과잉공급하면 부작용이 일어날 수 있는데 B1의 경우 구토증, 니아신은 발진, 십이지장궤양, 간 이상을 일으킬 수 있다. 또한 비타민 B6을 남용하면 신경 파괴가 발생할 수도 있다. 비타민 C는 여러 효소의 기능에 주요한데 개는 스스로 간에서 당으로부터 비타민 C를 만들 수 있다.

구분	주요 기능	결핍
비타민 B군	■ 지방질, 당질과 단백질의 에너지 변환에 필수 ■ 신경계의 적절한 기능에 중요 ■ 피곤할 때 에너지를 공급하고 신경계를 진정	■ 변비, 피부염, 신경 증상, 탈모, ■ 클레스테롤 증가, 뒷다리 허약, ■ 면역계의 저하, 벼룩 및 기타 기생충 기생, 피로
비타민 C	■ 건강한 치아, 잇몸, 뼈에 필요 ■ 콜라겐 생산에 필수 결합 조직 강화 ■ 면역 반응 강화	■ 요로 및 피부 감염 ■ 방광 결석 ■ 면역계의 저하

☑ 지용성 비타민

비타민 A는 개에게 반드시 공급해주어야 하는 것은 아니다. 왜냐하면 개가 먹는 야채에 함유된 카로틴에서 스스로 비타민 A를 만들어 낼 수 있기 때문이다. 비타민 A가 과다하면 뼈 및 관절에 통증을 유발한다. 비타민 D는 장으로부터 칼슘의 흡수와 골조직에 칼슘의 축적을 돕고 배설을 억제해서 혈액의 칼슘 농도를 일정하게 유지한다. 과잉공급되면 비타민 D의 중독증을 유발한다. 결핍은 어린 강아지나 성장 중인 개에서 많이 나타나며 가장 대표적인 증상은 골다공증, 골연증, 구루병 등이 있다. 항산화제인 비타민 E는 질병에 맞서 싸우는 힘과 같은 중요한 몸의 기능을 도울 뿐만 아니라 오염의 영향을 최소화하는 데도 도움이 된다. 비타민 E가 결핍되면 근무력증을 동반한 골격근의 약화, 정소 배아 상피의 약화, 정자 형성 과정의 불능, 불임 등과 같은 증상이 일어난다. 또한 약하고 죽은 강아지를 출산하기도 하며 장의 평활근의 갈색 색소형성, 혈장 토코페롤 농도의 감소를 나타내기도 한다. 비타민 E와 셀레늄이 동시에 결핍되면 근육쇠약, 피하 부종, 식욕부진, 우울증, 결국에는 혼수상태까지 이르게 된다. 비타민 K는 간에서의 프로트롬빈 합성을 조절함으로써 혈액 내 일정한 수준을 유지하게 한다. 개에 대한 비타민 K 요구량은 미생물에 의한 장내 합성이 가능하기 때문에 중요하지 않을 뿐 아니라 결핍증에 대한 것은 아직 보고된 것이 없다.

구분	주요 기능	결핍
비타민 A	▪ 눈, 식욕, 뼈, 신경계의 기능 ▪ 피부, 피모, 치아, 잇몸, 호흡기 장애에 대한 저항력 ▪ 건강한 눈, 야맹증 치료 ▪ 성장기 치아의 형성 자극 ▪ 감염으로부터 보호	▪ 안과 질환 ▪ 성장 저해 ▪ 피부 질환 ▪ 감염에 대한 방어력 저하
비타민 D	▪ 칼슘과 인의 흡수에 필요 ▪ 갑상선의 작용 조절	▪ 구루병 ▪ 뼈의 기형
비타민 E (토코페롤)	▪ 불포화 지방산, 성 호르몬, 지용성 비타민의 산화 방지 ▪ 노화 지연 ▪ 백내장 예방 ▪ 면역 체계 강화 ▪ 오염 물질과 암 예방	▪ 적혈구 파괴 ▪ 근육 변성 ▪ 번식 장애 ▪ 심장과 순환기 장애

비타민 K	■ 혈액 응고	■ 설사 ■ 결장염 ■ 혈액 응고 시간 증가 및 출혈

필수영양소는 최적의 섭취를 위해서는 적정 수준이 체내에 유지되어야 한다. 예를 들면, 칼슘과 인의 비율, 오메가－6와 오메가－3 지방산의 비율, 칼슘과 아연의 비율, 철과 구리의 비율, 셀레늄과 비타민 E의 비율 등이다. 칼슘과 인의 비율은 1~2 : 1을 권장하며 강아지인 경우에는 1.2~5 : 1을 유지하여야 한다. 칼슘이 1이하 또는 2이상인 경우에는 불균형이 초래되어 이미 다른 영양들도 불균형이 될 확률이 높아진다는 것을 의미한다. 대형견의 강아지 경우에는 1.5 : 1이상 또는 1.2 : 1이하가 되면 매우 위험한데, 골연골증, 고관절 형성이상, 비대골 형성장애, 기타 골격이상을 초래할 수 있다.

☑ 수분

수분은 체액을 적정 수준으로 유지하며 영양소를 운반하고 폐기물을 운반하는 역할을 하고 있으며, 수용성 비타민을 흡수하거나 체내 대사 과정에서도 중요한 기능을 한다. 대사과정에서 발생하는 열을 흡수하여 체온을 조절하는 역할을 한다. 수분은 섭취한 음식을 가수분해하여 소화시키는데 꼭 필요하며 노폐물을 신장을 통해 배출하는데도 다량의 수분이 있어야 한다. 생체의 여러 기관에서 윤활작용을 하며 신경을 보호하는 작용과 호흡기관의 가스교환을 돕기도 한다. 동물은 체내의 총 수분의 10%가 손실되면 위독한 상태가 되고, 15%가 없어지면 사망에 이를 수 있다. 어린 강아지의 경우에는 체내 비율이 높아서 쉽게 탈수증에 걸릴 수 있어 더욱 위험하다. 간식과 건사료를 주로 먹는 개들에게 요로결석이 많이 발생하게 되는데 물을 많이 먹으면 예방할 수 있다. 또한 이미 결석이 생긴 경우라도 배출을 돕고 재발을 방지할 수 있다. 따라서 개가 신선하고 깨끗한 물을 항상 마실 수 있도록 준비해 주는 것은 매우 중요하다. 건강한 개가 하루에 필요한 물의 양은 하루에 필요한 에너지량과 거의 동일하다고 알려져 있다. 일반적으로 체중 1Kg당 약 130mL이다. 수분이 부족하면 소변 감소, 굳은 변, 탈수, 체중이 감소하며, 수분을 과다 섭취하면 위 팽창, 전해질 불균형, 물 독성을 초래할 수 있다.

구분	기능
수분	<ul><li>세포의 형태를 유지하고 원활한 신진대사 작용</li><li>혈액과 조직액의 순환 및 체내 영양소 및 체내에서 생긴 불필요한 노폐물의 운반</li><li>혈액을 중성 내지 약알칼리성으로 유지</li><li>체내의 역을 발산시켜 정상체온으로 유지 조절</li><li>소화액의 구성요소이며 운반체</li><li>외부 충격으로부터 신체를 보호하는 쿠션 역할 및 체내 장기 보호 역할</li></ul>

③ 개 영양소 요구량

개 영양소 요구량은 1991년 미국사료협회(AAFCO)의 Canine Nutrition Expert(CNE) 소위원회에 의해서 발표되었고, 2014년 새로운 과학적 데이터를 기반으로 갱신되었다. 이 요구량은 개 사료 제조업체에서 개 사료에 들어가는 재료에 대한 최소 및 최대 수준의 영영소를 위해 실질적인 정보제공을 염두에 두고 만들어진 것이다.

개 영양소 요구량

영양소	단위	성장과 번식용	성견용	최대
조단백질(Crude Protein)	%	22.5	18.0	
아르기닌(Arginine)	%	1.0	0.51	
히스티딘(Histidine)	%	0.44	0.19	
아이소류신(Isoleucine)	%	0.71	0.38	
로이친(Leucine)	%	1.29	0.68	
리신(Lysine)	%	0.90	0.63	
메티오닌(Methionine)	%	0.35	0.33	
메티오닌-시스틴 (Methionine-cystine)	%	0.70	0.65	
페닐아라닌(Phenylalanine)	%	0.83	0.45	
페닐아라닌-타이로신 (Phenylalanine-tyrosine)	%	1.30	0.74	
트레오닌(Threonine)	%	1.04	0.48	
트립토판(Trytophan)	%	0.20	0.16	
발린(Valine)	%	0.68	0.49	

영양소	단위	성장과 번식용	성견용	최대
지방(Crude Fat)	%	8.5	5.5	
리놀레산(Linoleic acide)	%	1.3	1.1	
알파-리놀렌산(alph-Linolenic acid)	%	0.08		
에이코사펜타에노산 +도코사헥사에노산 (Eicosapentaenoic +Docosahexaenoic)	%	0.05		
(리놀레산+아라키돈산):(알파-리놀레산+에이코사펜타에노산+도코사헥사에노산)비율 (Linoleic+Arachidonic):(alpha-Linolenic+Eicosapentaenoic+Docosahexaenoic)acid Ratio				30:1

영양소	단위	성장과 번식용	성견용	최대
미네랄(Minerals)				
칼슘(Calcium)	%	1.2	0.5	1.8
인(Phosphorus)	%	1.0	0.4	1.6
칼슘:인 비율(Ca:P ratio)		1:1	1:1	2:1
칼륨(Potassium)	%	0.6	0.6	
소듐(Sodium)	%	0.3	0.08	
염화물(Chloride)	%	0.45	0.12	
마그네슘(Magnesium)	%	0.06	0.06	
철(Iron)	mg/kg	88	40	
구리(Copper)	mg/kg	12.4	7.3	
망간(Manganese)	mg/kg	7.2	5.0	
아연(Zinc)	mg/kg	100	80	
요오드(Iodine)	mg/kg	1.0	1.0	11
셀레늄(Selenium)	mg/kg	0.35	0.35	2

영양소	단위	성장과 번식용	성견용	최대
비타민 & 기타(Vitamins & Other)				
비타민 A(Vitamin A)	IU/kg	5,000	5,000	250,000
비타민 B(Vitamin B)	IU/kg	500	500	3,000
비타민 E(Vitamin E)	IU/kg	50	50	
티아민(Thiamine)	mg/kg	2.25	2.25	
리보플라빈(Riboflavin)	mg/kg	5.2	5.2	
판톤테산(Pantothenic acid)	mg/kg	12	12	
니아신(Niacin)	mg/kg	13.6	13.6	
피리독신(Pyridoxine)	mg/kg	1.5	1.5	
엽산(Flic acid)	mg/kg	0.216	0.216	
비타민 B12(Vitamin B12)	mg/kg	0.028	0.028	
콜린(Choline)	mg/kg	1,360	1,360	

출처: http://www.aafco.org

Chapter2 사료

1 개 사료의 종류

현재 시판되고 있는 개 전용 사료는 크게 3가지로 나눌 수 있다. 수분 함량이 약 10% 미만의 **건식 사료**(Dry Type), 통조림과 레토르트(Retort)와 같이 수분의 함량이 많은 **습식 사료**(Moisture Type, Wet Type), 그리고 건식 사료와 습식 사료의 중간형인 **반습식 사료**(Semi Moist Type)로 나뉘어진다. 사료의 선택은 개의 종류와 영양상태 및 성장에 따라 다르지만 일반적으로 건강과 경제성을 고려할 때 건식 사료가 가장 적합하다. 건식 사료는 3가지 타입의 사료 중 가장 영양 균형이 잘 맞는 사료이기 때문이다. 일반적으로 개는 습식 사료를 가장 좋아하는데 가장 맛이 좋기 때문이다. 그러나 건식 사료에 비해 영양이 높지 못하고 가격 또한 비싸므로 간식용이나 식욕이 부진할 때 주는 것이 바람직하다. 반습식 사료는 늙은 개나 치아 상태가 좋지 못한 개에게 주는 것이 일반적이다.

☑ 건식 사료(Dry Type)

건식 사료를 압출가공 사료라고도 한다. 압출가공(Extrusion) 방식 사료는 1957년 퓨리나가 처음으로 개발하였으며 그 당시 사료 이름은 도그차우(Dog Chow)였다. 압출가공은 재료를 혼합하고, 조리한 후 사출성형기를 통해 모양을 만들어내고, 건조시키고 나서 지방이나 기호성 증가를 위해 재료를 코팅하는 방식이다. 이러한 제작 방식은 사료를 팽창시켜서 소화율과 기호성을 높여주는 효과가 있다. 이때부터 건식 사료의 인기가 증가하기 시작했으며, 압출가공 방식은 지금도 가장 널리 쓰이는 사료 제조 방식이다. 개 사료의 주류로서 영양 균형도 좋고, 경제성, 보존성에서도 뛰어나기 때문에 가장 좋은 식사라 할 수 있다. 딱딱하기 때문에 아삭아삭 씹음으로 치아의 건강이나 턱뼈의 성장에도 좋다. 다만 건식 사료는 수분 함유량이 10% 이하이므로 항상 물을 먹을 수 있도록 신선한 물을 준비해 두는 것에 바람직하다. 일반적으로 큰 포장의 사료는 중량당 가격이 저렴하여 선호하지만, 개의 크기 등 소모량을 생각하지 않고 무리하게 큰 포장의 사료를 선택하면 개봉 상태로 너무 장기간 먹이게 되어 변질될 수 있다. 따라서 개봉 후에는 직사광선을 피하고 해충이 끼지 않는 곳에 보관하여야 하며, 기온이 고온 다습한 여름철에는 사료의 공급량을 감안하여 1~2개월 정도에 모두 소진할 수 있는 포장의 사료를 선택하는 것이 바람직하다.

건식 사료는 포장 방법의 차이로도 분류할 수 있는데, 진공포장은 사료를 포장할 때 공기를 빼서 유통과정에 의한 재료의 변질을 최대한 억제하도록 만든 것으로 유통과정에서 사료 알갱이가 깨지지 않는 장점도 있다. 그러나 진공포장이라고 해도 일단 개봉하면 공기가 들어가므로 보통 포장의 사료와 별 차이가 없다.

☑ 반습식 사료(Semi Moist Type)

반습식 사료는 건식 사료와 습식 사료의 중간 형태의 사료이며 수분 함유량은 25~35%이다. 내용물이 부드러워 먹기 쉬우므로 딱딱한 것을 잘 먹지 못하는 강아지나 노견에게 적합하다. 원료는 소맥분, 고깃가루, 탈지 콩 등이며, 다른 사료보다 당이 많이 함유되어 있다. 영양가는 건식 사료보다는 떨어지지만 개의 기호성은 높다. 개봉 후에는 밀폐용기에 넣어 1개월 정도에 다 사용하는 것이 바람직하다.

☑ 습식 사료(Moisture Type, Wet Type)

습식 사료는 수분 함유량이 75% 이상으로 쇠고기, 닭고기, 생선, 야채 등이 많이 들어 있고 개의 기호성도 좋다.

사료의 종류

구분	건식 사료	반습식 사료	습식 사료
수분함량	6~10%	15~30%	72~85%
특징	■ 영양 균형 ■ 경제성 ■ 보관성 우수	■ 소화율이 높음	■ 영양소 함량과 이용률 ■ 소화율을 다양하게 만들 수 있음
영양 균형	완전 균형	완전 균형	완전균형 또는 보조사료
장점	■ 가격이 저렴 ■ 보관/먹이기 등 사용이 편리	■ 알 사료보다 기호성이 좋음 ■ 영양소 함량이 높음	■ 기호성이 가장 좋음 ■ 영양소 요구량이 가장 높음
단점	■ 기호성이 떨어짐 ■ 장기간 보관하는 데 필요한 방부제, 황산화제 등이 첨가됨	■ 변질되기 쉬움 ■ 알 사료보다 고가	■ 변질되기 쉬움 ■ 가격이 가장 고가

☑ 처방식 사료(Prescription Diet/Therapeutic Diet)

처방식 사료는 질병을 치료할 수 있는 약품이 아니며 원료나 성분을 특정 질병 치료나 관리에 도움을 줄 수 있도록 만든 사료이다. 따라서 처방식 사료를 먹이는 것만으로 질병을 치료하거나 예방할 수는 없기 때문에 개의 질병을 치료하기 위한 보조 수단으로 사용하는 것이 바람직하다. 처방식 사료를 적절하게 먹이면 질병 예방이나 치료에 도움이 되나 이해가 부족한 상태에서 계속 먹이게 되면 문제가 커질 수 있다.

② 사료의 등급

☑ 유기농(Organic)

유기농 제품이란 제조과정에서부터 일체의 합성비료, 농약, 항생제, 유전자 조작 식물(GMO), 환경호르몬이 사용되지 않아야 하고 검출도 되지 않아야 한다. 또한 인공합성 항산화제(BHA, BHT, Ethoxyquin)나 살충제도 검출되지 않아야 한다. 미국사료협회(AAFCO) 기준에 따라 재료명에 유기농이라는 표현이 들어가고, 공신력이 있는 인증기관으로부터 유기농 인증을 받은 사료를 말한다. 유기농 제품을 재배한 농장은 최근 3년간 유기농 방식으로 경작이 되어 있어야 한다. 유기농은 독자적인 등급이 아니고 재료가 유기농인지를 표시한 것으로 안정성의 문제이므로 품질의 문제는 별도로 판단해야 한다.

☑ 홀리스틱(Holistic)

홀리스틱 사료는 미국 농무성(USDA)에서 인증받은 재료를 사용하며 검사결과 인공합성 항산화제, 살충제, 항생제, 환경호르몬이 검출되지 않아야 한다. 또한 가공하지 않는 곡물(Whole Ground)을 통째로 사용, 옥수수, 콩, 밀과 같은 알러지 유발 가능성 있는 작물을 사용하지 않아야 한다. 허브, 과일, 야채, 유산균을 사용하며 영양가가 파괴되지 않게 비교적 저온에서 조리하며, 흡수가 용이한 킬레이트 형식의 미네랄(Chelated Mineral)을 사용한다.

☑ 슈퍼프리미엄(Super Premium)

슈퍼프리미엄 사료는 육류 함량이 곡물보다 높으며 부산물(By Product), 육분(Meat Meal), 육골분(Bone Meal)을 사용하지 않는다. 인공합성 항산화제를 사용하지 않고 천연 방부제를 사용한다. 그러나 옥수수, 콩, 밀과 같은 알러지 유발작물은 사용된다. 일부 원료는 사람이 먹을 수 있는 원료를 사용한다.

☑ 프리미엄(Premium)

프리미엄 사료의 가장 큰 특징은 부산물(By Products)를 주원료로 사용하며, 영양가 없는 재료들이 많고 출처 불명의 재료를 사용하고 있다. 합성 방부제를 사용하며 기호성을 높이기 위하여 인공 첨가물을 사용한다.

☑ 보통 사료

보통 사료는 마트에서 판매되는 모든 사료를 포함한다. 부산물(By Products), 육분(Meat Meal), 골분(Bone Meal)을 주원료로 사용한다. 값이 저렴한 저가 원료를 사용하며, 재료의 출처가 불분명한 경우가 많다. 농약, 저가의 재료, 고열처리, 곡물찌꺼기, 인공합성 방부제, 색소, 향신료, 기름, 부산물, 내장, 육골분 등 안 좋은 온갖 재료를 사용한다.

지금까지 여러 등급의 사료를 살펴 보았다. 여러분이 꼭 기억할 것은 좋은 사료는 좋은 재료가 들어가 있는 것으로 적어도 조 단백질(Crude Protein)이 25%, 조 지방(Crude Fat)은 15%가 되는 사료이며, 방부제로는 인공합성 방부제보다는 천연 방부제인 비타민 C, E를 사용한 것이라 할 수 있다. 또한 개 피부와 피모 영양에 중요한 역할을 하는 오메가 3 지방산(Omega 3 Fatty Acide)이 포함되어 있어야 한다.

③ 사료 원료 성분의 표기

사료관리 규정(사료관리법 시행규칙 14조, 별표 4)에 의해 모든 사료 포장에는 사용한 원료성분을 기재하게 되어 있으며, 많이 첨가된 원료성분 순서대로 명시되어 있다. 모든 사료에는 1) 사료의 성분등록번호, 2) 사료의 명칭 및 형태, 3) 등록성분량, 4) 사용한 원료의 명칭, 5) 동물용의약품 첨가 내용, 6) 주의사항, 7) 사료의 용도 등이 포장에 표시되어 있다.

영양소 분석 수치는 단백질, 지방, 섬유소 그리고 수분의 함량을 반드시 퍼센트(%)로,

단백질과 지방은 최소 함량을 조 단백(Crude Protein), 조 지방(Crude Fat)으로, 섬유소와 수분은 최대 함량으로, 가장 많이 사용된 원료부터 순서대로 표시한다. 단백질이나 지방의 공급원으로는 주로 육류를 많이 사용하고, 탄수화물 공급원으로는 곡류를 사용한다. 육류에는 살코기(Meat), 부산물(By Product), 육분(Meal)이 있다. 살코기는 사람도 먹을 수 있는 부위, 부산물은 가축의 뼈나 내장 등 사람이 먹지 않는 것을 사료 원료로 사용하는 것을 의미한다. 육분은 부산물들을 가공처리 공장에 보내 섞어서 분쇄한 다음, 지방과 수분을 제거하여 사료 원료로 사용하는 것이다. 부산물은 최소한 원료가 무엇인지는 알 수 있지만 육분은 무엇이 들어가 있는지 알 수 없다.

첨가물은 주로 사료의 부패를 방지하여 유통기한을 연장할 목적으로 사료에 첨가한다(허현회, 2013). 영양소 중에서 보관 중 부패 때문에 문제가 될 수 있는 것은 주로 지방이다. 또한 사료에 첨가된 식물성, 동물성, 지용성 비타민 등도 모두 부패가 될 수 있다. 이들이 부패되면 영양소가 파괴될 뿐만 아니라 독소를 발생하여 개에게도 유해하다. 지방의 부패를 방지하기 위하여 항산화제를 사용하는데, 항산화제를 전혀 쓰지 않고 사료를 만들면 안전하지만 사료를 보관할 수 있는 기간이 매우 짧아지기 때문에 부패 시 개에게 치명적인 손상을 입힐 수 있다. 천연 항산화제는 합성 항산화제에 비해서 안전하지만 부패 방지 효과가 떨어지고 가격이 비싸다는 단점이 있기 때문에 합성 항산화제를 사용한다. 합성 항산화제는 부패 방지 효과가 오래 지속되지만 안전성에 대한 우려가 있다. 사료의 맛과 향, 질감을 좋게 하기 위해 각종 합성화학물질로 만들어진 식품 첨가제를 투여한다.

일반적으로 개나 고양이 사료의 80% 이상을 차지하는 재료는 옥수수와 콩이다. 그것도 유전자를 조작하고 제초제, 살충제, 비료 등을 과다 투여해 사람의 식용으로 금지된 옥수수와 콩에서 추출한 탄수화물이다. 특히 사료에 들어가는 탄수화물은 주로 옥수수를 변형시켜 추출하는 액상과당, 식품공장의 폐기물, 유통기한이 지나 회수된 가공식품 등이다. 그리고 옥수수에서 녹말이나 배아, 껍질 등을 제거한 후에 남은 것을 건조한 찌꺼기인 글루텐, 맥주를 생산하고 남은 찌꺼기인 곡물 가루 등도 포함한다. 반려동물의 사료에 사용하는 탄수화물은 유전자가 조작되고 정제된 옥수수, 콩, 산업부산물 등을 주로 사용한다.

4 생식

야생에서 소는 평균 60년, 앵무새는 50년, 닭은 30년, 개는 24년 이상, 고양이는 20년 이상을 살 수 있다. 그러나 동물의 원래 서식지인 야생을 떠나 사람과 함께 생활하면 활동에 제한을 받고, 백신과 약 등으로 스트레스를 심하게 받기 때문에 늘 교감신경이 자극을 받아 활성산소가 과다하게 생성되어 수명은 현격히 줄어든다(허현회, 2013). 즉 야생동물이 반려동물로 바뀌게 되면 자연 상태에 비해 그 수명이 현저히 줄어들게 된다.

동물의 몸은 음식물에 의하여 만들어진다. 즉, 매일 먹는 음식물에 함유된 영양소에 의하여 신체가 구성되며 생명이 유지되는 것이지, 음식물 외에 그 어느 것도 신체를 구성하거나 생명을 유지시켜주지 못한다.

생식(生食)은 음식물을 익히지 않고 날로 먹는 것을 의미한다. 생식을 하면 화식(火食)에 비해 신체 내에서의 에너지 효율이 높아지며, 살아있고 균형 있는 완벽한 영양식으로 자연치유력인 면역력이 극대화되어 질병 발생률이 낮아지게 된다. 생식을 계속하면 숙변이 배설되고 체액이 중화되어 건강한 체질이 된다. 또한 생식을 하면 몸 안의 유해 물질인 독소 등이 배출되므로 혈액순환이 촉진되어 피부가 윤택해지며 탄력이 생기게 되며, 체내에 지방질의 축적이 억제되어 비만이 자연스럽게 해소된다.

인도에서 로버트 맥캐리슨(Robert McCarrison)은 1,000마리가 넘은 쥐에게 27개월(사람의 수명으로 환산하면 55년) 동안 싹이 트기 시작한 콩, 신선한 생당근, 생양배추, 생우유 등 다양한 생식을 먹였으며, 일주일에 한 번씩 정제하지 않은 밀을 이용해서 만든 빵, 소량의 고기, 뼈를 주었다. 또한 쥐에게 신선한 공기와 햇빛을 충분히 공급했으며, 케이지를 청결하게 해주었다. 실험기간이 끝난 후 부검한 결과 병적 요인을 발견하지 못했으며 모두 건강한 상태였다. 후에 맥캐리슨은 쥐를 두 그룹으로 나눠 한 그룹에는 인도의 가난한 사람들이 주로 먹는 쌀만 공급하고, 다른 그룹에는 영국의 가난한 사람들이 주로 먹는 가공된 통조림 음식만 공급하며 관찰했다. 같은 기간인 27개월이 지나는 동안 쌀만 공급받은 그룹의 쥐는 모두 영양실조로 병들어 죽었고, 통조림 음식만 공급받은 쥐들은 각종 질병에 시달리면서 난폭해져 서로 잡아먹었다(양현국, 양창윤 2010).

☑ 포텐저 고양이 실험(Pottenger Cat Studies)

포텐저 고양이 실험은 생식의 중요성에 대해 가장 쉽게 설명한 유명한 실험으로 영양 학자인 포텐저(Frnacis M. Potterger)가 1932년에서 1942까지 10년 동안 900마리의 고양이를 대상으로 장기간의 동물연구를 통해 생식의 중요성을 입증하였다. 포텐저는 900마리의 고양이를 세 그룹으로 나누어 몇 세대에 걸쳐서 첫 번째 그룹의 고양이에게는 생식만 주고, 다른 그룹의 고양이에게는 똑같은 재료를 조금 익힌 음식을 주었으며, 세 번째 그룹의 고양이에게는 똑같은 재료를 완전히 익혀서 주었다. 주요 연구결과는 다음과 같다(양현국, 양창윤 2010).

포텐저 고양이 실험(Pottenger Cat Studies) 결과 요약

- 100% 생식만 먹은 고양이 그룹은 수의사의 치료를 필요로 하지 않을 정도로 매우 건강했다.
- 조리를 많이 한 음식을 먹은 고양이 그룹일수록 건강 상태가 나빴다.
- 조리한 음식을 먹은 고양이 그룹에서 구강 및 잇몸 질환, 방광염, 피부질환 등 오늘날 고양이에게 흔히 나타나는 질병이 두드러졌다.
- 3세대 이상 조리한 음식을 먹은 고양이 그룹은 더 이상 번식을 할 수 없을 정도로 건강이 지속적으로 악화되었다.
- 익힌 음식을 먹은 건강이 나빠진 고양이 그룹에게 다시 생식을 주고 난 후 그들이 건강을 완전히 회복하는데 3세대의 시간이 걸렸다.

사람은 잡식성 동물이어서 야채, 과일은 물론 육류도 아무런 소화장애 없이 먹을 수 있다. 그러나 개는 원래 자연 상태에서는 육식성 동물이지만 인간과 오랜 시간 함께 생활하면서 이제 잡식성 동물로 진화해가는 과정에 있다. 따라서 개는 아직 완전히 잡식성 동물로 진화가 끝난 상태가 아니어서 반려견의 먹이로는 적어도 50% 이상은 육류를 제공해주어야 한다.

☑ 개가 피해야 하는 음식

◉ 아보카도

아보카도 잎사귀와 열매, 씨와 나무껍질에는 페르신(persin)이라는 독성 물질이 들어 있다. 아보카도를 소화하지 못하는 개가 아보카도를 먹으면 호흡곤란을 겪으면서 심장에 체액 축적 증상이 나타난다.

◉ 카페인(Caffeine), 테오브로민(Theobromine), 테오필린(Theophylline)

초콜릿 등이 있는 카페인(Caffeine), 테오브로민(Theobromine), 테오필린(Theophylline) 성분은 독성이 있어서 심장이나 신경계통에 나쁜 영향을 주어 쇼크나 급성심부전을 일으킬 수 있다. 다크초콜릿이 더 위험하며 진하게 만든 수제 초콜릿이 가장 위험하다. 개가 초콜릿을 먹으면 발작, 혼수상태를 거쳐 죽음에 이를 수 있다.

◉ 포도와 건포도

2003년부터 1년간 다양한 양의 건포도와 포도를 먹은 개를 조사하였는데 이중 상당수가 신장 기능이 생명이 위험할 정도로 악화되는 심각한 고통을 받았고 7마리는 목숨을 잃었다(이지묘, 2011). 포도와 건포도의 어떤 성분이 문제가 되는지는 아직 확실히 밝혀지지 않았으나 신장파괴 독소가 포함되어 있는 것으로 판단된다. 구토, 신부전을 일으키는 경우도 있다.

◉ 마늘과 파

마늘과 파에는 설폭시드(Sulfoxides)와 이황화물(Disulfides)을 함유하고 있어서 적혈구 손상을 초래하여 빈혈을 일으킨다. 마늘보다는 양파가 독성이 더 크다. 이 음식을 다량 섭취하면 중독 증상을 일으키며 사망에 이를 수 있다.

◉ 견과류

견과류를 먹은 개는 몸이 약해지고 우울증에 빠지며 토하고 몸을 부들부들 떠는 증상을 보인다. 견과류에는 지방에 풍부하게 들어있어서 개가 섭취하는 경우 위에 부담을 주며 소화가 잘되지 않는다. 특히, 마카다미아 너츠(Macadamia Nuts)를 먹게 되면 관절 강직, 구토, 이상 발열 등의 증상을 보인다. 견과류가 들어있는 초코릿을 먹는 경우가 가장 심각하며 사망에 이를 수도 있다.

◉ 과일 씨

개는 대부분 과일을 좋아한다. 그러나 과일씨 또는 사과 꼭지 등에는 독성이 있는 시안화물(cyanide)이라는 청산가리, 청산 칼슘 성분이 들어 있다. 시안화물은 개뿐 아니라 사람에게도 독성이 있다. 아주 적은 양이라도 흡수되면 경력, 호흡곤란, 의식 마비 등을 일으키며 심하면 사망에 이를 수 있는 맹독 성분이다.

◉ 자일리톨

설탕 대체물질인 자일리톨을 개가 먹었을 경우에는 빠른 속도로 혈류로 흡수되어, 인슐린 분비가 매우 증가하여, 심각한 저혈당을 유발한다. 또한 심각한 간부전과 출혈, 그리고 사망에 이를 수 있다.

◉ 알코올류

위와 내장에 부담을 주며 구토, 설사, 의식 불명을 초래한다. 아주 적은 양이라도 뇌와 간에 손상을 초래할 수 있다.

◉ 날계란

아비딘(Avidin)이란 효소가 들어있어 바이오틴(Biotin)의 흡수를 감소시킨다. 바이오틴은 수용성 비타민의 일종으로 피부 및 점막 건강에 필수적인 영양소로 결핍 시 피부염, 탈모, 신경계 이상 등이 생길 수 있는 것으로 알려져 있다. 따라서 날계란을 섭취하면 개의 피부와 피모에 문제를 일으킬 수 있다.

◉ 날 생선

티아민(비타민 B) 부족으로 인해 식욕부진, 발작 등을 초래할 수 있다.

◉ 우유와 유제품

분해 효소 부족으로 설사를 유발할 수 있다.

Chapter 3 개의 건강 점검

개의 건강 상태를 확인하기 위해서는 동물 병원에 방문하여 수의사의 진료를 받는 것이 정확한 방법이다. 그러나 일상생활에서 조금만 관심을 가지고 살핀다면 동물 병원의 방문 횟수를 줄일 수 있을 뿐만 아니라 개를 건강하게 생활할 수 있도록 할 수 있다. 본 절에서는 개의 건강 상태를 스스로 점검할 수 있는 자가 점검 도구를 소개한다.

1 체형 검사

체형 기준 점수(Body Condition Score: BCS)는 개의 몸 상태를 1~9까지의 숫자로 표시한 것으로 가운데가 이상적인 몸 상태를 뜻하고 BCS 1은 마른 상태를 반대로 BCS 9는 너무 살이 찐 상태를 나타낸다. 체험 기준 점수에서는 품종, 나이, 성별 또는 생활방식과 같은 것은 그다지 중요하지 않으며 몸 상태를 보고 갈비뼈 위나 허리에서 만져지는 지방의 두께를 기준으로 판단하게 된다.

BCS	특징	내용
1~2	매우 마른 상태	갈비뼈, 요추, 골반골이 드러나 있어 그냥 눈으로 확인할 수 있다. 지방층을 손으로 만질 수 없으며 다른 부위의 뼈도 드러나 보인다. 갈비뼈를 쉽게 만질 수 있으며 최소한의 지방이 덮여 있다. 요추는 확연히 드러나 있으며 갈비뼈 뒤쪽으로 허리가 분명하게 나타나 있다. 요추의 상단부가 보이며 허리와 배와 뒷다리 연결부가 마치 모래시계와 같이 뚜렷하게 구별된다.
3~4	저체중	갈비뼈를 쉽게 만질 수 있으며 작지만 지방층이 느껴진다. 위쪽에서 내려다보면 쉽게 허리와 후구 연결부를 확인할 수 있다.
5	이상적인 체형	갈비뼈 뒤쪽으로 허리를 볼 수 있고 갈비뼈가 만져지고 약간의 지방층이 느껴진다. 배 쪽의 지방층을 손으로 느낄 수 있다. 위쪽에서 내려다보면 허리가 분명하게 보이고 측변에서 볼 때 후구 연결부가 위쪽으로 보인다.

6~7	과체중	갈비뼈는 만질 수 있지만 지방층이 다소 두껍게 느껴진다. 위에서 볼 때 허리가 보이기는 하지만 뚜렷하진 않다. 아직까지도 후구 연결부는 눈에 두르러진다. 갈비뼈가 쉽게 만져지지 않으며 지방층이 더 두껍게 느껴진다. 허리가 잘 구별할 수 없으며 복부가 팽팽하고 둥글게 보이며 복부 지방층이 쉽게 만져진다.
8~9	비만과 과비만	과도한 지방층으로 상당한 힘으로 압력을 가할 경우 겨우 갈비뼈가 만져진다. 요추나, 꼬리가 시작되는 곳에서도 심하게 지방이 붙어 있다. 허리나 후구 연결부가 구별이 되지 않는다. 복부가 팽창한 것과 같이 늘어져 있다. 과도한 지방층으로 갈비뼈를 만질 수 없다. 요추, 안면, 사지까지 지방층으로 덮여있고 복부는 심하게 팽대되어 있으며 허리가 없다.

② 개의 배설물^(대변) 검사

개의 배설물^(대변)에 대한 육안검사는 우리가 쉽게 할 수 있는 개의 건강 검사 방법이다. 개의 배설물은 색상, 모양, 일관성, 크기, 내용물을 살펴볼 필요가 있다. 색상은 초콜릿 갈색이 가장 좋으며 어떤 음식물을 섭취했는지에 따라 기본색에 더 해질 수 있다. 초록색은 많은 풀을 먹었거나 담낭에 문제가 있을 수 있다는 것을 의심해 보아야 한다. 주황색 또는 노란색은 담도 또는 간에 문제가 있을 수 있다는 것을 고려해야 한다. 빨간 줄무늬는 개 배설물에 혈액이 있는 것으로 항문 주위를 육안으로 확인할 필요가 있다. 검고 끈끈하면 상부 위장관 출혈을 의심해 보아야 하며 회색이며 기름지면 췌장 또는 담낭에 문제가 있을 수 있다는 것을 의미한다. 흰 반점이 보이면 촌충이 있을 수 있다는 것을 의미한다. 모양은 통나무 형태가 좋으며 그 모양을 그대로 유지하고 있어야 한다. 대변의 점수표를 활용하면 쉽게 구별할 수 있다. 대변 농도는 대변에 있는 수분 양의 함수로 장의 변화와 다른 문제들을 확인하기 위해 사용될 수 있다. 이상적으로 건강한 개의 대변은 딱딱하지는 않지만 단단하고, 유연하며, 나눌 수 있고 집기가 용이해야 한다. 일관성은 일반적으로 개의 배설물은 작고 수분이 있으며 줍기가 용이하고 만지면 찰흙 같은 느낌이 들어야 한다. 크기와 관련된 개의 배설물의 양은 섭취하는 음식의 양에 비례한다. 또한 음식에 있는 섬유소의 양에 따라 더욱 증가할 수 있다. 내용물에 점액이 있으면 점액 결장의 징후를 의심해 보아야 하며 배설물 이외에 지나친 풀은 스트레스 또는 위장 장애를 의심해봐야 한다. 피부 문제를 가지고 있고 털이 없거나 핥아먹으면 배설물에 털이 많이 발견될 수 있다. 또한 배설물에 작고 하얀 부분이 보이면 기생충을 의심해봐야 한다.

배설물(대변)의 점수표

점수	내용
1	■ 매우 딱딱하고 수분이 없다. ■ 몸으로부터 대변을 제거하기 위해 많은 노력이 필요하다. ■ 대변을 처리한 후 지면에 잔류물이 남지 않는다. ■ 종종 독립적인 덩어리로 처리된다.
2	■ 단단하나 딱딱하지는 않다. ■ 유연하고 외관상 분절이 있다. ■ 대변을 처리한 후 지면에 잔류물이 거의 남지 않는다.
3	■ 통나무 모양을 가진다. ■ 외관상 분절이 보이지 않는다. ■ 표면에 수분이 있다. ■ 대변을 처리할 때 모양을 유지하나 지면에 잔류물이 남는다.
4	■ 수분이 매우 많다. ■ 명확한 나무 모양 ■ 대변을 처리할 때 모양을 잃어버리며 지면에 잔류물이 남는다.
5	■ 수분이 매우 많다. ■ 명확히 쌓아 놓은 모양 ■ 대변을 처리할 때 모양을 잃어버리며 지면에 잔류물이 남는다.
6	■ 질감을 가지고 있으나 모양을 정의할 수 없다. ■ 쌓아놓은 형태거나 얼룩진 것처럼 보인다. ■ 대변을 처리한 후 지면에 잔류물이 남는다.
7	■ 질감이 없으며 액체 형태로 편평하다. ■ 물웅덩이 형태이다. ■ 대변을 처리한 후 지면에 잔류물이 남는다.

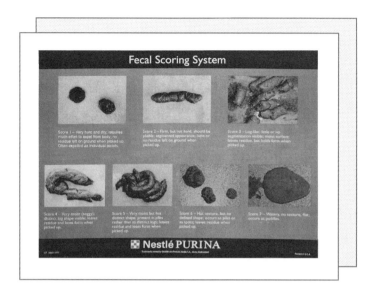

출처 : http://weliveinaflat.wordpress.com/2013/08/29/pet-health-fecal-chart/

Chapter 4 질병

1 예방접종

면역력은 사람이나 동물의 몸 안에 병원균이나 독소 등의 항원(抗元)이 공격할 때, 이에 저항하는 능력으로 질병에 대한 면역력을 증가시키기 위하여 독력(毒力)이 약화된 균이나 죽은 균 또는 독소를 신체 안에 주입하는 것을 예방접종이라고 한다. 면역 기능을 발휘하는 항체는 염증과 열을 동반하는 질병을 앓은 후에야 형성되는 것이어서 생명체를 속여 접종한 백신은 온전한 염증을 일으키지 않기 때문에 바이러스에 대한 온전한 항체를 형성해내지 못한다(진선미, 2011; 허현회, 2013; 홍이정, 2008). 이러한 연구는 사람에 대한 연구이지만 반려동물에게도 그대로 적용된다. 따라서 반려동물도 어릴 때 앓게 되는 질병인 홍역, 디프테리아, 감기 등의 증상을 제거하기 위하여 약이나 백신 등을 투여하면 할수록 면역력 형성이 차단되고, 사망이나 신체마비, 각종 심각한 질병을 유발할 위험이 크다. 반려동물에게 접종하는 백신에 대한 부작용이 확인되고 있다. 심장사상충 등 백신을 접종하는 경우 접종을 하지 않은 반려동물에 비해 감염 비율은 거의 비슷하지만 백신의 부작용으로 나타나는 마비 등의 장애, 각종 암이나 심장병 등은 치명적이다(양현군, 양창윤, 2010, 허현회, 2013). 그러나 2005년 백신 부작용에 대한 연구에서 10,000마리당 38마리에서 부작용이 발생한다는 경우처럼 반대되는 연구 결과도 있다.

반려동물을 건강하게 키우려면 광견병 백신 등 법정전염병과 관련된 백신을 제외하고는 가능한 한 백신 접종을 피하는 것이 현명하다. 그리고 부득이 접종을 하는 경우에는 생후 16주령이 지나 면역력이 제대로 형성된 후에 접종하고, 추후 접종은 최소 22주령이 지나 면역력이 회복된 다음에 접종하는 것이 좋다. 국제소동물수의사회의 백신 가이드라인 그룹(WSAVA VGG)이 권장하는 강아지 백신 접종 가이드라인에 의하면 개의 백신은 크게 필수접종 백신, 선택접종 백신, 권장하지 않는 백신으로 나눈다(국제소동물수의사회, 2015).

반려견 백신의 종류

필수접종 백신(Core)	선택 접종 백신(Non-core)	권장하지 않음(Not-recommend)
개 디스템퍼 (Canine Distemper virus)	파라인플루엔자 (Canine Parainfluenza)	코로나 장염 (Canine Enteric Coronavirus)
전염성 간염 (Canine Adenovirus)	보드데텔라 (Bordetella Bronchiseptica)	
파보장염 (Canine Parvovirus type2)	렙토스피라 (Leptospira)	
광견병 (Rabies virus)	보렐리아 (Borrelia)	

필수접종 백신은 개의 생명을 위협할 정도로 중대한 질병을 예방하기 위해 국제소동물수의사회가 반드시 접종하도록 권장하는 디스템퍼(Distemper), 전염성 간염(Adenovirus), 파보장염(Parvo Virus), 광견병(Rabies Virus) 백신을 포함한다. 기존 백신 접종 가이드라인에 따르면 생애 첫 백신 접종 계획에서 마지막 백신 접종 시기가 14~16주령이었으나 2015년 수정본에서는 마지막 접종 시기를 16주령 이후로 변경하였다. 이는 12주령 즈음에 백신 접종을 완료한 경우 10%의 개에게서 면역 실패가 나타났기 때문이다. 또한 3차 접종이 완료된 이후에는 1년 후에 추가접종을 해야 한다는 기존 백신 접종 가이드라인과 다르게 추가접종을 생후 6개월령 또는 마지막 접종 후 6개월 차에 하도록 권고하고 있다. 이는 생애 첫 3차 백신

접종을 마치더라도 모체이행항체의 잔류로 인해 면역이 생기지 않는 개들이 1년 이내에 전염병으로 사망할 확률이 높기 때문에 추가접종 시기를 1년에서 6개월로 앞당겼으며, 이때 6개월령에 추가 접종한 개는 1세 때 추가접종을 하지 않아도 된다. 그러나 미국동물병원협회는 1년 후 추가접종을 권장하고 있으며, 대부분의 종합백신에서도 6개월령의 추가접종은 권장하지 않고 있다.

선택접종인 파라인플루엔자와 보르데텔라균은 개의 호흡기질환을 일으키며 일명 켄넬코프(Kennel Cough) 또는 개 전염성 호흡기 질환 복합체(CIRDC, Canine Infectious Respiratory Disease Complex)라고 부르기도 한다. 개들은 집단으로 사육하는 사육장에서 호흡기질환이 쉽게 발병하게 되며 이때 호흡기질환을 일으키는 원인균으로 파라인플루엔자 바이러스와 보르데텔라균이 주로 발견되기 때문이다. 켄넬코프 백신은 비강으로 주입하는 방식과 피하로 주사하는 방식이 있으며 이 중에서 비강으로 주입하는 방식을 권장한다.

코로나 바이러스 전염은 대부분 무증상이며 설령 걸린다 하더라도 가벼운 장염 증세를 일으킨다. 그럼에도 불구하고 임상현장에서 코로나 백신을 접종하는 이유는 생명에 직접적인 위협은 아니지만, 어린 자견에게 장염을 일으키고 이는 2차적으로 파보감염에 노출될 확률을 높이기 때문이다. 그러나 코로나장염 바이러스를 백신으로 예방할 수 있는지는 아직 그 효과성이 입증되지 않았다.

반려견 접종백신(국제소동물수의사회)

연령	필수접종	선택접종	광견병
3~4주령		켄넬코프비강	
8주령	1차 종합백신		
12주령	2차 종합백신		광견병
16주령 이후	3차 종합백신		
6개월령~12개월령	추가접종(종합백신)		
12개월령	6개월령에 추가접종을 하지 않은 경우 재접종		광견병
추가접종	종합백신 : 최초 추가접종 이후 매 3년 마다 접종 시행 켄넬코프비강(intranasal) : 매년 접종		

국내에서는 국립축산과학원에서 예방접종 프로그램 가이드라인을 제시하고 있다(국립축산과학원, 2017).

예방접종 프로그램(국립축산과학원)

예방접종명	기초접종	접종간격	추가접종
혼합백신(DHPPL)	5회	2 ~ 4주	연 1회
코로나장염 (Corona Virus)	2 ~ 3회		
전염성 기관지염 (Kennel Cough)	2 ~ 3회		
개 신종플루 (Canine Influenza)	2회		
광견병(Rabies)	1회		연 1 ~ 2회
심장사상충 예방 (Heart Worm)	월 1회 · 8주령부터		
외부기생충 예방 및 구제	연중(옴, 벼룩, 진드기 예방) : 월 1회 · 8주령부터		
내부기생충 예방 및 구제	3 ~ 9월 : 월 1회 10 ~ 2월 : 2 ~ 3개월 1회		
X-ray, 초음파 및 심전도 검사	연 1회 또는 필요시		
혈액검사	3 ~ 4년 이상 된 성견 또는 필요시		
치석제거와 폴리싱 (Scaling & Polishing)	연 1회, 1년 이상 된 개		

☑ 혼합백신(DHPPL)

◉ Distemper(Canine distemper : 홍역)

- 전염 : 원인체인 디스템퍼 바이러스가 경구(접촉) 또는 공기로 전염되어 약 7일의 잠복기를 경과한 후 발증한다.
- 증상 : 식욕부진, 원기 쇠약, 발열(이장열 : 열이 오르락 내리락 하는 것), 누런 콧물과 눈곱, 눈의 충혈(결막염), 발바닥 각화증, 구토, 설사가 나타나며 병이 심해져서 바이러스가 뇌에 침입하면 마비나 경련을 보이다가 죽는다. 이렇게 호흡기, 소화기, 안과질환, 피부질환, 신경계에 감염되며 모든 증상을 보이거나 한 두 계통에만 증상을 나타내다가 죽는 경우도 있다.
-

◉ Infectious Hepatitis ^(전염성 간염)

- Canine adenovirus가 간에 침입하는 바이러스성 질환이다.
- 돌발치사형, 중증형, 경증형으로 나누며 돌발치사형은 어린 개에 발생하는 경우가 많다. 갑자기 심한 복통, 체온저하, 허탈, 토혈, 적리 증상을 보이며 12~24시간 이내에 폐사한다.

◉ Parvovirus ^(파보바이러스 장염)

- 매우 흔하고 감염력이 높은 위험한 바이러스 질환으로 초기 증상은 잘 나타나지 않으며 설사와 구토를 주증으로 한다.
- 이 병은 때때로 갑자기 발병하여 24시간 이내에 폐사하는 경우도 있다.
- 특히 어린 강아지일수록 치명적이며, 이 질병에 감염되어 죽거나 아픈 개를 통해 전염된다.
- 보통 3~7일의 잠복기를 경화한 후 발증한다.

◉ Parainfluenza ^(파라인플루엔자)

- 바이러스성 호흡기 질환으로 매우 감염력이 높다.
- 중등도의 발열과 콧물, 편도선염, 거친 기침과 질식할 듯한 소리를 낸다.

◉ Leptospirosis ^(렙토스파이로시스)

- 감염된 개의 오줌과 침 및 콧물을 통해 매우 빨리 감염되는 세균성 질환이다.
- 초기 증세로 열이 오르고, 힘이 없어지며, 식욕저하와 구토, 설사를 한다.
- 감염에서 살아난다 하더라도 영구적인 신장장애를 동반한다.

DHPPL

- 기초접종으로 생긴 면역을 유지시키기 위해서는 연 1회 추가접종을 실시한다.
- 접종 후에는 경우에 따라 가려움, 종창, 발적, 통증, 화농, 발열, 의기소침, 예민, 쇼크 등의 증상이 나타날 수도 있다. 접종 반응이 심하거나 쇼크가 발생하면 즉시 동물 병원에서 적절한 처치를 받으셔야 한다.
- 접종 후 약 1주일 정도는 목욕, 미용, 여행 등의 스트레스를 피해야 **한다.**

② 감염증

생명체는 자연계에서 다양한 미생물과 공존하고 있다. 미생물은 형태나 구조에 따라 바이러스, 세균, 기생충으로 구분한다. 바이러스는 매우 작아서 일반적인 현미경으로 관찰할 수 없으며 자가 증식을 위해 살아있는 세포를 필요로 한다. 세균은 현미경으로 관찰할 수 있으며 영양 조건이나 환경이 적당하면 자가 증식이 가능하다. 기생충은 현미경에서 육안으로 관찰할 수 있는 크기까지 다양하다.

2-1 바이러스에 의한 감염증

☑ 개 디스템퍼(Canine distemper)

생후 1살 미만의 강아지에게서 가장 많이 발생하는 질병으로 대표적인 비말감염이다. 개 디스템퍼 바이러스에 감염된 개와 직접적인 접촉을 하거나, 분비물과 배설물과의 접촉을 통해 비말을 흡수함으로써 감염된다. 바이러스로 인해 걸리는 질병 중에서 광견병에 이어 두 번째로 치사율이 높다. 감염 후 일주일 정도 발열을 반복한 후 2주일이 되면 비강, 눈, 폐, 내장 기관의 세포들에 심각한 상해를 일으킨다. 이러한 손상된 조직은 세균에 의해서 2차적으로 감염이 되는 것이 일반적이다. 세균과 바이러스의 복합적인 감염은 식욕부진, 발열, 콧물, 결막염, 폐렴과 설사를 일으키기도 한다. 이 바이러스는 발의 볼록살을 감염시켜 발바닥 패드의 각질화(Hard Pad)라는 발 볼록살이 딱딱해지는 질병을 유발하기도 한다. 또한 면역 체계에도 손상을 주어 감염에 대한 몸의 저항력을 떨어뜨린다. 이 바이러스는 뇌 조직을 좋아하고 그 환경에서 잘 서식하기 때문에 일부에서는 경련이나 떨림 등 강한 신경증상이 나타나는 경우가 있다. 뇌와 척수에 손상을 받으면 간질성 발작과 머리의 국소적 발작 등의 증상이 나타나게 된다. 척수 손상은 허약함과 사지 마비를 일으킨다. 신경학적 질병까지 발전하면 대부분 죽거나 치유 후에도 후유증이 남게 된다.

현재로서는 디스템퍼를 치료할 수 있는 약물은 전무한 상태이며 항생제는 2차적인 세균 감염을 통제하기 위하여 사용한다. 효과적인 치료방법이 없기 때문에 백신을 통해서 예방하는 것이 최선이며, 감염된 개는 격리하고 주변 소독을 철저히 하여야 한다.

☑ 개 파보바이러스 감염증(Canine Parvovirus : CPV)

갓 태어난 강아지나 이유기 이후의 강아지에게서 가장 많이 발생하는 대표적인 접촉감염 질병이다. 개 파보바이러스는 감염된 개의 대변이나 오염된 물질을 접촉함으로써 감염된다. 생후 3~9주가 된 강아지의 경우에는 바이러스가 심근에 기생하는 심근형과 그 이후에는 장에 기생하는 것으로 장염형으로 나눌 수 있다. 이중 장염형이 일반적으로 많이 발생하기 때문에 파보 장염이라고도 부른다. 파보 바이러스의 대표적인 증상은 구토와 설사이다. 심근형은 증세가 갑자기 나타나며 비명을 지르거나 토한 후 몇 시간 이내에 호흡곤란으로 사망한다. 장염형은 구토와 설사가 일어나고, 심하면 대변에 혈액이 섞이고 탈수 증세를 보인다. 심한 경우 쇼크 상태에 빠지기도 한다. 효과적인 치료방법이 없기 때문에 백신을 통해서 예방하는 것이 최선이며, 감염된 개는 격리하고 주변 소독을 철저히 하여야 한다.

☑ 개 전염성 간염(Infectious Canine Hepatitis)

아데노바이러스 타입 1(Adenovirus type 1)에 의해서 발생하며, 감염된 개와의 접촉이나 기침이나 재채기의 파편을 통해 감염된다. 한번 감염되면 몸 전체와 분비물에서 바이러스가 검출되는 것이 특징이며, 회복 후에도 9개월까지 오줌을 통해서 바이러스를 배출한다. 전염성이 매우 강하다. 감염 초기에는 개 디스템퍼와 구별이 어려우며, 활력이 없고 콧물, 눈물, 발열이 계속되고 복통, 간부전 증상이 관찰된다. 회복기에 눈에 흰색 또는 청백색의 각막혼탁(Blue eye)이 관찰되는 경우도 있다. 2차 감염을 예방하기 위해 항생제를 투여하며 설사와 구토가 있을 때에는 수분 보충을 위하여 수액을 공급한다. 예방접종을 하는 것이 효과적인 예방법이다.

☑ 켄넬코프(Kennel Cough)

저항력이 약한 강아지나 노견에게 걸리기 쉬운 질병으로 개 전염성 후두 기관지염이라고도 불리며, 기침을 하는 것이 특징이다. 집단사육하에서 쉽게 감염된다. 파라인플루엔자바이러스(Parainfluenza:CPI), 아데노바이러스 타입 2(Adenovirus type 2), 미생물, 세균에 감염된 개와의 접촉이나 기침이나 재채기의 파편을 통해 감염된다. 짧은 마른 기침을 하는 것이 특징으로 흥분하거나 운동을 한 뒤, 그리고 기온의 변화가 있을 때 기침이 심해진다. 공기로 감염되기 때문에 격리 수용해야 하며, 2차 감염을 예방하기 위해 항생제를 투여한다. 정기적인 예방접종을 통해서 예방할 수 있다.

☑ 개 코로나바이러스 감염증(Canine Coronavirus Infection : CCI)

개 코로나바이러스에 감염된 개와 직접적인 접촉을 하거나, 분비물과 배설물과의 접촉을 통해 비말을 흡수함으로써 감염된다. 바이러스가 체내에 들어가면 소장에서 증식해 장염을 일으켜 식욕부진, 설사, 구토 등의 증세가 나타난다. 전염성이 빨라 집단 사육하는 개들 사이에는 짧은 시간 동안 급속히 퍼질 수 있다. 개 파보바이러스와 함께 발병하는 일이 많은데 이 경우에는 중병으로 번지면서 사망 위험도가 매우 높아진다. 효과적인 치료법이 없으므로 조기에 진단하고, 안정과 보온을 취하고 체력을 회복하기를 기다리며, 탈수 증세를 일으키면 수액 요법과 2차 세균감염을 방지하기 위하여 항생제를 투여한다.

2-2 인수공통감염병

인수공통감염병(zoonosis)은 동물과 사람 사이에 상호 전파되는 병원체에 의하여 발생되는 전염병을 말한다. 개와 사람 사이에 상호 전파될 수 있는 대표적인 인수공통감염병을 살펴보고자 한다.

✓ 광견병(Rabies)

광견병은 광견병 바이러스(Rabies Virus)에 의해 감염되는 중추신경계 질병이다. 광견병 바이러스에 감염된 개에 물릴 경우 사람에게도 감염될 수 있으며, 개뿐만 아니라 모든 항온동물에 의해서도 감염될 수 있는 가장 무서운 인수공통감염증이다. 특히 인간이 광견병에 감염되는 경우는 99%가 개에게 물려서 발생한다. 10분당 1명이 광견병에 의해서 사망하고 있으며, 사망자의 40%가 15세 이하의 어린이들이다. 상처 부위를 타고 침입한 바이러스는 가까운 신경을 타고 하루 8~22mm 속도로 뇌를 향해 이동한다. 증상은 치명적이어서 발열, 경련, 마비 등의 증상을 보이다가 발병 후 보통 일주일 정도면 사망으로 이어질 위험이 큰 질병이지만 현대의학으로는 획기적인 치료법이 없는 상태이다. 특히 광견병에 감염된 개는 침을 많이 흘리며, 어두운 곳으로 숨으려 하고, 물을 극히 싫어하며, 행동은 느리지만 닥치는 대로 무는 등의 난폭한 행동을 하는 것이 일반적이다. 백신을 통한 예방접종이 최선의 예방법이다.

✓ 렙토스피라증(Leptospirosis)

렙토스피라균에 감염된 동물이 배설한 소변에 포함된 렙토스피라 균을 들어 마시거나 먹을 때 균이 몸 전체로 퍼지게 된다. 감염되면 발열, 갈증, 침울, 식욕감소, 근육통과 강직증상을 보일 수 있으며, 토혈과 혈변도 관찰된다. 개 렙토스피라증은 사람에게도 감염되어 오한, 고열, 빈혈, 신장 손상, 각막 손상, 경우에 따라 뇌 손상까지 일으킬 수 있으며 감염된 소변이나 배설물로 사람에게 직접 감염된다. 예방접종이 최선책이며 특히 가을철 대표 유행 질병이므로 가을철 야외 활동 시 위생적인 관리가 필요하다.

③ 중요 질병

☑ 심장사상충(Heartworm disease : HD)

심장사상충은 개의 심장 우심실이나 폐동맥에 기생하면서 최대 30Cm까지 자랄 수 있는 기생충으로, 주로 개의 심장에서만 발견되고 다른 반려동물에게서는 거의 나타나지 않던 기생충이다. 그러나 요즘은 다른 반려동물에게도 흔하게 발견된다. 이 기생충은 마이크로필라리아라는 유충이 모기의 체내에서 성숙한 후 개에게 전염되는데 이에 감염되면 심장에서 혈류의 흐름을 방해해 기침, 호흡곤란, 실신, 복수, 심부전증 등을 일으키며 사망에 이르게 한다. 이처럼 치명적인 증상이 나타날 때에는 다량의 유충에 감염된 것이며 소량에 감염된 경우에는 대부분 증상이 나타나지 않은 상태에서 일생을 보내기도 한다. 심장사상충은 사람에게도 감염될 수 있다.

동물의 입, 코, 창자, 질, 피부 등에는 1만 종, 거의 300그램에 해당하는 박테리아나 바이러스가 존재하며 동물과 함께 일생을 살아간다. 대부분은 장내에 서식하고 나머지는 심장, 간, 피부, 머리카락 등에 서식한다. 각 동물의 면역체계가 다르고 따라서 질병의 발생이 다른 까닭은 각 체내에 존재하는 박테리아나 기생충이 다르기 때문이다. 중요한 사실은 박테리아나 기생충이 동물의 면역체계에 반드시 필요하다는 것이다. 박테리아나 기생충은 동물이 없어도 생존에 크게 영향을 받지 않지만 동물은 박테리아나 기생충이 없으면 단 한순간도 생명을 이어갈 수 없다(한세정, 2012). 이 때문에 사람이나 동물은 모두 박테리아나 기생충에 감염되지만 병적인 증상이 나타나는 경우는 많지 않고 오히려 동물의 면역력을 높여주는 기능을 한다. 글로보사, 레스트릭타 또는 프로피오니 등의 박테리아는 사람이나 동물에 좋은 박테리아로 수십억 년의 진화 과정을 함께 거치면서 인간과 함께 공존해왔다. 박테리아는 여드름을 유발하기도 하지만 황산화물지인 비타민E와 올레산, 팔미트산, 스테아린산, 프로피온산 등을 만들어내 노화를 지연시키고 질병을 유발하는 외부의 박테리아를 막아주기도 한다. 그리고 박테리아와 기생충들은 숙주인 사람과 동물이 공급해주는 섬유소를 먹이로 하며 세균 집단을 이뤄 외부의 나쁜 균들을 막아내고, 박테리아나 기생충들이 분비하는 수많은 항산화물질을 이용해 면역체계를 회복시켜주는 역할을 한다(허현호, 2013).

대부분의 동물 병원에서는 심장사상충 예방약을 4개월령부터 한 달에 한 번씩 정기적으로 투여하고 1년에 두 번씩 정기적으로 심장사상충 검사를 하도록 권장하고 있다. 그런데 이 약이나 백신의 부작용으로 심장마비 등으로 죽어가는 반려동물도 늘어나고 있다. 심장사상충을 예방하기 위해서 매월 정기적으로 구충제를 복용시키는 것은 면역력을 크게 무너뜨려 오히려 질병을 초래할 수도 있다. 또한 대부분의 반려동물도 면역력이 회복된 상태에서는 심장사상충이 아무런 영향을 미치지 못하고 폐동맥에 도달하면서 모두 죽게 된다. 심장사상충에 대해 야생 개는 면역력이 강하기 때문에 치명적인 증상이 나타나는 경우가 거의 없다. 야생 개는 기생충에 감염되어도 아무런 증상이 나타나지 않는다.

☑ 피부질환

개는 0.5~5mm 정도의 피부 두께를 가지고 있다. 사람의 피부층은 20층으로 비교적 두꺼운 편이며 개는 8~10층으로 인간에 비해서 조금 얇은 편에 속하기 때문에 개가 사람보다 약한 피부를 가지고 있다. 개는 22일을 주기로 새로운 외피로 교체되는 반면 사람은 28일을 주기로 외피가 교체된다. 사람의 피부는 산성(pH 5.5)이며 개는 약알칼리성(pH 7~7.4)이다. 또한 개와 같이 털을 가지고 있는 반려동물은 주기적으로 털갈이를 한다. 개의 피부병으로는 진균성 피부병, 습진, 개선충성 피부염, 알러지성 피부염 등의 다양한 질병들이 있다. 피부질환 중에서 피부 가려움증 또는 피부 소양증이 동물병원 내원의 40%이상을 차지할 정도로 가장 흔한 질병이다. 이 외에도 알려지는 벼룩, 환경, 음식에 의해서 영향을 받는다. 털 빠짐은 기생충, 갑상선 질환, 부신 질환 등 다양한 문제로 발생할 수 있다.

일반적으로 피부질환에 걸리면 과도한 가려움, 핥기, 문지르기, 긁기, 악취, 붉은 반점, 털 빠짐 등의 증상을 보인다. 개는 인간에 비해서 상대적으로 피부가 약함으로 모든 견종에서 피부질환이 발생하지만 웨스트 하이랜드 화이트테리어, 요크셔테리어, 샤페이, 저먼 쉐퍼드, 리트리버 등이 특히 취약하다.

✅ 진균성 피부병

진균성 피부병은 개가 걸릴 수 있는 대표적인 피부병으로 피부 각질층, 털 그리고 발톱에 진균(곰팡이)이 침입하여 발생하는 피부질환이다. 곰팡이가 동물의 피부 각질을 녹여 영양분으로 삼아 기생, 번식하는 피부병으로 강아지, 고양이, 등 모든 동물이 걸릴 수 있다. 주요 감염부위는 각질이 풍부하고 축축하며 따뜻한 모든 신체 부위(발가락 사이, 피부가 겹치는 곳 등)에서 주로 발병된다. 곰팡이균에 감염된 개와 접촉했을 경우, 습기에 장기간 노출되었을 경우, 목욕 후 털이 마르지 않고 습기가 남아있는 경우에 걸릴 위험성이 높다. 진균성 피부병은 사람에게도 감염되기 때문에 발견 즉시 격리 수용하며 조기 치료를 실시해야 한다.

✅ 습진(피부염)

습진은 피부염(피부염증)과 같은 의미이며 가려운 피부병이며 원인이 불확실하고 재발하는 경향이 있으며, 그 형태와 양상은 매우 다양하다. 여러 가지 습진(피부염)을 통틀어서 말할 때는 습진성 피부질환군이라고 부른다. 습진은 습한 곳에 생기는 것이 아니며 피부병의 모양이 습하게 보이는 경우가 있어서 습진이라고 한다.

✅ 개선충성 피부병

개옴 또는 스케이비즈(개선충, Scabies)라고 하는 외부기생충에 의한 피부병으로 매우 가렵기 때문에 심하게 긁어대는 모습을 보인다. 그 이유는 진드기(암)가 피부에 구멍을 뚫은 후 알을 낳으며, 부화된 애벌레는 번데기가 되기 위해 구멍을 뚫고 표면으로 다시 나오게 되는데, 이때 진드기 침과 배설물의 자극으로 심하게 긁기 때문이다.

✅ 알러지성 피부염

동물의 몸에는 세균이나 바이러스 같은 이물질(항원)이 들어오면 이에 대응하여 항체라는 것이 만들어져 하나의 방어 기구(면역)를 형성하며 이것이 동물의 몸을 질병으로부터 보호한다. 그러나 이러한 방어 기구가 벼룩, 집먼지 진드기, 모기의 타액, 꽃가루, 먼지 또는 모직물과 같은 것 등의 접촉에 대해서 과잉으로 반응하여 어떤 화학 물질을 방출, 심한 염증 반응을 일으키는 것을 "알러지"라 하고 이러한 알러지 반응이 피부에 나타나는 것을 "알러지성 피부염"이라 한다.

동물에게서 피부는 내부 장기를 보호해주는 기능뿐 아니라 호흡 기능도 있고, 특히 체내의 독성물질을 땀을 이용해 배출시키는 기능도 한다. 따라서 체내에 독성물질이 쌓이게 되면 자연치유력에 의해 독을 배출시키는 과정에서 피부에 독성물질이 자극을 주어 그 부작용으로 가려움증이나 출혈, 탈모, 부스럼, 수포, 악취 등이 나타나기도 한다. 이런 현상은 일종의 명현현상으로 질병이 아니기 때문에 일정 기간이 지나면 자연히 없어진다.

개가 건강한 피부를 가지기를 원한다면 매일 빗질을 해주며 한 달에 한번 이상은 목욕을 시켜줘야 한다. 오염된 실내공기는 피부질환을 악화시키기 때문에 자주 환기시켜주는 것이 중요하다. 염증이 심한 부분은 털을 밀고 자극이 없는 천연비누로 목욕을 시키고 홍차나 녹차를 염증 부위에 자주 대준다. 녹차 등에 포함되어있는 탄닌산은 염증을 회복시켜주는 기능을 하는 훌륭한 천연 항산화제이다. 또한 상처로 진행된 염증에는 천일염을 녹인 소금물로 소독해주면 부작용 없이 좋은 효과를 볼 수 있다(허현호, 2013).

동물 병원에서 처방하는 가려움증을 없애는 주사나 알약, 연고 등은 대부분 부작용을 일으키는 합성 스테로이드여서 피해야 한다. 합성 스테로이드는 사람에게도 치명적인 부작용을 일으켜 간이나 심장, 혈관 뼈, 관절, 치아 등을 파괴해 심각한 질병을 유발할 수도 있다(허현호, 2013). 반려동물의 보금자리 주변에 강력한 천연의 구충력을 갖고 있는 삼나무나 쑥을 넣어 두는 것도 좋다. 반려동물의 체내로 들오는 합성 물질을 차단하고, 생식, 맑은 물, 자연친화적인 음식을 제공해 약해진 면역력을 회복시키는 것이 최고의 치료방법이다. 비염증 목욕을 위해 황산마그네슘을 이용하여 목욕을 시키면 도움이 되며, 물이나 음식에 달맞이꽃 오일을 첨가해 주어도 좋다.

피부질환 예방법

- 습도가 높은 장마철에는 목욕을 되도록 삼간다.
- 실내 환기를 자주 시켜주어야 한다.
- 피부질환이 있을 경우 티백이나 천일염으로 목욕시킨다.

☑ 귀 질환

귀의 감염은 인간처럼 개에게도 고통스러운 일이다. 개의 귀 감염은 대부분 박테리아나 효모 감염에 의해서 발생한다. 그러나 주인은 가벼운 가려움증보다 더 심각한 무언가의 징후와 증상에 주의를 기울이는 것이 중요하다. 부주의로 인해 건강상의 합병증이 발생할 수 있기 때문이다. 중이염은 중이의 염증을 의미하며, 내이염은 내이의 염증을 의미하는데 두 가지 모두 박테리아 감염에 의해 발생한다. 개가 중이나 내이에 염증을 발생하는 것은 다양한 이유가 있다. 털이 과도하게 많거나 습기 또는 귀지 등이 모두 감염 발병의 원인이 될 수 있다. 인간은 외이도 구멍이 수평인데 반하여 개의 외이도 구멍은 수직으로 되어있어서 이물질이나 습기가 외이도로 들어가기 쉽다.

다음은 개의 귀 감염 원인이 되는 특정 질병, 증상 또는 근본 원인을 부분적으로 나열한 것이다.

- 알러지는 개 귀 감염의 가장 일반적인 원인이다.
- 갑상선 기능항진증은 건성 피부, 박테리아 감염 및 만성 귀 감염을 포함하여 다양한 부작용을 유발할 수 있다.
- 말라쎄지아(Malassezia)는 감염으로 이어질 수 있는 특정 효모 균주다.
- 아스페르길루스(Aspergillus)는 귀 감염 및 염증과 관련된 곰팡이다.
- 귀 진드기는 귀 감염의 또 다른 원인으로 박테리아 감염의 가능성을 높인다(강아지에서 가장 흔하게 발견된다).
- 신체에 대한 외상을 받았을 때(교통사고로 인한 머리 부상)
- 외이도의 종양이나 폴립의 존재할 때
- 귀에 이물질이 있을 때

중이염의 정도에 따라 증상이 크게 달라질 수 있습니다. 증상은 인식할 수 없는 경미한 증상에서부터 안면 마비와 같이 명확히 인식할 수 있는 심한 경우까지 매우 다양하다. 다음의 증상이 보이면 동물 병원을 방문하여 수의사의 진료를 받아야 한다.

- 귀에서 노란색, 갈색 또는 피의 분비물
- 입을 벌릴 때 아파하거나 씹기를 꺼릴 때

- 외이도 안쪽에 딱지나 딱딱해진 피부가 보일 때

- 귀 주위의 현저한 탈모

- 머리를 기울이거나 흔들 때

- 청력 상실이나 난청

- 감염된 귀 방향으로 기울일 때

- 현기증 또는 균형 상실

- 귀에서 악취가 날 때

- 외이도 주변이 붉거나 부었을 때

- 귀 또는 귀 주변을 과도하게 문지르거나 긁을 때 또는 귀를 바닥이나 가구에 문지를 때

- 비정상적인 안구 운동

- 빙빙 돌면서 걷기

- 메스꺼움 또는 구토

- 흔들리는 신체 움직임, 머리 흔들림

- 일정하지 않는 크기의 동공

- 회색으로 부풀어 오른 고막

- 심한 경우에는 신경계 손상과 관련된 징후(예 : 마비 증상 또는 깜박거림 없음)

이러한 징후나 증상을 발견하면 개를 가능한한 빨리 수의사에게 데려가야 한다. 개의 귀 감염은 매우 고통스러울 뿐만 아니라 치료를 받지 않으면 외이도와 중이를 모두 해칠 수 있으며 잠재적인 위험으로 인해 청력이 손상될 수도 있다.

개 알러지는 인간 알러지와 거의 비슷하다. 따라서 면역체계를 강화하기 위한 식사보충제와 염증 유발을 최소화할 수 있는 음식을 선택할 필요가 있다. 곡물이나 설탕의 과다 섭취는 개의 귀 감염과 깊은 관계가 있으며, 보통 한 번에 양쪽 귀에 모두 영향을 미칠 수 있다. 설탕은 개의 몸에 사는 자연 발생적 효모의 먹이로 효모의 지나친 성장을 도와 개의 귀 안에 생길 수 있는 어두운 색상의 효모 냄새의 증가를 유발한다. 따라서 적절한 음식은 개의 귀 감염의 발생 또는 빈도를 포함하여 전반적인 건강에 실제로 영향을 미치게 된다.

귀 감염에 영향을 미치는 또 다른 중요한 요인은 귀가 서있지 않는 견종이다. 귀가 서 있지 않는 견종은 직립 개에 비해서 귀 감염이 더 많이 발생한다. 이런 개들의 귀 감염으로부터 자유롭게 해주는 가장 간단한 방법 중 하나는 귀에서 습기를 제거해 주는 것이다. 귀 감염에 걸리기 쉬운 견종은 아프간 하운드, 바셋 하운드, 비글, 브러드 하운드, 카발리아 킹찰스 스패니얼, 코커 스패니얼, 쿤 하운드, 닥스훈트, 도베르만, 그레이트 데인, 뉴펀들랜드, 세이트 버나드, 시츄 등 귀가 서있지 않는 견종들이며, 특히 라브라도 리트리버 또는 푸들 등 물에서도 활동할 수 있도록 만들어진 개들에 있어서는 더욱 특별한 주의와 관심을 가져야 한다.

귀의 염증은 일반적으로 목욕, 수영 또는 털 관리 등으로 인해서 외이가 젖게 되는 일상의 활동에서 기인한 경우가 대부분이다. 따라서 귀와 주변 부위를 깨끗하고 건조하게 유지해 주는 것이 감염을 예방하는 가장 효과적인 방법 중 하나이다. 귀를 손질할 때에는 면봉을 사용하면 문제가 될 수 있는데 면봉을 사용하게 되면 이물질을 더 안쪽으로 밀게 되어 고막을 손상시킬 수 있기 때문이다.

☑ 갑상선질환

포유류인 개도 목 부위에 갑상선이 있다. 개 갑상선은 후두 아래 기관의 양쪽에 있는 두 개의 엽(葉)로 나누어져 있다. 뇌하수체는 필요에 따라 갑상선 자극 호르몬(TSH)을 생성하고 방출함으로써 갑상선 호르몬 생산을 조절한다. 그런 다음 갑상선은 T4와 T3라는 갑상선 호르몬을 생성하여 몸 전체에 걸쳐 활용하게 된다. 갑상선은 열을 발생시키고, 체중과 심박수를 조절하며, 탄수화물과 단백질, 지방 대사를 조절하는 기능을 하는 갑상선 호르몬과 칼슘 농도를 조절해 뼈와 신장 기능을 유지시켜주는 칼시토닌을 분비하는 기관이다.

갑성선기능항진증(hyperthyroidism)은 목에 있는 갑상선에서 호르몬이 과다하게 분비되기 때문에 열이 많이 발생하고 식욕이 왕성해지는 질병으로 이 병에 걸리면 사료와 물을 더 많이 먹고, 왕성한 활동을 하지만 설사를 자주 하면서 체중은 감소하고 성장이 지체되게 된다. 갑상선기능항진증은 고양이에게서 자주 발생하며 개에게서 발견되면 훨씬 심각하며 갑상선암(Thyroid carcinoma)이라고 불리는 암 유형이 주요 원인이다. 갑상선기능저하증

(hypothyroidism)은 갑상선에서 호르몬이 제대로 분비되지 않아 생기는 질병으로 잦은 상처, 체중 증가, 변비, 탈모, 불안, 불임, 피로 등의 증상이 나타난다. 갑상선기능저하증은 4세 ~ 10세 사이의 개에서 가장 많이 발생한다. 코커 스패니얼, 미니어처 슈나우져, 닥수훈트, 도베르만 핀셔, 골든 리트리버 등 중대형견에서 발병 가능성이 더 높다. 일부 품종에서는 자가면역 갑상선염(selfimmune thyroiditis)이라는 갑상선 질환의 유형에 걸리기 쉽다. 이 질병은 면역 체계가 갑상선을 공격할 때 발생하며, 아키타, 도레르만 핀셔, 비글 골든 리트리버 등에서 흔히 발견된다. 자가면역 갑상선염은 다른 질환의 증상일 수 있으므로 정확한 진단을 필요로 한다.

갑상선질환은 대사작용이 원활하지 못하고 심박수에 이상이 생길 우려가 있어 심장마비로 이어질 가능성이 높다. 갑상선기능항진증과 갑상선기능저하증은 1980년대 초에 처음 알려지면서 발병률이 크게 늘고 있으며 최근 급증하고 있다(허현회, 2013). 갑상선질환은 면역력이 약해지면서 갑상선호르몬의 분비를 조절하지 못해 생기는 질병으로, 생식, 천일염, 햇빛 등을 공급해 면역력을 회복시키면 쉽게 치료된다(이지묘, 2011).

☑ 치주질환

반려동물에게서 치주 질환은 관절염만큼이나 흔하게 나타나는 질병이다. 미국수의치과협회(AVDS)에 의하면 3세 이내 개의 80%가 치주 질환을 일으킨다고 한다(Brown, 2014). 반려동물에게 구강은 음식을 먹을 때뿐만 아니라 무언가를 잡거나 조작하려 할 때도 필요한 일종의 손이기도 하다. 이 때문에 동물에게 구강은 사람과는 달리 신경과 혈관이 많이 분포되어 있어 치과 질환은 예상하는 것보다 심각한 결과를 가져올 수 있으므로 주의를 기울려야 한다.

치주 질환은 플라그와 치석, 치통, 전신질환, 구취, 잔존 유치 등에 의해서 발생한다. 플라그와 치석은 개 치아의 황갈색 또는 갈색의 침전물로 개 치아에 축적되기 시작하여 치아 자체뿐만 아니라 치아 주위의 조직에 영향을 준다. 윗입술을 들어 송곳니에서 안쪽으로 네 번째에 있는 커다란 이가 누렇게 되어 있으면 치구와 치석이 쌓여있는 것이다. 개에게 치석이 잘 끼는 부분은 턱 넷째 작은 어금니의 표면이다. 왜냐하면 광대뼈 밑에 있는 광대샘의 배출관이 볼 점막으로 이어져 위턱 넷째 작은어금니 앞으로 뚫려 있고 광대샘에서 분비되는 침이 넷째 작은어금니로 나오기 때문이다(사사키 후미코, 2011). 구취는 치과 질환의 첫 징후 중 하나이며 잔존 유치에 의한 치주 질환은 특히 소형견에서 자주 발견된다.

칫솔질은 잇몸 질환의 징후가 있기 이전에 시작하는 것이 바람직하다. 주 2회 이상으로 칫솔질을 해주어야 하며 안 하는 것보다는 짧게라도 해주는 것이 도움이 된다. 가능한 다른 사람에게 맡기지 말고 주인이 직접 해주는 것을 권장한다.

치석이 치주 질환의 원인으로 알려져 있기에 동물 병원에서 1년에 2회 이상 스켈링이나 치아 연마를 권장하나 스케링이나 치아 연마는 치아 보호막인 에나멜층을 벗겨내는 것으로 오히려 치주 질환이 쉽게 유발될 수 있다. 또한 치약은 방부제, 표백제, 향미제 등 다양한 합성 물질로 이뤄져 있어 에나멜층을 크게 부식시키는 것으로 확인되고 있다(허현회, 2013). 구내염 등은 반려동물의 입안에 발생하는 모든 염증을 통칭하는 질병인데, 개는 원래 다양한 물건들이 입안으로 들어오기 때문에 상처가 자주 날 수 있다. 그러나 건강한 상태에서는 스스로 치유되기 때문에 질병으로 발전하는 경우는 거의 없다. 치아에 염증이 생길 때는 살균력이 강하고 면역력을 빠르게 회복시켜 주는 마늘, 양파, 생강 등의 양념을 음식에 소량씩 첨가해주는 것이 좋다. 반려동물에게 대부분의 치석은 저절로 사라지지만 잘 사라지지 않은 경우에는 질경이를 음식으로 공급하거나 녹차 등을 매일 두 번 정도씩 공급하는 것이 좋다.(양현욱, 양창윤, 2010). 단단하고 칼슘 성분이 풍부한 동물 뼈나 당근과 같은 단단하고 영양이 풍부한 음식을 주어 치아를 운동시키는 방법도 좋다. 개는 아직 육식성을 보유하고 있지만 잡식성동물로 진화해 가고 있기 때문에 야채도 주기적으로 공급해야 한다. 당근, 고구마, 감자 등 단단한 야채의 뿌리나 과일 등을 생으로 그냥 주어 턱 운동을 할 기회를 주는 것이 좋다. 옥살산은 칼슘의 흡수를 방해해 신장결석을 유발할 수 있으므로 신장이 약한 반려동물에게는 옥살산이 많이 들어 있는 시금치나 근대 같은 야채는 피하는 것이 좋다(허현호, 2013).

치아와 관련하여 대부분의 사람들이 오해하고 있는 내용이 있어 그에 대한 내용을 추가로 설명하고자 한다. 첫째, 약 1,600만 명의 개 주인들은 개의 침이 인간의 상처를 치유할 수 있다고 생각한다. 개의 타액에 있는 라이소자임이 살균을 할 수 있다고 믿으면서 생기는 잘못된 믿음으로 살균에 대한 유익보다는 감염에 대한 위험성이 더 높다고 할 수 있다. 둘째, 개 주인 3명 중 1명은 개의 입에서 악취가 나는 것은 너무나 당연한 것으로 생각한다. 그러나 개의 입에서 냄새가 나는 것은 정상적인 것이 아니며 치주 질환의 시작을 알리는 징후이다. 셋째, 약 2,500만 명 이상의 개 주인이 뼈와 같은 단단한 음식이 치아에 좋다고 생각하고 있다. 그러나 딱딱한 음식은 개의 치아를 부러트릴 수 있는 가능성을 높일 수 있다.

☑ 신장질환

개 285마리당 1마리가 신장질환으로 진단받고 있다. 방광염이나 신부전증 등 신장 관련 질환은 나이가 많은 개에게서 흔한 질병이다. 신장질환은 노령견, 외상, 기생충, 암, 자기면역질환, 염증, 신장결석, 유전질환, 균/바이러스/박테리아 감염, 독성약물 등에 의해서 발생한다. 방광이나 요도에 염증이 생기는 방광염은 광물질이 뭉쳐 돌덩이 같은 결석으로 발전하고, 이것이 요도를 막아 배뇨를 방해하고 통증을 유발하는 질병이다. 배뇨 횟수가 늘지만 배뇨량이 적고, 소변에 피가 섞여 나오거나, 심한 통증으로 불안해하는 등의 증상을 보이면 소변의 pH 농도를 검사해 볼 필요가 있다. pH 측정치는 6~7 정도가 정상이다. 8~10 정도로 알칼리성 이거나 2~5 정도로 산성으로 나오게 되면 방광염으로 진단한다(양현국, 양창윤, 2010). 개가 갈증을 자주 느끼고 배뇨가 증가하면 동물 병원에서 혈액 검사와 소변검사를 해보아야 한다. 특히 노령견인 경우에는 정기적인 혈액 검사를 통해서 신장 질환을 확인할 필요가 있다. 신장질환에 약한 견종은 불테리어, 저먼쉐퍼드, 잉글리쉬 코커 스패니얼, 사모에드 등이다.

☑ 고창증(Bloat)

고창증 또는 위확장염전(Gastric-dilatation volvulus, GDV)은 반려견의 사망원인 중 높은 비중을 차지한다. 고창증은 개나 고양이, 토끼, 햄스터 등에게서 일반적으로 나타나는 질병이지만 특히 대형견에게서 가장 흔하게 나타난다. 고창증은 음식을 소화시키지 못하면서 위에 가스가 차고 위가 팽창하면서 심장으로 통하는 대정맥을 누르기 때문에 심장에 충분한 혈액이 공급되지 못해 산소와 영양이 부족해지면서 심장마비가 일어나는 질병이다.

고창증이 발생하는 원인은 다음과 같다.

고창증 발병 원인

- 하루에 한 번 너무 많이 먹을 때
- 너무 빨리 먹을 때
- 너무 많이 먹을 때
- 너무 많은 물을 마실 때
- 식사 후 지나치게 격렬한 운동을 할 때
- 고창증이 있는 개와 친척 관계 일 때
- 높은 위치에 있는 음식 그릇을 통해서 먹을 때
- 스트레스를 받을 때

이러한 원인에 의해서 고창증이 발병하면 불안해하며, 구토에 어려움을 느끼고, 침을 흘리며 자신의 위를 힐끔 쳐다보는 증상을 보이다가 점점 악화되면 심박이 빨라지고 호흡이 짧아지고 입술이 창백해지면서 불안해하다가 무기력해지면서 결국 쓰러져 사망에 이를 수 있다. 개의 크기와 나이는 고창증 위험과 매우 밀접한 관련이 있다. 대형견의 경우 5세 이후에 초대형견은 3세 이후에 고창증 위험이 각각 20% 증가한다. 7세 이후에는 모든 품종에서 고창증 위험이 증가한다. 모든 견종이 고창증에 걸릴 수 있지만 가슴이 깊고 큰 견종인 아프간하운드, 아키타, 알라스카 말라뮤트, 블러드 하운드, 박서, 도베르만, 그레이트 데인, 그레이트 피레네, 저먼셰퍼드, 골든 리트리버, 아일랜드 세터, 래브라도 리트리버, 뉴펀들랜드, 푸들, 로트와일러, 세인트 버나드 등이 더욱 취약하다.

고창증을 예방하기 위해서는 식후에는 운동을 조금만 할 수 있도록 지도하고 조금씩 여러 번 사료를 급여하며 주기적으로 수분 섭취를 할 수 있도록 함으로써 한 번에 다량으로 수분을 섭취하지 않도록 해야 한다. 또한 스트레스 발생 원인을 최소화하여 스트레스를 받지 않도록 해야 한다.

동물은 질병이 생기면 본능적으로 치료제인 약초를 찾아 뜯어먹으려고 행동하기 때문에 반려견도 고창증에 걸리면 약초를 뜯어먹으려고 행동한다. 사실 동물은 고창증에 걸렸을 때뿐만 아니라 대부분의 질병에 걸렸을 때 본능적으로 약초로 질병을 치료하는 방법을 알기 때문에 특정 질병에 해당하는 약초를 뜯어 먹으려고 주변을 방황하게 된다. 고창증은 반려동물이 사람이 먹는 음식을 함께 먹던 40년 이전에는 존재하지 않던 질병이지만 반려동물의 음식이 가공 사료로 바뀌면서 갑상선질환, 골다공증, 심장질환, 각종 암과 함께 급증한 질병이다(허현호, 2013). 퍼듀 대학의 로렌스 글릭맨이 5년간 수행한 연구에 의하면 개의 연령과 비례하여 매년 20%씩 고창증 발병률이 증가한다고 한다. 반면 같은 대학의 래그헤븐의 연구에 의하면, 고창증에 걸린 반려동물에게 사람이 먹는 음식을 공급하자 고창증이 90%나 사라졌다고 한다(이지묘,2011).

☑ 당뇨병(Diabetes Mellitus)

당뇨병은 인간뿐만 아니라 반려동물에게도 가장 흔한 질병이고 한 번 췌장에 이상이 생기면 영원히 완치될 수 없는 불치병이며, 합병증으로 진행되면 치명적이어서 죽음으로까지 이어질 수 있다. 혈당, 혈압, 심장박동 수가 오르는 것은 면역체계의 정상적인 상황이다. 다만 혈당 수치가 오르내리는 경우가 아니라 혈당이 오랜 기간 항상 높은 상태로 유지되는 경우에는 췌장 기능이 약해져 포도당을 세포 속으로 유도하는 인슐린을 제대로 분비하지 못하는 경우이다.

인슐린은 탄수화물이 분해돼서 변한 포도당을 몸 전체로 운반하여 세포나 간, 근육에 글리코겐으로 저장하고 일부는 미토콘드리아에서 에너지로 바꾼다. 인슐린이 제 기능을 못하면 혈액 속의 포도당이 세포로 들어가지 못해 미토콘드리아에서 에너지를 만들어내지 못한다. 그러면 동물은 임시 수단으로 지방을 케톤으로 전환시켜 에너지를 만든다. 그러나 케톤이 오래 사용되면 혈액을 산성으로 만들고 심각한 탈수 현상과 구토, 복통 등을 불러오는 케톤산증이라는 치명적인 질병이 유발되기도 한다.

포도당은 근육운동, 호흡, 소화 등 생명체를 유지하기 위한 에너지원으로 반드시 필요하다. 특기 뇌 활동을 위한 에너지원으로 포도당만이 사용된다. 췌장은 인슐린을 만들어내는 기능 외에도 단백질을 분해하는 효소인 키모트립신도 생산한다. 이 키모트립신은 암세포를 파괴하는 파수꾼 역할을 한다. 그리고 지방질을 분해하는 판크레아틴도 생산한다.

판크레아틴이 제대로 작동되지 않으면 간질을 유발하게 된다(유자환, 2010; 조경수, 2011; 허현회, 2013). 따라서 췌장이 기능을 잃으면 당뇨병, 암, 간질, 지능 저하 등을 불러올 수 있다.

우린 몸은 체온이 36.5도이고 개는 38.5도이며, 사람을 포함한 대부분의 동물은 수분이 70%를 차지하기 때문에 박테리아나 바이러스 등 미생물이 숙주로 삼고 서식하기에 가장 좋은 조건이다. 면역력이 약해지면 미생물의 침입이 활발해진다. 인간이나 반려동물에게 미생물이 침입하면 백혈구를 중심으로 한 면역체계가 가동하기 시작해 열과 염증을 일으키며 미생물을 퇴치하기 시작한다. 면역체계가 작동을 시작하면 교감신경이 자극을 받아 에너지를 더 많이 생산하기 위해 세포 내에 보관 중이던 각종 영양분, 미네랄, 효소 등을 과도하게 사용하게 되고, 혈액 속에는 에너지원이 되는 포도당 등 영양분이 과포화상태로 된다. 당뇨병이 발생하면 포도당과 인슐린의 연결이 정상적으로 동작하지 않게 된다(Canna-Pet, 2017).

인간과 마찬가지로 개의 당뇨병은 I형 또는 II형으로 분류할 수 있다. I형은 개가 충분한 인슐린을 생산하지 않을 때 발생한다. 청소년 당뇨병 또는 인슐린 의존성 당뇨병으로 알려졌던 인간의 I형 당뇨병과 거의 동일하다. 췌장이 손상되었거나 제대로 동작하지 않을 때 발생한다. I형 당뇨병을 가진 개는 인슐린을 대체하기 위해 매일 주사를 맞아야 한다. 성인에서 발병하는 당뇨병으로 알려진 II형은 실제로 인간과 고양이에서 가장 흔한 당뇨병의 한 형태이다. II형 인슐린 저항성 당뇨병은 췌장이 인슐린을 생산하지만 인슐린을 제대로 사용하지 못할 때 발생한다. 개 세포는 인슐린의 메시지에 반응하지 않아 포도당이 혈액에서 세포로 빠져나오지 않는다. 이 형태는 식습관 및 비만과 관련이 있지만 개에서는 거의 발견되지 않는다. 그러나 노령의 비만한 개에서 가장 발생하기 쉽다. 암컷은 발정이나 임신 중에 임신성 당뇨(일시적 인슐린 저항성)를 일으킬 수 있다. 개가 당뇨병에 걸리면 혈액에 당이 쌓이지만 당이 필요한 몸의 세포에서는 당이 들어가지 않게 된다. 이것은 두 가지 형태로 당뇨병에 걸린 개의 몸을 손상시킨다. 첫째, 개의 세포는 위에서 언급한 것처럼 중요한 연료인 포도당이 부족하게 된다. 근육과 장기세포는 에너지로 포도당이 필요한데 포도당이 부족하면 개의 몸은 다른 방법의 연료를 찾아 자신의 지방과 단백질을 분해하여 대체 연료로 사용하게 된다. 둘째로, 혈류의 높은 당도는 많은 장기에 직접적인 손상을 일으킨다. 혈류의 포도당을 연료로 전환하는 데 필요한 인슐린이 없으면 혈중에 고농도의 포도당이 생성된다. 이 포도당 축적은 결국 신장, 눈, 심장, 혈관 또는 신경을 비롯한 여러 장기에 손상을 줄 수 있다.

개가 당뇨병에 걸릴 위험을 높일 수 있는 몇 가지 요인이 있다. 첫째, 일부 견종은 다른 견종보다 당뇨병에 걸리기 쉽기 때문에 당뇨병에 유전적 요소가 있다. 당뇨병은 모든 견종이나 잡종에서 발생할 수 있지만 당뇨병 비율을 조사한 연구에 따르면 잡종이 전체적으로 순종보다 당뇨병에 걸리기 쉽다. 순종 중에서도 견종에 따라 다르지만 미니어처 푸들, 비숑프리제, 퍼그, 닥스훈트, 미니어처 슈나우저, 사모에드, 키스훈트, 오스트리안 테리어, 폭스 테리어, 케언 테리어, 비글 등이 더 높은 위험성을 가지고 있다. 둘째, 당뇨병은 모든 연령에서 발생할 수 있지만 약 70%가 7세 이상의 장년 및 노령의 개에서 가장 많이 발생한다. 1세 미만의 개에서 당뇨병이 발견되는 경우는 아주 드물다. 셋째, 비만과 함께 고지방의 음식 섭취는 췌장염의 원인이 될 수 있다. 넷째, 암컷과 중성화된 수컷은 중성화하지 않은 수컷보다 당뇨병에 걸릴 확률이 높다. 중성화하지 않은 암컷은 수컷보다도 당뇨병에 걸릴 확률이 두 배나 높다. 다섯째, 과체중은 개 세포가 인슐린에 저항성을 갖도록 만들지만 실제로 당뇨병을 일으키는지의 여부는 분명하지 않다. 그러나 비만은 당뇨병을 일으킬 수 있는 췌장염 발병 위험이 높다. 만성 또는 반복적인 췌장염은 췌장에 광범위한 손상을 일으켜 결과적으로 당뇨병을 일으킨다. 여섯째, 스테로이드의 장기간 사용은 당뇨병을 유발할 수 있다. 여섯째, 신체가 스테로이드를 내부적으로 과잉 생산하는 쿠싱병(Cushing's disease)을 포함하여 당뇨병을 유발할 수 있는 자가면역질환 및 바이러스성 질환이 있다.

개가 당뇨병에 걸리게 되면 첫째, 지나친 갈증과 소변 횟수가 증가한다. 개는 평소보다 더 자주 물을 마시게 되며 그에 따라 소변 횟수도 증가하게 된다. 이러한 갈증과 배뇨 증가는 소변을 통해서 과다한 당을 내보내고자 하기 때문에 발생한다. 둘째, 체중이 계속적으로 감소한다. 개가 정상적으로 먹는 것처럼 보이지만 체중은 계속해서 감소한다. 이것은 음식으로부터 영양분을 효율적으로 전환시키지 못하기 때문이다. 셋째, 식욕이 증가한다. 두 번째와 같은 이유로 개는 실제로 식욕이 증가할 수 있으며 더 자주 먹고 싶어 한다. 당뇨병이 심해지면 증상이 더욱 현저하게 보이며 식욕 증가의 반대 방향인 식욕 부진의 형태로 가게 된다. 또한 힘이 없고, 우울하며 구토하는 것을 발견하게 될 수 있다. 개가 당뇨병에 걸렸는데 치료를 하지 않고 계속 두면 백내장, 간 비대, 요로 감염, 발작, 신부전 또는 케톤산증과 같은 잠재적으로 생명을 위협하는 상태에 이르게 될 수 있다.

당뇨병의 치료는 증상의 심각성, 다른 건강상의 문제 등의 요인에 따라 매우 다양해질 수 있다. 따라서 당뇨병에 걸린 개의 상황에 따라 개별적으로 치료 계획이 수립되어야 하며 평생 동안 계속되어야 한다. 그러나 치료 계획이 무엇이든 간에 최종 목표는 동일하다. 혈당 수치를 65 ~ 120 mg/dl 사이로 일정하게 유지시키는 것이다. 이것은 현재의 편안함을 느끼게 도와줄 뿐만 아니라 후에 발생할 수 있는 당뇨병 관련 문제의 발전 가능성을 낮추기 때문이다. 개는 거의 매일 2회의 인슐린 주사를 맞아야 한다. 매일 동일한 시간에 인슐린을 주사하고 동일한 시간에 사료를 주는 것이 중요하다. 이것은 혈액 내의 영양분이 인슐린 주사에 의한 최고 인슐린 수준과 일치되도록 하며 개의 혈당 수치를 정상적으로 유지하게 한다. 인슐린 수치가 너무 높거나 너무 낮으면 위험하다. 수의사와 일정과 식단을 상의하기 바란다. 경구투약 약물과 고 섬유소의 섭취는 혈중 포도당 수치를 정상화하는 데 도움이 된다. 당분이 많은 음식을 피하는 것이 중요하다. 음식 섭취와 함께 체중 유지를 위한 운동 프로그램을 함께 사용하면 도움이 된다. 운동은 개의 체내 포도당 수치가 급격히 상승하는 것을 피할 수 있도록 해주기 때문에 적당하면서 일관된 운동을 권장한다. 3가크롬은 야채, 과일, 육류등에 풍부하게 들어 있는 미네랄로 장내 세균에 의해 크롬화합물로 변형되어 인슐린 작용을 좋게한다. 특히 마늘이나 생강에는 각종 항산화제가 풍부해 대부분의 질병을 완화시키는 데 큰 효능을 발휘하는데 마늘에는 3가크롬도 풍부하게 들어 있어 소량씩 꾸준히 공급하는 것도 좋다(허현회, 2013).

☑ 관절염 (Arthritis)

관절염은 사람과 같이 개, 고양이 등 대부분의 반려동물에게서도 나이가 들어감에 따라, 특히 비만인 경우에 가장 흔하게 나타나는 질병이다. 관절염 등은 고양이보다 개에게서 더 흔하게 발병하며 고관절 이형성증, 슬개골 탈구증, 견관절 퇴행증, 팔꿈치 관절염, 다리의 부종 등 여러 가지 증상으로 나타난다. 골관절염에 의한 관절 통증은 반려동물에 일반적인 질병으로 4 마리 중 1 마리가 골관절염으로 고통받고 있으며 이중 45%가 대형견이다. 개들은 또한 화농성 관절염, 박테리아 관절염, 류마티스 관절염으로 고통받고 있다. 가만히 앉아 있는 경우가 아니라면 관절 통증은 운동 장애 및 다양한 활동 수행에 어려움을 초래하여 반려동물의 삶의 질에 크게 영향을 미친다. 이런 질병들은 선천적으로 질병을 갖고 태어나는 경우도 있고, 자라면서 여러 가지 이유로 새롭게 발병하는 경우도 있다. 통증 이외에도 걸을 때 절뚝거리거나, 놀이에 대한 흥미나 관심을 잃어버렸거나, 계단 오르기를 힘들어하고 환부를 핥으며 갑작스럽게 성격이 변하고 쓰다듬을 때 달려들어 공격하려고 하는 등의 증상을 보일 수 있다.

관절염은 관절의 계속적인 사용에 의한 마모로 인해 발생하는 노견의 공통된 문제이다. 뼈와 관절 발달에 문제가 있으면 조기에 시작될 수 있다. 관절염의 진행에 영향을 미치는 다른 요인에는 부상, 유전 문제, 감염, 면역 질환 및 암이 포함된다. 원인에 따라 관절염은 하나 또는 여러 개의 관절에 영향을 줄 수 있다.

관절염의 유발 이유와 상관없이 통증과 불편함을 효과적으로 통제하고 관리할 수 있는 방법을 소개한다(Top10HomeRemedies). 관절염이 있는 개를 운동시키는 것은 어려운 일이다. 너무 많은 운동은 관절에 통증을 유발할 수 있지만 신체 활동이 부족하면 상태가 악화 될 수 있다. 따라서 적당한 활동은 개의 근육을 강하게 유지시켜주며 아픈 관절에 흐르는 혈액 순환을 개선해 준다. 모든 연령의 개를 위한 최고의 운동 중 하나는 걷는 것이다. 걷기와 같이 하루 중 아주 작은 시간 동안 약간의 관절에 충격을 주는 것은 관절 움직임에 도움을 준다. 과도한 체중은 관절 통증을 가중시키므로 걷기는 체중 감소에 도움을 줄 수 있다. 그러나 날씨가 너무 추울 때는 오랫동안 걷는 것은 좋지 않다. 추운 온도에 노출되면 관절의 통증이 악화될 수 있기 때문이다. 관절염 개를 위한 대안 운동으로 수영을 권장한다. 수영은 강아지의 관절에 매우 좋은 운동이다. 수영과 같은 비체중부하 운동은 관절의 운동성과 근육을 잘 유지하는 데 도움이 된다. 유연한 장난감, 공 또는 물 위에 떠있는 공을 던져서 수영을 보다 재미있게 만들어 줄 수 있다. 관절염이 있는 개는 체중을 유지하는 것은 매우 중요하다. 체중이 무거우면 무거울수록 아픈 관절에 더 많은 압력과 통증이 가해지기 때문이다. 노령견의 체중을 감량하는 것은 쉬운 일이 아니지만 반드시 필요한 일이기 때문에 노력해볼 가치가 있다. 정기적이고 지속적인 운동과 건강한 식습관으로 체중 감량이 가능하다. 관절염뿐만 아니라 비만은 당뇨병, 췌장염, 심장 질환, 디스크 질환, 고관절 이형성증, 여러 종류의 암과 같은 개들의 다른 건강 문제와 깊은 관련이 있다. 마사지는 개의 관절염에 도움이 된다. 마사지는 개의 유연성을 향상시킬 뿐만 아니라 고통스러운 관절의 혈액 순환을 증가시킨다. 부드럽고 원을 그리면서 개의 관절과 근육을 마사지해주면 개는 편안해 하며 복지를 증진시킬 수 있다.

관절염에 도움이 되는 또 다른 효과적인 치료방법으로 사과 사이다 식초는 고통과 염증을 경감시키는 데 도움을 준다. 개가 마시는 물에 사과 사이다 식초를 섞어준다. 이후 점점 복용량을 증가시킨다. 소형견은 티스푼 1개, 중형견은 티스푼 2개, 대형견은 큰 스푼으로 2개를 넣어 섞어준다. 사과 사이다 식초를 사료에 섞어줄 수도 있다.

대부부의 만성질환은 약, 백신 등의 부작용으로 나타나는 증상이지만 특히 사람이나 반려동물에게 나타나는 퇴행성관절염은 백신즈의 부작용으로 확인되고 있다 (양현국, 양창윤, 2010; 진선미, 2011). 이 같은 백신의 부작용으로 면역력이 무너져 인대가 약해지고 주위의 관절 조직이 관절을 적당히 안정시키지 못하기 때문에 관절에 자극과 통증이 유발된다. 천연의 비타민과 글루코사민이 충분히 들어 있는 생식을 공급하면서 적절하게 운동을 시키면 대부분 예방 또는 치료할 수 있다. 글루코사민은 관절의 연결 부위에 있는 연골의 주요 구성 성분으로 조개, 새우, 게 등에는 천연의 글루코사민이 들어 있는 음식이다. 관절은 한번 뒤틀리면 치료에 많은 시간이 소요되므로 다른 질병과 마찬가지로 예방이 최선책이다. 굵고 단단한 뼈를 이용해 한 달에 2~3일씩 주기적으로 단식이나 절식을 시켜 적정 몸무게를 유지시키는 것이 좋다.

미국 위스콘신의 존 엉거씨가 입양한 개 스쿱은 19살로 늙고 허약한데 관절염까지 걸려서 고통 때문에 제대로 잘 수가 없었다고 한다. 우연히 물속에서는 그나마 덜 고통스럽고 편안하게 잘 수 있단것을 알아내고 슈피리어 호수를 천천히 몇 시간 동안 스쿱을 물속에서 안고 재운다고 한다. 주인의 친구 중에 프로사진작가(Hannah Stonehouse Hudson)가 이 장면을 찍어 페이스북에 올리면서 알려지게 됐다.

출처 : (Hannah Stonehouse Hudson/StonehousePhoto.com/Facebook)

☑ 골다공증(Osteoporosis)

뼈의 질량은 체중을 지탱하고 뼈에 붙어있는 근육의 활동을 보조하는 기능을 하기 때문에 뼈의 밀도가 너무 높으면 골격을 유지하는 데 부담스럽기만 하다. 또한 신체에 영향을 주는 힘을 조절하기 위해 날마다 스스로를 점검해서 활동을 통한 자극을 주지 않으면 골밀도는 줄어든다. 생명체는 자생력이 탁월하기 때문에 스스로 낡은 골세포를 제거하고 새로운 골세포를 만들어 뼈의 밀도를 적절히 유지하는 과정이 끊임 없이 이어진다. 단백질과 칼슘으로 이뤄진 콜라겐은 새로운 뼈와 이빨 등을 끊임 없이 재생시키기 때문에 뼈의 적절한 질량을 유지하며, 뼈를 튼튼히 하고, 골절 위험을 예방하기 위해서는 고루 갖춘 영양 섭취와 근력 운동이 필요하다(이지묘, 2011). 근육과 뼈는 상호작용을 한다. 뼈도 다른 인체 조직과 같이 끊임 없이 재생이 이뤄지는 조직이다. 오래돼서 약해진 뼈는 주기적으로 파고세포에 의해서 제거되고, 그 자리에는 조골세포에 의해 생성된 건강한 뼈조직으로 채워진다. 그러나 나이가 들면서 조골세포가 적게 만들어져 새로운 뼈조직을 생성하지 못해 나타나는 증상이 골다공증이다. 이때 산성식품은 파골세포를 자극해 새로 생성하는 뼈조직보다 더 많은 뼈조직을 제거한다. 그리고 각종 칼슘, 칼륨, 인, 마그네슘 등의 미네랄이 인체에 부족할 때도 뼈조직을 제대로 생성하지 못한다. 한 달에 2~3번 굵은 뼈 조작이나 식초와 천일염을 적절하게 넣은 뼈 국물을 공급하면 칼슘은 충분하게 보충될 수 있다.

4 중성화(neutralization)

개의 중성화는 암컷의 중성화(Spaying)과 수컷의 중성화(Neutering)로 나눌 수 있다. 암컷의 중성화는 암컷의 생식기관을 제거하는 것으로 난소, 난관 및 자궁을 제거하는 수술이기 때문에 난소 절제술이라고도 한다. 수컷은 고환과 관련된 구조를 모두 제거하는 것이어서 거세라고도 한다. 수컷의 정자를 운반하는 튜브를 절단하는 정관 수술이나 암컷의 난소만을 제거하는 수술은 모두 가능한 수술이지만 일반적으로 시술되지는 않는다.

중성화 수술이 개의 건강에 어떠한 영향이 미치는지 살펴보고자 한다(sanborn, 2007). 먼저 수컷의 경우 중성화를 하게 되면 다음과 같은 장점이 있다. 첫째, 고환 암의 발병률이 1% 미만으로 감소하면서 사망 위험률이 거의 없게 된다. 둘째, 암 이외의 전립선 관련 질환 발병률이 감소한다. 셋째, 치루의 발병률도 감소한다. 넷째, 당뇨 발병률이 감소한다. 이러한 긍정적인 점 이외에도 부정적인 점도 있다. 첫째, 1년 미만의 수컷에게 중성화를 하면 골육종(골암, osteosarcoma)의 발병률이 현저히 증가한다. 이는 중대형견에 매우 흔한 암이며 예후가 좋지 않다. 둘째, 심장 현관 육종의 위험이 1.6배 증가한다. 셋째, 갑상선 기능저하증의 위험이 3배 증가한다. 넷째, 진행성 노인성 인지장애의 발병률이 증가한다. 다섯째, 비만 위험률이 3배 증가한다. 여섯째, 전립선암의 발병률이 4배 증가한다. 일곱째, 요도암 발병률이 2배 증가한다. 여덟째, 정형외과 질환 발병률이 증가한다. 아홉째, 예방접종에 대한 부작용이 증가한다.

암컷의 경우 중성화는 다음과 같은 장점이 있다. 첫째, 2.5세 이하의 암컷에게 중성화 수술을 시행하면 유방 종양의 발병률을 현저히 낮출 수 있다. 둘째, 자궁축농증은 암컷의 23%가 발병하며 그중 1%가 사망한다. 그러나 중성화 수술을 하면 자궁축농증의 발병률이 거의 없어지게 된다. 셋째, 치루의 발병률을 감소시킬 수 있다. 넷째, 자궁, 자궁경부, 난소암의 발병률을 감소시킬 수 있다. 암컷의 중성화 수술의 단점은 다음과 같다. 첫째, 수컷처럼 1세 이하의 암컷에게 시행되면 골육종(공암) 발병률을 현저히 증가시킨다. 둘째, 비장의 혈관육종의 발병률을 2.2배 증가시키며 심장 육종 발병률을 증가시킨다. 셋째, 갑상선 기능저하증의 발병률을 3배 증가시킨다. 넷째, 비만율이 1.6~2배 증가한다. 다섯째, 4~20%의 암컷에게서 요실금증을 유발시킨다. 여섯째, 지속성 혹은 재발성 요도 감염률을 3~4배 증가시킨다. 일곱째, 질염, 음부의 피부염을 증가시킨다. 여덟째, 요도암 발병률을 2배 증가시킨다. 아홉째, 정형외과적 질환 발병률이 증가한다. 열 번째, 백신에 대한 부작용이 증가한다.

요약하면 개의 중성화 수술은 암컷에게는 유방암과 자궁축농증, 잠재적으로 생명을 위협하는 자궁 감염을 포함한 심각한 건강 문제를 예방할 수 있다. 수컷의 경우에는 전립선 비대증, 고환암 등을 예방할 수 있다. 그 외에도 중성화는 개들이 거리를 배회하는 것을 줄일 수 있다. 특히 수컷의 경우 이러한 배회는 교통사고를 당하거나 사망할 수도 있다. 이러한 배회를 줄여주면 개를 좀 더 안전하게 보호할 수 있으며 원하지 않는 임신에 의한 출산의 위험도 줄일 수 있다. 이것은 태어난 강아지 자체도 매우 중요한 문제지만 모견에도 위험할 뿐 아니라 경제적 부담을 줄 수 있기 때문이다. 또한 상상 임신의 위험을 감소시킨다. 상상임신은 개의 행동을 바꿀 수 있으며 반복적인 상상임신은 다른 의학적 문제를 유발할 수 있다.

중성화는 주인에게도 도움이 된다. 첫째, 기르는 개의 임신을 걱정할 필요가 없다. 원하지 않는 임신은 정서적 및 재정적 걱정을 안겨 줄 뿐만 아니라 산자수가 많으면 자견을 분양하는 것도 부가적인 스트레스다. 중성화를 하지 않은 암컷은 생리를 하게 되는데 이러한 암컷의 생리는 가정환경을 어렵게 만들 수 있다. 암컷이 발정 시기가 되면 호르몬이 공중에 퍼지면서 암컷과 수컷 모두 교배를 위한 강한 생물학적 충동을 느끼게 되어 끊임없이 상대를 찾기 위해 탈출하려고 시도하게 되는데 중성화를 하면 이러한 모습은 보지 않아도 된다. 교배 행위는 학습된 행동으로 중성화를 한다고 치료되는 것은 아니나 호르몬 분비가 감소하면 교배를 위한 애정표현도 줄어들게 된다. 중성화는 원하지 않는 임신을 감소시킴으로써 유기견에 대한 행정적, 경제적 부담을 줄여줄 수 있다.

대부분의 사람들은 개가 출산을 하는 것이 건강에 도움이 된다고 오해한다. 그러나 출산이 건강에 유익이 된다는 어떠한 연구도 없을 뿐만 아니라 자식과 평생 함께 지낼 수도 없으며 자식으로 부터 얻어지는 정서적 이득도 없다. 따라서 개가 출산을 반드시 해야 한다는 이유도 없을뿐만 아니라 중성화를 지연시킬수록 암, 감염 및 상상 임신 등과 같은 건강상의 부정 결과의 변화만을 증가시킬 수 있다. 중성화가 개 성격을 변화시키지는 않지만 공격성, 영역 표시, 교배 행위 등 호르몬에 기인한 행동들은 감소시킬 수 있다. 대부분의 행동 문제가 발생할 때 중성화는 그 문제를 해결하기 위한 초기 단계의 고려해볼 만한 해결책이 될 수 있다.

Chapter 1: 영양

영양은 생물이 살아가는 데 필요한 에너지와 몸을 구성하는 성분을 외부에서 섭취하여 소화, 흡수, 순환, 호흡, 배설을 하는 과정을 의미한다.

Chapter 2: 사료

개 전용 사료는 건식 사료(Dry Type), 습식 사료(Moisture Type, Wet Type), 건식 사료와 반습식 사료(Semi Moist Type)로 나누어진다.
영양학자인 포텐저(Frnacis M. Potterger)는 1932년에서 1942까지 10년동안 900마리의 고양이를 대상으로 동물연구를 통해 생식의 중요성을 입증하였다.

Chapter 3: 개의 건강 점검

체형기준점수(Body Condition Score: BCS)는 개의 몸 상태를 1~9까지의 숫자로 표시한 것이다.
개의 대변에 대한 육안검사는 우리가 쉽게 할 수 있는 개의 건강 검사 방법이다.

Chapter 4: 질병

반려동물을 건강하게 키우려면 광견병 백신 등 법정전염병과 관련된 백신을 제외하고는 가능한 한 백신 접종을 피하는 것이 바람직하다. 그리고 접종을 하는 경우에는 생후 16주령이 지나 면역력이 제대로 형성된 후에 접종하고, 추후 접종은 최소 22주령이 지나 면역력이 일정뿐 회복된 다음에 접종하는 것이 좋다.

Part

06

번식

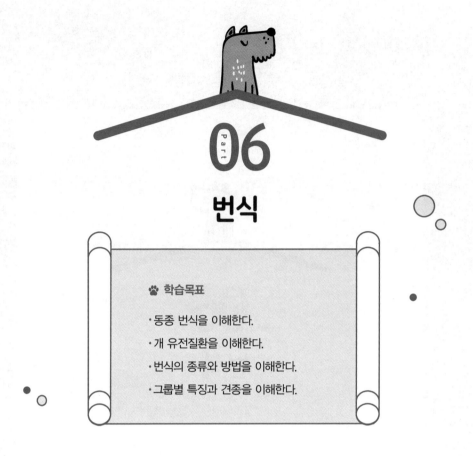

🐾 학습목표

· 동종 번식을 이해한다.
· 개 유전질환을 이해한다.
· 번식의 종류와 방법을 이해한다.
· 그룹별 특징과 견종을 이해한다.

번식은 원하는 가치를 가진 개체를 재생산하여 널리 퍼뜨림으로써 개체 수를 늘리고 그
렇지 않은 개체는 도태시켜 개체 수를 줄인다는 대원칙 하에 번식 이론 및 방법을 근거로
이루어진다. 1950년도 러시아 유전학인 드미트리 콘스탄티노비치 베라예프는 선택적 압
력에 대한 행동상의 진화에 대한 연구에서 사람에게 잘 접근하는 성향이 있고 공격적인
기질이 적은 여우들만 골라 실험한 결과 약 40세대에 걸쳐 선택의 원리에 따른 진화가 이
루어지면서 여우는 꼬리를 흔들고 사람에게 대답하기 위해 낑낑거리고 사람 손을 핥는 등
개와 유사한 행동을 하게 되었다. 또한 행동의 변화에 따라 신체의 변화가 일어나 꼬리 끝
이 구부러지고, 귀는 아래로 쳐지고, 생식 주기도 바뀌었다(Belyaev, 1979). 베라예프의 연구
에서 보인 것처럼 선택된 능력은 특정한 행동과 관계되며 이러한 능력들은 유전에 의해 후

세에 전달된다. 인간은 이러한 선택적 능력을 활용하여 특정한 목적에 맞는 전문화된 개를 만들어 냈으며 각 시대에 적합한 새로운 역할을 가르치고 있다. 현대 사회에서는 사람을 돕는 영역이나 특정 물건을 탐색하는 등 기계로 대치할 수 없는 영역에서 임무를 맡아 활동하고 있다. 인간들은 공격적인 성향이나 사나운 개는 선택의 원리에 따라 도태시키기 때문에 특별한 영역을 제외하고는 대부분의 영역에서 활동하는 개들은 사람에게 공격적이지 않으며 온순하다(허봉금, 2011).

■ **주화성**

동물이 외부의 자극이 있는 방향으로 움직이는 것을 정위행동(orientation behavior)이라 한다. 주성(화학주성, 광주성, 온도주성, 유주성)은 정위행동의 한 형태이다. 주화성은 많은 동물들이 짝을 찾을 때 하는 행동이다. 암컷이 수컷을 유혹하기 위해 분비하는 화학물질을 성페르몬이라고 하는데, 어떤 곤충의 수컷은 10km나 떨어진 먼 곳에서도 페로몬의 냄새를 추적하여 암컷에 접근할 수 있다. 고등동물들에 있어서도 암컷이 발정기에 분비하는 물질은 수컷을 유혹하는 신호물질의 하나이다.

Chapter 1 · 동종 번식

어떤 견종 가운데 순종이라 함은 그 종이 지니는 모든 특징을 총체적으로 물려받은 것으로 (선우미정, 2003) 동종 번식은 이러한 순종의 부모로부디 태어난 자견을 의미한다. 업계에서는 5대까지 내려가는 동안 유전적 결함이 나타나지 않는 단일 견종을 순종으로 인정한다. 미국, 영국, 캐나다에서는 적어도 3대 이전의 혈통 기록을 보유하고 있는 개만 순종으로 인정한다. 일부 견종들은 전문 사육사들이 몇몇 외견상의 특질들을 취사선택하여 교배하고 사육하기 때문에 같은 부모의 자손인 경우도 있다. 예를 들면, 케언 테리어(Cairn Terrier)와 웨스트 하일랜드 화이트 테리어(West Highland White Terrier)는 한배에서 태어난 강아지들 중 하얀색은 웨스트 하일랜드 화이트 테리어, 다른 색은 케언 테리어로 부른다. 오늘날엔 웨스트 하일랜드 화이트 테리어는 흰색만을 가리키며, 케언 테리어는 흰색을 제외한 나머지 색으로 규정하고 있다. 벨지안 셰퍼드(Belgian Shepherd)도 4가지 종이 있는데 그로넨

달(Groenendael) 혹은 벨지안 쉽독(Belgian Sheepdog)은 검은색이고, 말리노이스(Malinois)는 털이 짧으며, 터부렌(Tervuren)은 끝이 검고 긴 털을 지녔거나 담황색 혹은 적갈색 털을 가지고 있다. 또한 라케노이스(Laekenois)는 거칠고 뻣뻣하며 붉은색이 도는 황갈색 털을 가지고 있다. 이 4가지 종도 조상은 모두 동일하다. 노르위치 테리어(Norwich Terrier)와 노포크 테리어(Norfolk Terrier)는 둘 다 몸집이 아주 작은 테리어인데 유일한 차이점은 귀 모양이다. 즉 노르위치의 귀는 곧게 선 반면 노포크의 귀는 아래로 쳐져 있다. 영국에서는 1964년, 미국에서는 1979년에 자국의 애견단체에 의해 귀 모양에 따라 다른 종으로 분류하고 있다. 위의 3가지 견종처럼 어느 모양이나 색깔을 좋아하느냐의 문제만 빼면 신체 구조나 행동 특성은 모두 똑같으므로 동일 조상의 한 견종과 잘 지내는 사람은 동일 조상의 다른 견종과도 잘 지낼 수 있다.

모든 생물은 몸이 세포로 이루어져 있다. 세포 내에는 유전자가 쌍을 이루고 있으며 이러한 유전자는 DNA(deoxyribonucleic acid, 디옥시리보핵산)라는 화학물질로 되어 있으며 염색체 속에서 긴 사슬을 형성하고 있다. 이러한 유전자는 한 개체의 외형과 행동을 결정하는 프로그램과 같으며, 어떤 생물에서 명확히 드러나는 모든 신체적 특징과 형질(표현)은 각각의 부모로부터 균등하게 계승된 해당 유전자의 결과이다. 염색체는 개의 경우 염색체 78개가 39쌍을 이루고 있으며 이 염색체는 부모 양쪽으로부터 하나씩 상속받아 쌍을 이루게 된다. 이렇게 형성된 염색체 쌍들은 각각의 유전자에서 다른 유전자를 지배하거나 동일화되어 부모와는 다른 자손의 특성을 결정하게 된다. 참고로 사람은 46개(23쌍), 닭은 78개(39쌍), 소는 60개(30쌍), 말은 64개(32쌍), 코끼리는 56개(28쌍), 양은 54개(27쌍), 고양이는 38개(19개), 쥐는 40개(20쌍), 토끼는 44개(22쌍)로 이루어져 있다. 어느 하나의 유전자에 대한 다른 버전의 각 유전자를 **대립유전자**로 한다. 예를 들어 인간의 혈액형을 관장하는 유전자는 1개이며 이 유전자는 3개(A, B, O)의 대립유전자를 가지고 있다. 개의 경우 어느 하나의 유전자에는 항상 2개의 대립유전자를 가지고 있다. 예를 들어, 라브라도 리트리버의 모색을 관장하는 유전자는 검정 모색과 관련된 대립유전자 "B+"와 갈색 모색과 관련된 대립유전자 "b"와 같이 2개의 대립유전자를 가지고 있다. "B+"는 "b"보다 우세하다. 이 2가지 대립유전자를 가지고 3가지 조합(B+B+, B+b, bb)이 가능하다. 검정 모색의 라브라도 리트리버(B+B+), 갈색 모색의 라브라도 리트리버(bb)와 같이 대립유전자가 같은 경우에 그 개체는 특정 형질에 대해 **동형 접합체**(homozygous)라고 불린다. 특히 갈색 모색의 라브라도 리트리버(bb)는 부모로부터 각각 대립유전자 b를 상속받아 동형접합체 bb가 되는 경우에만 태어나게 된다. 반대로 부모 중 한쪽이 검정 모색 대립유전자 B+를 상속받고 다른 한쪽으로 부터 갈색 모색 대립유전자 b를 상속받은 강아지는 검정 모색(B+b)을 가지게 된다. 이러한 형태를 **이행 접합체**(heterozygous)라고 부르며 검정 모색의 라브라도 리트리버가 태어난 이유는 검정 모색 대립유전자(B+)가 갈색 모색 대립유전자(b)보다 우세하기 때문이다. 이러한 경우 검정 모색 대립유전자(B+)를 **우성형질**이라고 하고 갈색 모색 대립유전자(b)를 **열성형질**이라고 하며 우성형질과 열성형질이 만나면 우성형질이 발현하고 열성형질은 잠복하여 후세에 전달된다.

순종 개는 동종 번식(Inbreeding)을 통해서만 얻어질 수 있다. 동종 번식은 유전적으로 밀접한 관련이 있는 개체의 교배 또는 번식을 통해서 후손을 얻는 것을 말한다. 동종 번식은 양쪽 염색체에 같은 형질이 나타나도록 하는 것인데 이러한 상태를 **동형성**(homozygosity)이라고 부른다. 동형성은 동종 번식의 핵심이라 할 수 있다. 본래 동종 번식은 원하는 유전자가 나타날 가능성을 높이는 것으로 부모 중 원하는 한쪽의 형질을 후손들에게 신속하고 일관되게 자리 잡도록 해 준다. 이미 언급한 것처럼 대립유전자 중에서 우성형질이 열성형질을 숨기기 때문에 우성 대립유전자는 발현되지만 열성 대립유전자는 발현되지 않게 된다고 하였다. 그러나 동종 번식은 이러한 좋은 형질과 나쁜 형질을 구분하지 못하는데 문제가 있다. 그저 부모 세대와 동일한 복제를 반복할 뿐이다. 예를 들어 치명적인 결함의 유전자가 있는 경우에 그 유전자가 우성이면 곧 사라지겠지만 열성 유전자는 조용히 전달된다. 열성 대립유전자가 나타내는 형질은 어떤 개체가 그 형질에 대해 두 개의 열성 대립유전자를 가졌을 때에만 발현되기 때문에 그 열성 유전자 한 쌍을 가지고 태어난 개체만이 이상 증세를 나타낸다. 동종 번식의 문제는 이것이 모든 유전자에 대해 동형성을 높인다는 데 있으며 우성 형질뿐 아니라 열성 형질에 대해서도 그렇다. 사람인 경우에 가족 관계인 두 사람이 임의의 유전자에서 차이를 나타낼 확률은 71%이다. 개의 경우에도 닥스훈트와 치와와를 교배하여 태어난 치위니와 같은 소위 잡종 개의 유전자 차이는 57%이다. 동종 번식을 통한 순종 개들 사이에서 유전자 차이는 22%이며, 동종 번식이 지속적으로 이루어지면 이 확률이 4% ~ 5%까지 떨어진다. 과거에는 숨겨진 열성 형질이어서 별다른 문제를 일으키지 않았던 것이 오늘날에는 훨씬 자주 문제가 된다. 최근 순종 개들에게서 두드러지게 나타나는 유전적 질병은 이런 식으로 과거에 잠재되어 있던 문제가 드러난 것이다(이상원, 2005). 스코티시 테리어는 너무 흥분하거나 운동을 지나치게 많이 하면 엉덩이 근육과 다리가 굳어지는 증상을 보이는데 이는 열성 형질이 원인인 것으로 밝혀졌다. 플랫코티드 리트리버(flat-coated retriever)는 종양이 자주 생기며, 달마시안과 오스트레일리아 양치기 개 중에는 청각장애가 많다. 콜리, 노르위전 엘크하운드(Norwegian Elkhound), 코커 스패니얼, 아이리시 세터 중에서는 망막이 점차 퇴화하여 결국 실명하는 사례가 적지 않다. 복서는 심장이 약하고 맨체스터 테리어와 푸들에게는 혈우병이 많다.

동종 번식은 유전자 공급원을 고갈시킨다(이상원, 2005). 동족 번식 때문에 동형성이 축적되면 **근교약세**(inbreeding depression)라는 더욱더 무서운 결과가 일어난다. 근교약세는 근친교배를 오랫동안 지속한 결과 적응력이 떨어지는 것을 말한다. 근교약세는 성장과 번식, 활력 등에 영향을 미치는 자그마한 부가적 형질이 관여하는데, 이종 교배가 이뤄지면 이들 열성 대립형질은 우성 대립형질에 가려진다. 하지만 동종교배에 의한 번식이 몇 세대가 이어지면 이러한 형질을 통제하는 유전자가 동형성 상태가 되어 형질이 겉으로 드러나게 된다. 동종 번식에 대한 비글 시험에서 세대를 거듭할수록 강아지 사망률이 점점 더 높아졌다. 부모 사이에서 태어난 강아지의 4분의 1이 사망하였으며, 전체 유전자 중 50퍼센트 정도가 동형성 상태가 되는 시기가 되면 사망률은 3분의 1로 올라가며 67퍼센트일 때는 절반이, 78.5퍼센트일 때에는 4분의 3이 사망한다. 모든 동물은 열성 형질을 가지고 있으며 열성 형질들끼리 만나면 발현이 된다. 이종 교배인 경우에는 열성 형질이 우성 형질에 눌려 발현되지 못하기 때문에 친척 관계가 없는 개체끼리 동종 번식하면 열성형질이 발현되지 않으므로 문제가 없다. 성장률을 비롯한 여러 특징은 다수의 유전자가 복합적인 영향을 미치는 경우이다. 결국, 어떤 번식 방법이든 동일성과 다양성 사이에 기본적인 갈등 요인이 존재하게 된다. 동일성은 후속 세대의 특징을 예측할 수 있게 해 준다는 점에서 매력적이며 다양성은 더 건강하고 활동적인 개체를 만들며 열성 유전자가 나타내는 유해 형질의 발현을 예방해 준다. 또 다른 해결 방법은 순종의 특징을 대부분 유지하는 집단에 정기적으로 다른 종의 유전자를 공급하는 것이다. 등록된 개체 수가 많은 견종인 말티즈 같은 경우에는 선택할 수 있는 형질이 풍부하여 외관이 똑같다 해도 친척 관계가 없는 개체들은 그 유전자 구조가 매우 다르기 때문에 문제가 되지 않는다. 문제는 이러한 이종 교배가 모든 견종에서 가능하지 않다는 것이다. 견종이 점점 더 세분화되고 폐쇄화되는 오늘날의 상황은 문제를 더욱 악화시킨다. 또한 견종 등록이 본격화되어 순종 혈통이 강조되면서 부모 모두 같은 견종으로 등록된 경우에만 다음 세대가 순종으로 인정받게 정해진 것도 문제를 악화시킨다고 할 수 있다.

번식 가능한 견종 집단의 크기와 다양성을 제한하는 또 다른 요소가 있다. 첫 번째는 특정 개체의 수가 적은 경우로 특정 개의 총 수가 상대적으로 적은데 사람들의 유행의 변화로 갑자기 개의 수요가 지나치게 증가하면 근친 교배 가능성이 높아진다. 북아일랜드 성인에게 종과 크기는 같지만 털 색깔이 다른 여러 마리의 개 사진을 보여 주면서 만약 개를 입양한다면 어떤 개를 입양할 것이지에 대해서 설문 연구를 수행하였다(Wells, & Hepper, 1992). 조사 결과 털 길이는 길거나 중간 정도 63%, 짧은 길이 37%의 선호도를 보여 노란색 계통의 중간 길이 이상의 털을 좋아하는 것으로 확인되었다. 이러한 털에 관련된 선호도는 여성보다 남성에게서 두드러지게 관찰되었다. 또한 동물보호소에서 실험에 참가한 개와 같은 종의 동물이 입양된 비율을 조사했다. 조사 결과 실제로도 털 색깔이 노랗거나 심지어 흰색을 띠는 개가 검거나 갈색인 개보다 더 높은 비율로 입양되었음을 확인하였다. 1948년부터 미국에 입양된 약 4,900만 마리의 강아지 등록 자료를 검토하여 견종별 선호 주기에 대해 연구했는데, 그 결과 견종에 대한 선호 주기는 동일하게 나타났다(Herzog, 2006). 사람들이 유행에 따라 특정 견종을 선호하면 그 견종의 개체 수가 늘어나며 수십 년에 걸쳐 평균적이었던 개체 수가 갑자기 대폭 증가하여 때로는 20배까지 증가하기도 한다. 그러다가 유행 효과가 떨어지면 관심이 급속히 줄어 유행하기 전과 똑같은 개체 수로 되돌아간다. 이러한 근친 교배는 개의 건강뿐만 아니라 개의 행동에도 부정적인 영향을 미친다. 두 번째는 중요하고 권위 있는 대회에서 우승한 개는 그 후손을 가지고자 하는 욕심 때문에 종견 역할을 하게 되는데 이러한 행동은 엄청난 부정적 파급 효과를 가지게 된다. 우리의 의지와 관계없이 동종 번식을 할 수밖에 없는 상황으로 소규모의 폐쇄적 집단 내에서 원치 않는 열성 형질이 고정되어 버리기도 한다. 잉글리시 코커스패니얼의 병리적 공격성이 여기에 해당되는데, 단색의 잉글리시 코커스패니얼이 얼룩무늬 종보다 공격성을 훨씬 더 많이 드러낸다고 한다. 또한 단색 중에서도 붉은색이나 황금색인 개가 검은색 개보다 더 공격적이다.

동종 교배와 이종 교배를 적절히 혼합하는 기술이 필요하다. 외모는 개에게서 가장 바꾸기 쉽고 구별되는 특질이다. 이러한 외모 중심의 동종 교배는 유전자 선택이라는 더 큰 문제로 연결된다. 원하는 신체적 특징을 가진 개를 선택하는 행동은 그 외모에 직접 영향을 미치는 특정 유전자를 선택하는 것과 같다. 물론 훌륭한 신체적 형질은 그 뒤에 숨은 훌륭한 유전자의 존재를 암시한다. 그러나 동물의 겉모습과 실제 유전자 사이에 완벽한 대응은 존재하지 않기 때문에 외모만을 기준으로 하는 선택은 당연히 부정확할 수밖에 없다. 반면 훌륭한 행동 유전자를 가진 개를 선택하는 것은 대단히 어려운 일이다. 좋은 행동을 보이는 개들끼리만 교배하는 것은 가능하나 그다음 세대가 모두 좋은 행동을 보이리라는 보장은 없기 때문이다.

Chapter 2 개 유전병

대부분 순수 혈통의 개들이 가지고 있는 가장 심각한 문제점은 유전성 질환이 많다는 것이다(하지홍, 2008). 지난 세기 애견 전람회가 활성화되면서 극소수의 우수한 개들을 활용하여 근친교배에 의한 혈통 고정이 광범위하게 진행되었고 이에 따라 열성 유전자에 의한 유전병들이 발생하게 되었다. 초기 시조 집단이 적을수록 각 견종에 따르는 유전성 질환의 출현 빈도가 높아지며 현재 절반 이상의 견종에서 심각한 유전병들이 발견되고 있다. 유전에 의한 질병은 250가지가 넘으며 90가지는 열성 대립유전자, 15가지는 우성 대립유전자, 45가지는 여러 유전자와 관련이 있다고 알려져 있으며 그 이외는 아직까지 밝혀지지 않고 있다. 유전성 질환의 특징 중 하나는 견종에 따라 출현 빈도가 다르며 가장 문제가 되는 유전성 질환으로는 고관절 이형성증과 진행성 망막 위축증 등을 들 수 있다. 서양 중대형 견종들이 고관절 이상의 발병률과 유전율을 조사해보면 개체들 간의 질환 진행의 강도도 다르고 복잡한 유전 양상을 보이고 있다. 특히 세인트 버나드 같은 대형견에서의 발병 빈도가 대단히 높은 것으로 알려져 있다. 유전력도 견종에 따라 다른 것을 보면 고관절 질환이 단순 멘델 유전병이 아니라 여러 유전자가 개입된 질환임을 알 수 있다. 망막 위축증의 경우도 병명은 동일하지만 품종에 따라 여러 가지 다른 유전자들의 개입으로 인한 다양한 형태의 질환일 가능성 또한 높다.

유전적 형질은 크게 양적 형질과 질적 형질로 나눌 수 있다. 양적 형질은 체고, 무게, 꼬리의 길이와 같이 측정 가능한 형질을 의미하며 질적 형질은 모색, 귀의 생김새 등과 같이 품질로 정의한다. 또한 유전과 질환은 그 관련 정도에 따라 직접적 관련 질환과 간접적 관련질환으로 나눌 수 있다. 유전과 직접적으로 관련된 질환은 다시 하나 또는 여러 개의 유전자가 이상이 있거나 질환을 유발하는 것으로 질적 형질의 하나인 혈우병이 그 대표적인 예라 하겠다. 여러 유전자가 관련되어 질환을 유발하는 질환으로는 고관절 이형성증을 들 수 있으며 양적 형질이 여기에 해당된다. 그 밖에 유전과 직접적 관련은 없지만 간접적으로 영향을 미쳐 특정한 질환으로 발전할 가능성이 높은 질환은 주둥이가 짧은 단두형 개와 호흡기 문제 등을 들 수 있다. 비교적 멘델의 법칙을 잘 따르는 유전성 질환들도 많은데 이런 경우는 거의 대부분 1 ~ 2개의 단순 유전자에 의해 일어난 경우에 해당된다. 단순 유전성 질환도 우성 형질에 의한 유전성 질환과 열성 형질에 의한 유전성 질환으로 나눌 수 있다. 우성 형질과 관련된 유전성 질환으로 털 감소증(Hypotrichosis)은 정상적인 것보다 적은 양의 털을 초래하는 질환으로 전신에 털이 없는 무모견인 차이니스 크레스티드 독(Chinese Crested Dog)과 멕시칸 무모견(Mexican Hairless)에서 많이 발생하며 Hr유전자와 관련 있음이 밝혀졌다. 우성 유전질환은 양쪽 부모로부터 서로 다른 형질의 유전자를 물려받는 **이형접합**[異形接合, heterogamy)의 경우에 살아남아서 무모견이 되나 양쪽 부모로부터 동일한 형질의 유전자를 물려받은 **동형접합**(同型接合, homozygosis)인 경우에는 임신 중에 사망하게 된다. 또 다른 우성형질에 의한 유전성 질환으로 바셋 하운드나 닥스훈트에서 나타나는 연골무형성증(Achondroplasia)이다. 이러한 개들은 야생 환경에서 생존율이 낮기 때문에 도태되었겠지만 특이한 형태 때문에 살아남은 품종이다. 그 외에도 우성 형질과 관련된 유전성 질환은 선천성 후두 마비, 선천성 백내장 등이 있다. 단일 열성 형질에 의한 열성 유전성 질환으로 가장 대표적인 것은 콜리 종 전체에서 발견되는 안구 결함으로 특히 콜리 안구 기형(CEA:Collie Eye Anomaly)은 눈이 제대로 발달하지 못하거나 이상한 형태를 가지고 태어나는 질환으로 콜리 종에서 70~97%가 안구 기형으로 보고되어 있다. 그 외에도 표피수포증, 탈모, 두개하악뼈형성장애 등이 있다. 코커스패니얼이나 푸들, 잉글리시 포인터에서 발견되는 다리가 짧은 돌연변이는 모두 열성 형질과 관련된 유전성 질환이며 한 개의 중요 유전자의 문제인 것으로 알려져 있다. 여러 유전자와 관련된 유전성 질환으로는 고관절 이형성증, 잠복고환, 주관절 형성이상 등이 있다.

그러나 유전에 의한 것이 절대적인 것은 아니다. 유전적 소인이 낮은 개 A와 유전적 소인이 높은 개 B가 있다고 할 때, 그대로 성장하면 유전적 소인이 높은 개 B가 유전성 질환이 발병할 확률이 높은 것은 당연한 결과다. 그러나 이러한 사실을 조기에 확인하고 양질의 식사, 적절한 운동 등 좋은 환경을 제공하면 그 발병을 낮출 수 있다. 반대로 유전적 소인이 낮은 개 A라고 할지라도 환경이 좋지 않으면 발병률은 높아지게 된다. 요약하면 환경적 요인에 의한 유전자는 무수히 많으므로 지속적인 관리만 잘 한다면 유전성 질환 발병률을 최소화할 수 있다. 즉 유전이라는 선천적인 것과 환경이라는 후천적인 요소가 조화를 이룰 때 건강한 개를 기를 수 있게 되는 것이다.

멘델의 법칙으로 설명할 수 없는 유전을 설명하기 위하여 **유전력**(heritability)이라는 용어를 사용한다. 유전력은 생물 집단이 갖는 유전적 변이 중에서 다음 세대에게 전달되는 비율을 말하는 것으로 완전히 객관적인 도구가 못 된다고 하더라도 대단히 유용한 도구로 객관적인 평가 기준을 제시해 준다. 유전력은 완벽하게 부모를 닮는 경우를 100%라고 할 때 유전적 기여도와 환경적 기여도의 상대적 비율을 백분율로 구분하는 수치이다. 현실 세계에서 유전력 100%인 경우는 거의 없으며 대부분의 경우 유전과 환경이 비슷하게 영향을 미친다. 대체로 질병에 대한 유전력이 높고 행동 특징 중에 소심한 성격이 부모를 닮는 확률이 높으며 골격 형태의 경우에는 흉심의 유전율이 높다. 유전력이 높은 특징들은 계획적인 품종 개량을 하면 빠른 시간 안에 원하는 형질의 변화를 가져올 수 있다.

☑ 고관절 이형성증(Hip dysplasia)

고관절 이형성증은 순종 개들을 괴롭히는 가장 유명한 유전 질환으로 대퇴골두와 관골구가 제대로 맞지 않는 현상을 말한다. 관골구 깊이가 너무 얕으면 대퇴골두가 꽉 맞지 못하기 때문에 탈골 현상이 나타나며 대퇴골두와 관골구의 모양이 맞지 않거나 대퇴골두가 관골구에 비해 너무 큰 경우에는 고관절에서 뼈들이 부딪쳐 닳게 되므로 관절염과 진행성 보행 장애가 나타난다. 고관절 이형성은 태어날 때부터 존재하는 것은 아니며 고관절에서 대퇴골이 지나치게 많이 움직이도록 느슨하거나 조잡한 방식으로 고관절이 형성되었기 때문에 강아지일 때부터 점차 발달한다. 세인트 버나드, 버니즈 마운틴 도그, 저먼 셰퍼드 등 대형 견종에 특히 많이 발생하는데 최악의 경우에는 영원히 정상적으로 걸을 수 없게 된다. 이 질환은 수많은 유전자의 복합 작용에 의해 유전된다. 물론 체중이 많이 나간다면 고관절 이형성증으로 인한 고통이 더 커지겠지만 직접적인 원인이 아니며 이는 순전히 유전적인 질환이다. 유전적 질환을 사라지게 만드는 가장 좋은 방법은 타고난 성향을 감추고 바꾸는 것이 아니라 그 성향을 최대한 드러내는 것이다(이상원, 2005).

1960년대 이후 교배 전에 엑스선 검사를 시행함으로써 고관절 이형성증을 줄이려는 조직적 프로그램이 생겨났다. 이 프로그램으로 1980년에 버니즈 마운틴 도그는 1980년에 33%가 고관절 이상을 가지고 있었지만 1995년에는 이 수치가 16%로 떨어진 반면 건강한 고관절을 가진 비율은 3%에서 9%로 늘어났다. 스위스는 저먼 셰퍼드 번식 프로그램의 선택 번식을 통해 고관절 이형성증 발생률을 46%에서 28%로 감소시켰다. 그러나 근본적인 해결 방법은 고관절 이형성증을 유발시키는 유전자를 규명하는 것이다. 기존 연구를 보면 깊이가 얕고 헐거운 관골구를 만드는 것과 관골구와 대퇴골두가 맞지 않는 것이 따로 전해진다는 점이 밝혀지면서 고관절 이형성이 매우 낮은 그레이 하운드를 래브라도와 교배하여 이러한 문제를 해결하려는 연구가 있었다(Todhunter et al, 1999; 2003; Zhu et al, 2009). 하지만 이 역시 진정한 유전자 분석 수준에는 미치지 못하는 단계로 100% 안심할 수 있는 유일한 방법은 해당 유전자를 찾아내는 것이다. 특정 질환을 유발하는 열성 유전자 중 일부는 이미 규명되어 유전자 검사가 가능한 경우도 있다. 미국 아이리시 세터 클럽은 DNA 탐침(DNA Screening)으로 망막 퇴화를 유발하는 형질의 유무를 검사한다(http://www.irishsetterclub.org/isgr_dna.html). 미국의 경우 모든 개체가 번식 전에 의무적으로 이 검사를 받고 있다.

Chapter 3 유전자 풀

개의 혈통은 비교적 한정된 유전자 풀 내에서 유지된다(구세희, 2011). 인간을 포함한 동물이 짝짓기를 할 때 일반적으로 발생하는 유전자 풀의 혼합에 의한 유전자 변이가 일어나 외형상 변화가 나타날 경우 그 후손은 순종으로 인정받지 못하게 된다. 단일 유전자 풀

내에서 무작위로 발생한 유전자 변이로 인한 외형상 변화만 허용되기 때문이다. 일반적으로 유전자 변이, 유전자 혼합은 유전 질병을 예방할 수 있기 때문에 해당 개체군에 이롭다고 알려져 있다.

폐쇄적 유전자 풀의 장점은 해당 견종의 유전자 지도(Linkage Map)를 쉽게 만들 수 있다는 점이다(Langston et al, 1999; Mellersha et al, 1997; Wong et al, 2010). 가장 처음으로 유전자 지도가 밝혀진 것은 유전자 1만 9,000여 개를 가지고 있는 복서이다(Lindblad-Toh et al., 2005). 이러한 유전자 지도를 바탕으로 기면 발작(narcolepsy)과 같은 특정 질병을 초래하는 유전자를 찾아내고자 연구를 진행하고 있다. 기면 발작은 갑자기 의식을 잃는 질병으로 도베르만 등의 견종이 특히 취약하다고 알려져 있다(구세희, 2011). 유전자 지도는 유전자 내 특정 위치에 별다른 기능이 없는 DNA 조각들이 흩어져 있다는 점을 이용해 작성된다(이성원, 2005). 이 조각들은 세포의 활동과 아무런 상관이 없으며 아무 기능이 없기 때문에 그 배열은 자연선택의 압력을 거의 받지 않는다. 따라서 유전자 변이는 바로 이 지역에서 많이 일어난다. 관심 대상 유전자의 위치를 파악하는 데는 이 지역이 대단히 유용하다. 물론 그 형태를 가진 개체라고 해서 모두 변이 형질을 가지지는 않지만 변이 형질을 가진 개체는 모두 특정 형태를 가진다. 따라서 연관 지도를 만드는 표준적 방법은 질병을 가진 개체를 그렇지 않은 개체와 교배해 F2 세대에서 질병을 가진 모든 개체가 예외 없이 특정 표지를 드러내는지를 살피는 것이다. 일관된 표지가 나타난다면 질병을 일으킨 유전자가 거기서 멀지 않은 것에 있다는 뜻이 된다. 결함을 일으키는 유전자와 그 형질이 밝혀지면 다음 단계는 그 존재 여부를 확인해 줄 유전자 탐침을 개발하는 것이다. 즉 증상은 없지만 문제가 되는 형질을 가지고 있는 경우를 잡아낼 수 있다. 그런 다음 보유 개체를 모두 없애면 되는데 그러면 번식 집단이 한층 더 줄어들고 그 결과 동종 번식이 늘어나며 동형성 정도가 높아진다. 따라서 목표한 특정 질병은 없앨 수는 있어도 다른 질병이 생겨날 가능성 또한 커지게 된다. 해결책은 보유 개체들끼리 교배를 하지 않도록 하면 되는데 열성 형질이 항상 존재하고 있다는 문제가 있으나 종의 다양성을 유지하기 위한 최소한의 방법이다. 이러한 방법을 사용하면 견종의 고유성을 지키면서도 유전적 다양성을 확보해 위험을 피하고자 하는 번식 전문가들의 목적을 충족시킬 수 있다. 폐쇄적 유전자 풀의 또 다른 장점은 개 선택 시 그 기질을 비교적 안정적으로 예측할 수 있다는 점이다. 그러나 개가 태어난다는 것은 유전자와 환경의 상호작용에 의한 것인데 정확한 상호작용을 입증하는 것은 쉬운 문제가 아니며 더군다나 유전자의 자연적 변이도 고려해야 한다.

Chapter 4　번식의 타협

　잡종견은 개 유전자의 다양성을 보장하는 생명체들이다. 진화적 관점에서 보자면 다른 개체와 유대관계를 맺는 것은 평범한 일이 아니다. 왜냐하면 본질적으로 유전자의 목적은 번식으로 이로운 돌연변이의 탄생 기회를 증가시키는 것이기에 이기적인 유전자가 건강한 배우자를 찾는 것은 자기 유전자를 성공적으로 번식시키고자 하기 때문이다.

　좋은 개란 정신적 특징과 육체적 특징이 모두 우수한 개를 말한다. 그러나 이 두 가지 모든 기준을 만족하는 경우는 드물다. 잡종견은 높은 지능이나 학습능력뿐만 아니라 신경질이 적고 힘든 상황을 잘 견디는 인내력을 가지고 있는 경우가 많다. 뛰어난 정신이나 육체 중에서 어느 하나라도 온전히 가지고 있는 개도 흔치 않다. 즉, 어떤 개가 아름다우며 영리할 가능성은 매우 적다는 것이다. 따라서 개를 선택할 때에는 아름다움과 성격 두 가지 사이에서 적절한 타협점을 찾아야 한다.

　현재 수백 종의 개를 다른 종끼리 교배시켜 얻은 새로운 종을 과거에는 똥개나 잡종견이라고 불렸지만 얼마 전부터는 믹스견이라 불리다가 이제는 디자이너 도그라고 부른다(이지모, 2011). 이렇게 서로 다른 두 종을 교배시키면 문제가 유발되는데 대부분 고관절 이형성증, 위확장, 피부 트러블 등의 질병에 취약하다. 푸들은 다른 개에 비해 털 빠짐이 적고 알레르기를 덜 유발하기 때문에 다양한 종과 많은 교배가 이루어진다. 스탠다드 푸들은 에디슨병, 백내장, 진행성 망막위축, 피부 트러블 등을 유전으로 물려받는다. 스탠다드 푸들과 라브라도 리트리버를 교배해 만들어낸 라브라두는 두 종의 문제가 한꺼번에 나타날 수 있는데, 고관절 이형성증, 위확장, 백내장, 심각한 내분비계 면역 문제 등에 시달리며 평생을 고통 속에서 신음할 수 있다(허현회, 2013).

　갯과 동물은 다른 동물보다 교감신경에서 자극을 전달하는 호르몬인 아드레날린의 분비가 적은 편인데, 이들 사이에서 계속 번식이 이루어지면서 개는 아드레날린 분비율이 매우 낮아진다(이소영, 2012; Coppinger, & Coppinger, 2002). 결국 인간은 아드레날린 분비율이 높은 늑대가 아닌 온순한 개와 함께 사는 데 점점 익숙해지고 있다. 그런데 아드레날린 호르몬은 멜라닌과 연관이 깊다. 아드레날린 분비율이 낮아지면 멜라닌 분비율도 낮아지기 때문에 늑대에 비해 공격성이 줄어드는 현상 이 외에도 털 색깔이 달라지고, 이빨 크기가 작아지고, 성욕이 계절에 따라 변화하지 않고 지속적으로 나타난다. 또 거의 짖지 않는 늑대에 비해 울음소리도 달라지고, 귀도 아래로 축 처진다.

Chapter 5 브리딩(Breeding)

브리드(breed)는 일반적 외모, 특징, 크기, 구성 등 대부분의 특성들이 유사하고 후세에 전달되는 동물의 집단이며, 브리딩(breeding)은 그러한 브리드를 번식하는 것을 의미한다. 따라서 브리딩은 교배 방법의 선택과 선발 기술의 운용이 매우 중요하다(하지홍, 2008). 교배(交配)는 생물학에서 짝짓기(교미)를 위해 서로 다른 성이나 암수한몸 생물 사이에서 수정을 이루는 현상을 가리킨다. 교배는 번식을 하는 개들의 부모나 조상견들이 어느 정도 서로 비슷한가를 따져서 구분하는데 사실 유전학적으로 번식은 두 개의 조합이 아니라 유전자의 조합이다.

브리딩 방법에는 **인브리딩**(Inbreeding), **라인브리딩**(Linebreeding), **아웃브리딩**(Outbreeding) 등이 있다. 인브리딩은 **동계교배**(同系交配)라고도 부르며 동일 종 내에서 매우 밀접한 관련이 있는 개체들 간 교배하는 것으로 양친에 가까운 근친 간의 교배를 의미한다. 인브리딩은 동형성을 증가시켜 하나의 순수 혈통을 이룰 수 있도록 해준다. 즉, 혈통의 순수함을 유지시키고 원하는 우수 형질이 발현된 특정 객체의 수를 증가시키기 위해서 수행된다. 인브리딩에 의해 열성 유전자가 농축되어 나쁜 영향을 미칠 수 있음에도 불구하고 적절히 활용해야 하는 이유는 인브리딩을 통해서만이 원하는 우수 형질을 고정시킬 수 있기 때문이다. 모질이 좋다거나 골격이 뛰어나거나 혹은 크기가 이상적이라든가 하는 사람들이 요구하는 최고의 유전자를 인브리딩을 통해서 전달시킬 수 있기 때문이다. 인브리딩은 양면성을 갖는데 좋은 점은 빠른 시간에 좋은 장점을 가진 개체를 만들 수 있을 뿐만 아니라 그 유전인자가 아주 강한 자견을 배출할 수 있다는 것이다. 문제는 조상들이 가진 유전적인 결함 또한 강하게 유전된다는 것이다. 이러한 문제로 인브리딩이 계속되면 생식력 감소에 의한 생산성이 떨어지게 된다. 이를 **근교약세**(inbreeding depression) 또는 자식약세라고 한다.

라인브리딩 또는 계통번식은 인브리딩보다는 좀 떨어진 유전자들을 서서히 강화시켜나가는 방식으로 주로 조부(모)견과 손자(녀)견, 삼촌(고모)과 조카 그리고 배다른 형제자매간에 행해지는 번식 방법을 말한다. 이 번식방법은 인브리딩에 의해 발생할 수 있는 유전적인 결함 등을 방지하면서 혈통 고유의 특징을 지속적으로 유지하려는 목적으로 사용된다. 좋은 점은 결점을 희석시켜가면서 장점을 강화시킨다는 것이며 문제점은 시간과 많은 시행착오를 겪어야 한다는 것이다. 아웃브리딩은 이계교배(異系交配)라고도 하며 동계교배와 대응되는 것으로 견종은 같지만 계통이 다른 개를 서로 교배시키는 것을 말하는데, 4~6세대까지 가계도 내에 공통된 조상을 가지지 않는 동종 간의 교배를 **이종교배**(out-crossing)라고 하며 다른 종과의 교배를 **이종교잡**(cross-breeding)이라고 하고 완전히 다른 두 종간의 교배를 종간교잡(interspecific hybridisation)이라고 한다. 아웃브리딩은 잡종 강세를 가져와서 단기적으로 우수견을 양산할 수 있는 방법이기도 하다. 아웃브리딩은 부모견들이 서로 아무 연관이 없는 유전자를 가진 조합이다. 자견들이 잘 나올 수도 있으나 그 자견의 자견들은 고르지가 못하다. 장점은 고질적인 약점을 없애고 새로운 강점을 더할 수 있지만 단점은 다시 그들을 가지고 라인 브리딩을 해야 한다는 것이다.

브리딩의 목적을 달성하기 위해서는 특정 형질의 유전력과 선발 강도 그리고 적절한 선발 전략이 필요하다. 유전력은 정해져 있는 특정 형질을 개량하기 위해 집단 중 상위 그룹의 특정 범위의 개체를 선발하여 교배시킴으로써 다음 세대들의 전체 평균치를 증가시키는 것을 말한다. 선발 강도는 상위 그룹 내에서 어느 정도의 비율을 교배에 활용할 것인지를 결정하는 것이다. 대체로 품종 개량은 경제동물인 젖소나 닭을 대상으로 해서 경제 형질 즉, 산유량이나 산란율 증가를 유도할 목적으로 선발과 도태를 되풀이해서 우수한 개체를 얻는 행위를 말한다. 그러나 개 같은 문화 동물은 신경 써야 할 형질들이 너무 많아서 소수의 목표를 정해 품종 개량을 한다는 것은 쉽지 않다. 개는 성격도 좋아야 하고 모습도 좋아야 할 뿐만 아니라 체격 조건이 견종 표준에 부합해야하기 때문이다. 이외에도 번식 능력, 훈련 소질, 유전적 질병이 없어야 하기 때문에 신경 써야 하는 부분이 너무 많다고 할 수 있다.

브리딩은 적극적 브리딩과 소극적 브리딩으로 나누어 생각해 볼 수 있는데, 적극적 브리딩은 품종 개량을 위해 집단 내 유전적 변화를 선발과 도태 과정을 통해 계획적으로 만들

어 내는 경우를 말한다. 우수한 개체를 골라서 번식에 많이 활용하고 그렇지 못한 개체들
은 배제하거나 도태시켜서 우수 유전인자의 비율을 증가시키는 것을 의미한다. 이에 비해
소극적 브리딩은 소질이 나쁜 개체, 즉 유전 질환이 있는 개들을 번식에서 배제시킴으로써
점진적으로 품종의 개량을 도모하는 것을 의미한다.

교배의 종류

교배 유형	교배 방법	특징
인브리딩 (근친 교배)	2대 이내 근친 간의 교배 ■ 부모와 자견 간의 교배 ■ 동배 간의 교배 ■ 부견이 다른 동일한 모견의 자견 간의 교배 ■ 모견이 다른 동일한 부견의 자견 간의 교배	■ 부모 양쪽의 장점과 단점을 동시에 계승 ■ 문제점 : 근교약세 발생
라인브리딩 (계통 교배)	4대 이내 공통 선조를 가지는 개와의 교배 ■ 조부모와 손자 간의 교배 ■ 숙부모 견과 조카 간의 교배 ■ 사촌 간의 교배 ■ 손자와 증손자 간의 교배 ■ 증손 간의 교배 (4-4)	■ 같은 계통의 균질한 유전 인자를 부모로부터 계승 ■ 근친 교배의 문제점 해결
아웃브리딩 (이계 교배)	6대 이내 공통 조상 없는 개와의 교배	공통점이 적거나 전혀 다른 두 혈통의 장점을 계승

☑ 품종 개량의 문제점

어떤 집단이든 유전 질병이 전혀 없기를 기대하는 것은 현실적으로 불가능하다. 더욱이
브리더들이 품종 특징을 위해 의도적으로 선택하는 것은 질병의 유발을 증가시킬 수 있
다. 지난 100년간의 품종 개량이 품종들에게 어떠한 영향을 주었는지를 생각한다면 외형
을 바꾸는 브리더들은 품종을 개량하고 있다고 주장하지만, 많은 동물들을 비참한 상태
로 만들 수도 있다는 것을 명심해야 한다(윤지만, 2012; Elegans, 2012). 불테리어는 믿어지지 않
을 정도로 잘생긴 운동선수 같은 개였다. 언젠가부터 불테리어는 변이된 두개골과 두꺼워
진 복부를 갖게 됐고, 강박적인 꼬리 쫓기와 같은 만성질병들도 갖게 됐다. 바셋 하운드는

몸의 높이가 낮아지고, 뒷다리 구조의 변화, 과도한 피부와 척추 문제, 축 처진 눈에 발생한 내반증과 외반증, 그리고 과도하게 커진 귀로 인해 고통받고 있다. 복서의 짧아진 얼굴은 수많은 문제를 가지게 되었다. 현대의 복서는 더 짧은 얼굴을 가지고 있을 뿐만 아니라 주둥이도 살짝 위쪽으로 굽었다. 복서는 더운 날씨에 체온을 조절하는데 문제가 있고, 열을 발산하는 능력이 없어서 신체적인 능력에 제한을 받는다. 또한, 가장 암 발생률이 높은 품종 중 하나다. 잉글리쉬 불독은 인기 있는 개에게서 볼 수 있는 모든 문제를 상징적으로 보여준다. 거의 모든 질병으로 고통받는다. 2004년 켄넬 클럽의 조사에 의하면 6.25살(중앙값)에 죽는다고 한다(n=180). 불독의 괴물 같은 비율은 의학적인 개입 없이는 사실상 스스로 교미를 하거나 태어날 수 없게 만든다. 닥스훈트는 원래 기능적인 다리와 체격에 합당한 목을 가지고 있었다. 등과 목은 더 길어졌고, 가슴은 앞쪽으로 튀어나왔고, 다리는 비율상 더 짧아져서 가슴과 바닥이 거의 닿을 것처럼 됐다. 닥스훈트는 마비를 유발할 수 있는 추간판탈출증(디스크) 발생 위험이 큰 품종이 됐으며 병리학과 관련해서 연골발육부전증이 발생하는 경향이 있고, 진행성 망막 위축증(PRA)이 발생하거나 다리에 문제가 생길 가능성도 높다. 저먼셰퍼드는 사람들이 망한 품종에 대해서 얘기할 때 항상 언급되는 견종이다. 모든 국가의 개(Dogs of All Nations)라는 책에서는 저먼 셰퍼드가 중형견으로 묘사된다. 이것은 오늘날 각이 지고, 가슴이 두툼하며 기울어진 등을 갖고, 운동실조증이 있는 38kg의 개와는 거리가 멀다. 저먼셰퍼드가 2.5미터의 벽을 넘을 수 있었던 때가 있었지만, 이미 옛날이 되어버렸다. 퍼그는 또 다른 극단적인 단두종 품종으로 고혈압, 심장 문제, 저산소증, 호흡곤란, 과도한 발열, 치아 문제, 접힌 피부로 인한 피부염 등 모든 문제를 가지고 있다. 많은 사람들이 선호하는 두 번 꼬인 꼬리는 실제로는 유전적인 결함이다. 심각한 형태의 경우엔 마비를 유발할 수도 있다. 한때 당당한 사역견이었지만 현대의 세인트 버나드는 사이즈가 너무 커졌고, 얼굴이 납작해졌다. 그리고 불필요한 피부를 갖도록 개량됐다. 아마 사역견 중에선 이런 형태의 개를 볼 수 없을 것이다. 빠르게 열이 오르기 때문에 사역견으로 부적합하다. 내반증과 외반증, 스톡카드 마비(stockard's paralysis), 혈우병, 골육종, 무수정체증, 피브리노겐 결핍증 같은 질병들을 가질 수 있다.

☑ 다양성

스티븐 부디안스키는 개의 다양성에 대해서 다음과 같이 말하고 있다^(이사원, 2005). 개는 늑대에서 전혀 찾아볼 수 없는 신체적 특징을 나타내고 있는데 이러한 차이는 유전자 변이의 결과로 사실상 모든 유기체 내에 존재한다. 개는 성숙단계에서 신체의 비례가 전혀 다르게 변화한다. 즉, 강아지 몸의 각 부분이 서로 다른 방향과 비율로 커진다는 것을 의미한다. 이러한 성장을 생물학자들은 **상대**(allometric) **성장**이라 부르며 비례적으로 성장하는 것을 **절대**(isometric) 성장이라고 부른다. 성장 발달이 비례적으로 일어나지 않는 시기와 정도를 결정하는 유전자에 변이가 나타나 성년기의 신체 모양이 크게 달라진다. 개는 선조인 늑대와 외형상 차이가 없다. 전체 머리 길이에 대한 코 길이의 비율은 견종을 통틀어 모든 성견에게서 일정하다. 반면 늑대를 포함해 그 어떤 동물도 선조라고 볼 수 없는 다양한 신체적 특징이 개에게서 나타나기도 한다. 두개골의 길이와 넓이 비율은 견종마다 다르다. 성장이 비례적으로 이루어지지 않는 시기에 즉 새끼의 두개골 형태가 성견의 형태로 바뀌는 동안 두개골은 넓어지는 것보다 더 빠른 속도로 길어진다. 로버트 웨이는 견종 간 크기 차이는 실질적으로 생후 40일 이내에 나타나는 비례적 차이 때문임을 발견하였다^(Wayne, 1986;1993). 이 시기 이후에는 다리뼈의 성장 비율이 모든 견종에서 동일하게 나타났다. 성장의 시점과 비율을 통제하는 유전자는 조화를 이루기 위해 조정을 반복하여 다른 변화를 일으키게 된다. 반면 눈구멍의 크기는 개의 체구와 상관이 없이 대게 비슷하다. 따라서 개의 선조에게서는 전혀 나타나지 않았던 새로운 형질이 급속히 등장했다든지, 그러한 새로운 형질이 대단히 다양하게 발현했다든지 하는 경우는 발달을 통제하는 유전자에 상대적으로 작은 변화가 일어나 그 변화가 구조와 형태의 커다란 차이로 귀결된 것이다^(이상원, 2005).

☑ 행동의 다양성

개 행동의 다양성은 성장기 발달 단계의 파괴나 왜곡에 의해서 보르조이의 주둥이 같은 새로운 신체 특징이 만들어지듯이 행동면에서도 발달 단계의 파괴, 선택적 과장, 유년기 단계 고착 등 새로운 행동 특성이 조합된다. 냄새를 따라가면서 계속 짖어 대는 폭스하운드의 본능이 그러한 특성 변화의 예가 될 수 있다. 이는 전에 없던 방식으로 늑대의 행동이 변형, 결합되어 나타난 것이다(이상원. 2005). 러시아 과학자들이 은색 여우를 대상으로 진행한 실험 연구에서 길들여지는 데 익숙해지고 포식 본능을 제대로 발휘할 수 없게 하는 정도의 영향만으로도 새끼의 발달 과정에 충분한 변화가 나타나 결국 개의 행동 특성이 발현되는 결과가 나오기도 했다(이상원. 2005). 인간에 대해 타고난 공포 반응을 보이지 않는다는 단 한 가지 기준에 따라 선택된 여우 새끼들은 스무 세대를 거듭하자 줄무늬 털, 축 처진 귀, 개처럼 짖는 행동, 인간에 대한 복종 행동 등을 나타냈다고 한다. 이것은 발달을 관장하는 유전자에 변화가 생긴 것으로 짧은 기간 동안 이러한 변화가 나타난다는 것은 관련 유전자의 수가 상대적으로 적다는 것을 의미한다. 즉, 성장의 핵심 시기를 관할하는 유전자가 중심이 되어 다른 많은 유전자들의 작동에 영향을 미침으로써 작은 부분적 변화가 엄청난 결과를 유발시키는 것이다. 20개의 유전자를 변화시키는 대신 그것을 총괄하는 하나의 유전자만 변화시키면 된다는 것을 의미한다. 견종 간의 차이가 모두 의도적 선택의 결과라고는 할 수 없다(구세희. 2011). 자질과 행동을 결정하는 유전자는 서로 연관되어 있어 한 가지 개성을 선택해 교배를 하다 보면 그 이외의 다른 행동은 저절로 따라온다. 즉 움직임에 민감하게 반응하는 개는 신경질적이고 예민한 성격을 가지게 된다.

화석 자료에 따르면 1만 4,000년 전쯤부터 개는 외형적으로 늑대와 구분되기 시작되었으며, 이때에 인간은 정착 생활을 시작하고 수렵·채집 활동에서 농경 활동으로 중심점을 옮기게 된 시기다. 기원전 7천년 전 메소포타미아에 살던 사람들은 아라비안 사막 늑대가 뛰어난 사냥 기술을 갖고 있다는 사실을 깨달았다. 이 늑대들은 북쪽 지역의 늑대에 비해 몸이 가볍고 빨랐다. 인간은 아라비안 사막 늑대를 서서히 개로 진화시켰고, 혹독한 환경에서도 먹이를 쫓고 잡을 수 있게 길들였는데, 중요한 것은 인간의 명령에 의해서만 사냥을 하게 되었다는 것이다. 살루키, 페르시안 그레이하운드, 가젤하운드는 현재까지 혈통을 이어가는 그들의 자손이다. 견종은 대략 5,000년 전부터 나타나기 시작했다. 이집트의 고대 벽화를 보면 적어도 두 종류의 견종을 확인할 수 있다. 몸통이 큰 개와 꼬리가 말려 올라간 날렵한 외형의 개다. 당시 마스티프는 경비견 역할을 하였으며 날렵한 개는 사냥개 역할을 하였다. 고대 이집트에서는 파라오하운드가 사냥을 위해 개량되었고, 러시아에서는 보르조이가 곰을 사냥하기 위해 개량되었다. 폴리네시아와 중앙아메리카에서는 먹기 위해 개를 사육하기도 했다. 로마 시대의 정치가이자 박물학자인 플리니우스(Gaius Plinius Secundus, AD 23~79년)는 개를 집 지키는 개, 목양견, 조렵견, 군견, 후각형 사냥개, 시각형 사냥개의 여섯 가지로 분류하였으나 몇 백 년 전부터는 특정 '견종'이 아닌 기능을 중심으로 개가 분류되었다. 결국 거의 모든 견종은 그 역사의 길고 짧음을 막론하고 유전적으로 매우 다양하며 고대의 개 혹은 늑대로부터 배타적인 혈통을 이루고 이어진 것은 아니다. 사람들이 여러 가지 견종에 관심을 갖게 된 것은 르네상스시대부터인데 처음엔 각 견종이 특별히 잘 수행해내는 일이 무엇인가에 따라 개들을 분류했다(선우미정, 2013). 초기에는 비교적 단순하고 광범위한 범주로 견종들을 분류하였다. 사냥하는 데 쓰이는 개를 '괴물 개', 집을 지키는 개는 '코치 개', 테리어종을 포함한 작은 개들은 '기생충 개'라고 불렀다. 영국에서 실행된 초기 분류법을 보면 '외국 개'라는 독립된 범주가 있는데, 이는 당시 사람들이 이민자에 대한 편견을 갖고 있었음을 반영하는 것이다. 마침내 1873년 영국애견협회 창설과 더불어 보다 객관적인 견종 분류법이 소개되자 미국과 캐나다의 애견협회에서도 이 분류법을 자국의 견종을 분류하는데 사용하였다.

16세기 무렵 하운드, 버드독, 테리어, 셰퍼드 견종이 등장했으며 19세기에 이르러서 애견 클럽이 활성화되고 애견 클럽 간 경쟁이 치열하면서 견종을 관리하고 새로운 견종에 이름을 붙이는 데 큰 관심을 갖기 시작했다. 19세기 영국 귀족은 사냥할 때 각각의 역할에 맞게 개량된 개를 데리고 다녔다. 스프링어 스패니얼은 사냥 초반 뛰어난 도약력으로 새를 날아오르게 하는 역할을 담당했으며, 포인터와 세터는 새의 위치를 파악하는 역할, 리트리버는 죽거나 상처 입은 새를 주인에게 물어다 주는 역할을 했다. 애완견은 히말라야 고지대의 불교 사원에서 시작된 것으로 추측되며 기록에 따르면 이곳의 승려는 티베탄 스패니얼을 사육했는데 이 개들의 몸집이 점점 작아져 추운 겨울에 승려들의 무릎에 뛰어올라 몸을 따스하게 해 주는 역할을 하게 되었다. 영국의 찰스 2세 시대에는 세터가 점점 더 작은 사이즈로 품종 개량되어 토이 스패니얼이 만들어졌다.

오늘날의 다양한 견종은 대부분 최근 400년간 개량되어 관리되고 있다. 현재 미국애견협회(The American Kennel Club)에서는 약 150개 견종을 주요 임무에 따라 조렵견(sporting), 수렵견(hound), 사역견(working), 테리어(terrier), 목양견(herding), 애완견(toys)으로 분류하여 관리한다. 사냥을 할 때 담당하는 구체적인 임무, 사냥 대상, 활동 범위를 기준으로 분류하기도 한다. 또한 개를 신체적 특징에 따라 분류할 수도 있다. 예를 들면, 몸 크기, 머리 형태, 꼬리 모양, 털색 등으로 분류할 수 있다. 어떤 견종이 좋을지 선택하는 것은 마치 선택사항이 포함된 의인화 제품을 구입하는 것과 같은 것으로 '기품 있고 도도하며 찌푸린 표정에 냉정하고 콧대 높은' 사람(샤페이), '활발하고 상냥한' 사람 (잉글리쉬 코커 스패니얼), '과묵하고 낯을 가리는' 사람(차우차우), '까불대는' 사람(아이리쉬 세터), '거만함이 하늘을 찌르는' 사람(페키니즈), '덤벙대고 산만한' 사람(아이리쉬 테리어), '침착하고 한결같은' 사람 (부비에 데 플랑드르), ' 알고 보면 개인' 사람(브리아르)을 한 가정에 받아들이는 것이라고 보면 된다(구세희, 2011; Garber, 1996).

유전적 유사성에 따라 견종을 분류할 수도 있다(Ostrander et al. 2005). 케언 테리어는 하운드에 가깝고 셰퍼드와 마스티프의 유전자는 매우 비슷하다. 몸통이 길쭉한 셰퍼드보다 털이 길고 꼬리가 낫 모양인 허스키가 늑대와 더 가깝다. 외형적으로는 늑대와 닮은 점이 전혀 없어 보이는 바센지도 유전자만 보면 늑대와 비슷하다. 개의 외형이 교배 과정에서 발생한 우발적 부수 효과임을 보여주는 또 다른 증거이다. 견종에 관한 문헌은 꽤 많지만 견종별 행동 차이를 과학적으로 비교한 자료는 매우 드물다. 인간은 다양한 사건과 환경에 대한 반응 양상을 보고 견종의 이름을 붙이기도 하였다. '사냥감을 찾아서 물어온다'는 뜻의 리트리버, '양을 친다'는 뜻의 셰퍼드가 그에 대한 예라 하겠다. 그러나 어떤 개가 반드시 특정한 반응을 보이리라 장담할 수는 없다. '공격적'이라 간주되는 특징은 시대·문화별로 상대적이다(구세희, 2011; Duffy, Hsu, & Serpell, 2008). 제2차 세계대전 이후에는 셰퍼드를 가장 공격적인 견종으로 여겼으나 1990년대에는 로트와일러와 도베르만의 공격성이 가장 높다고 여겨졌다. 현재 핏불이라는 이름으로 널리 알려진 스태퍼드셔 테리어가 가장 악명을 떨치고 있다. 견종의 공격성 순위는 내재된 기질보다는 시대별로 벌어진 사건이나 대중의 인식과 더 깊은 관련이 있다. 견종의 기질에 대한 최근 연구에 따르면 주인이나 낯선 사람 모두에게 가장 공격적인 견종은 닥스훈트라고 한다. 여러 유전자가 집단적으로 관여하여 기능하면 특정 견종이 특정 방식으로 행동할 가능성은 당연히 높아지게 된다. 물론 환경도 중요한 역할을 한다. 어떤 견종은 다른 견종에 비해 특정 사건에 특정 반응을 보일 가능성이 높을 수 있다(구세희, 2011). 양치기 개는 집단 움직임에 주의를 기울이다가 어떤 개체가 무리에서 벗어나 잘못된 방향으로 움직이면 올바른 경로로 이동하게끔 몰아간다. 양 떼를 통제하는 행동은 수많은 단편적 경향성이 한데 모여 유발된 것으로 양치기 개가 되려면 생애 초기에 양 떼에 노출되어야만 한다(Coppinger, & Coppinger, 2001). 이렇듯 견종을 알면 직접 만나보지 않더라도 그 성향을 이해할 수 있다. 하지만 견종을 알고 있다고 해서 그 개가 어떤 식으로 행동할지 미리 장담하는 것은 왜곡된 판단을 내릴 확률이 높다. 견종이란 해당 개의 경향성만을 말해줄 뿐이기 때문이다. 잡종견의 경우는 순종견에게서 나타나는 뚜렷한 기질이 많이 누그러져 나타난다.

Chapter 7 반려견 관련 단체

☑ **한국애견연맹**(Korea Kennel Federation, KKF) : www.thekcc.or.kr

사단법인 한국애견연맹(Korea Kennel Federation, KKF)은 국내 최초로 설립된 비영리 애견 단체로 1956년 한국축견협회로 출발하였다. 2001년 사단법인 한국애견연맹(영문명:Korean Canine Club,KCC)으로 개칭하였으며, 2006년 영문 명칭을 국문 명칭에 합치되도록 'Korea Kennel Federation'으로 변경하였다. 사단법인 한국애견연맹은 1989년 세계애견연맹 (Federation Cynologique Internationale, FCI), 1989년 세계세퍼트연맹(WUSV)에 가입하여, 현재까지 FCI, AKU, WUSV의 정회원으로 활동하고 있다. 2007년에는 미국 최대 애견단체인 아메리칸 켄넬클럽(American Kennel Club, AKC)과 영국의 켄넬 클럽(The Kennel Club, KC)과 상호 협약을 체결하여 글로벌 애견단체로의 역할을 수행하고 있다.

☑ **한국애견협회**(Korea Kennel Club) : www.kkc.or.kr

한국애견협회(Korean Kennel Club, KKC)는 애견의 능력을 최고도로 활용하여 사회복리에 공헌, 각 견종의 능력개발 및 양성과 애견을 통한 애견문화 정착 목적으로 2001년 설립된 사단법인이다.

☑ **미국 애견 협회**(American Kennel Club, AKC) : www.akc.org

미국 애견 협회(American Kennel Club, AKC)는 1884년 미국에서 설립된 애견 협회이다. 공식적인 애견 협회로는 세계에서 2번째(첫 번째는 영국의 케널 클럽)로 오래되었다.

☑ **영국 캔넬 클럽**(The Kennel Club: KC) : www.thekennelclub.org.uk

영국 켄넬 클럽은 1873년에 설립된 영국의 공식적인 애견 단체이며 세계에서 가장 오래된 켄넬 클럽이다. 켄넬 클럽은 전람회, 어질리티 등 다양한 개 활동을 관리하는 역할을 하고 있다. 또한 영국의 순종 개를 등록관리한다. 본부는 영국 런던에 위치하고 있다. 영국 켄넬 클럽은 1928년부터 크러프츠(Crufts) 애견 전람회를 개최하고 있다. 클러프츠 애견 전람회는 매년 3월 영국의 버밍엄에서 개최된다.

☑ **세계애견연맹** : www.fci.be

세계애견연맹(Federation Cynologique Internationale: FCI)은 1911년 독일, 오스트리아, 벨기에, 프랑스, 네덜란드에 의해서 설립된 세계 최초의 애견관련 국제기구로 100년의 전통과 역사를 가지고 있다. FCI는 벨기에에 본부를 두고 유럽, 아시아&퍼시픽, 아메리카&캐러비언, 아프리카, 중동 등 각 대륙별로 총 91개국의 전 견종(All Breeds)애견 단체를 회원(1국가 1개 단체만 승인)으로 두고 있다.

Chapter 8 견종 표준과 분류

견종 표준(Standard of Perfection)은 어느 견종의 완벽한 상태일 때 가져야 하는 형태를 의미한다. 그러나 이 지구상에 완벽한 개란 존재하지 않기 때문에 어느 견종에 대한 모든 사람이 이해할 수 있는 완벽한 명확성을 제공하는 것은 불가능하다. 또한 견종 표준서는 초보자를 위해 쓰인 것이 아니기 때문에 표준에 대한 다양한 해석이 존재할 수 있으므로 이해해 주의를 기울여야 한다.

☑ 견종 표준서의 구성

견종 표준서는 독자들이 개에 대한 용어, 해부, 행동, 보행, 각 부분의 기능, 형태 등에 대해서 잘 알고 있다는 가정하에 쓰였기 때문에 견종 표준서를 이해하기 위해서는 충분한 사전 지식과 경험이 선행되어야 한다. 견종 표준서는 다음과 같은 항목으로 구성되었다. 즉, 각 견종의 전체에서 부분으로 앞에서 뒤로 이해할 수 있도록 서술되어 있다.

- 일반적 외형 : 특정 견종의 성품과 느낌
- 크기, 비율, 실질 : 전체적인 구성적 조화
- 머리 : 머리에 대한 전체적 느낌, 눈, 귀, 스톱, 주둥이, 코, 입술, 교합순으로 기술
- 목, 등선, 몸체 : 목, 등서, 몸체, 허리, 꼬리순으로 기술
- 앞부분 : 앞발의 각도 및 전체적 균형
- 뒷부분 : 뒷발의 각도 및 전체적 균형
- 털 : 털의 형태 및 길이
- 색상 : 허용 가능한 색상 종류 및 형태
- 보행 : 걸음걸이의 균형 및 조화
- 기질 : 일반적 태도와 느낌

☑ 견종 분류

견종의 분류는 앞에서 이미 서술한 것처럼 다양한 방법으로 분류될 수 있으나 본 저서에서는 현재 가장 권위 있는 미국애견협회의 기능에 따른 견종 분류체계 및 견종을 소개하고자 한다.

AKC (American Kennel Club) : 7개 그룹

http://www.akc.org

1. 스포팅그룹(Sporting Group)
2. 하운드 그룹(Hound Group)

3. 테리어 그룹(Terrier Group)

4. 워킹 그룹(Working Group)

5. 토이 그룹(Toy Group)

6. 허딩 그룹(Herding Group)

7. 논스포팅 그룹(Non-Sporing Group)

1 스포팅 그룹(Sporting Group)

스포팅 그룹은 새 사냥에 활용되는 개들이 모여 있는 그룹이다. 주로 새를 사냥하기 때문에 조렵견이라고 부르기도 한다. 16세기 총이 발명되면서 새 사냥을 하게 되었으며 그러한 새 사냥을 도와줄 수 있는 사냥개가 필요하게 되었다. 사냥이 점점 활성화되면서 사냥 과정을 세분화하여 필요한 품종을 개량하였다. 사냥감을 찾기 위한 견종으로는 포인터와 세터가 있는데 이 견종은 사냥감을 발견하면 꼼짝하지 않고 한곳을 주시하여 위치를 알려주는 독특한 행동을 보인다. 숨어 있는 사냥감을 찾아서 날아오르게 하는 역할은 스패니얼이 맡았으며, 사냥총에 맞아떨어진 새는 리트리버가 회수한다. 하루 종일 숲이나 물속을 다녀야 하기 때문에 강인한 체력과 민첩성을 가지고 있다. 이 그룹의 개들은 사람에게 매우 순종적이며 활달할 뿐 아니라 학습 능력도 뛰어나서 시각장애인 안내견 등 다양한 분야에서 활동하고 있다. 기질 면에서 보면 사냥개 그룹이라 할지라도 비글과 바셋 하운드는 다정하고 사교적인가 하면, 로디지안 리지백과 바센지는 예민하면서도 성정이 강인하다.

스포팅 그룹에 등록된 견종은 다음과 같다.
- 아메리칸 워터 스패니얼 (American Water Spaniel)
- 아이리시 워터 스패니얼 (Irish Water Spaniel)
- 아메리칸 코커 스패니얼 (American Cocker Spaniel)
- 잉글리시 코커 스패니얼 (English Cocker Spaniel)
- 클럼버 스패니얼 (Clumber Spaniel)
- 필드 스패니얼 (Field Spaniel)

- 잉글리시 스프링거 스패니얼 (English Springer Spaniel)

- 웰시 스프링거 스패니얼 (Welsh Springer Spaniel)

- 서식스 스패니얼 (Sussex spaniel)

- 잉글리시 세터 (English Setter)

- 고든 세터 (Gordon Setter)

- 아이리시 세터 (Irish Setter)

- 포인터 (Pointer)

- 저먼 쇼트헤어드 포인터 (German Shorthaired Pointer)

- 비즐라 (Vizsla)

- 와이머라너 (Weimaraner)

- 골든 리트리버 (Golden Retriever)

- 라브라도 리트리버 (Labrador Retriever)

- 플랫 코티드 리트리버 (Plat Coated Retriever)

- 컬리 코티드 리트리버 (Curly Coated Retriever)

- 체서피크 베이 리트리버 (Chesapeake Bay Retriever)

- 와이어헤어드 포인팅 그리펀 (Wirehaired Pointing Griffon)

- 브리타니 (Britany)

☑ 아메리칸 코커 스패니얼(American Cocker Spaniel)

- 원산국 : 미국, 공인(AKC) : 1878년, 순위 : 30위

스패니얼(Spaniel)은 '스페인'이란 말에서 온 것이다. 소형종으로 귀는 길게 처지고 털은 비단결처럼 부드럽고 다리는 비교적 짧다. 아메리칸 코커스패니얼은 스패니얼의 다양한 종류 중 하나이며 스포팅 그룹에서 가장 작은 견종이다. 영국에는 습하고 울창한 살림 지대에 서식하는 부리가 긴 멧도요(woodcock)가 있다. 이 멧도요를 전문으로 사냥하는 사냥개가 잉글리시 코커스패니얼이다. 코커(cocker)는 멧도요를 잡는 사냥개라는 의미이다. 이 잉글리시 코커스패니얼이 1620년 메이플라워호와 함께 처음으로 미국에 들어오면서 다른 여러 스패니

얼의 혈통을 만든 것이 아메리칸 코커스패니얼이다. 아메리칸 코커스패니얼은 사냥꾼이 쏜 총을 맞고 떨어진 새를 주워오는 조렵견으로 미국이 세계적인 품종을 보유한 애견 수출 국가가 될 수 있도록 해준 견종이기에 미국의 자존심을 세워준 개라고 할 수 있다. 아메리칸 코커스패니얼은 전람회에서 털을 아름답게 늘어뜨리고 우아하게 걷는 모습을 자랑하는 개로서 인기가 매우 높고, 일반 가정에서도 반려견으로 많이 키운다. 원래 새 사냥개로 활약하던 혈통 덕분인지 명랑하고 유쾌하며 화려한 외모와 달리 성격은 활발하다. 어릴 때부터 다른 개와 접촉할 기회를 많이 만들어서 사회성을 길러주면 성견이 되어도 다른 반려동물이나 아이들과도 잘 어울려 지낸다. 아메리칸 코커스패니얼 중에서 37대 미국 대통령인 리처드 닉슨이 부통령 시절부터 키웠던 체커스(Checkers)라는 개가 가장 유명하다(김소희, 2010). 체커스는 1952년 아이젠 하워의 러닝메이트로 출마했던 닉슨이 불법 정치자금 스캔들로 곤경에 처했을 때 라디오를 통한 체커스 연설(Checkers Speech)로 위기를 극복하고 후에 대통령으로 백악관에 입성하게 되었다. 닉슨 전 대통령은 당시 이제까지 받았던 유일한 선물은 딸이 체커스라고 이름을 지은 코커스패니얼 1마리 밖에 받은 적이 없다고 밝혔다. 또한 그는 '그들이 개에 관해 뭐라고 이야기하더라도 상관없이 우리는 개를 키울 것"이라고 덧붙였다.

☑ 카발리아 킹찰스 스패니얼(Cavalier King Charles Spaniel)

● 원산국 : 영국, 공인(AKC) : 1995년, 순위 : 19위

카발리아는 체구가 작은 애완 견종으로, 몸 전체가 깃털처럼 가벼운 털로 덮여 있으며 스패니얼종 특유의 늘어진 긴 귀와 꼬리를 자랑한다. 이 견종의 역사는 아주 길며 특히 킹찰스 스패니얼은 영국 왕실과 깊은 관계가 있다. 찰스 2세가 가장 좋아했던 견종이 바로 킹찰스 스패니얼이었는데, 찰스 2세는 실제로 이 견종의 대중화에 기여한 인물이다. 그래서 훗날 그의 이름을 붙여 이들을 킹찰스 스패니얼이라 부르게 된 것이다.

☑ 골든 리트리버(Golden Retriever)

● 원산국 : 영국(스코틀랜드), 공인(AKC) : 1925년, 순위 : 3위

골든 리트리버는 영국 스코틀랜드가 기원으로 18세기 중반에는 부유층에게 야생조류 사냥이 매우 인기 있는 스포츠였다. 스코틀랜드는 연못과 강으로 덮여있기 때문에 땅뿐만 아니라 물에서도 사냥한 새를 회수할 수 있는 개가 필요하였다. 우수한 워터 스패니얼을 번식하여 새로운 품종을 만들게 된 것이다. 윤기가 흐르는 크림빛 또는 금빛의 풍성한 털이 가장 큰 특징이다. 리트리버는 "물건을 회수해 오는 자"란 의미이다. 골든 리트리버는 지능이 우수하고 다재다능해서 시각장애인 안내견 등 다양한 역할 수행에 적합하며, 미국과 영국, 캐나다, 오스트레일리아나 뉴질랜드에서는 가장 인기 있는 견종 중 하나이다.

☑ 라브라도 리트리버(Labrador Retriever)

● 원산국 : 캐나다, 공인(AKC) : 1917년, 순위 : 1위

시각장애인 안내견, 마약 수색견으로 유명한 라브라도 리트리버는 인내심이 강하고 사랑스러운 면이 많은 견종이다. 골든 리트리버의 조상으로 원래는 오리사냥에 자주 사용되었다. 골든 리트리버에 비해 털이 짧은 게 특징이다. 성격도 골든 리트리버와 닮았으며 대형견이니만큼 인내심도 강하고, 오리 사냥용이었던 견종이어서 수영도 잘한다. 덕분에 경비견은 물론 경호나 조난자 구조에도 능력을 발휘한다. 그 밖에 마약탐지견으로도 자주 쓰인다. 인간에게 도움을 주는 능력으로 보면 골든보다 더 많은 분야에서 활약이 가능하지만, 사람을 좋아하는 성질은 골든 리트리버에 비해 떨어지는 편이며, 안내견이나 아동 심리치료 등의 분야에서는 골든 리트리버가 더 자주 쓰인다. 라브라도 리트리버로 유명한 개는 엔달을 꼽을 수 있다. 1991년 걸프전 참전 장교인 앨런 파튼은 머리에 큰 부상을 입어 뇌가 손상되어 기억과 말하는데 문제가 있었다. 가장 큰 문제는 감정을 느끼는데 장애가 있었던 것이다. 가족도 알아보지 못하고 수차례 자살시도까지 했다. 당시 한 살인 엔달은 건강과 태도에 문제가 있어서 안내견 시험에 실패한 상태였다. 그러던 어느 날 휠체어를 타고 있는 파튼과 마주치게 되었는데 파튼씨가 휠체어 옆에 물건을 떨어드렸다. 이를 본 엔달은 파튼씨의 물건을 주어 무릎 위에 올려놓고 파튼 씨의 반응을 기다리고 있었으나 파튼은 아무런 반응을 하지 않았다. 그러자 엔달은 슈퍼에서 통조림 하나를 물어와 파튼씨 무릎에 올려놓았으나 그래도 반응이 없자 엔달은 계속해서 통조림을 물어서 파튼

씨 무릎에 올려놓은 것이다. 마침내 파튼씨는 미소를 짓게 되었으며, 그러한 인연으로 함께 살게 되었다. 2001년 어느 날 엔달과 파튼이 교통사고를 당하게 되었는데, 엔달이 파튼씨를 옆으로 누인 다음, 휠체어 밑에서 담요를 꺼내 덮어주었고, 떨어진 휴대폰을 파튼씨 얼굴 근처로 가져다주고 근처 호텔로 가서 도움을 요청하였다. 이 일로 엔달은 훈장을 수여받게 되었다.

엔달과 앨런 파튼

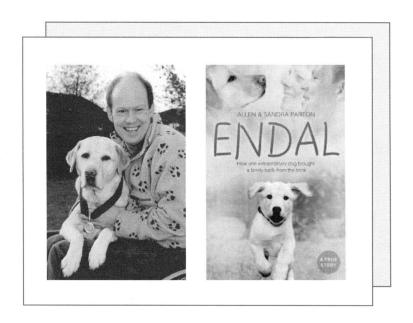

✔ 포인터(Pointer)

- 원산국 : 영국, 공인(AKC) : 1884년, 순위 : 113위

포인터는 총을 든 사냥꾼과 팀을 이뤄서 사냥하는 개인 건독(Gun Dog)이다. 새 사냥에 특화되어 있으며, 포인팅 견종 중의 하나이다. 사냥감의 위치를 알려주는 독특한 자세로 유명한 포인터는 새 사냥을 위해서 사냥감의 위치를 알려주는 역할을 시키기 위하여 개발된 견종이다. 포인터는 생김새나 만들어진 지역에 따라 그 종류가 다양하나 잉글리시 포인터(English Pointer)가 가장 대표적인 품종이다. 포인터라는 이름은 새 냄새를 맡았을 때 한

발을 들고, 꼬리를 뒤로 곧게 뻗은 채 머리를 새가 있는 방향을 향하고 가만히 서 있는 데서 유래했다. 또한 총을 맞은 사냥감을 물어 오는 것도 이 개의 임무중의 하나이다. 공격성이 낮거나 거의 없어 순한 성격이라 아이들과도 잘 어울리고, 다른 개와 함께 키우는 것도 쉽다. 포인터로 대표적인 개는 제2차 세계대전에서 영국 해군의 군견으로 활약한 주디(Judy, 1937~1950)를 들 수 있다. 주디는 제2차 세계대전 당시 승선하고 있던 군함이 전투 중에 침몰하면서 일본군 전쟁 포로가 되었을 때 포로 캠프에서 동료들과 함께 있으면서 사기를 높이는데 기여하였다. 이러한 공을 인정받아 1946년 마리아 딕킨(Maria Dickin)이 설립한 PDSA(People's dispensary for Sick Animals)로부터 전쟁에서 공헌한 동물에게 수여하는 훈장인 딕킨 메달을 수여받았다. 또한 포인터는 미국 웨스터민스터 켄넬클럽(Westminster Kennel Club)의 로고이기도 하다.

2 하운드 그룹(Hound Group)

하운드 그룹은 아주 다양한 견종으로 이루어져 있다. 개들의 세상에서 가장 빠른 개로 통하는 그레이 하운드나 아프간 하운드, 그리고 살루키가 여기에 속하며, 느린 닥스훈트나 바셋 하운드와 같은 개도 이 그룹에 포함된다. 특정한 종류의 목표물을 쫓았던 견종들도 포함되는데, 늑대를 사냥하는 데 사용된 아이리시 울프 하운드, 사슴 사냥에 쓰인 스코티시 디어하운드, 또 수달 사냥에 뛰어났던 오터 하운드, 북미산 사슴을 쫓는 노르웨지언 엘크 하운드, 여우 사냥개인 폭스 하운드, 그리고 너구리 사냥개인 쿤하운드 등이 있다. 고유 견종인 하운드란 이름 앞에 그들이 사냥했던 사냥감의 이름을 붙이고 있다.

하운드 그룹에 등록된 견종은 다음과 같다.
- Afghan Hound
- American English Coonhound
- American Foxhound
- Basenji
- Basset Hound

- Beagle
- Black and Tan Coonhound
- Bloodhound
- Blutick Coonhound
- Borzoi
- Dachshund
- English Foxhound
- Greyhound
- Harrier
- Ibizan Hound
- Irish Wolfhound
- Nrwegian Elkhound
- Otterhound
- Petit Basset Griffon Vendeen
- Pharaoh Hound
- Plott Portuguese Podengo Pequeno
- Redbone Coonhound
- Rhodesian Ridgeback
- Saluki
- Scottish Deerhound
- Treeing Walker Coonhound
- Whippet

☑ 아프간 하운드(Afghan Hound)

● 원산국 : 아프가니스탄, 공인(AKC) : 1926년, 순위 : 95위

노아의 방주에 타고 있었다는 이야기가 있을 만큼 오랜 역사를 갖고 있는 품종으로 중

동 지방에서 아프가니스탄으로 교역에 의해서 들어갔다고 하며 지역이 고립된 지역적 환경 때문에 1차 대전 이후에야 세계에 알려졌다. 초기에는 영양류와 늑대, 표범 등의 사냥에 이용되었으며 지금은 관상용 또는 가정견으로 널리 분포되어 있다. 귀족적이고 부드러운 장모종의 품격 있고 우아한 외모는 많은 애견인들의 사랑을 받고 있으며, 사냥 시 시각견으로 이용되었기 때문에 움직이는 것에 대한 반응이 민감한 경향이 있다. 윤기가 흐르는 비단 같은 털, 나긋나긋한 걸음걸이가 매력적인 아프간 하운드는 품격있고 우아한 외모로 많은 애견인들의 사랑을 받고 있다. 바람에 곱게 기른 털이 휘날리는 모습, 당당하고 고풍스러운 독특한 외모 덕에 영화, 광고, 잡지 등에 자주 등장하는 견종이다. 우리나라에서는 2005년 스누피라는 복제개를 만들면서 더욱 유명해졌다. 애견계의 미운 오리 새끼라고 불린다. 성견의 우아하며 귀족적인 외모와는 달리 새끼 때의 모습은 털도 짧고 평범하기 때문이다. 그러나 이러한 외모와 함께 체력과 스피드 등의 신체조건도 우월하기에 개 중의 왕 이라는 타이틀이 있기도 하다. 현대 미술의 거장 파블로 피카소는 수많은 품종의 개를 키웠던 애견가로 유명한데, 그중에서도 특히 아프간 하운드를 좋아하여 미국 시카고 달레이 광장의 15미터 높이의 피카소 조형물 '시카고 피카소'는 그의 애견인 아프간 하운드 카불을 모델로 한 것으로 알려져 있다.

☑ 바셋 하운드(Basset Hound)

● 원산국 : 프랑스, 공인(AKC) : 1935년, 순위 : 41위

바셋 또는 허쉬 퍼피라고도 한다. 프랑스의 철학자 같은 풍모를 지닌 바셋 하운드는 짧고 묵직한 다리와 속이 꽉 찬 듯한 기다란 허리가 특징이다. 순발력은 없으나 지구력은 뛰어나다. 프랑스어로 '낮다', '난쟁이'라는 의미의 '바스(bas)'에서 유래되어 바셋이라는 이름이 붙여졌다. 주로 프랑스, 벨기에의 귀족이나 왕족의 보호를 받으며 오랫동안 번성해 왔다. 16세기 후반 프랑스 시민혁명 이후 농민계층에게도 사냥이 허락되면서 농민이 토끼, 오소리 등을 사냥하기 위해 블러드 하운드(Blood Hound)를 개량해 일부러 다리가 짧고 체구가 작은 품종으로 개량하였다. 사냥감 추적의 명수로 불리는 블러드 하운드의 피가 흐르고 있기 때문에, 견종 가운데 후각 능력은 최고이다. 짧은 다리와 커다란 귀에 친숙한 이미지

를 가지고 있어 많은 광고에서 모델로 사랑받고 있으며 1920년대 미국으로 넘어와 특이하고 귀여운 외모로 광고(허쉬퍼피)와 만화에 등장하기 시작하면서 1960년대 인기 절정의 시기를 맞이하였다. 또한 엘비스 프레슬리와 마릴린 먼로의 반려견으로 유명하다. 허리가 길고 다리가 짧은 체형이므로 추간판 질환에 걸리기 쉬우므로 그 원인이 되는 비만을 조심해야 한다. 길게 늘어진 귀는 바닥에 끌리기 때문에 귀에 상처가 나기 쉽고, 귓속에 공기가 통하지 않아 문제가 생기므로 주의 깊게 봐야 한다.

☑ 비글(Beagle)

● 원산지 : 영국, 공인(AKC) : 1885년, 순위 : 5위

비글은 작고 야무진 체구에 단단한 근육질의 몸을 갖고 있는 사냥개로 폭스하운드와 매우 유사하나 다리가 좀 더 짧으면서 길고 부드러운 귀를 가지고 있는 폭스하운드의 축소판이다. 비글은 후각하운드로 토끼, 사슴 등 비교적 작은 동물들을 사냥하기 위해서 개발된 품종이다. 비글과 유사한 견종은 2,500년 동안 존재해왔으며 현대의 개는 1830년대 톨벗하운드, 북쪽 지역 비글, 남쪽 지역 하운드, 해리어를 혼합하여 영국에서 개발하였다. 1950년대 한 학자가 1에이커 넓이의 들판에 쥐 한 마리를 풀어 놓고 가장 먼저 찾는 사냥개를 선발하는 대회를 개최하였는데 그때 1분만에 찾아냄으로써 탐지능력에서 1등을 할 정도로 훌륭한 탐지능력을 가지고 있다. 미국의 존슨 대통령은 어느 날 사진사들 앞에서 자신의 비글인 "힘(Him)"에게 춤추는 묘기를 부리게 했다. 존슨은 키가 매우 컸으므로 비글처럼 작은 개와 춤을 추려면 몸을 잔뜩 구부려야 했다. 그래서 '힘'이 주위를 돌며 춤을 추자 존슨은 얼른 허리를 굽혀 앞발을 잡는 대신 길고 늘어진 두 귀를 잡고 장단을 맞추기 시작했다. 사진사들이 카메라에 담아낸 귀가 아파 낑낑대는 비글의 모습이 주요 일간지에 실리자 미국켄넬클럽과 국립비글클럽, 미국 동물학대방지협회(SPCA), 그리고 각 주의 수의사협회와 국립수의사협회로부터 존슨을 비난하는 항의가 쇄도하기도 했다. 비글은 말썽꾸러기 3대 악마견중 1위로 실내에서 사육할 때 매우 어려움을 호소하기도 한다. 비글은 동물실험 대상으로 주로 선택되는 견종으로 개를 이용하는 동물실험의 대부분은 비글을 이용한다. 실험체로서 비글의 최대 장점은 종균일성이 뛰어나다는 점이다. 개체 간 형

질차가 적기 때문에 실험 재현성이 좋아서 선택되는 것이며 사람과 친화성이 좋다는 것은 부차적인 것이다. 후각이 뛰어나게 발달해 최근 마약 탐지견 및 밀수품 탐지견으로도 쓰이고 있다. 깔끔하고 영리해 보이는 귀여운 외모와 함께 만화 〈스누피〉의 모델로도 유명하다.

☑ 보르조이(Borzoi)

- 원산국 : 러시아, 공인(AKC) : 1891년, 순위 : 99위

보르조이는 제정 러시아에서 귀족들의 대규모 사냥에 이용되었으며 주로 늑대 사냥을 위한 사냥개로 이용되어서 '러시안 울프하운드(Russian Wolfhound)'라고도 불렀다. 1889년 영국에서 미국으로 수출되어 농장의 골칫거리였던 코요테를 없애는 데 크게 기여했다. 여러 이름으로 불리다가 1936년 러시아어로 '민첩함'을 의미하는 보르조이라는 이름으로 정식 변경되었다. 매우 온순하고 가족에게 충실하며 지능이 높고 학습능력이 뛰어나서 훈련하기도 어렵지 않다. 훈련하기에 따라서는 아파트나 다세대주택에서도 충분히 키울 수 있다. 몸집이 약간 크다는 점을 제외하면 거의 짖지 않고 집 지키는 임무를 잘 수행하는 훌륭한 반려견이다. 레프 톨스토이(전쟁과 평화)가 자신의 개를 사랑하여 그의 작품에 자주 등장시키기도 했다.

☑ 닥스훈트(Dachshund)

- 원산국 : 독일, 공인(AKC) : 1885년, 순위 : 11위
- 소세지 개

닥스훈트를 소세지 독이라고도 부르는데, 웰시 코기와 더불어 원통을 연상시키는 비정상적으로 긴 허리와 짧은 다리로 유명하다. 이 견종은 사지가 짧고, 허리가 긴 이유는 종 전체가 연골발육부전증(Achondrodysplasia)이라는 유전병을 가지고 있기 때문이다. 이 유전병은 팔, 다리의 정상적 성장은 방해하나, 허리의 성장에는 영향을 주지 않기 때문에 닥스훈트 특유의 외관 형성의 중요 요인으로 알려져 있다. 닥스훈트는 독일어로 '오소리 개'라는 뜻이다. 닥스훈트가 원래 땅속에 숨어 있는 오소리를 찾아내는 일을 했던 것에서 이름

이 유래되었다. 일반적으로 크기에 따라 스탠더드, 미니어처, 카닌헨 등 3종류로 분류하고, 유럽에서는 가슴둘레 길이로 분류한다. 미니어처 닥스훈트는 토끼나 담비 등 작은 동물을 사냥하기 위해 스탠더드 닥스훈트를 작게 만든 것이다. 장모종과 단모종이 있는데 인지도는 단모종이 압도적으로 높은 편이다. 성격이 밝고 명랑하며 지칠 줄 모르는 근성이 있어 쉬지 않고 놀아주길 바란다. 닥스훈트의 경우 다리가 짧아 살이찔 경우 배가 땅에 닿을 수도 있기 때문에 적절한 운동과 식단 조절로 비대해지지 않도록 조절해주는 것이 좋다. 생김새 때문에 북미권에선 소세지 개(wiener dog)라고 부르기 때문에 주인들이 핫도그 의상을 입혀놓고 달리기를 시키는 소세지 대회라는 것도 있다. 3D 애니메이션의 명작으로 유명한 토이스토리의 슬링키는 닥스훈트를 모티브로 한 캐릭터이다.

☑ 그레이하운드(Greyhound)

- 원산국 : 이집트, 공인(AKC) : 1885년, 순위 : 141위
- 개 세계의 스프린터

세계에서 가장 빠른 개이며 개 세계의 스프린터이다. 그레이하운드는 수천 년 전, 중동 지방이나 이집트에서도 유사한 개를 길렀던 것을 확인할 수 있으며 페니키아인들의 무역 경로를 타고 지중해 지방으로 퍼져, 10세기 이전에 영국에 들어와서 개량되었다. 따라서 현대적인 의미의 그레이하운드는 영국산이라고 하여도 과언은 아니다. 그레이하운드의 가장 큰 특징이라면 역시 속도로 시속 60km 이상으로 달릴 수 있으며 치타를 제외하고는 갯/고양잇과 중 제일 빠르다. 게다가 개 중에서는 드물게 눈이 좋으며, 사냥 시에도 후각보다는 시각을 주로 사용하는 특징을 가진다. 사냥이 옛날처럼 대중화되지 않은 현대에는 가짜 토끼 모형을 쫓아 달리게 하는 경견(Dog Race) 경주에 주로 등장한다. 이탈리안 그레이하운드는 애완견으로 개량한 작은 그레이하운드이다.

③ 테리어 그룹(Terrier Group)

원래 들쥐나 여우와 같은 유해 동물이 농장물을 해치는 것을 막기 위해 활용되었다.

'테리어'라는 단어의 어원은 땅 혹은 대지라는 뜻을 지닌 라틴어 '테라'에서 유래되었다. 이 견종들은 목표물을 찾아내기 위해 주로 땅 밑을 뒤지거나 좁은 동굴 등의 은신처로 파고 들어가는 데 능숙한데 이 점을 최대한 활용하기 위해 사람들은 여기 속하는 개들이 작은 체구를 유지할 수 있도록 사육했다. 이 그룹의 일부 견종은 털이 억세고 빳빳한데 이는 사냥 도중 찰과상을 입을 경우 몸을 보호하고 상대편 짐승의 날카로운 이빨을 막아주는 갑옷 역할을 한다. 체구가 작고 다리가 짧은 테리어들은 사냥 도중 주로 바구니 속에 담긴 채 말 등에 얹혀서 여러 곳으로 이동했다. 길고 쭉 뻗은 다리를 지닌 덩치가 큰 테리어들은 사냥터에서 말이나 다른 하운드들과 함께 뛰어다니며 사냥감을 빨리 모는데 이용되었다. 테리어들의 이름은 대개 원산지를 따른 것이 많은데 오스트레일리언 테리어, 에어데일 테리어, 스코티시 테리어, 아이리시 테리어, 맨체스터 테리어, 웰시 테리어, 케리 블루 테리어, 또는 웨스트 하일랜드 화이트 테리어 등이 이에 속한다. 또 다른 몇몇 테리어들은 잭 러셀 테리어 혹은 댄디 딘몬트 테리어 처럼 교배와 개량에 주요한 영향을 미친 사람들의 이름을 명명한 것도 있다. 기질이 라는 조건을 놓고 볼 때 인간과 가장 유사한 견종 가운데 현존하는 유일한 그룹은 테리어 그룹이다. 대부분의 테리어들은 독립적인 성향을 지닌 강인한 개로 흥분하면 바로 짖어대는 경향이 있다. 그러나 같은 그룹에 속한다고 각 견종의 스타일이나 기질이 동일하지는 않다. 오히려 같은 그룹 내에서도 광범위한 행동 스타일과 기질들을 찾아볼 수 있다.

테리어 그룹에 등록된 견종은 다음과 같다.

- Airedale Terrier
- American Hairless Terrier
- American Staffordshire Terrier
- Australian Terrier
- Bedlington Terrier
- Border Terrier
- Bull Terrier
- Cesky Terrier

- Dandie Dinmont Terrier

- Glen of Imaal Terrier

- Irish Terrier

- Kerry Blue Terrier

- Lakeland Terrier

- Manchester Terrier

- Miniature Bull Terrier

- Miniature Schnauzer

- Norfolk Terrier

- Norwich Terrier

- Parson Russell Terrier

- Rat Terrier

- Russell Terrier

- Scottish Terrier

- Sealyham Terrier

- Skye Terrier

- Smooth Fox Terrier

- Soft Coated Wheaten Terrier

- Staffordshire Bull Terrier

- Welsh Terrier

- West Highland White Terrier

- Wire Fox Terrier

✅ 베들링턴 테리어(Bedlington Terrier)

● 원산국 : 영국, 공인(AKC) : 1886년, 순위 : 134위

잉글랜드 북방의 광산촌 베들링턴에서 광부들의 애완용이었던 것으로부터 유래되었다.

탄광의 작은 구멍에 숨어 있는 쥐나 오소리 등의 작은 짐승을 잡기 위한 사냥개로서 사용되고 있던 개로 수 많은 테리어 중에서도 가장 오래된 견종에 속한다. 쥐처럼 긴 꼬리와 양 같은 외견, 굽은 등 등이 특징적인 견종이다. 털이 곱슬곱슬하고 잘 빠지지 않으며 잘 짖지 않아 실내에서 기르기 적합하다. 강아지 시기에는 검은색이었다가 성견이 되면서 털이 흰색으로 바뀌고 나이가 들면서 점점 회색빛으로 변한다. 우리나라에서는 나 혼자 산다에 출연하는 이성재가 기르는 개인 '에페' 덕분에 유명해졌다. 선천적으로 간이 약하며, 구리 중독증(Copper toxicosis)이라는 병에 걸리기 쉽다.

☑ 스코티쉬 테리어(Scottish Terrier)

- 원산국 : 영국, 공인(AKC) : 1885년, 순위 : 58위
- 스코티(Scottie), 턱수염

귀여운 강아지 캐릭터로 유명한 '아가타'로 널리 알려져 있다. 풍성한 턱수염은 스코티쉬 테리어만의 특징이다. 원래 수달, 여우, 오소리, 토끼 등의 사냥을 주업으로 삼던 조렵견들로 부터 유래된 스코티쉬 테리어는 사냥꾼 다운 높은 지능과 결단력, 그리고 자립심을 가지고 있다. 테리어 견종의 모범적인 표본이라 할 수 있는 스코티쉬 테리어는 이처럼 특유의 고풍스러운 모습과 일치하는 성격을 가지고 있다. 대통령이 키운 스코티쉬 테리어 가운데 가장 유명한 개는 프랭클린 루스벨트의 팔라가 있다(선우미정, 2003). 루스벨트는 역사상 임기가 제일 길었던 대통령으로 일생 동안 여러 마리의 스코티쉬 테리어를 길렀는데 그중 가장 유명한 개는 팔라 힐 출신의 개 머레이였다. 그러나 머레이는 루스벨트에게도 다른 사람에게도 '팔라'라고 불렸으며 그가 하는 일은 모두 뉴스거리가 될 정도였다. 팔라는 언제나 루스벨트 주위에서 낮이나 밤이나 곁을 떠나지 않았다. 백악관이 전쟁과 관련된 여러 가지 명분의 기금을 조성하기 위해 캠페인을 열 때마다 팔라가 대중의 정서를 자극하는 데 십분 활용되었기 때문이다. 스코티쉬 테리어는 머리턱골병증(Craniomandibular Osteopathy), 유전적으로 혈전 형성 기능에 이상이 오는 폰 빌레브란트 증후군(von Willebrand Disease)에 노출되기 쉽다.

☑ 미니어처 슈나우저(Miniature Schnauzer)

● 원산국 : 독일, 공인(AKC) : 1926년, 순위 : 16위

독일 원산지의 소형견으로 중간 크기인 스탠다드 슈나우저에서 개량을 거쳐 태어난 품종이다. 미니어처 슈나우저는 원래 독일의 농장에서 쥐를 잡는 용도로 길러졌다. 제1차 세계 대전 이후 독일 밖에서 유명해지면서 이소룡과 가수 쟈넷 젝슨 같은 유명 인사가 길렀던 것으로 알려져 있다. 미니어처 슈나우저는 호기심이 많고 활발한 성격을 가지고 있으나 많이 짖는 편이다. 진행성 망막 위축증(Progressive Retinal Atrophy)이라는 유전병을 가지고 있다. X 염색체를 통해 유전되는데 수컷의 경우 XY 염색체를 가지므로 이 유전자를 지닌 X 염색체를 받게 되면 높은 확률로 진행성 망막 위축증이 온다.

☑ 케리 블루 테리어(Kerry Blue Terrier)

● 원산국 : 아일랜드, 공인(AKC) : 1922년, 순위 : 122위

케리 블루 테리어는 아이리시 블루 테리어라고도 불린다. 원래 쥐, 토끼, 오소리, 여우, 수달과 토끼를 포함하는 "해충"을 제거하기 위해 개발된 견종이었으나 시간이 지나면서 다양한 목양 임무를 수행하는 개로 변화되었다. 케리 블루 테리어의 성격은 온순하고 활기차며, 주인에게 순종한다. 반면에 고집스럽고 투쟁심도 강한 편이다. 털갈이를 하지 않고 따로 운동을 필요로 하지 않기 때문에 아파트나 주택에서 기르기 알맞아 좋아하는 분들이 많다.

☑ 에어데일 테리어(Airedale Terrier)

● 원산지 : 영국, 공인(AKC) : 1888년, 순위 : 56위
● 테리어의 왕

테리어 그룹에 속한 견종 중에서 가장 크기 때문에 테리어의 왕이라고도 부른다. 수달을 사냥하기 위해서 사람들에게 사육되었다. 하지만 뛰어난 능력으로 경찰견, 안내견, 군견으로서도 활약한다. 에어데일은 뒷마당이 딸린 집을 가진 경험이 풍부한 주인에게 잘 어

울린다. 에어데일은 일반적으로 아이들을 기르는 가정에서 키우기에 적합하다. 에어데일은 유전적으로 갑상선 기능 저하증과 대퇴골이형성(Hip Dysplasia)에 걸리기 쉽다.

☑ 불테리어 (Bull Terrier)

- 원산지 : 영국, 공인(AKC) : 1885년, 순위 : 52위
- 검투사 강아지, 백기사

불테리어는 19세기 중엽 세상에 모습을 드러낸 매우 역사가 짧은 견종이다. 당시의 영국은 골치 아픈 쥐 등의 문제를 해결하고 투견으로써 활용될 수 있는 개로 '불 앤드 테리어'를 만들고 이후 지속적인 개량으로 현재와 같은 불테리어를 만들었다. 핏불 테리어와 불테리어는 전혀 다른 견종이다. 만화 '바우와우'의 주인공으로도 잘 알려져 있다. 흰 털을 가진 모든 불테리어 중 약 20%가 선천적으로 한 쪽 귀나 양쪽 귀가 들리지 않는다.

☑ 웨스트 하이랜드 화이트 테리어 (West Highland White Terrier)

- 원산지 : 영국, 공인(AKC) : 1908년, 순위 : 37위
- 테리어 견종의 표본, 웨스티

원산지는 '하이랜드'라는 이름에서 추측할 수 있듯이 영국의 스코틀랜드이다. 화이트 테리어 혹은 웨스티라고 줄여서 부른다. 수달, 여우, 쥐 등을 사냥하는 사냥개로 만들어졌으며, 스코티시 테리어(Scottish Terrier), 케언 테리어(Cairn Terrier), 댄디딘몬트 테리어(Dandie Dinmont Terrier), 스카이테리어(Skye Terrier)와 함께 공동의 조상에서 발생한 하이랜드 테리어(Highland Terrier)의 일종이다.

4 워킹 그룹 (Working Group)

여러 가지 실질적인 기능을 담당하는 견종들로 구성되어 있다. 사람이나 재산을 보호하고 짐을 나르며 뭔가 수색하거나 위험에 빠진 사람을 구출하는 데 이용되었다. 이런 일을

하려면 몸집도 어느 정도 크고 건강하며 근육이 잘 발달된 개가 좋다. 이 그룹 가운데 가장 대중적인 개는 경비견인 도베르만 핀셔와 로트바일러다. 또 썰매나 수레를 끌고 일반적인 구조활동에 능숙한 알래스칸 말라뮤트, 시베리안 허스키, 버니즈 마운틴 독, 그레이트 피레니즈. 세인트 버나드, 그리고 뉴펀들랜드도 있다.

워킹 그룹에 등록된 견종은 다음과 같다.

- Akita
- Alaskan Malamute
- Anatolian Shepherd Dog
- Bernese Mountain Dog
- Black Russian Terrier
- Boerboel
- Boxer
- Bullmastiff
- Cane Corso
- Chinook
- Doberman Pinscher
- Dogue de Bordeaux
- German Pinscher
- Giant Schnauzer
- Great Dane
- Great Pyrenees
- Greater Swiss Mountain Dog
- Komondor
- Kuvasz
- Leonberger
- Mastiff

- Neapolitan Mastiff

- Newfoundland

- Portuguese Water Dog

- Rottweiler

- Samoyed

- Siberian Husky

- Standard Schnauzer

- Tibetan Mastiff

- St. Bernard

☑ 알래스칸 말라뮤트(Alaskan Malamute)

- 원산국 : 미국(알래스카 지방), 공인(AKC) : 1935년, 순위 : 53위

북극의 썰매 끄는 개들 중에서 가장 오래된 개 중의 하나이며 알래스카 북서 해안가에 거주하던 말뮤트족(Mahlemute)과 함께 생활했던 개를 개량했기 때문에 이런 이름이 붙었다. 물개나 백곰 같은 큰 덩치의 동물을 사냥하거나 무거운 사냥감을 집까지 끌고 오는 역할을 수행하였다. 각국의 극지방 탐험대의 썰매개로 이용되면서 세계적으로 유명해졌다. 2차 세계대전 중에는 짐수레 끌기, 동물 감시, 탐색 및 구조견 등으로 활동하였다. 시베리안 허스키와 비슷하게 생겨서 착각하는 사람들이 많은데 허스키는 중형견이고 말라뮤트는 대형견이다. 여러 눈 색이 허용되는 허스키와는 달리 말라뮤트는 눈동자 색이 오로지 호박색이어야 한다. 허스키를 닮은 늑대 같은 외모의 알래스칸 말라뮤트는 참을성이 좋고 가족이나 동료를 지키려는 보호본능이 강한 조용한 개다. 그러나 단체 생활을 해오던 썰매개인 만큼 서열 정하기를 정확히 하지 못하면 자기가 정한 서열에 맞게 행동을 하므로 서열 정하기와 복종훈련이 꼭 필요하다. 1958년 일본의 남극 탐험대가 겪었던 실화를 바탕으로 만들어진 영화 에이트 빌로우에서 마야를 비롯한 8마리 썰매 개 중 대부분이 이 종이다.

✅ 복서(Boxer)

- 원산국 : 독일, 공인(AKC) : 1904년, 순위 : 8위

독일의 견종으로 지금은 멸종된 저먼 불렌바이서(Bullenbeißer)의 후손이다. 1850년에 세퍼드 같은 만능 사역견을 만들기 위해 불독과 그레이트 덴을 교배해서 만들어졌다. 두개골 구조가 견종들 중 가장 특이하다. 코 부분은 움푹 파여 짧은 대신 하악골은 길고 두껍기 때문에 구조상 한번 문 것은 절대 놓지 않는다. 또한 견종들 중 가장 혀가 길다. 기네스북에 등록된 혀가 가장 긴 개도 복서이다. 싸울 때 권투선수처럼 강한 앞발로 상대를 때리는 데에서 '복서(Boxer)'라는 이름이 유래되었다. 원래는 투견이나 투우를 목적으로 만들어낸 매우 사나운 견종이었지만 지금은 부드럽고 애정이 깊은 성격으로 바뀌어 가정에서도 사랑받는다. 또한, 감시능력이 뛰어나 경찰견이나 군용견으로도 활약하고 있다. 복서는 매우 친근하고 순하며 아이들의 장난도 잘 받아주고 느긋한 구석이 있어 보모견으로서 역할도 충실히 해낸다. 장난을 좋아해 아이들과 궁합도 좋고 애교에 표현력까지 좋아 외국의 가정집에서는 인기가 많은 견종이다.

✅ 도베르만 핀셔(Dobermann Pinscher)

- 원산국 : 독일, 공인(AKC) : 1908년, 순위 : 14위

일반적으로 도베르만이라고 부르기도 한다. 독일의 세금징수원인 카를 프리드리히 루이스 도베르만(Karl Friedrich Louis Dobermann)이 자신의 안전을 지키기 위해서 19세기 후반 개량한 견종으로 개량자의 이름을 따른 것이다. 지능은 개 중에서도 굉장히 높은 편이다. 세퍼드만큼이나 범용성이 높아서 군견, 경찰견, 탐색견, 구조견 등 다양한 분야에서 활동하고 있다. 인간에게 순종적이고 충직하지만 대형견인 만큼 복종훈련은 필수적이다. 당당하고 위엄 있는 자세로 경비를 서는 군용견의 모습이 도베르만의 이미지이다. 하지만 그렇게 되기까지는 상당히 많은 훈련이 필요하다. 일반 가정에서 키우는 도베르만의 모습은 매우 천진난만하고 활발하다. 주인과 함께 행동하기를 좋아하고 학습능력도 높아서 훈련하기는 어렵지 않다. 최근까지도 뾰족하게 위로 세운 귀와 짧은 꼬리가 도베르만의 트레이

드 마크이다. 그러나 실제로는 늘어진 둥근 귀와 길고 끝이 뾰족한 꼬리를 가졌다. 이미 유럽의 많은 나라에서 미용을 위한 인위적인 단이, 단미를 금지했고, 한국도 서서히 그 추세를 따르고 있다.

☑ 그레이트 피레니즈(Great Pyrenees)

- 원산국 : 프랑스(피레네 산맥 일대), 공인(AKC) : 1933년, 순위 : 73위

'피레니언 마운틴 도그(Pyrenean Mountain Dog)'라고도 한다. 아시아 지역에 살았던 티베탄 마스티프계통의 개가 아리아 민족이 유럽으로 이주할 때 혹은 페니키아 무역상들이 스페인으로 돌아갈 때 함께 따라다니다가 피레네 산맥에 남겨져 고립된 것으로 추측된다. 그레이트 피레니즈는 섬세한 성격의 작업견으로 가축을 지킬 때는 충실한 경비견이다. 이 견종은 어떠한 지형이나 날씨에도 굴하지 않고 양 떼를 지키는 개로 유명하다. 뛰어난 후각과 시각뿐 아니라 높은 지능을 갖추고 있는 양치기 개로서 최고로 평가받고 있다. 특히 이 견종은 두껍고 아름다운 털 색상이 특징인데 흰색, 오소리색, 회색 또는 탄 등 다양한 색을 갖고 있다. 농부들의 소중한 작업견이었던 그레이트 피레니즈는 프랑스로 와서 귀족들의 귀여움을 받기 시작하고 17세기는 프랑스 궁전의 정원을 지키는 개로 사용되었다. 우리나라에서는 1박 2일의 상근이로 친숙한 견종이다.

☑ 사모예드(Samoyed)

- 원산국 : 러시아(시베리아 지방), 공인(AKC) : 1906년, 순위 : 66위
- 스마일링 새미

시베리안 허스키와 함께 이 개도 시베리아가 원산지다. 사모예드는 개마다 색이 조금씩 달라서 하얀색, 크림색 혹은 거의 황색에 가까운 개도 있으나 그 중에서도 하얀색 사모예드가 가장 유명하다. 원래의 목적은 썰매를 끄는 개였지만 머리가 좋아 집 지키는 개로도 활용된다. 늘 웃고 있는 듯한 인상을 하고 있어서 영어권에서는 스마일링 새미(Smiling

Sammy)라고도 한다. 몸집이 크고 자신감 넘치는 인상이지만 사실은 외로움을 많이 타고, 주인을 졸졸 따라다닐 만큼 어리광이 많다. 천진난만한 장난꾸러기로 장난을 너무 좋아해서 마치 강아지가 그냥 몸만 커진 것 같은 견종이다. 털은 긴 바깥 털과 부드럽고 촘촘한 속털의 2중구조로 되어있으며 양털 같이 부드러운 털이 촘촘하게 깔려있다. 사모예드의 털이 이렇게 부드러운 것은 인간들이 추운 곳에서 끌어안고 자려고 개량된 것이라는 의견이 압도적이다. 낮에는 썰매를 끌게 하고 밤에는 여러 마리를 곁에 두고 안고 자면 부드럽고 따뜻하게 보온이 되다 보니 이렇게 개량이 되었다는 것이다. 일본에선 따로 품종개량을 통해 소형화된 사모예드를 키우는데 이 견종을 재패니즈 스피츠라고 부른다. 러시아 니콜라이 2세의 황후이며 영국 빅토리아여왕의 외손녀인 알렉산드라 표도르브나 로마노프는 사모예드를 널리 보급하는데 중요한 역할을 하였다. 노르웨이의 극지 탐험가인 난센은 1888년 카이파와 수겐이란 이름의 사모예드가 끄는 썰매를 이용해 최초로 그린란드을 횡단하기도 하였다. 인류 최초로 남극점과 북극점을 탐험한 노르웨이 탐험가인 아문센은 1911년 남극을 탐험할 당시 이타(Etah)라는 사모예드가 리드하는 썰매개 팀이 함께하였다.

☑ 시베리안 허스키(Siberian Husky)

● 원산국 : 미국, 공인(AKC) : 1930년, 순위 : 13위

동시베리아에서 유래된 중형견으로 촘촘하게 덮인 모피를 지닌 썰매 견이다. 에틱허스키 또는 허스키라고도 한다. 에스키모개로 북방 스피츠 계통의 품종이다. 시베리안 허스키는 먼 거리를 계속 달릴 수 있도록 개량된 활동적인 견종으로 민첩하고 가벼운 걸음으로 미끄러지듯이 걸으며, 자유롭게 뛰어다니는 것을 좋아한다. 썰매개 중에서도 빠르기로 유명하며, 털이 길어서 혹한의 날씨에도 몸을 따뜻하게 유지할 수 있다. 털 색깔과 무늬는 매우 다양하다. 1900여 년에 알래스카에 알래스칸 말라뮤트와 비슷한 이유로 들여온 뒤 전 세계로 퍼지기 시작하였다.

제2차 세계대전 때는 수색견, 구조견 등으로 활약하였다. 짖을 때 거친 소리로 짖기 때문에 허스키라는 이름이 붙었다. 늑대같이 날카로운 눈빛으로 쳐다보면 다가가기 쉽지 않지만 실제로는 사람을 좋아하고 낙천적이며 우호적이다. 주인에게 마음을 허락하면 밝은

모습으로 친근하게 대하고 순종한다. 낯선 사람은 경계하지만 사교적인 성격이므로 다른 개나 사람을 많이 만나게 해서 사회성을 길러주어야 한다. 발토(Balto)는 미국의 전설적인 썰매 견이다. 1925년 겨울 알래스카 주 북단의 놈에서 디프테리아가 발생하여 혈청을 운반할 필요가 있었다. 그러나 풍속 40m의 비바람이 알래스카에 발생하였다. 구조대는 150마리의 썰매개가 16마리씩 한 팀을 구성하여 100km를 릴레이 방식으로 전과정 674마일(1,085Km)을 5일 반 만에 수송하고, 시민들을 감염 위기에서 구했다. 가장 장거리 구간을 주행한 건 토고였지만 그 팀에서 혈청을 이어받아 마지막 구간을 수송한 개가 시베리안 허스키 발토이다. 그 노력을 기울여 현재 뉴욕의 센트럴 파크에 발토의 동상이 있다. 이 기록은 현재까지 깨지지 않고 있다. 우리나라에서는 개그콘서트의 개그 코너 중 하나인 정여사에서 나오는 개 인형 브라우니의 품종으로 유명하다.

☑ 세인트 버나드(Saint Bernard)

● 원산국 : 스위스, 공인(AKC) : 1885년, 순위 : 50위

체중이 가장 많이 나가는 대형견으로 베토벤이라는 영화를 통해서도 익숙한 개이다. 버니즈 마운틴 독하고 헷갈리기 쉽다. 17세기 어거스틴 치하의 수도사인 세인트버나드(베르나르두스)는 스위스와 이탈리아를 연결하는 주요 길목이었던 스위스 알프스 산맥에 8,000피트 이상 되는 수도원의 초석을 다진 인물이다. 이 길은 물건을 파는 상인들, 겨우내 이탈리아에서 일하고자 떠나는 스위스 노동자들, 또 일을 마치고 집으로 돌아가는 사람들, 혹은 로마로 성지순례를 떠난 북쪽 사람들이 주로 사용했다. 고립무원의 수도원은 겨울 여행객들에게 폭풍이나 한파, 눈보라와 같은 각종 재난으로부터 몸을 피할 수 있는 은신처를 제공했다. 버나드와 그의 동료 수도사들은 길을 잃거나 부상을 당했거나 동상에 걸린 사람들을 돕는 데 헌신적이었다. 그들 가운데 가장 뛰어난 개는 배리로 44명의 목숨을 구해 훗날 세인트 버나드 구조견의 전형이 되었다. 그들은 세 마리가 한 팀을 이루어 활동했는데 만약 길을 잃은 여행자를 발견하면 한 마리가 수도원으로 달려가 도움의 손길을 요청하는 사이 나머지 두 마리는 여행객 곁에 누워서 체온이 내려가지 않도록 몸을 데워주고 있었던 것이다. 신기한 점은 개들 스스로 누가 수도원으로 달려가고 누가 남아서 여행

자를 돌볼 것인지를 결정했다는 사실이다. 요즘은 경비견, 안내견, 애완견 등으로서도 많은 곳에 활용된다.

5 토이 그룹(Toy Group)

토이 그룹에는 동반자로서의 우정 관계를 제공하도록 길들여진 견종들이 속한다. 이 개들은 체구가 작고 가벼워서 데리고 다니기도 쉽고, 귀족 취미를 가진 부인들과 조화를 잘 이루는 품종이다. 페키니즈나 저패니즈 친과 같은 몇몇 견종은 원래 왕족만 기를 수 있는 개였다. 다른 작은 견종들은 우리가 잘 아는 큰 견종을 작게 만든 것으로, 카발리어 킹찰스 스패니얼과 빠삐용은 축소된 스패니얼이며 이탈리안 그레이 하운드는 체격이 큰 그레이 하운드의 축소판이고 토이 푸들은 스탠다드 푸들을 작게 만든 것이다. 이 그룹에는 요크셔 테리어나 토이 맨체스터 테리어 같은 작은 테리어도 포함되는데, 특히 시츄나 포메라니안처럼 아주 멋지고 우아한 털을 자랑하는 개와 차이니즈 크레스티드처럼 털이 전혀 없는 개도 있다. 고독을 즐기고 독립적인 성격의 맨체스터 테리어와 사교적이며 언제나 인기가 좋은 카발리어 킹찰스 스패니얼도 포함되어있다.

토이 그룹에 등록된 견종은 다음과 같다.

- Affenpinscher
- Brussels Griffon
- Cavalier King Charles Spaniel
- Chihuahua
- Chinese Crested
- English Toy Spaniel
- Havanese
- Italian Greyhound
- Japanese Chin
- Maltese

- Manchester Terrier

- Miniature Pinscher

- Papillon

- Pekingese

- Pomeranian

- Poodle

- Pug

- Shih Tzu

- Silky Terrier

- Toy Fox Terrier

- Yorkshire Terrier

☑ 말티즈(Maltese)

- 원산국 : 몰타, 공인(AKC) : 1,888년, 순위 : 29위

'몰티즈'란 이름은 이 개가 지중해의 몰타(Malta) 섬이 원산지여서 붙여졌다는 게 정설이지만 지중해의 멜리타 지역에서 유래되었다는 주장도 있다. 몰타어를 영어로 말티즈(Maltese)라고 부른다. 온몸이 순백색의 길고 부드러운 명주실 같은 털로 덮인 매우 아름다운 개로, 새까만 코끝과 어두운색의 눈이 순백색의 털을 더욱 돋보이게 하고 있다. 1,800년 무렵 유럽, 미국에 널리 알려졌으며 아름다운 모습과 온화하고 높은 지능을 지녀 애완용으로 널리 사육되었다. 항해 중 선내의 쥐를 잡기 위해서 작지만 재빠르고 활동량이 많은 종으로 개량되었으며, 갈색, 회색, 그리고 흰색의 말티즈가 존재했으나 후대의 개량으로 인해 갈색과 회색 품종은 완전히 도태되고 흰색의 품종만 남았다. 한국에서 애완견으로 특히 인기가 많다.

☑ 포메라니안(Pomeranian)

- 원산국 : 독일, 공인(AKC) : 1888년, 순위 : 20위

- 폼, 폼폼

포메라니안은 중앙 유럽에 있는 포메라니아 지역에서 유래된 스피츠 종류의 애완견이다. 작은 크기 때문에 애완용 작은 개로 분류되는데, 독일 스피츠에서 유래되었다. 폼(Pom), 폼폼(Pom Pom)이라는 이름으로도 불린다. 우리나라에서 이름을 틀리게 알고 있는 사람이 많은 견종 중 하나이다. 대표적으로 포메리안 또는 포메라이언을 들 수 있다. 이 품종은 17세기 이후 많은 왕실 일족들에게 인기를 얻었다. 빅토리아 여왕은 특히 작은 포메라니안을 소유했었고, 이로 인해 더 작은 포메라니안이 인기를 얻었다. 빅토리아 여왕의 생애 동안 포메라니안의 크기는 50%까지 줄었다. "흑피병"으로 불리는 피부병과 탈모증도 흔한 질병 중 하나인데 흑피병은 개의 피부가 검은색으로 변하고 털이 거의 다 없어지는 유전 질환이다. 이 품종은 현재 미국에서 가장 인기 있는 애완견 15종 중 하나로 세계적으로도 작은 개로 인기를 얻고 있다.

☑ 푸들(Poodle)

- 원산국 : 프랑스, 공인(AKC) : 1887년, 순위 : 7위
- 하이브리드 개의 아버지

프랑스의 국견이다. 푸들이란 이름은 "물장구를 치다" 라는 뜻의 pudeln에서 유래했다. 원래는 사냥개 또는 잡은 사냥감을 찾아오는 개로 이용됐지만 지금은 애완동물로 인기가 높다. 푸들은 개량을 거쳐 스탠다드 푸들, 미디엄 푸들, 미니어처 푸들, 토이 푸들 순으로 점점 크기가 작아졌다. 보더 콜리에 이어 머리가 좋은 개 2위에 항상 이름을 올리는 대단히 지능이 높은 견종이며 예쁘고 순해 보이는 외모와 달리 높은 활동성을 요구하는 견종이다. 유명하고, 예쁘고 지능이 좋은 견종이라는 이유로 수많은 잡종견을 만드는데 가장 많이 활용되고 있다.

☑ 시추(Shih Tzu)

- 원산국 : 티베트, 공인(AKC) : 1969년, 순위 : 17위
- 국화개

시추는 중국 티베트가 원산지인 견종으로 과거 중국 황실이 기르던 견종이다. 중국에서는 '사자개'라고 부르는데, 이 이름의 웨이드식 로마자 표기법인 shih-tzu kou에서 '시추'라는 이름이 왔다. 중국 티베트 지역이 원산으로 7세기 무렵 왕실에서 길러졌으며 서구에는 1930년경 알려졌다. 길고 화려한 털이 특징으로 꼬리를 높이 세우고 당당하게 걷는 자태는 볼 만하다. 성격이 활달하고 활동적이어서 가정견으로서 인기가 높다. 시추의 또 다른 이름으로는 '크리샘더멈 도그(Chrysanthemum Dog)'라고도 부르는데, 크리샘더멈(Chrysanthemum)은 '국화'를 뜻한다. 국화는 중국 문화의 상징이다. 국화(Chrysanthemum)라는 표현은 생후 약 3개월이면 얼굴 주위에 난 털이 국화처럼 피어난다고 해서 이러한 별명을 가지고 있으나, 성장하면서 얼굴의 털은 조금씩 빠져 성견이 되었을 때는 완전히 없어진다. 시추는 판막 질환의 가능성이 높은 견종으로써 노령견의 경우 주의를 요한다.

☑ 요크셔 테리어 (Yorkshire Terrier)

- 원산국 : 영국, 공인(AKC) : 1885년, 순위 : 6위
- 움직이는 보석, 요키

19세기 산업화 시대에 병균을 옮기는 쥐를 잡기 위한 테리어 종으로 요키라고도 부른다. 개 중에서도 대표적인 토이 견종으로 국내외를 막론하고 애완용으로 인기있는 품종이다. 흔히 키우는 소형견들 중에서는 푸들 다음으로 지능이 좋은 편에 속한다. 요크셔 테리어의 털은 다른 품종과는 달리 사람의 머리카락과 비슷하며 털 자체가 잘 안 빠지는 편이므로 털 때문에 고민인 사람에게 적합한 견종이다. 현대 아파트나 작은 빌라에서 기르기에 가장 적합한 종이기도 하다.

6 허딩 그룹 (Herding Group)

AKC는 허딩 그룹을 따로 분류했는데 영국에서는 이 개를 워킹 그룹의 일부로 간주한다. 허딩 그룹의 목양견은 양떼나 소떼가 흩어지지 않고 목동이 이끄는 방향대로 가축을

몰아갈 수 있는 능력이 필수적이다. 허딩 그룹엔 여러 종의 콜리, 코기, 그리고 벨지안 셰퍼드가 포함되며 우리에게 친숙한 올드 잉글리시 쉽독, 저먼 셰퍼드, 헝가리산 풀리, 프랑스의 브리아드 등이 있다.

허딩 그룹에 등록된 견종은 다음과 같다.

- Australian Cattle Dog
- Australian Shepherd
- Bearded Collie
- Beauceron
- Belgian Malinois
- Belgian Sheepdog
- Belgian Tervuren
- Bergamasco
- Berger Picard
- Border Collie
- Bouvier des Flandres
- Briard
- Canaan Dog
- Cardigan Welsh Corgi
- Collie
- Entlebucher Mountain Dog
- Finnish Lapphund
- German Shepherd Dog
- Icelandic Sheepdog
- Miniature American Shepherd
- Norwegian Buhund
- Old English Sheepdog

- Pembroke Welsh Corgi
- Polish Lowland Sheepdog
- Puli
- Pyrenean Shepherd
- Shetland Sheepdog
- Spanish Water Dog
- Swedish Vallhund

☑ 보더콜리(Border Colie)

- 원산국 : 영국(스코틀랜드), 공인(AKC) : 1995년, 순위 : 39위
- 일 중독자

잉글랜드와 스코틀랜드의 국경 지방에서 양치기 개로 사용되었기 때문에 보더 콜리라고 불리우게 되었다. 세계에서 가장 머리가 좋은 개로 유명하며 3살짜리 어린아이의 지능과 동등할 정도로 학습 능력이 매우 뛰어나다. 보더 콜리는 최근까지 여러 애견 클럽에서 공인된 품종이 아니었다. 품종으로 공인되면 생김새의 표준이 생기기 때문이다. 공인된 현재에도 보더 콜리의 표준형은 다른 품종들과는 달리 몸 전체에 반점이 있는 경우를 제외하고는 모색이나 패턴을 전혀 따지지 않기 때문에 모색이 천차만별이며 개체 사이의 차이가 다양하다. 현대에서는 보기 드물게 아직도 목양견으로서 현역으로 활동하고 있다. 보더 콜리의 목양 방법은 굉장히 특이해서 다른 목양견들처럼 짖거나 무는 대신 고양잇과 동물처럼 몸 앞쪽을 숙인채로 양들을 노려보는 방법을 쓴다. 보더 콜리의 시조인 올드 햄프(Old Hemp)라는 개가 이 방식으로 목양하는 것을 본 주인이 감탄하여 종견으로 쓴 것이 오늘날의 보더 콜리의 기원이다. 뛰어난 지능과 체력, 민첩성을 바탕으로 프리스비, 어질리티(장애물 달리기), 복종훈련, 플라이볼 등 여러 스포츠에서도 두각을 보인다.

☑ 콜리(Collie)

● 원산지 : 영국, 공인(AKC) : 1885년, 순위 : 35위

개 중에서 머리 좋고 유명한 개를 꼽으라면 첫째로 꼽히는 유명한 품종으로 영국 스코틀랜드 하이랜드의 고산지대에서 개량되었다. 콜리(古語로 '검정')는 원래 검은 털이 주류였지만 빅토리아 여왕이 이 개를 남쪽으로 데리고 간 뒤 품종을 개량하여, 지금의 세이블 앤드 화이트 계통이 흔히 상상하는 콜리의 이미지로 굳어졌다. 사람들이 콜리를 떠올릴 때 흔히 연상하는 털이 길고 풍성한 모습의 콜리는 러프 콜리(Rough Collie)이며, 털이 짧은 콜리는 스무스 콜리라고 부른다. 러프 콜리는 털이 아름다워 기품이 있고 우아해 보인다. 빅토리아는 콜리를 대중화하는 데 기여했는데(선우미정. 2003) 당시 콜리는 스코틀랜드 밖에서는 그리 알려지지 않은 개였는데 벌모럴 성을 방문할 때마다 그 개들을 보게 된 빅토리아는 그 견종을 몹시 마음에 들어 했다. 그 유명한 달려라 래시의 주인공이 바로 콜리다. 이때의 이미지 때문에 그냥 래시라고 부르는 사람이 많다.

☑ 웰시코기 펨브록 (Pembroke Welsh Corgi)

● 원산국 : 영국, 공인(AKC) : 1934년, 순위 : 22위

영국의 웨일즈 지방에서 기르던 견종으로 웰시코기 카디건(Welsh Corgi Cardigan), 웰시코기 펨브록(Welsh Corgi Pembroke) 2종류가 있다. 현재 우리나라에 존재하는 웰시 코기의 거의 대부분은 웰시코기 펨브록이다. 원래는 단일종이었으나 1930년부터 세분하여 두 종으로 분류하기 시작하였다. 웰시코기 카디건은 비교적 크고, 둥글고 큰 귀와 늑대와 같이 길게 흐른 꼬리가 특징이며 웰시코기 펨블록은 둥글고 날카로운 귀와 낮은 자세가 특징이다. 웰시코기 펨블록은 엘리자베스 2세 여왕이 좋아하는 견종으로 언급되어 왔으며 지난 70년 동안 영국 왕실의 개로 유명하다. 엘리자베스가 일곱 살이었을 때 아직 왕위에 오르기 전이었던 아버지 요크공작은 웰시코기 펨블록 강아지 한 마리를 구해왔는데 이름은 로자벨 골든 이글이었다(선우미정. 2003). 공작은 이 강아지가 엘리자베스와 마가렛 자매의 좋

은 친구가 될 것이라고 생각했다. 코기는 엘리자베스에게 아주 좋은 친구였고, 특히 엘리자베스의 기질에도 잘 맞는 개였다. 이때부터 코기에 대한 엘리자베스의 사랑은 시작된다. 엘리자베스가 제일 좋아했던 웰시코기 펨브록은 긴 허리에 짧은 다리를 가진 사역견으로, 몸집에 비해 머리가 너무 큰 것처럼 보인다. 이 견종은 1107년 헨리 1세가 영국에 보낸 폴랑드르 작공들과 함께 왔던 스킵퍼키와 지역 품종을 교배함으로써 진화한 것으로 추정된다. 웰시 코기는 목양견 그룹에서 가장 작은 견종 중 하나로 소떼나 양 떼를 몰고 다니는 일을 했는데 이때 코기가 사용한 방법은 말을 잘 듣지 않는 가축의 발을 무는 것이었다.

☑ 벨지안 셰퍼드 독 말리노이즈 (Belgian Shepherd Dog Malinois)

- 원산국 : 벨기에, 공인(AKC) : 1959년, 순위 : 59위

벨지안 말리노이즈는 벨기에에서 인정된 네 종류의 양치기 견종 중의 가장 오래된 종류이며 유일하게 털이 짧은 것이 특징이다. 이 견종이 가장 먼저 길러졌던 마을을 프랑스어로 표현한 것에서 유래되었다. 말리노이즈는 폭발물, 방화 조사를 위한 촉매제, 마약과 같은 냄새를 식별하는 임무, 경찰을 도와 의심스러운 사람을 체포하기 위해 사람을 추적하는 업무, 수색, 조난 등의 임무를 수행하는 데 활용되고 있다.

☑ 올드 잉글리시 쉽독 (Old English Sheepdog)

- 원산국 : 영국, 공인(AKC) : 1888년, 순위 : 75위
- 밥테일

털이 수북해서 눈이 잘 보이지 않는 외모가 삽살개를 많이 닮았다. 꼬리를 짧게 잘라주는 습관이 있어 '밥테일(Bobtail)'이라는 별명으로 부르기도 한다. 디즈니의 애니메이션 인어공주에 등장하는 에릭 왕자의 애견 '맥스' 역시 이 견종이다.

✅ 셰틀랜드 쉽독(Shetland Sheepdog)

- 원산국 : 영국(셰틀랜드제도), 공인(AKC) : 1911년, 순위 : 21위
- 셸티

정식 명칭보다는 셸티 등 애칭으로 더 많이 불린다. 스코틀랜드 셰틀랜드 섬에서 양치는 용도로 개량한 품종이며 현대에서는 실내에서 기르는 애완견으로 많이 사육되고 있고 대형견 중에서 유명한 품종인 콜리와는 생김새도 유사하고 비슷한 용도로 사육되었기 때문에 셰틀랜드 쉽독에 대해 잘 모르는 사람들은 콜리의 개량종으로 오해하기도 한다. 하지만 셰틀랜드 쉽독은 셰틀랜드 지방에 유입된 개들을 주로 교배하여 근대에 탄생한 종이며 외견은 콜리와 비슷하나 전혀 다른 품종으로 콜리의 미니어처가 아니다. 크기가 작은 이유는 원래 셰틀랜드산 동물들이 다른 지역에 비해(고산지대) 크기가 작아 거기에 맞게 개량됐기 때문이다. 오늘날에 와서는 몸집이 작고 아름다우며 성격이 온순하기 때문에 애완견으로서 세계 각국에서 널리 기르고 있다. 이 견종 중 마릴린이라는 사람이 기른 트리샤가 유명하다(Coren, & Walker 1997).

✅ 저먼 셰퍼드 독(German Shepherd Dog)

- 원산지 : 독일, 공인(AKC) : 1908년, 순위 : 2위

셰퍼드는 쇼독과 워킹독의 구분이 명확한 견종 중 하나이다. 셰퍼드라고 발음하기 귀찮아서인지 한국에서는 쎄파트라고 발음하는 사람들이 많다. 처음에는 단모종, 장모종, 강모종(굵은 털)이 있었는데 견종 표준에서는 단모종만 인정하며 장모종은 '올드 저먼 셰퍼드'라고 불린다. 군견 하면 떠오르는 이미지의 개가 바로 저먼 셰퍼드이다. 영역에 대한 집착이 적은 목양견이 갖추어야 하는 특징이 전쟁에서도 높이 평가되어 독일군이 군견으로 전쟁터에서 타국의 군견들을 압도하는 능력을 발휘하였다. 전쟁이 끝난 후 승리한 참전 국가들이 앞다투어 데려가면서 전 세계에 보급되었다. 높은 지능에 체격과 신체능력까지 뛰어나서 군견 뿐만 아니라 목양견, 경찰견, 수색견, 구조견, 시각장애인 안내견, 사역견, 경비견 등 거의 모든 분야에 사용될 정도로 범용성이 높다. 아돌프 히틀러, 루스벨트, 케네디 대통령의 애완견이기도 했다.

⑦ 논스포팅 그룹(Non-Sporing Group)

　어떤 그룹에도 속하지 않는 개들이 모여 있는 그룹이다. 달마시안은 마차를 호위하는 역할로 가장 잘 알려져 있으며, 스키퍼키는 옛날에 벨기에의 운하에서 계류하는 작은 거룻배의 경비를 서거나 쥐를 구제하던 견종이었다. 몸집이 작고 털이 보송보송하며 성격이 유쾌한 비숑 프리제도 이 그룹에 속한다. 그러나 차우차우처럼 자리매김이 어려운 개도 있다. 차우차우는 원래 음식으로 사용하기 위해 길러진 개였다. 온통 주름투성이인 차이니즈 샤페이, 이름만 스패니얼일 뿐 스패니얼과 아무 상관이 없는 티베탄 스패니얼, 진짜 테리어종이 아닌 티베탄 테리어 등도 이 그룹에 포함되어 있다.

　논스포팅 그룹에 등록된 견종은 다음과 같다.

- American Eskimo Dog
- Bichon Frise
- Boston Terrier
- Bulldog
- Chinese Shar-Pei
- Chow Chow
- Coton de Tulear
- Dalmatian
- Finnish Spitz
- French Bulldog
- Keeshond
- Lhasa Apso
- Lowchen
- Norwegian Lundehund
- Poodle
- Schipperke

- Shiba Inu
- Tibetan Spaniel
- Tibetan Terrier
- Xoloitzcuintli

☑ 비숑 프리제(Bichon Frise)

- 원산국 : 프랑스, 공인(AKC) : 1972년, 순위 : 43위
- 걸어다니는 솜사탕

지중해 지역에서 기원한 품종으로 비숑 품종으로는 몰티즈, 볼로네즈, 하바네즈 등이 있다. '비숑'은 '장식'이라는 뜻이며 '프리제'는 '꼬불꼬불한 털'이라는 뜻을 가진 프랑스어다. 오랫동안 '비숑'(bichon) 또는 '테네리페'(Tenerife)로 알려져 왔으며 워터 스패니얼의 후손이다. 스페인 선원들이 비숑 프리제를 카나리아 제도의 테네리페 섬으로부터 들여온 것으로 보인다. 14세기에 이탈리아 선원들이 이곳에서 비숑 프리제를 발견하고 유럽으로 데려간 후 수 세기 동안 귀족과 신흥 중류계층으로부터 사랑받았다. 19세기 말 귀족들의 유행이 다른 개들로 바뀌면서 비숑 프리제는 서커스나 거리의 악사와 함께 공연을 하거나 평민들의 애견이 되었다. 프랑스 사육사들은 제1차 세계대전 이후 이 개들을 키우기 시작했으며, 1930년대에 이름을 '비숑 프리제'로 바꾸었다. 처음부터 가정견으로 개량되었기 때문에 똑똑하고 충성심이 강한 편이다. 훈련 효과도 좋고 독립적이라 집에 혼자 두어도 헛짖음이 적다. 옛날 유럽에서는 환자가 난방을 하는 대신 비숑 프리제를 안고 잤다는 이야기가 있을 정도로 오랜 시간 안고 있어도 얌전히 안겨 있을 수 있기 때문에 현대적인 의미에서 반려견에 적합한 편이다.

☑ 보스턴 테리어(Boston Terrier)

- 원산국 : 미국, 공인(AKC) : 1893년, 순위 : 23위
- 턱시도를 입은 젠틀맨, 아메리칸 젠틀맨

잉글리시 불독과 흰색의 잉글리시 테리어 등과 교배시켜 불독의 힘과 테리어의 인내력이 합쳐진 보스턴 테리어는 미국이 원산지인 몇 안 되는 품종 중 하나이다. 보스턴 테리어는 보통 검은색 털에 이마, 목 주위, 앞가슴에 흰색 얼룩이 있으며 불독과 닮은 모습을 하고 있다. 프렌치 불독과 보스턴 테리어는 모두 잉글리시 불독에서 유래된 것으로 외모가 매우 유사하다. 가장 큰 차이는 귀의 생김새이다. 프렌치 불독은 귀가 정면으로 향해 있어 앞쪽에서 볼 때 귀의 안쪽이 보이며 보스턴 테리어는 귀가 옆으로 향해 있어서 앞쪽에서 보면 귀 안쪽이 잘 보이지 않는다. 원래 보스턴 테리어는 투견 목적으로 만들어졌으나 후일 반려견으로 개량되어 주인을 잘 따르고 온순한 성격의 개로 반려견으로 전혀 손색이 없다. 불독의 혈통이 들어간 개들이 그렇듯이 보스턴 테리어도 더위에 매우 약하므로 여름이 되면 가급적 서늘한 곳에서 개를 키우고 열사병에 주의해야 한다.

☑ 시바 이누(Shiba Inu)

● 원산국 : 일본, 공인(AKC) : 1992년, 순위 : 46위

시바견(일본어: 柴犬, しばいぬ / しばけん)은 일본 고유의 견종으로 일본에서 천연기념물로 지정된 6개의 일본견 중에서 유일한 소형 견종이지만, 사육수는 가장 많아서 일본견의 대표격이라고 할 수 있다. 미국을 비롯해 외국에서도 인기가 많다. 온난 습윤한 기후에 강하며 일반적으로 주인에게는 매우 충실하다. 낯선 사람에게는 친근하게 대하지 않고 영리하며 용감하고 경계심도 강하기 때문에 집 지키는 개로도 적합하다. 본래는 산지에서 작은 동물의 사냥을 돕는 개지만 현재는 주로 가정용 개로 사랑받고 있다.

☑ 불독(Bulldog)

● 원산국 : 영국, 공인(AKC) : 1886년, 순위 : 4위

불독(Bulldog)은 소를 잡기 위해 태어난 견종이다. 과거 영국에서 소는 중요한 동물이었지만 발정기가 되면 수소는 극도로 사나워져 제어하기 힘들어했다. 그 발정기의 화가 난 수소에 대해 고민하던 사람들이 고안해 낸 방법이 바로 개와 소의 싸움인 불베이팅(Bull Baiting)

이었다. 불독이 정식적으로 '불독'으로 불리기 이전 사납고 억센 마스티프류의 잡견을 통틀어 밴도지(Bondogge: 사슬에 매어 놓은 개) 혹은 부쳐스도기(Butchersdogge)로 불리며 푸줏간과 파수꾼 그리고 경비견 등으로 사용을 했다. 불 베이팅이 전성기를 맞으면서 불 베이팅에 가장 알맞게 개량되어 불 베이팅 전용 견종으로 태어난 개가 바로 불독이다. 그러나 1778년 데본서 공에 의해 불 베이팅이 공식적으로 폐지됨에 따라 그 전성기는 끝나게 되었다. 이후 불독은 불 테리어, 불 마스티프, 보스턴 테리어, 프렌치 불독 등 가정견화가 되면서 다른 여타 견종들의 탄생에 직접적인 관여를 하게 되었다. 투견에서 애완견으로 바뀌고 혈통을 순화시키면서 원래의 포악한 성격은 거의 없어져 애정이 많고 순종적이다.

☑ 프렌치 불독(French Buldog)

● 원산국 : 프랑스, 공인(AKC) : 1898년, 순위 : 9위

19세기 중반 잉글리시 불독이 프랑스에 유입되어 현지의 다양한 개들과의 교배 끝에 탄생된 개이다. 프렌치 불독은 불독을 실내 공간에서 키울 수 있도록 개량한 것이다. 프렌치 불독은 더위에 약하고 움직이기를 싫어한다. 운동이 부족하면 비만해질 수 있기 때문에 적정량의 식사와 적당한 운동으로 균형을 맞춰 비만을 예방해야 한다.

☑ 진돗개(Jindo dog)

● 원산국 : 한국

한국의 대표적인 사냥개이며 용맹하고 충성심이 강해 주인을 잘 따른다. 그러나 한 주인에게 너무 충직해서 사역견으로 사용하기에는 어려움이 있다. 진돗개는 1962년 문화재보호법에 의해 천연기념물 제53호로 지정된 한국의 대표적인 토종개다. 삽살개, 풍산개 등과 함께 한국의 고유 품종 중의 하나이며 털은 주로 노란 것(황구, 黃狗)과 흰 것(백구, 白狗)이 있으며, 그 외 재구, 네눈박이, 호구, 흑구(黑狗) 등 10여 종류의 다양한 것이 있다. 이 중에서 백구를 가장 선호하는 편이다. 2012년에 진돗개의 총 유전체가 모두 해독되었다. 개 품종으로 총 유전체가 해독된 경우는 독일의 개 복서 이후 두 번째이다.

요약

Chapter 1: 동종 번식

동종 번식은 이러한 순종의 부모로부터 태어난 자견을 의미한다.

순종 개는 동종 번식(Inbreeding)을 통해서만 얻어질 수 있다.

Chapter 2: 개 유전병

근친교배에 의한 혈통 고정이 진행되면 이에 따라 열성 유전자에 의한 유전병들이 발생하게 된다.

유전에 의한 질병은 250가지가 넘으며 90가지는 열성 대립유전자, 15가지는 우성 대립유전자, 45가

지는 여러 유전자와 관련이 있다고 알려져 있다.

Chapter 3: 유전자 풀

유전자 변이, 유전자 혼합은 유전 질병을 예방할 수 있기 때문에 해당 개체군에 이롭다고 알려

져 있다.

폐쇄적 유전자 풀은 해당 견종의 유전자 지도(Linkage Map)를 쉽게 만들 수 있다.

Chapter 4: 번식의 타협

개를 선택할 때에는 아름다움과 성격 두 가지 사이에서 적절한 타협점을 찾아야 한다.

Chapter 5: 브리딩(Breeding)

브리딩 방법에는 인브리딩, 라인브리딩, 아웃브리딩 등이 있다.

Chapter 6: 견종

개의 다양성은 유전자 변이의 작은 차이로 시작된다.

Chapter 7: 반려견 관련 단체

국내에는 한국애견연맹, 한국애견협회 등이 있으며, 외국에는 각 국가를 대표하는 반려견 단체가 있다.

Chapter 8: 견종 표준과 분류

견종 표준은 어느 견종의 완벽한 상태일 때 가져야 하는 형태를 정리한 것이다.
견종은 미국애견협회에서는 7개 그룹으로 나누고 있다.

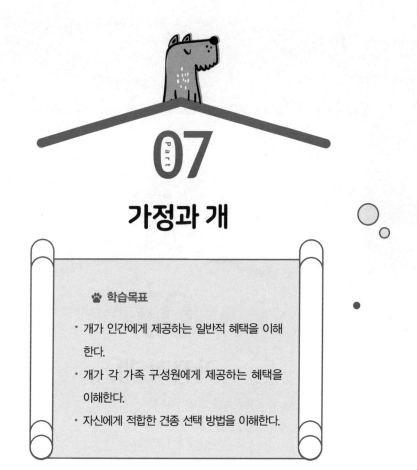

Part 07

가정과 개

학습목표

- 개가 인간에게 제공하는 일반적 혜택을 이해한다.
- 개가 각 가족 구성원에게 제공하는 혜택을 이해한다.
- 자신에게 적합한 견종 선택 방법을 이해한다.

■ **개가 주는 기쁨**(허봉금, 2011)

매 순간을 약간의 모험으로 채색해 준다.

기계적인 생각이 주는 영향력을 줄여준다.

긍정적 감정의 주파수를 높여 준다.

어린이의 교육과 노인의 안락함에 이바지한다.

삶에는 본능이 헤집고 들어갈 수 있는 자리가 있음을 상기시킨다.

부모로서의 역할을 계속하게 한다.

만남을 도와준다.

246 가정과 개

일반적으로 가정에서 개를 기르면 다른 가족 구성원에게 소홀히 할 가능성이 높아지고 개를 돌보기 위해서 더 많이 노력해야 하기 때문에 어려움이 많을 거라고 생각한다. 한 가정에서 개 한 마리를 기른다는 것은 어린아이 한 명을 양육하는 것과 같다고 할 수 있다. 어린아이를 양육한다는 것은 자고 먹고 활동하는 모든 일에 지속적으로 관심을 가져야 하기 때문에 엄청난 부담을 주며 가정의 모든 구성원들을 힘들게 한다. 그럼에도 불구하고 어린아이를 기르면 자라면서 발전하고 변화하는 모습 속에서 그 모든 어려움과 힘듦을 이겨낼 수 있게 해준다. 개를 기르는 것도 마찬가지로 어렵고 힘이 드는 일이지만 그것을 통해서 가정의 모든 구성원들이 많은 유익을 얻을 수 있다. 즉, 가정에서 개를 기를 때 유발되는 어려움보다 그것으로부터 발생하는 유익이 더 많고 크다면 작은 힘듦을 이겨 낼 수 있을 것이다. 그럼 가정에서 개를 기르면 어떠한 유익이 있는지 살펴보도록 하자. 심리학 교수이면서 동물 지능 분야의 전문가인 스탠리 코렌은 '동물을 사랑한다고 사람을 사랑하는 마음이 적어지는 것은 아니며 오히려 동물을 사랑하는 사람이 다른 사람을 더 잘 사랑하는 법이다.'라고 하였다. 나눔은 나눌수록 배가 된다고 한다. 사랑 또한 나누면 나눌수록 더욱 다른 사람을 사랑하게 되어 가정 구성원 모두가 좀 더 사랑하는 마음이 생겨 관계가 좋아질 것이다. 피에르 슐츠는 그의 저서 "개가 주는 위안"이라는 책에서 개는 인간의 심리 문제에 대해 코치 역할을 한다고 하였다(허봉금, 2011). 피에르 슐츠에 의하면 첫째, 개는 주인이 감정적으로 즉시 반응하도록 자극을 준다. **온화한 윤리**란 감정에 이끌려 행동을 하게 되는 경우를 말하며 **냉정한 윤리**는 행동해야 하는 이유를 이성적으로 분석하는 것을 뜻하는데 개는 이 두 가지 윤리 중에서 주인으로부터 온화한 윤리를 유도하게 한다. 온화한 윤리에 의한 긍정적 감정은 삶을 더욱 부드럽게 만들어 주기도 한다. 둘째, 개는 **현재 그리고 지금 여기에** 관심이 있다. 개는 사람에게 건강한 삶이란 한 방향으로만 생각하고 행동하고 한 번에 한 가지만 원하고 한 가지 일만 하는 데서 온다는 것을 알려준다. 개는 사람에게 모든 관심을 자기 자신에게 집중할 수 있도록 함으로써 기분 전환과 함께 마음을 편안하게 해준다. 셋째, 개는 어른 개라고 할지라도 어릴 적 모습을 그대로 간직하고 있기 때문에 좋은 놀이 친구가 될 수 있다. 넷째, 개는 익숙하지 않은 것과 이상한 것에 대한 사람의 호기심을 유발시키기 때문에 개와 함께 지내는 것은 **애니미즘**(animism, 모든 대상에 영(靈)적인 능력이 있다고 믿는 세계관)에 대한 실습이기도 하다. 다섯째, 개는 상대방이 친절해 보이면 그 사람이 누구든지 바로 다가가고 상대방이 이상하거나 적대적이라고 생각되면 즉각적으로 경계하는 태도를 취한다. 그러므로 개는 **상대방의 거울**과도 같다. 그 외에도 개와 함께 살면 인생의 즐거움이 증가한다(허봉금, 2011). 주인은 자기와 같은 종인 인간과의 감정 교류뿐만 아니라 서로 다른 종과 나누는 신비롭고도 정신을 풍요롭게 해주는 애정을 갈구하게 되며 주변 환경과 자신의 성격 때문에 생긴 욕구 불만과 허전함으로부터 벗어날 수 있도록 해준다. 또한 개는 가까운 사람을 잃었거나 혼자 지내는 것을 아주 좋아하거나 사회로부터 격리되어 다른 사람들과 잘 어울리지 못하는 사람에게도 도움을 줄 수 있다. 즉 개는 다른 사람을 대신하여 인간적인 결함이나 어려움을 메워주는 역할을 한다. 앨런의 연구에 의하면 스트레스를 받는 상황에서 개와 함께 있기만 해도 스트레스로 인한 땀 분비가 줄어들고, 혈압과 맥박수가 낮아진다(Allen, Blascovich, Mendes, 2002;Allen, Blascovich, Tomaka, Kelsey, 1991).

Chapter 1 개를 기르면 얻는 혜택

개를 기르면 정서적으로 안정되고 신체적으로도 유익하다는 것에 대해서는 이미 학문적으로 밝혀졌다. 반려동물과 함께 같은 공간에 있는 것만으로 심박수가 낮아지거나 혈압이 내려가는 효과가 있다. 가정에서 개를 기르는 것은 건강에 큰 도움을 준다(Dogtime, 2015; Enos, 2014). 첫째, 개를 기르면 더 많은 운동을 하게 된다. 개를 소유한 주인이 소유하지 않는 사람보다 더 건강에 긍정적인 영향을 미친다(Müllersdorf, Granström, Sahlqvist, & Tillgren, 2010). 2008년 야브로프는 41,514명을 대상으로 개를 소유한 사람들의 신체적 활동을 조사하였다. 연구 결과 개를 기르는 사람이 일반인 보다 더 많은 신체적 활동을 하는 것을 확인하였으나 고양이를 소유한 사람에게서는 그러한 활동 증가가 관찰되지 않았다. 이 연구는 개를 소유한 사람이 비 소유자보다 더 많은 신체적 활동을 한다는 것을 의미한다(Yabroff, Troiano, & Berrigan, 2008). 1,813명을 대상으로 한 설문조사에서는 개와 함께 사는 사람이 그렇지 않은 사람보다 신체 활동을 할 가능성이 57% ~ 77% 높다(Cutt, Giles-Corti, Knuiman, Timperio, & Bull, 2008). 또한 개를 키우는 집의 아이들은 과체중이나 비만이 될 위험이 상대적으로 낮은데(Timperio, Salmon, Chu, Andrianopoulos, 2008) 이는 주인이 개와 함께 산책하면서 운동량이 증가해 건강을 유지하는데 간접적인 도움을 받았기 때문이다(Dembicki, Anderson, 1996). 개를 키우는 가정에서는 일반 가정에 비해서 더 많이 산책하고 더 자주 산책한다(Salmon, Timperio, Chu, Veitch, 2010). 연구결과에 의하면 자녀의 나이가 많을수록 더 오랜 시간 동안 산책을 하며 더 규칙적으로 산책을 한다. 미국 국립 보건복지연구소(National Institute of Health and Welfare) 조사에 따르면 평균적으로 개를 기르는 사람들이 그렇지 않은 사람보다 5일 기준 30분 이상 더 많이 운동한다. 개를 산책시키고 운동시키는 과정에서 주인 역시 자연스럽게 몸을 많이 움직이기 때문이다. 캐나다 빅토리아 대학의 연구에 따르면 개를 소유하고 있는 사람은 가벼운 신체적 활동 가능성을 증가시킨다(Brown, & Rhodes, 2006). 즉, 개를 기르는 사람은 일주일에 평균 300분을 걸었는데 개를 기르지 않는 사람은 180분을 걷는 것으로 조사되어 개 소유자의 자발적인 운동 시간 증가에도 기여한다. 둘째, 개를 기르면 성격과 행동이 활발해진다. 영국 의학저널에 의하면 개가 주인의 건강에 가장 기여하는 것은 사회적으로 더욱 쉽게 다른 사람에게 접근할 수 있도록 해주고 친밀감을 얻을 수 있도록 해주는 것이다. 2011년 국제학술지 '성격과 사회 심리학 저널'에 발표된 연구결과에 따르면 개를 비롯한 반려동물을 기르는 사람은 성격과 행동이 적극적이고 긍정적으로 변한다(McConnel, Brown, 2011). 약 10개월에 걸친 임상실험에서 반려동물 소유자는 불과 1개월 만에 행동 방식이 건강하고 활발하게 변화하는 것으로 확인됐다. 반면 반려동물을 기르지 않는 사람들은 시간이 지나도 행동방식에 전혀 변화가 관찰되지 않았다. 개와 함께 노는 활동은 기분을 좋게 해주는데 미국 미주리-컬럼비아 대학의 연구에 따르면 개를 잠시 쓰다듬는 활동만으로도 기분을 좋게 해주는 세로토닌, 프로라틴, 옥시토신의 분비를 촉진시켜준다(Weaver, 2004). 이처럼 개와 함께 활동하는 것은 자연 항우울제를 생성시켜 기분을 향상시켜 준다. 셋째, 개를 기르면 건강에 도움이 된다. '성격과 사회 심리학 저널'에 따르면 개를 기르는 것은 정신건강에 큰 도움이 된다. 연구진은 실험 참가자 217명에 대한 성격, 인생관, 스타일 등을 묻는 설문조사를 실시한 결과에서 반려동물 소유자는 비 소유자보다 삶을 행복하고 건강하게 인식하는 것으로 나타났다. 이는 반려동물이 주인의 사회성 증진에 큰 영향을 미친다는 것을 의미한다. 또한 자신의 개와 이야기하고 쓰다듬는 활동만으로도 혈압이 낮아지는 효과가 있다(Vormbrock, & Grossberg, 1988). 이는 개의 접촉과 혈압이 매우 밀접한 관련이 있다는 것을 의미하는 것으로 자신의 개와 접촉을 통한 상호작용을 함으로써 적정 혈압을 유지할 수 있다. 베이커 의학 연구소는 1992년 특수 클리닉에서 치료를 받는 환자 5,741명을 대상으로 수행한 연구에서 개와 함께 사는 사람 특히 남성에게서 심혈관 질환이 발생할 위험이 감소했으며(Anderson, & Jennings, 1992), 이를 지지하는 추가적인 연구도 계속해서 발표되고 있다(Arhant-Sudhir, Arhant-Sudhir, & Sudhir, 2011).

미국 뉴욕에 있는 라이프 스타일 커뮤니티 'Little Things'은 가정에서 개를 기를 때 얻을 수 있는 효과에 대해서 소개하고 있다(Chang, 2015). 첫째, 개는 질병과 암을 알려준다. 개가 사람의 특정 신체 부분에 관심을 가진다면 의사의 검진을 받을 필요가 있다. 여러 연구에서 개는 예민한 후각을 이용하여 사람의 신체에서 일어나고 있는 다양한 반응을 예측할 수 있다는 것을 보여 주었다. 모든 개가 자연적으로 암을 감지할 수 있는 것은 아니지만 특수한 훈련을 받은 개는 암세포의 특이한 화학 물질 냄새를 감지할 수 있다. 미국에서는 종이 두께의 십만 분의 일(1/100,000)인 암 조직을 감지할 수 있는 나노 센서를 개발하기 위한 연구가 진행 중이다(Krisch, 2014). 그 예로 미국 비뇨기과 협회에 의하면 개는 98%의 정확도로 전립선암을 감지할 수 있다고 한다(Frey, 2014; Taverna Tidu Grizzi Giusti, Seveso, Benetti, Hurle, Zandegiacomo, Pasini, Mandressi, Graziotti, 2014). 둘째, 개는 여성의 임신을 감지할 수 있다. 많은 여성들은 임신을 하고 있을 때 기르고 있는 개가 갑자기 더 배려 하고 보호하려고 하는 것 같다고 말한다. 장소를 이동할 때 임산부를 호위하기도 하고 때때로 임산부의 배에 코를 비비거나 냄새를 맡을 수도 있으며 배 위에 머리를 기대기도 한다. 개는 이러한 가정의 새로운 변화에 대해서 위협이나 고립감을 느낄 수 있다. 전문가들은 기르는 개에게 아기에 대해서 준비할 수 있도록 개만을 위한 특별한 장소를 보여주고 그곳에서 지속적으로 매일 함께 시간을 보내줄 것을 권장한다. 개와 함께 부드럽고 사랑스러운 과정을 형성하고, 아기가 태어난 후에도 이 과정을 계속하는 것이 매우 중요하다. 셋째, 개는 자연재해를 예측한다. 개가 지진을 예측할 수 있다는 많은 기록들이 있다. 개는 고양이와 달리 지진의 전조를 느껴도 도망치지 않고 주인을 보호하려는 행동을 한다. 1975년 규모 7.3의 중국 하이청 지진이 발생하기 전 개들이 이상한 행동을 했다는 보고가 있다. 개는 인간보다 감각이 뛰어나고 소리에도 민감해 공기압의 변화와 중력의 미묘한 차이를 느낄 수 있기 때문에 아주 정확하게 다가오는 자연재해에 대해서 우리에게 경고할 수 있다. 넷째, 개는 사람의 행동을 판단할 수 있다. 우리는 이미 개가 뛰어난 관찰력을 가지고 있다는 것을 알고 있다.

그것은 주인이 다른 사람에게 어떻게 행동하는지를 유심히 관찰하기 때문으로 밀라노 대학에서 개의 친밀도 조사 실험을 했다(Merola, Prato-Previde, & Marshall-Pescini, 2012). 두 그룹으로 배우를 나눠 한 그룹은 노숙자에게 음식을 대접하는 착한 사람 역할을 하게 하고 다른 그룹은 노숙자에 매정하게 대하는 역할을 주문했다. 실험 후 각 그룹에 있는 사람들이 동시에 동일한 개를 부르도록 요청하였다. 실험 결과 개는 착한 사람 역할을 한 그룹에는 관심을 가졌으나 반대 그룹에는 전혀 반응하지 않았다. 개는 인간의 자세와 음성의 톤을 통해서 친절 정도를 명확히 감지할 수 있다. 또한 개는 인간의 행동뿐만이 아니라 무엇이 옳고 나쁜지를 판단할 수 있다. 다섯째, 개는 사람 사이의 적대감을 느낄 수 있다. 개는 우리가 싫어하는 사람을 만나면 그 사실을 민감하게 감지한다. 개는 우리의 신체 언어에서 단서를 얻어 다른 사람에 대한 우리의 감정을 추론한다. 다른 사람이 위협적으로 느끼면 우리를 보호하려고 한다. 우리는 사랑과 같은 감정을 느끼며 몸에서 화학 물질인 도파민과 세로토닌이 분비된다. 이러한 화학 물질에 대한 반응으로 기쁨과 행복감을 느끼게 된다. 마찬가지로 싫어하거나 미워할 때에도 화학물질이 분비된다. 이처럼 개가 질병과 관련된 화학물질을 감지할 수 있는 것처럼 감정의 변화도 감지할 수 있다. 여섯째, 개는 당뇨병을 감지할 수 있다. 개는 사람의 땀이나 호흡하는 냄새를 통해서 당뇨병 환자의 높거나 낮은 혈당 수치를 감지 할 수 있다(Rooney, Morant, & Guest, 2013). 개는 휘발성 유기 화합물(Volatile Organic Compounds:VOC)로 알려져 있는 화학 물질을 검출 할 수 있는 능력을 가지고 있는데 이 화합물은 향기와 냄새를 포함하여 자연적으로 발생하는 화학 물질과 관련이 있다. 인간도 특정한 휘발성 유기 화합물을 감지할 수 있지만 개는 더 잠재적이고 위험이 내재되어 있는 휘발성 유기 화합물을 검출할 수 있는 강력한 능력을 가지고 있다. 개는 인간의 10,000배에서 100,000배 강한 후각을 가지고 있다. 이것은 개가 인간이 감지할 수 있는 향의 100,000배 약한 향을 감지 할 수 있다는 것을 의미한다. 다시 설명하면, 개는 약 380만 리터의 물에 녹아있는 한 숟가락 정도의 설탕을 감지할 수 있다는 것이다. 현재 많은 개들이 치명적인 증상을 진단하고 인식할 수 있는 감지 훈련을 받고 있다. 개의 잘 알려진 능력 중의 하나로 혈당이 비정상적으로 떨어지는 1형 당뇨병을 발견할 수 있다. 영국 자선단체인 의료진단견(Medical Detection Dogs) 재단은 당뇨병을 감지할 수 있도록 개를 훈련시키고 있으며 훈련 받은 개는 저혈당 시 몸에서 나오는 냄새를 맡고 의심되는 사람이 있으면 그 앞에서 짖거나 특정 행동을 한다.

당뇨 도우미 개 : http://www.diabeticalertdog.com/

영국 자선단체 의료진단견(Medical Detection Dogs) : http://medicaldetectiondogs.org.uk/

일곱째, 개는 슬픔을 위로해준다. 개는 슬프고 어려운 시기에 주인을 위로하는 것으로 알려져 있다. 멀리서 사람을 관찰하고 잠시 후에 가까이 와서 그 사람 근처에 눕기도 한다. 많은 개들은 인간이 슬퍼할 때 흘리는 눈물을 핥아주기도 한다. 런던 대학의 연구팀은 콧노래를 흥얼거리는 사람보다 울고 있는 사람에게 개가 움직이는 것을 발견했다(Custance, & Mayer, 2012). 이 연구 결과에서 개는 소리에 의해 인간의 감정을 느낀 것으로 밝혀졌으나 개가 인간에 공감하는 이유는 아직 밝혀지지 않았다. 여덟째, 개는 출산일을 알려준다. 많은 여성들은 출산 전 진통을 하고 있을 때 개가 평소와는 다른 행동을 보인다고 한다. 처음으로 다른 개나 인간을 만나면 개는 곧바로 항문이나 겨드랑이 쪽으로 향하는데 그곳이 페르몬인 땀샘이 모여있기 때문이다. 개는 사람의 성향과 감정을 알기 위하여 페로몬을 사용한다. 개는 여성의 배란 시기를 감지할 수 있다고 알려져 있는데 그 시기에는 더 많은 페르몬이 배출되기 때문이다.

이 외에도 반려견을 키우면 자식을 양육하는 것과 비슷한 감정을 느끼게 된다. 일본 지치 의학 대학(Jichi Medical University)의 연구팀은 30마리의 개와 그 주인들이 눈을 마주치며 함께 놀게 한 뒤 주인들의 소변 샘플을 검사한 결과 소변의 옥시토신 농도가 증가한 사실을 발견했다(Nagasawa, itsui, En, Ohtani, Ohta, Sakuma, Onaka, Mogi, & Kikusui, 2015). 옥시토신의 농도가 증가한 것은 주인뿐만 아니라 개도 마찬가지다. 옥시토신은 산모와 아기가 서로 마주보며 친근하게 지낼 때 강한 정서적 유대감을 느끼게 하는 호르몬으로 사람 손에 길러진 늑대를 대상으로 같은 실험을 진행했을 때는 옥시토신의 변화가 없었다.

☑ 상호응시

키쿠수이 연구진은 개와 주인으로부터 각각 소변을 채취한 후 주인들에게 30분 동안 개와 같이 놀게 했다(Nagasawa, Mitsui, En, Ohtani, Ohta, Sakuma, Onaka, Mogi, & Kikusui, 2015). 30분

이 지난 후 개와 주인의 소변을 다시 한 번 채취했다. 소변 분석 결과 개와 주인의 상호 응시는 양자 모두에게 큰 영향을 미친 것으로 나타났다. 주인과 눈을 맞춘 시간이 긴 개들의 경우에는 암수 가릴 것 없이 옥시토신 농도가 130% 증가했으며 또한 주인들도 남녀 상관없이 옥시토신 농도가 300% 증가하였다. 그러나 개와 눈을 맞춘 시간이 매우 짧은 사람들은 옥시토신 농도가 거의 증가하지 않았으며 늑대와 주인들의 경우에도 옥시토신 농도가 전혀 증가하지 않았다. 두 번째 실험에서는 사전에 개들의 코에 옥시토신 분무제를 뿌린 다음 주인과 함께 놀게 했다. 실험 결과 암컷의 경우에만 주인과의 눈 맞춤 시간이 150% 증가하고 옥시토신 농도가 300% 증가하였다. 이에 반해 옥시토신 분무제를 투여받은 수컷과 식염수 분무제를 투여받은 개들은 모두 아무런 변화를 보이지 않았다. 연구결과를 종합하면 인간-개의 상호작용은 엄마-아기의 상호작용과 똑같이 옥시토신의 양성 피드백 작용을 일으킨다는 것을 알 수 있다.

☑ 사회적 상호작용

라브라도 리트리버 성견과 강아지, 로트와일러 성견에게 목줄을 채워 아일랜드 대도시의 보행자 전용로를 산책하면서 사람들의 반응을 관찰하였다(Wells, 2004). 똑같은 길을 혼자서 걷거나 곰 인형을 안고서 걷거나 커다란 화분을 안고 걸으면서 차이를 비교하였다. 이때 마주치는 사람들이 바라보고 미소를 짓거나 말을 거는지, 말을 걸 경우 지속 시간이 얼마나 되는지 등을 조사했다. 통계적으로 말을 시작한 사람 중에 첫 대화에서 60초 이상 대화를 한 사람과는 앞으로 관계가 지속될 수 있다. 실험 결과 아무것도 들지 않았거나 곰 인형, 화분을 안고 갈 때는 무관심 수준이 꽤 높은 반면 개와 함께 걸을 때는 무관심이 낮았다. 이것은 동물의 존재가 사회적 관계를 맺는 중요한 원천이 된다는 사실을 말해 준다. 같은 개라도 성견보다 강아지와 함께 있을 때 대화 시간이 훨씬 더 길었으며, 공격성이 있는 개로 알려진 로트와일러보다는 사람과 친화력이 좋은 라브라도 리트리버와 같이 있을 때 대화 시간이 더 길었다. 따라서 개는 사회적 상호작용에서 촉매제 구실을 하는데 개의 종류, 나이에 따라 차이가 있다. 로트와일러와 걸을 때는 상호작용은 적었지만 사람들의 시선을 모을 확률은 높다. 이와 유사한 실험으로 실험 참가자에게 개 한 마리를 데리고 5

일 동안 직장과 그 밖의 여러 곳을 함께 다니라고 요청했다(McNicholas, & Collis, 2000). 개는 사람에게 먼저 다가가 비비는 등의 친화력을 발휘하지 못하도록 훈련시켰다. 존재 자체의 매력만으로 상대방에게 흥미를 유발하기 위해서였다. 참가자는 실험 기간 동안 타인을 만났을 때 어떤 상호작용이 일어나는지 세심하게 관찰하라는 지시를 받았다. 실험 결과 개는 사회적 관계를 용이하게 만드는 존재가 확실하다. 낯선 사람과 함께 있을 때뿐만 아니라 심지어 아는 사람이나 친구와 함께 있을 때도 그 효과는 주목할 만했고 게다가 개가 있을 때는 안부를 묻는 정도를 넘어서 본격적인 대화가 시작되었다. 두 번째 실험에서는 참가자에게 한 번은 지저분한 옷을 대충 입히고 다음번에는 깔끔한 옷을 입혀서 8회에 걸쳐 거리를 산책하도록 했다. 또한 훈련을 잘 받은 검은색 라브라도 리트리버에게 고급 목줄을 해 주거나, 다른 경우에는 평범한 목줄을 해 주는 등 개에게도 변화를 주었다. 연구 결과 개와 함께 있을 때 타인과의 상호작용 횟수가 거의 열 배나 증가했다. 하지만 예상과 달리 개가 고급 목줄을 했는지 평범한 목줄을 했는지는 실험 결과에 큰 영향을 끼치지 않았다. 반면 주인의 옷차림은 영향이 조금 있었다. 실험 결과 개는 외양이나 주인의 외모와 무관하게 그 자체로 사람들의 관심을 끄는 매력이 있음을 알 수 있었다. 또 다른 실험은 장애인을 대상으로 한 실험으로 장애인에게 휠체어를 타고 거리를 다니게 했는데 장애인은 거리를 다니며 다른 사람의 도움과 배려를 받아야 했다(Eddy, Hart, & Boltz, 1988). 연구진은 한 번은 장애인에게 개와 함께 다니게 하고, 다음에는 혼자 다니게 했다. 실험 결과 개와 함께 다닐 때는 18%의 사람이 장애인에게 미소를 지은 반면 개가 없을 때는 5%였다. 또한 개와 함께 다닐 때는 7%의 사람이 말을 걸고 도움을 준 반면 개가 없을 때는 1.5%였다. 여러 실험 결과를 통해 살펴본 것처럼 개는 그 존재만으로도 타인과의 상호작용에 긍정적인 영향을 준다는 것을 알 수 있다.

☑ 접촉 위험성에 대한 연구

사람들이 개와 함께 살면 원하든 원하지 않던 접촉을 해야 하고 더욱이 개는 입의 중요성이 높기 때문에 사람들이 생각하는 입맞춤이라는 것을 하게 된다. 그런데 이러한 입맞춤에 대해서 많은 사람들이 혹 병을 옮기지는 않을까 고민을 많이 하게 된다. 사람과 개는 입맞춤해도 구강 내 세균 전염이 쉽게 되지 않는다(Oh, Lee, Cheong, Lee, Park, Song, Choi, & Lee, 2015). 건국대학교 수의과대학 전염병학 실험실 연구팀은 개와 주인 간의 구강 내 세균총 분석에 대한 연구결과 개를 기르는 것과 관계없이 사람과 개의 구강 세균총은 서로 다르다고 한다. 개를 기르는 것과 관계없이 사람들의 세균총은 서로 유사하며 사람과 개 사이에는 서로 다른 세균총을 가지고 있으며 개와 주인 사이의 구강 내 세균총의 유사도는 같은 집에 사는지 여부와 관련성이 없다. 연구팀은 개와 주인 4쌍과 개를 키우지 않는 2명의 입안에서 세균 집단인 세균총을 채취해 분석한 결과 개와 사람은 확연히 다른 구강 세균총을 갖고 있다는 사실을 발견했다. 이를 위해 연구팀은 '16s 리보솜 RNA'를 분석했는데 16s 리보솜 RNA는 세균들이 어떤 것인지 알려주는 이름표와 같은 역할을 하는 염기서열이다. 개와 사람이 매우 다른 구강 세균총을 가지고 있다면 구강 내 세균이 전염될 가능성은 매우 작다. 특정 세균총은 특정 환경에서만 살 수 있는데 개의 입 안과 사람 입 안의 환경이 매우 다르기 때문이다. 개의 입 안 세균이 입맞춤 등으로 사람 입 안에 옮겨지더라도 환경이 달라 정착해 살지 못한다는 것이다. 구강 세균총이 다른 것은 개와 사람의 입 속 수소이온농도(PH)가 다르고 먹는 음식도 다르기 때문이다. 사람이 주기적으로 하는 양치질 또한 중요한 요인이다. 이 연구를 통해서 세균 전염의 위험성이 매우 낮기 때문에 걱정하지 말고 편하게 애정 표현을 하면 된다. 다만 면역력이 낮거나 구강에 상처가 있는 경우에는 주의가 필요하다.

☑ 개와 고양이 비교

동물을 기르는 사람들이 증가하면서 어떤 동물을 선택할 것인지에 대해서 고민이 많을 것이다. 또한 최근 고양이를 기르는 사람들이 증가하면서 선택에 대한 고민은 더욱 증가하고 있다. 선택에 도움이 될 수 있는 개와 고양이 사육에 관련된 연구결과를 소개한다. 프리드만과 토머스는 개와 사는 주인이 고양이와 사는 주인보다 더 건강하다는 것을 입증했다(Friedmann, Thomas, 1995). 연구에 의하면 개의 주인이 고양이의 주인보다 급성심근경색 발병 후 1년 뒤에 생존할 가능성이 거의 열 배나 높았다. 개 주인들이 고양이 주인에 대한 관계보다 고양이 주인들이 개 주인에 대한 관계가 훨씬 더 개방적이다. 고양이 주인의

97%가 개 주인과 관계를 가지고 있는 반면 개 주인의 66%만이 고양이 주인과 관계를 가지고 있다. 신경학자 허큘라노 하우젤 연구팀은 개와 고양이의 두뇌에 대한 연구를 수행했다(Jardim-Messeder, Lambert, Noctor, Pestana, de Castro Leal, Bertelsen, Alagaili, Mohammad, Manger, & Herculano-Houzel, 2017). 그 결과 개가 고양이에 비해 2배 더 많은 뉴런을 갖고 있음을 확인하였다. 뉴런은 뇌의 기본 정보 처리 단위로서 그 수가 많을수록 인지 능력이 뛰어나다는 것을 의미한다. 연구진은 크기가 다양한 개의 두뇌는 약 5억만 개의 뉴런을 가지고 있으며 고양이 뇌는 2억 5000만 개로 개의 절반 정도의 뉴런을 가지고 있다. 뉴런을 수로 보았을 때 개들은 너구리, 사자와 거의 똑같은 지능을 갖고 있으며, 고양이는 곰과 비슷한 지능을 갖고 있다. 참고로 인간은 약 160억 개, 오랑우탄과 고릴라가 약 80~90억 개, 침팬지는 약 60~70억 개의 뉴런을 가지고 있다. 코끼리는 56억 개의 뉴런을 가지고 있어 영장류가 아닌 동물 중 가장 영리한 동물이다. 후천적인 환경과 훈련에 따라 지능이 달라질 수도 있는데 좋은 주인을 만난다면 더 똑똑한 강아지, 고양이가 될 수도 있다.

그러나 고양이가 주인의 건강에 긍정적인 도움을 준다는 연구 결과도 있다. 고양이와 함께 사는 92명과 반려동물과 같이 살지 않는 70명의 건강을 비교하였다. 분석 결과 고양이와 사는 사람들이 그렇지 않은 사람보다 심리적으로 더 건강하며 정신질환 관련 문제도 적게 나타났다(Straede, & Gates, 1993). 또 다른 연구에서는 고양이와 오랜 시간 함께 보내면 혈압이 낮아지다는 사실이 입증되었다(Somervill, JKruglikova, Robertson, Hanson, MacLin, 2008). 그러나 아직까지 이러한 결과에 대한 원인은 밝혀지지 않고 있다. 호주에서 고양이를 기르고 있는 162명을 대상으로 정신적 건강에 대한 관계성을 연구하기 위하여 전반적 정신적 건강, 우울, 불안, 수면장애, 영양, 동물에 대한 태도, 사회적 바람직성, 생활사건 척도를 조사하였다(Straede, & Gates, 1993). 연구 결과 동물을 기르지 않는 사람들에 비해서 고양이를 기르는 사람들이 전반적 정신 건강, 우울, 불안, 수면장애 영역에서 건강한 삶을 살고 있으며, 영양 상태도 양호하였으며 동물을 대하는 태도 또한 더 우호적이었다. 즉, 고양이를 기르는 사람이 동물을 기르지 않은 사람에 비해서 전반적으로 건강하다는 것이다. 결국 개와 고양이 모두 사육을 하면 인간의 건강에 도움을 주기 때문에 자신에 적합한 동물을 선택하여 사랑으로 사육 관리하면 된다.

☑ 개의 등록

월령 3개월 이상인 반려동물 중 개에 한해 법률에 의해 강제적으로 지방자치단체에 등록하게 함으로써 유기 동물의 발생을 줄이고자 하는 취지에서 2014년 1월 1일부터 **반려동물 등록제**를 시행했다. 이러한 법률에 따라 반려동물이 등록되면 반려동물을 잃어버렸을 때 동물보호관리시스템(www.animal.go.kr)의 동물등록정보를 통해 소유자를 찾을 수 있게 된다. 등록 방법은 내장형 칩을 신체의 일부에 삽입 후 봉합하는 방법과 외장형칩을 목걸이 형태로 만들어 훼손이 되지 않을 정도로 단단하게 고정시키는 방법, 그리고 군번줄과 같이 인식표를 목걸이로 만들어 걸어두는 방법 등 세 가지 형태가 있다. 내장형 칩은 인체에 치명적인 부작용을 일으켜 감염, 관절염이나 심장질환, 각종 암을 유발시킬 위험이 제기되고 있고, 외장형 칩이나 인식표는 쉽게 제거될 수 있다는 문제가 제기되어 그 실효성에 의문이 제기되고 있다. 미국 하버드 대학 캐서린 알브레히트 교수가 1990년부터 2006년에 걸쳐 수행한 동물 칩 연구 등 많은 연구에 의하면, 마이크로 칩을 내장한 반려동물에게서 치아가 빠지거나 치명적인 각종 암 등 부작용이 유발된다며 이로 인해 현재 수많은 소송이 진행되고 있다고 한다(허현회, 2013). 이미 오래전에 반려동물 등록제를 실시해 반려동물의 체내에 칩을 의무적으로 내장했던 미국, 영국 등 대부분의 나라에서는 시간이 흐르면서 충치, 신부전증, 심장질환, 뇌졸중, 각종 암 등 치명적인 질병이 발병되자 의무제를 대부분 폐기하고 있는 상태이다. 어떤 등록 방법을 선택하던지 좋은 점과 나쁜 점이 있기 때문에 주인이 스스로 이러한 장점과 단점을 확인하고 판단할 필요가 있다. 또한 개와 동반하고 외출할 때에는 농림축산식품부령으로 정하는 바에 따라 목줄 등 안전조치를 해야 하며, 배설물이 생겼을 때는 즉시 수거하여야 한다(동물보호법 제13조 2호). 특히, 길 위의 개 배설물을 치우지 않으면 문제가 된다(이소영, 2012). 개 배설물을 치우기 위해서 경제적인 손실이 발생하고 공중위생에도 위험요소가 되기 때문이다. 개 배설물로 인한 환경오염은 개회충(Toxocara Canis) 확산이 유발될 수 있다는 것인데 개회충은 개와 사람 모두 구충제를 먹으면 간단히 예방할 수 있지만 예방하지 않고 있다가 감염되면 현기증, 구토, 천식, 간질 발작, 실명 등을 유발할 수 있다(Kerr-Muir, 1994). 특히 어린아이들은 개회충에 자주 노출되어 감염된다(O'Lorcain, 1994).

☑ 응급상황에 대한 대처

반려동물은 사람과 다르게 말을 할 수 없다. 아픈 곳이 있더라도 보호자에게 자신의 상황을 정확히 전달할 수 없다. 따라서 반려동물의 보호자는 동물이 아플 때 나타내는 증상을 잘 파악할 줄 알아야 한다. 그중에서도 즉각적인 수의사의 진료나 상담이 필요한 상황이 있다. 미국수의사회(American Veterinary Medical Association, AVMA)가 제시하는 '최대한 빨리 동물병원에 가야 하는 동물의 13가지 응급상황'을 참고하기 바란다(American Veterinary Medical Association, 2015). 반려동물의 보호자라면 아래의 13가지 상황을 잘 인식하고 있다가, 반려동물이 해당 증상을 보이면 바로 동물병원으로 달려가야 한다.

1. 심각한 출혈이 있거나 또는 5분 내로 지혈되지 않는 경우
2. 숨 막힘(Chocking), 호흡곤란, 멈추지 않는 기침/헛구역질
3. 코, 입, 직장의 출혈이나 혈뇨(血尿), 토혈(吐血)
4. 배뇨 장애, 배변 장애 또는 배뇨·배변 시 명백한 통증
5. 눈(안구) 부상
6. 중독성 물질을 먹었거나, 먹었다고 의심될 때(부동액, 자일리톨, 초콜릿, 설사제 등)
7. 발작, 비틀거림
8. 골절, 심각한 절뚝거림, 다리를 사용하지 못함
9. 명백한 통증이나 극심한 불안
10. 열사병, 일사병 등의 열로 인한 스트레스
11. 극심한 구토·설사가 하루에 2번 이상 있거나 또는 구토·설사와 함께 다른 심각한 질환이 동반되는 경우
12. 24시간 이상 물을 마시지 않음
13. 의식불명

☑ 개의 죽음에 대한 대처(이지애, 2017; 조은경, 2009)

개의 죽음은 주인에게 심각한 우울증을 일으키고 때로는 대인기피증이나 상실감과 같은 증세를 일으켜 사회생활을 어렵게 만들기도 하는데 이러한 증상을 **펫로스 증후군**(Pet Loss Syndrom)이라고 한다. 사랑하는 사람이 죽었을 때 함께 슬픔을 느끼고, 표현하고, 이해해주고 편안하게 해줄 수 있는 친구와 가족을 기대하는 것은 당연하다. 불행하게도 죽은 대상이 개인 경우에는 사람이 죽었을 때와 같지 않을 수 있다. 많은 사람들은 그냥 반려동물을 잃어버린 것이라고 쉽게 말하거나 단순히 죽음 그 이상도 그 이하도 아니라고 한다. 그러나 경제적 문화적 발전은 사람들의 개에 대한 생각에 변화를 일으켜 자신이 기르는 개를 사랑하고 그들을 가족의 구성원으로 생각하게 되면서 개를 돌보는 사람들은 자신의 개 생일을 축하해주고, 자신의 마음을 털어놓기도 하고, 휴대폰이나 지갑에 개와 함께 찍은 사진을 가지고 다니기도 한다. 그래서 자신이 기르던 개가 죽었을 때 슬픔의 정도를 넘어서는 느낌이 드는 것은 당연한 것이다. 개의 죽음에 대처하는 방법과 슬픔을 어떻게 할 것인가를 이해하는 것은 향후 삶을 위해서 매우 중요하다. 슬픔의 과정은 매우 개별적인 것이어서 어떤 사람은 몇 일내에 끝날 수도 있지만 어떤 사람들에게는 수년이 걸릴 수도 있다. 일반적으로 어느 한 개인이 개를 잃어버렸다는 것을 받아들일 때까지 부인하는 과정부터 시작되는데 어떤 주인은 좀 더 강하게 삶을 복원하기 위하여 자신이나 자신의 개와 협상을 하려고 시도할 수도 있다. 어떤 사람은 개와 관련된 지인들에게 직접적으로 분노를 표출할 수도 있다. 또한 어떤 주인들은 죄의식을 느낄 수도 있다. 시간이 지나 이러한 감정이 조금씩 가라앉으면 주인은 진정한 슬픔이나 비탄을 경험하게 되면서 위축되거나 우울해질 수 있다. 개의 죽음을 진정으로 받아들이는 것은 죽음의 사실을 받아들이고 개를 기억할 때에 일어나게 된다. 슬픔은 개인적인 경험이지만 혼자서 개의 죽음에 직면하려고 노력할 필요는 없다. 이 세상에는 이러한 슬픈 경험을 가지고 있는 분들이 매우 많으며 그러한 분들에게 직간접적으로 도움을 받기 위해 적극적으로 노력할 필요가 있다. 전문가, 관련 모임, 책, 비디오, 잡지 기사 등 다양한 형태의 지원을 받을 수 있는 방법이 있다.

수의사나 관련 기관에 연락하여 이별에 대한 도움을 받을 수 있는 곳을 물어볼 수도 있다. 또한 인터넷을 활용하여 개의 죽음에 대처하는 방법을 도와줄 수 있는 지원 조직과 대처 방법에 대한 정보를 찾아보는 것도 좋다. 특히, 어린아이에게 개의 죽음은 죽음에 대한 첫 경험일 수 있다. 개를 구하지 못한 것에 대해서 자신, 부모, 또는 수의사를 미워할 뿐만 아니라 죄의식, 우울감 그리고 자신이 사랑한 것들을 빼앗겼다는 두려움을 느낄 수도 있다. 개가 도망 갔다고 거짓말을 하는 경우가 있는데 이런 경우 아이들은 개가 돌아올 것이라고 기대하게 되고 진실을 알고 난 후 더 큰 배신감을 느낄 수 있다. 따라서 자신의 슬픔을 표현하는 것은 너무나 당연한 것이며 감정을 다스릴 수 있도록 도와줌으로써 자녀를 안심시켜야 한다. 노인에게 개의 죽음은 특히 어려울 수 있는데 혼자 사는 노인들은 목적을 잃어버리고 엄청난 공허함에 시달릴 수 있다. 개의 죽음은 다른 잃어버린 것에 대한 고통스러운 기억들을 회상하게 할 수 있으며 자신이 죽은 후 남아있는 가족들을 생각나게 할 수 있다. 새로운 개를 분양받는 것은 개가 보호자보다 더 오래 살 수 있을 가능성과 새로운 개를 돌볼 수 있는 신체적, 경제적 능력에 따라 달라지기 때문에 매우 복잡한 문제이다. 따라서 개를 기르고 있는 노인들에게는 개의 죽음을 극복하고 목적의식을 회복하기 위해서 즉각적인 도움이 필요하다. 만약 당신이 개를 기르는 노인이라면 친구와 가족과 이야기를 나누고 개의 죽음과 관련된 지원 조직과 접촉을 시도해야 한다. 만약 당신이 이러한 상황을 잘 이해할 수 있는 경험자라면 개의 죽음을 맞이하여 슬퍼하는 노인들을 도와줄 수 있다. 살아남은 개들은 특히 죽은 개와 긴밀한 유대를 가지고 있었던 경우라면 낑낑거리거나 음식을 거부하거나 무력감으로 고통 받을 수 있다. 그들이 친한 사이가 아니라 하더라도 환경의 변화와 당신의 정서 변화가 남아있는 개에게 스트레스를 줄 수 있다. 남아있는 개들이 계속해서 이상한 행동을 하면 실제로 수의사를 필요로 하는 의료 문제가 있을 수 있다. 남아있는 개에게 다정한 보살핌을 제공해 주고 일상을 유지하도록 노력해야한다. 그것은 당신과 남아있는 개 모두를 위해서 바람직하다. 새로운 개를 분양받을 시점을 결정하는 것은 슬픔의 시간들을 지내고 개의 보호자로서의 책임을 고려하여 감정을 다스린 후에 분양받는 것이 바람직하다.

Chapter 2

가족 구성원에게 주는 혜택

개를 가족으로 받아들여 함께 생활하면 가족 구성원 모두에게 도움이 된다. 중요 가족 구성원이 받게 되는 효과에 대해서 설명하고자 한다.

① 아동

어린아이가 반려동물과 함께 지내면 여러 가지로 건강에 도움을 준다. 어린아이가 태어나서 생후 첫 일 년 동안 개와 함께 생활하면 감기와 같은 호흡기 질환에 덜 민감해진다. 약 400명의 어린이를 대상으로 한 연구에서 개와 함께 생활하는 아이들이 개와 함께 생활하지 않는 아이들보다 약 1/3배 건강할 가능성이 증가되었다(Bergroth, Remes, Pekkanen, Kauppila, Büchele, & Keski-Nisula, 2012).

보통 반려동물은 어린 아동들에게 알레르기를 유발한다고 알려져 부모들이 개와 함께 생활하는 것을 망설이는 경우가 많다. 국제학술지 소아과 저널 연구에 따르면 어린 시절 강아지와 함께 자란 아이들은 다른 아이들보다 후에 습진을 덜 앓는다고 한다. 반면 고양이와 자란 아이들은 개와 자랐을 때 보다 습진을 앓게 될 확률이 비교적 높다. 또 다른 시험에서 개와 고양이 등 두 마리 이상의 반려동물과 함께 생활한 적이 있는 아기 180명과 동물과 접촉한 적이 없는 아이 220명을 따로 관찰했는데 반려동물과 함께 생활한 아이들은 그렇지 않은 아이들보다 알레르기 발생 위험이 두 배나 더 낮았다(Ownby, Johnson, & Peterson, 2002). 즉, 생애 첫해 동안 2마리 이상의 동물에게 노출된 아이들이 유년시절 알레르기에 대한 위험이 낮아진다. 이는 지나치게 청결한 환경에서 자란 아이일수록 알레르기 반응을 보일 위험이 높아짐을 증명한 것으로 집에서 한 마리 이상의 반려동물을 키우면 동물이 어른 또는 아이와 접촉하며 세균을 옮기기 때문에 알레르기 항원을 비롯한 면역 체계가 강화되는 것이다.

자라나는 영아들의 면역력을 강화시키면 청소년기 이후의 건강을 유지시켜주는 데도 큰 영향을 미친다. 2002년 미국 조지아 대학의 의대 소아과 데니스 R. 오운비 교수는 반려동물과 아동의 질병 관계를 연구하였다. 연구에 의하면 생후 1년 전부터 개와 고양이 등 두 마리 이상의 반려동물과 생활했던 아이들이 6~7세가 됐을 때 천식 등 알레르기 증상을 일으킬 위험이 15%임에 비해 그렇지 않은 아이들은 알레르기 증상이 나타날 위험이 33.6%에 달한다(권지형, 김보경, 2010). 이는 반려동물과 관련된 박테리아나 기생충에 의해 아이들의 면역력이 강해졌기 때문에 반려동물이나 가축과 가까이 지낸 아동이 성장하면서 질병에 거의 걸리지 않는다는 것이다. 어린아이가 있는 집에서 개나 고양이를 키울 경우 털에서 나오는 먼지나 진드기 등이 아이의 호흡기에 좋지 않은 영향을 미칠 수 있을 것이라고 생각할 수 있다. 그러나 어린 시절 감염균이나 기생충 등에 노출되는 기회가 적은 아이들은 면역체계가 약해져 오히려 알레르기나 천식에 걸릴 가능성이 커진다는 **위생 가설**(hygiene hypothesis)을 지지하는 연구가 이를 반증하고 있다. 벨기에 과학자들의 연구에 의하면 소나 젖소나 말이 있는 시골이나 농장에서 농장 먼지와 함께 자란 아이들이 향후 천식과 알레르기에 강하다는 것을 확인하였다(Schuijs1, WillartM, Vergote, Gras, Deswarte, Ege, Madeira, Beyaert, Loo,, Bracher, Mutius, Chanez, Lambrecht, & Hammad, 2015). 농장 먼지에 노출된 아이들이 천식과 알레르기에 대항하는 면역 시스템이 강화된다. 연구팀은 쥐들을 농장에 투입하고 농장 먼지에 한동안 노출시켰다. 그 결과 쥐들은 집 먼지 진드기가 일으키는 알레르기에 강하다는 것을 발견했고, 그 과정에서 농장 먼지들은 쥐의 호흡기 안에 점액의 세포막을 만들어 집 먼지 진드기 등의 알레르기들이 침투하지 못하게 한다는 사실을 밝혀냈다. 그 메커니즘은 쥐가 농장 먼지와 접촉할 때 A20이라는 유전자가 A20이라는 단백질을 만들어 준다는 것이다. 폐의 점액 세포막에서 A20 단백질을 비활성화 시켰더니 쥐들은 바로 천식과 알레르기에 노출되었다. 이후 환자들에게 실험을 진행했는데 그 결과 천식과 알레르기 때문에 고생하는 환자들은 예방 단백질인 A20이 없어 알레르기에 심각하게 반응하고 있다는 사실이 밝혀졌다.

반려동물은 천식 및 알레르기 발병과 상관관계가 없다는 것이 유럽의 대규모 집단 연구에서 이미 확인되었다(Lødrup Carlsen, Roll, Carlsen, Mowinckel, Wijga, Brunekreef, Torrent, Roberts, Arshad, Kull, Krämer, von Berg, Eller, Høst, Kuehni, Spycher, Sunyer, Chen, Reich, Asarnoj, Puig, Herbarth, Mahachie John, Van Steen, Willich, Wahn, Lau, Keil, 2012). 또한 스웨덴 웁살라대학 연구진은 2001~2010년 스웨덴에서 태어난 어린이 100만 명의 건강 및 성장환경의 연관관계를 분석한 결과 반려동물을 키우는 아이는 그렇지 않은 아이에 비해 천식 발병률이 더 낮다는 것을 확인했다(Fall, Lundholm, Örtqvist, Fall, Fang, Hedhammar, Kämpe, Ingelsson, & Almqvist, 2015). 연구

진은 다양한 반려동물 중 가장 인기가 많고 흔하게 볼 수 있는 개와 어린이 천식 발병의 연관관계 조사를 위해 개 등록 가정과 이 가정에 소속된 아이의 건강 상태를 분석했다. 아이가 6세가 될 때까지 천식의 위험에서 얼마나 자유로운지 조사한 결과 태어나서부터 곧바로 개와 한 집에서 자란 아이들은 개를 전혀 키우지 않는 아이들에 비해 학교에 들어가기 전까지 천식에 걸릴 위험이 15% 더 낮은 것으로 나타났다. 위의 연구 결과로 볼 때 개를 키우고 있는 부모들은 개가 어린아이에게 접촉하는 것을 두려워할 필요가 없다. 그러나 아이가 이미 천식 또는 알레르기 증상을 보인다면 그때에는 개 또는 반려동물과 멀리 하도록 하는 것이 좋다. 세계보건기구(WHO)에 따르면 전 세계 2억 3500만 명이 천식으로 고통받고 있으며, 미국의 질병통제예방센터(CDC) 집계 결과 어린이 11명 중 1명, 성인 12명 중 1명꼴로 천식이 발병하는 것으로 나타났다. 미국 전체 어린이의 8.5%가 천식에 시달리고 있다는 것이다. 이처럼 가정에서 개를 기른다는 것은 단순한 동물을 기르는 것 이상으로 우리 아이의 면역력을 강화시키는 데 도움을 준다. 그러나 가정에서 개나 고양이를 기르면 알레르기 증상을 유발할 수 있다는 연구도 있다(Yang, Lee, Kwon, & Lee, 2018). 이 연구는 2015년 11월 국제반려동물용품박람회(KOPER 2015)에 참가한 1만 9천 956명 중 537명을 대상으로 이뤄졌다. 연구결과 개 주인 407명 중 103명(25.3%), 고양이 주인 130명 중 45명(34.6%)에게서 알레르기 증상이 있었다. 또한 반려견 품종별 알레르기 유발 빈도는 치와와(40.0%), 요크셔 테리어(38.3%), 몰티즈(30.1%) 순으로 높았다. 고양이의 경우 페르시안(47.8%), 터키시 앙고라(41.7%), 스코티시 폴드(26.7%) 순이었다.

2008년에는 이스라엘 농업부의 수의학 담당 부서의 미셸 발라이시 박사(Dr. Michel balaish)가 초등학교 1~3학년 228명의 아이들을 대상으로 반려견을 키우는 집의 아이들이 그렇지 않은 아이들보다 혈압이 낮다는 조사 결과를 발표했다. 어린 시절 고혈압이 있던 사람의 1/3이 어른이 된 후에도 고혈압을 앓게 된다. 고혈압은 각종 질병 및 사망의 주요 원인이 된다는 점에서 이 결과는 주목할 만하다(권지형, 김보경, 2010).

개와 함께 생활하는 아이들은 그렇지 않은 아이들보다 스트레스가 낮다. 미국 플로리다대학교 심리학과 연구팀은 스트레스와 주변 환경의 상관관계를 연구했는데 연구팀은 개가 아이들의 스트레스를 줄이는지 검증하고자 7~12세에 해당하는 아이 101명을 대상으로 실험을 진행하였다(Kertes, Liu, Hall, Hadad, Wynne, & Bhatt, 2017). 먼저 아이들에게 스트레스를 유발하기 위해 사람들 앞에서 발표를 하게 하거나 암산 문제를 풀게 했다. 이후 과제를 수행하게 했는데 무작위로 3가지 상황(개와 함께, 부모와 함께, 혼자서)에서 임무를 실행하게 했다. 마지막으로 아이들의 타액을 채취해 스트레스 호르몬 수치를 측정했다. 연구 결과 예상대로 부모와 함께 있으면서 과제를 수행한 아이들의 스트레스 수준이 가장 낮았다. 하지만 개와 함께 있는 상황에서도   또한 부모와 함께 있을 때와 비슷한 효과를 불러일으키며 스트레스 수준을 하락시켰다. 과제를 수행할 때 개와 함께 있거나 개를 쓰다듬은 아이들은 혼자 있던 아이들보다 스트레스 수준이 낮았다.

동물들은 어린아이가 인간관계와 감정 교류를 배우는 학습의 원천이 된다(허봉금, 2011). 개의 수명은 인간에 비해서 매우 짧기 때문에 개의 죽음으로 인하여 슬픔을 경험하게 된다. 개는 부모 역할을 하는 자극제가 되기도 한다. 1996년 캔자스 대학교의 포레스키 교수는 3~6세의 아이를 키우는 88가구를 대상으로 가정환경, 반려동물 등 아이들의 성장 발달에 영향을 끼칠 수 있는 다양한 요인을 연구했다(Poresky, 1996). 연구 결과 개, 고양이 등 반려동물의 존재는 아이들이 생명을 대하는 태도에 긍정적인 영향을 끼친다는 것을 확인했다. 반려동물과 함께 자란 아이들은 동물을 친절하게 대했으며 반려동물과 함께 자라지 않은 아이들보다 지능지수와 공감 능력이 높았다. 유치원생 174명을 대상으로 반려동물이 유치원생에게 이행적 대상(transitional object)의 역할을 하는지 조사하였다(Triebenbacher, 1998). 연구 결과 아동들은 반려동물을 친구이자 가족의 일원으로 여기고 반려동물과 감정적인 교류를 많이 하고 사랑을 주어야 하는 대상으로 생각하고 있었다. 또한 반려동물에게 정서적으로 많이 의지하고 있으며 반려동물은 유아기 애착을 보이는 인형과 같은 대상임을 확인하였다. 3세에서 13세 사이의 남녀 아동 300명을 대상으로 반려동물에 대한 태도를 조사하였는데, 아동들은 동물을 통해 몰랐던 것을 알게 되었고, 행복과 평안, 조건 없는 사랑을 느끼게 되었다고 말했다(Kidd, & Kidd, 1985).

☑ 동물 대체품

가정에서 개를 키우면 사육 관리가 어렵고 비용이 많이 들며 감염과 같은 건강 염려 때문에 실제 개가 아닌 다른 동물 대체품을 생각할 수 있다. 이러한 요구에 부흥하기 위하여 일본에서 아이보라는 로봇을 개발했다. 아이보는 소니에서 만든 감성 지능형 로봇 강아지로 1999년에 출시해 20만대 이상을 판매하였다. 동물 대체품과 실제 개 사이에 어느 것이 더 도움이 되는지에 대한 연구가 있었다. 3~6세 아이들 14명에게 로봇 개와 아이보와 크기가 똑같은 실제 개를 11주 동안 주 1회 소개했다(Ribi, Yokoyama, & Turner, 2008). 실험에 참가한 아이들 중 집에서 개를 키우는 아이는 한 명도 없었고, 고양이나 토끼 등 다른 동물을 키우는 아이는 몇 명 있었다. 실험 결과 아이들은 로봇보다 개와 더 많은 상호작용을 했다. 아이들은 로봇보다 개를 더 자주 품에 안았다. 로봇은 개와 비슷하게 행동하고 능동적인 모습을 보여 주어 최신식 장난감처럼 아이들의 마음을 끄는 매력을 지니고 있지만, 실제 개만큼 흥미를 불러일으키지는 못했다. 그러나 면연력이 약하거나 거동이 어려운 분들에게는 동물 대체품이 대안이 될 수도 있다.

② 청소년

반려동물은 청소년들의 건강을 개선하고 정서적 및 심리적 문제에 도움을 준다. 청소년기는 질풍노도의 시기로 다른 시기와는 차별화된다. 청소년들은 부모와 별개로 자신의 정체성을 찾기 시작하고 자신의 미래에 대해 생각하기 시작한다. 청소년기는 아동기에서 성인기에 이르는 과도기로 혼돈과 혼란의 세계에서 자신의 자리를 찾기 위해 끊임없이 노력한다. 이 시기의 많은 청소년들은 자신의 감정을 다루는 대처 기술이 부족한데 연구에 따르면 반려동물과 애착관계가 있는 청소년들은 반려동물을 기르지 않은 또래 청소년들과 비교하여 정서적으로 더 잘 대처한다. 또한 반려동물은 청소년들에게 사회적 사교활동이 아닐지라도 상호작용을 하도록 요구하고 더 많은 목적성을 가질 수 있게 한다. 동물을 돌보는 청소년들은 더 강한 사회적 관계를 가지고 있다. 특히 청소년 시기 후반부에 반려동물에 대한 높은 수준의 애착은 다른 사람들과의 관계, 공감, 자신감과 깊은 관련이 있다.

청소년들에게 대한 사회적인 지원 이외에도 반려동물을 기르면 다양한 이점을 가지게 된다. 반려동물은 사람 사이에 포옹하는 것보다 훨씬 포옹의 가능성을 높여준다. 모든 동물들은 주의를 끌어당기는 강한 힘을 가지고 있다. 예를 들면 강아지가 끊임없이 털을 비비고, 핥고, 껴안도록 자극하는 행동들을 보고 청소년들이 무시하는 것은 매우 어려운 일이다. 특히 같은 시기의 동료들보다 감정이 둔감할 때 동물의 이러한 행동들은 매우 도움이 된다. 반려동물은 청소년시기의 좋은 경청자가 되어줄 수 있다. 많은 청소년들은 어른들이 자신들의 생각이나 힘들어 함을 이해하지 못한다고 생각한다. 반려동물은 최고의 청취자로 청소년들의 혼란스러운 생각과 감정들을 안전하게 말로 표현할 수 있도록 해주는 좋은 대상이다. 반려동물은 스트레스와 불안을 해소시켜 준다. 마음을 진정시키는데 반려동물을 쓰다듬는 것만큼 좋은 방법은 없다. 이미 알고 있는 것처럼 반려동물과 함께 하는 놀이 활동은 스트레스 감소 호르몬(옥시토신) 수치를 증가시키고 스트레스 호르몬(코티솔) 수치를 감소시킬 수 있다. 미국 질병 통제 예방 센터와 국립 보건원에 따르면 반려동물을 기르는 것은 혈압, 콜레스테롤, 트리글리 세라이드 수치의 감소와 깊은 관련이 있다. 이 모든 수치의 감소는 심장 발작 위험을 감소시킨다. 결국 반려동물들이 우리들의 마음을 훔쳐 갈지는 모르지만 그것을 통해서 우리의 건강을 지킬 수 있게 되는 것이다. 반려동물은 사회화와 의사소통을 돕는다. 반려동물은 사회적 상호작용 기술을 향상시키는 데 도움을 준다. 특히 자폐증을 앓고 있는 청소년에게는 더욱 도움이 된다. 미주리 대학교의 연구에 따르면 반려동물은 청소년들이 타인과 사회적 상호작용을 하는 동안 자신감을 갖도록 도와줄 뿐만 아니라 사람들에게 사회적 상호작용을 할 수 있는 기회를 제공해 준다(Carlisle, 2015). 반려동물은 청소년들 옆에서 항상 함께해준다. 청소년들이 어둡고 힘든 순간에도 반려동물은 항상 그 자리에 있다. 사람들은 필요에 따라 있어 줄 수도 있고 그렇지 않을 수도 있지만 반려동물은 언제나 그 자리에서 청소년들을 지지하고 함께 해준다. 또한 반려동물은 동반자로써 우울증과 불안감을 이겨낼 수 있도록 도움을 준다. 성격과 사회심리학 저널에 실린 연구에 따르면 반려동물을 기르면 사람의 자존감, 다른 심리적 혜택, 외로움 감소, 심지어 사람의 내성적 성향에 긍정적 영향을 줄 수 있음이 나타났다(McConnel, & Brown, 2011). 청소년이 있는 가정에서 자녀가 정신적 또는 정서적 문제로 어려움을 겪고 있다면 반려동물이 대안이 될 수 있다.

3 성인

반려동물은 건조한 사회생활을 하는 성인들에게 정서적 안정감을 제공한다. 263명의 미국 성인을 대상으로 한 온라인 설문조사에 따르면 개를 기르는 사람들이 기르지 않는 사람보다 자신의 삶에 만족한다고 한다(Bao, & Schreer, 2016). 71명의 성인을 대상으로 개, 고양이를 입양한 후 10개월 동안 주인의 건강 변화를 조사했다(Serpell, 1991). 그 결과 반려동물을 입양한 첫 달부터 두통, 감기, 현기증 같은 경미한 질환의 발생 빈도가 현저하게 줄었다. 하지만 개와 고양이 사이의 차이점은 발견되지 않았다. 중국 도시 여성의 건강과 반려동물 사이의 연관성을 조사하기 위하여 25~40세의 성인 여성 3,000명을 대상으로 설문조사를 수행하였다(Headey, Na, & Zheng, 2008). 연구 결과 반려동물과 함께 사는 여성들이 신체적으로 건강하다는 결과를 보였는데 반려동물과 함께 사는 여성이 그렇지 않은 여성보다 수면 문제가 적어서 잠을 푹 자고, 아파서 회사를 쉬는 날이 적었으며, 병원 출입 횟수도 적었다.

수면과 관련하여 미국 미네소타주의 에이오클릭 연구팀의 연구 결과를 소개한다(Patel, Miller, Kosiorek, Parish, Lyng, & Krahn, 2017). 수면장애가 없는 건강한 성인 40명과 반려견을 5개월간 함께 지내게 하고 이들의 수면 패턴을 분석했다. 그 결과 개를 침대 근처에 두고 잠을 잔 피실험자들의 수면의 질이 가장 우수한 것으로 나타났다. 그러나 반려견과 한 침대에서 같이 자는 피실험자의 경우 수면의 질이 가장 낮게 나타났다. 반려견을 같은 공간에 두고 잠을 자는 피실험자는 안전함과 편안함과 같은 심리적인 감정이 수면의 질을 높이는 것으로 보인다. 그러나 반려견과 같은 침대에서 같은 이불을 덮고 자는 것은 개의 뒤척거림 등 여러 요인 탓에 수면에 방해가 되어 수면의 질이 낮아진다. 이는 반려견의 크기와는 관계가 무관하다.

개가 인간의 삶의 질에 얼마나 영향력이 있는지를 알아보기 위해 개를 키우는 50세의 여성과 지금은 개를 키우지 않는 여성을 비교하는 연구를 수행했다(Branch, 2008). 면담 분석 결과 개의 존재가 사람에게 다음과 같은 영향을 미치는 것으로 결론지었다. 첫째, 개가 주는 무조건적인 사랑을 통해 자존감이 높아졌다. 또한 이혼, 가족의 죽음 등 극심한 스트레스를 받을 때 반려동물의 무조건적인 사랑이 긍정적인 역할을 하였다. 둘째, 정신 건강이 좋아졌다. 셋째, 개와 함께 활동을 하면서 신체적으로 건강해졌다. 넷째, 개와 함께 소모임이나 애견공원 등을 통해 타인과의 사회적 접촉이 증가했다. 다섯째, 더 사랑받고 덜 외로우며 반려동물과 함께 살아서 안정감을 느끼기 때문에 삶의 질이 향상되었다. 참가자의 70%가 반려동물의 존재가 삶의 질에 대단히 중요한 역할을 한다고 응답하였다.

개를 소유 한 사람은 심혈관 질환이나 다른 원인으로 인한 사망 위험이 상대적으로 적다. 스웨덴 웁살라대학교 연구진은 40~80세 스웨덴인 약 340만 명의 2001년부터 2012년까지의 각종 건강 관련 기록과 개 소유자 기록을 비교한 결과, 독신이면서 개를 기르는 사람이 개를 기르지 않는 독신에 비해 사망 위험은 33%, 심장 발작 위험은 11% 낮았다 (Mubanga, Byberg, Nowak, Egenvall, Magnusson, Ingelsson, & Fall, 2017). 반려견과 함께 살았던 사람은 그렇지 않았던 이들에 비해 심부전·뇌졸중·뇌출혈 같은 심혈관 질환에 걸리거나 이런 질병으로 사망할 확률, 이유를 불문한 전체 사망률이 모두 낮았다. 가족 구성원이 여러 명인 경우 반려견 주인은 개를 키우지 않는 이들에 비해 심혈관 질환으로 사망할 확률이 15%, 전체 사망률이 11% 낮았다. 혼자 사는 사람의 경우에는 그 차이가 더 두드러졌다. 심혈관 질환으로 인한 사망률이 36%, 전체 사망률이 33% 더 낮았다.

✓ 직장에 개와 함께

외국의 경우 직장에 반려견과 함께 다니는 사례를 매체를 통해서 종종 접하게 된다. 정말 반려견과 함께 출퇴근을 하면 업무 효율이 상승할까? 버지니아 커먼웰스대(VCU) 연구팀은 이러한 문제에 대해서 연구를 통해 직장 내에서 반려동물이 스트레스 유발 호르몬인 코티솔 수치를 낮춰준다는 것을 확인하였다(Barker, Knisely, Barker, Cobb, Schubert, 2012). 연구팀은 미국 캐롤라이나 북부 지역의 한 제조업체 리플레이스먼트사 직원 76명을 대상으로 개를 데리고 출근하는 직원 중에서 하루 20~30명씩 매일 근무 중에 침 분비물과 설문지 등을 회수해 개를 데리고 출근하지 않는 직원들과 비교했다. 일과 시작 전에는 거의 차이가 없던 스트레스 수치가 개 없이 출근한 직원들의 경우 70%나 증가한 데 반해 개를 데리고 출근한 직원들의 스트레스 수치는 오히려 11% 감소했다. 스트레스 감소 외에도 개를 데리고 출근한 직원들은 업무 효율이나 성과, 만족도, 조직 기여도 평가에서도 그렇지 않은 직원들보다 높은 성적을 냈다. 업무 도중 개를 한번 봐주거나 쓰다듬는 것만으로도 기분을 좋게 하는 옥시토신 분비가 증가해 스트레스 수치가 줄어들었다. 또한 업무 중 잠시 시간을 내 산책을 시키면 주인과 개 모두에게 운동이 되고 휴식을 취할 수 있게 돼 건강에도 도움이 된다. 이는 낮은 비용으로 직원의 업무 효율과 생산성까지 향상시킬 수 있어서 반려동물이 회사에는 '에너자이저(Energizer)'라고 표현했다고 한다. 또한 미국 반려동물 제품 협회(American Pet Products Manufacturers Association)의 2008년 조사에 따르면 반려동물과 동반 출퇴근이 가능한 회사에서는 더 오랜 시간 회사에 남아 일하겠다는 직원이 더 많았으며, 결근율이 낮았다(Griffiths, Rowe, & Brant, 2008). 그 밖에도 직장에 개를 데려가면 동료 직원들이 개와 함께 놀아줄 뿐 아니라 개에 대한 관심이 증가하면서 자연스럽게 직장 동료들 간에 대화가 늘어나게 된다. 이는 직장 내부의 유대감 강화로 이어져 다른 종류의 팀워크 강화 방법보다도 직원들의 유대감과 사기를 높이게 된다. 또 다른 연구를 보면 개가 있는 상태에서 활동하는 집단이 그렇지 않은 집단보다 더 협력적이고 편안하며 친절하고 활동적이며 열정적이면서 주의 깊다고 한다(Colarelli, McDonald, Christensen, & Honts, 2017).

미국 반려동물 제품협회 설문조사 요약(2008)

- 7,500만 명의 직장에 반려동물을 데리고 다니면 더 행복해진다고 생각
- 7,000만 명의 직장에 반려동물과 있으면 스트레스가 줄어든다고 믿음
- 4,700만 명의 직장에 반려동물과 있으면 보다 창조적인 환경이 형성된다고 생각
- 3,700만 명이 직장에 반려동물을 데리고 다니면 결근이 줄어들 것이라고 믿음
- 4,100만 명이 직장에 반려동물을 데리고 있으면 동료와 더 잘 지낼 수 있다고 믿음
- 4,600만 명이 직장에 반려동물을 데리고 있으면 더 생산적인 직장 환경을 조성한다고 믿음
- 2,300만 명이 직장에 반려동물을 데리고 다니면 직장에서 흡연이 줄어들 것이라고 믿음
- 3,400만 명이 반려동물을 직장으로 데리고 오면 더 오랜 시간 일함
- 가장 일반적으로 직장에 데리고 오는 반려동물은 개가 76%, 작은 동물이 24%, 고양이 15%임

그러나 반려동물을 직장에 데려가려면 현실적인 문제가 많다. 우선 회사의 허가가 있어야 하며, 허가가 되었다고 하더라도 반려동물이 사무실에서 돌아다니면서 동료 업무를 방해하거나 주인이 근무 시간 내내 반려동물만 보살피느라 본인의 업무를 소홀히 할 수도 있다. 미국 대다수 회사에서는 반려동물의 예방주사 접종 증명서와 훈련을 필수적으로 요구한다. 직원 간 충돌을 막기 위해 반려동물을 선호하는 직원과 그렇지 않은 직원의 사무실을 아예 분리해 놓은 회사도 있다고 한다. 반려동물과 함께 출퇴근하는 것은 모든 반려동물 주인의 꿈이지만, 주변 환경이 그것을 허용할 때에 가능한 일이다.

④ 노인

노인들이 반려견과 함께 살면 산책을 통해 활동성을 유지할 수 있다(Shibata, Oka, Inoue, Christian, Kitabatake, Shimomitsu, 2012; Thorpe, Simonsick, Brach, Ayonayon, Satterfield, Harris, Garcia, & Kritchevsky, 2006). 영국 글래스고칼레도니언대 연구에 따르면 개를 기르는 노인이 그렇지 않은 노인보다 하루 평균 22분을 더 걷고 매일 2,760보를 더 걷는다고 한다(Dall, Ellis, Ellis, Grant, Colyer, Gee, Granat, & Mills, 2017). 연구진은 영국 링컨셔 · 더비셔 · 케임브리지셔 등 3개 주에 거주하는 65~81세 백인 노인 중 개와 함께 사는 노인 43명과 그렇지 않은 노인 43명으로 나누어 총 86명을 대상으로 활동량을 측정하는 장치를 차고 생활하면서 1년 동안 총 3회에 걸쳐 측정값을 수집하였다. 수집한 내용을 분석한 결과 개를 기르는 노인은 하루에 평균 119분을 걸었으며, 1분에 100보 이상 걷는 걸음도 32분 정도 됐다. 반면 개를 기르지 않는 노인은 하루 평균 96분을 걸었고 1분에 100보 이상의 걸음을 걷는 시간은 11분 정도였다. 중간 강도의 걸음이란 1분에 100걸음 이상 걷는 수준을 의미하는데 세계보건기구(WHO)는 65세 이상의 노인인 경우 중간 강도의 운동을 매주 최소한 150분 이상, 격렬한 운동을 75분 이상, 또는 두 운동을 조합하고 일주일에 이틀 이상은 근력 운동을 할 것을 권장하고 있다. 또한 2011년부터 2015년까지 평균 나이 72세인 여성 16,741명을 대상으로 신체 활동량을 분석한 결과 중간 강도 신체 활동을 가장 많이 한 여성들은 신체 활동양이 가장 적은 여성보다 사망 위험이 약 60~70% 더 낮다(Lee, Shiroma, Evenson, Kamada, LaCroix, & Buring, 2017). 따라서 개를 기르는 노인들의 주당 평균 중간 강도의 걷는 시간이 224분으로 세계보건기구가 권장하는 신체 활동양을 충족하는 수준이라고 할 수 있다. 캐나다에서는 65세 이상의 노인 1,000명을 대상으로 반려동물에 대한 애정이 노인들의 신체적, 정신적 건강에 영향을 끼치는지 조사하였다(Raina, Waltner-Toews, Bonnett, Woodward, & Abernathy, 1999). 연구결과 반려동물을 키우는 노인이 그렇지 않은 노인보다 신체적으로 더 젊다는 것이 입증되었다. 개나 고양이를 키우지 않는 사람들은 반려동물을 키우는 사람들보다 나이 들면서 활동 능력이 훨씬 더 빨리 저하되었다. 60세 이상 노인 127명을 대상으로 한 연구에서 반려동물과 함께 사는 노인은 그렇지 않은 노인에 비해서 더 오래 걷고 혈중 지방 성분인 트리그리세리드 수치가 낮았다(Dembicki, Anderson, 1996).

반려동물과의 함께 지내는 것이 노인의 정신 건강에도 도움이 된다(Kidd, & Feldmann, 1981). 치매 노인을 위한 요양소에서 생활하는 15명의 치매 노인을 대상으로 3주간 매일 동물매개치료(animal-assisted therapy)를 실시한 후 결과를 분석하니 불안정한 행동이 현저히 줄어들고 사회적 상호작용이 증가했다(Richeson, 2003). 반려동물이 노인에게 정신적으로 의지가 되는지를 조사하기 위하여 미국에서 275명의 노인을 대상으로 연구를 수행한 결과 노인의 외로움이 커질수록 반려동물에 대한 애착이 커진다(Hecht, McMillin, & Silverman, 2001). 외롭고 속마음을 털어놓을 대상이 없는 노인들에게서 반려동물에 대한 애정이 높아졌다(Keil, 1998). 고독감과 애착 사이의 상호 관계가 밝혀진 것이다. 양로원에서 정신적 스트레스를 겪던 노인들이 개를 키운 후 외로움이 줄고, 타인과의 만남을 피하는 성향이 줄어들었다(Corson, & Corson, 1981). 개를 키우면서 다른 사람과의 대화에 많이 참여하고, 더 많은 상호작용을 하게 된 것이다.

Chapter 3 가정에서의 견종 선택

개는 한번 분양받으면 개의 생명주기를 생각할 때 최소 10년 이상은 같이 한 집에서 생활하게 된다. 그러한 개가 자신과 잘 어울리며 말썽도 부리지 않는다면 함께 지내는 것이 즐겁고 행복하게 될 것이다. 그러나 자신과 어울리지 않고 계속해서 말썽만 부린다면 그러한 개와 함께 지낸다고 하는 것은 악몽이며 고통이 될 것이다. 따라서 가능한 자신과 어울리는 개를 선택하여 분양받는 것이 서로 행복하게 생활할 수 있는 기초가 된다. 그렇다면 자신과 어울리는 개는 어떻게 선택해야 하는 것일까? 정말 그 견종이 확실한지 궁금할 것이다. 다음은 여러분이 자신과 어울리는 개를 선택할 수 있는 방법을 소개하고자 한다.

① 성격검사를 통한 견종 선택

자기와 행복하게 지낼 수 있는 개가 어떤 견종인지 선택할 때 가장 먼저 고려해야 할 점은 상호작용 특성이다. 상호작용 특성이란 우리가 사회에 얼마나 잘 적응하는지, 다른 사람에게 어떤 방식으로 반응하는지, 애정이나 권력을 어떻게 사용하는지, 다른 사람들의 행동을 어떻게 다루는지 등을 말한다. 이러한 특성들을 중요하게 여기는 이유는 개들을 집 안에 들여놓고 바라보는 어떤 감상 대상이나 조작법만 익히면 쉽게 사용할 수 있는 기계가 아니라 동반자나 파트너로, 친구로, 심지어 가족 구성원으로 여기기 때문이다(선우미정, 2003).

어떤 개가 자기 필요나 성격에 맞는지 알아보려면 각 견종을 그들의 행동 특성과 기질에 근거하여 여러 가지 그룹으로 나누는 방법이 필요하다. 기질이라는 조건을 놓고 볼 때 인간과 가장 유사한 견종 가운데 현존하는 유일한 그룹은 테리어 그룹이다. 대부분의 테리어들은 독립적인 성향을 지닌 강인한 개로 흥분하면 바로 짖어대는 경향이 있다. 그러나 같은 그룹에 속한다고 각 견종의 스타일이나 기질이 동일하지는 않다. 오히려 같은 그룹 내에서도 광범위한 행동 스타일과 기질들을 찾아볼 수 있다. 스포팅 그룹이라 할지라도 비글과 바셋하운드는 다정하고 사교적인가 하면, 로디지안 리지백과 바센지는 예민하면서도 성정이 강인하다. 토이 그룹엔 고독을 즐기고 독립적인 성격의 맨체스터 테리어와 사교적이며 언제나 인기가 좋은 카발리어 킹찰스 스패니얼이 속하며 스포팅 그룹엔 늘 안정된 성격의 클럼버 스패니얼과 장난기가 많고 활동적인 아이리시 세터가 포함된다. 허딩 그룹에는 유순하고 순종적이지만 이따금 변덕을 부리는 셔틀랜드 쉽독과 지배적이며 자신만만한 저먼 셰퍼드가 포함되어 있다. 사람마다 성격, 성향, 기질이 다르듯 견종의 성격, 성향, 기질도 다양하기 때문에 자신에게 잘 어울리는 견종도 다르다. 자신과 어울리는 견종을 선택해 친구로 삼으면 삶이 윤택해지는 반면 그렇지 못한 경우엔 개나 사람이나 서로 고통스러운 생활을 하게 된다.

스탠리 코렌은 기능에 따른 분류가 아니라 각 견종이 사람들과 어떤 관계를 맺고 있는가에 따라 행동 유사성을 근거하여 새롭게 일곱 그룹으로 분류하였다(선우미정, 2003).

그룹	특징	견종
1. 친구 같은 견종 그룹	상냥하고 친절하며 사람에게 우호적인 견종들	골든 리트리버, 노바 스코샤 덕 톨링 리트리버, 래브라도 리트리버, 보더 테리어, 브리타니, 비숑 프리제, 비어드 콜리, 비즐라, 소프트 코티드 휘튼 테리어, 올드 잉글리시 쉽독, 웰시 스프링거 스패니얼, 잉글리시 세터, 잉글리시 스프링거 스패니얼, 잉글리시 코커 스패니얼, 카발리어 킹찰스 스패니얼, 컬리 코티드 리트리버, 코커 스패니얼, 콜리, 키스훈트, 포르트키즈 워터 독, 플랫 코티드 래트리버, 필드
2. 방어적인 견종 그룹	영토 장악력이나 지배적인 성향이 강한 견종들	고든 세터, 로디지안 리지백, 로트바일러, 복서, 불 마스티프, 불 테리어, 브리아드, 슈나우저, 스태포드셔 불 테리어, 아메리칸 스태포드셔 테리어, 아키다, 와이마라너, 자이언트 슈나우저, 저먼 와이어 헤어드 포인터, 차우차우, 체사피크 베이 리트리버, 코몬도르, 코바츠, 풀리
3. 독립적인 견종 그룹	개성 있고 의지가 강한 견종들	그레이 하운드, 노르웨지언 엘크 하운드, 달마티안, 볼조이, 블랙 앤 탠 쿤하운드, 사모예드, 살루키, 시베리안 허스키, 아메리칸 워터 스패니얼, 아메리칸 폭스 하운드, 아이리시 세터, 아이리시 워터 스패니얼, 아프간 하운드, 알래스칸 말라뮤트, 에어데일 테리어, 오터 하운드, 잉글리시 폭스 하운드, 저먼 쇼트헤어드 포인터, 차이니즈 샤페이, 해리어
4. 자신감 넘치는 견종 그룹	자발적으로 행동하며 때로 대담하고 무례한 성격의 견종들	노르위치 테리어, 노포크 테리어, 레이클랜드 테리어, 맨체스터 테리어, 미니어처 슈나우저, 미니어처 핀셔, 바센지, 브뤼셀 그리폰, 스무드 폭스 테리어, 스코티시 테리어, 스킵퍼키, 시츄, 실키 테리어, 아이리시 테리어, 아펜핀셔, 오스트레일리언 테리어, 와이어 폭스 테리어, 와이어 헤어드 포인팅 그리폰, 요크셔 테리어, 웨스트 하일랜드 화이트 테리어, 웰시 테리어, 잭 러셀 테리어, 케언 테리어
5. 일관성 있는 견종 그룹	독자적이며 가정을 사랑하는 견종들	닥스훈트, 댄디 딘몬트 테리어, 라사 압소, 말티즈, 배들링턴 테리어, 보스턴 테리어, 스카이 테리어, 실리햄 테리어, 이탈리안 그레이 하운드, 잉글리시 토이 스패니얼(킹찰스), 저패니즈 칭, 치와와, 티베탄 테리어, 퍼그, 페키니즈, 포메라니안, 프렌치 불독, 휘페트
6. 안정적인 견종 그룹	조용하고 성품도 좋으며 인내심이 많은 견종들	그레이트 데인, 그레이트 피레니즈, 뉴펀들랜드, 마스티프, 바셋 하운드, 버니즈 마운틴 독, 보우비어 드 플랑드로, 불독, 블러드 하운드, 비글, 세인트 버나드, 스코티시 디어하운드, 아이리시 울프 하운드, 클럼버 스패니얼
7. 영리한 견종 그룹	관찰력이 뛰어나며 훈련이 잘 되는 견종들	도베르만 핀셔, 마렘마 쉽독, 벨지안 말리노이스, 벨지안 쉽독, 벨지안 터뷰렌, 보더 콜리, 빠삐용, 셔틀랜드 쉽독, 오스트레일리언 셰퍼드, 오스트레일리언 캐틀 독, 저먼 셰퍼드, 카디간 웰시 코기, 펨브로크 웰시 코기, 푸들(토이, 미니어처, 스탠다드)

☑ 그룹 1. 친구 같은 견종 그룹

이 그룹의 견종은 사람에게 우호적이며 사귀기 쉽다는 점이다. 집을 지키거나 하는 일엔 적합하지 않다. 대다수의 견종은 활동성이 지나치지도 모자라지도 않지만 견종에 따라 기복이 심한 편이다. 비숑 프리제와 카발리어 킹찰스 스패니얼은 적당하게 활동적인 반면 스프링거 스패니얼과 플랫 코티드 리트리버는 대단히 활동적이다. 이 그룹의 견종은 지배적인 성격이나 방어적 성향이 없으므로 경비견으로 활용하기에는 부적절하다. 이 그룹의 모든 견종은 사람들과 장난치며 놀기 좋아하고 원기왕성하며 도시생활에도 잘 어울린다.

☑ 그룹 2. 방어적인 견종 그룹

이 그룹의 견종들은 집을 지키는 데 손색이 없으며 몸집이 좀 큰 개의 경우엔 수색견으로 사용해도 충분하다. 자기 영역을 확보하여 사수하는 데 아주 필사적이다. 그들의 사회성은 평균치에 지나지 않는다.

☑ 그룹 3. 독립적인 견종 그룹

이 그룹의 견종들은 수용능력이 뛰어나다. 사람들과 상호작용하는 것을 좋아한다. 다른 그룹의 견종에 비해 배짱이 세며 지배적이다. 독립적이며 고집 센 본성 때문에 이 그룹에 속하는 견종을 훈련시키는 일은 쉽지 않다. 이들의 행동을 자발적이며 예측하지 못할 만큼 변화무쌍하다. 이 그룹의 개들은 아주 활동적이어서 실외에서 지낼 때 가장 행복하고 즐거워한다. 특히 에어데일, 그레이 하운드, 그리고 아이리시 세터 등은 특히 성격이 아주 쾌활하다.

☑ 그룹 4. 자신감 넘치는 견종 그룹

이 그룹의 견종들은 전형적인 견종 분류와 가장 비슷하다. 대부분 몸집이 작으며 실제로도 이 그룹 안에는 덩치 큰 개가 없다. 자신에 대한 확신으로 가득 차 있다. 낯선 이가 접근해오면 곧바로 경종을 올리므로 경비견으로도 손색이 없다. 여기 속한 견종들은 또

아주 활동적이다. 그러나 융통성도 많아서 실외견이나 실내견으로 모두 가능하다. 대부분의 시간을 실내에서 보내야 하는 도시생활에도 별 무리가 없다.

☑ 그룹 5 일관성이 있는 견종 그룹

이 그룹의 견종들은 대부분 도시생활이나 실내생활에 안성맞춤이다. 이 견종의 특징은 그들의 행동을 늘 예상할 수 있다는 점이다. 체구가 작고 주인에게 상냥하지만 때로 독자적으로 행동한다. 쓰다듬어주거나 애정을 표현하면 아주 즐거워하고 행복하지만 종종 주인에게서 떨어져 홀로 있는 것을 즐기기도 한다. 대개 집에 머무는 것을 좋아해서 다른 어떤 그룹의 개보다 가정생활에 잘 적응한다.

☑ 그룹 6. 안정적인 견종 그룹

이 그룹의 견종들은 실내에서 아주 조용히 지낸다. 사람 주위에 머무는 것을 즐기며 인간 동료를 좋아한다. 또 아주 튼튼하며 다른 그룹의 견종에 비해 훨씬 참을성이 많다. 그룹 5의 견종들처럼 행동을 예견하기도 쉽다.

☑ 그룹 7. 영리한 견종 그룹

이 그룹의 견종들은 학습 의지를 지니고 있어서 훈련시키기에 안성맞춤이다. 경계심도 있는 편이어서 제법 훌륭한 경비견 역할도 감당한다. 규칙적인 운동을 필요로 하며 아주 복잡한 활동도 잘 배우고 익힌다. 이들은 사람 지향적이다. 주인에 대해 헌신적이며 이해심도 많아서 좋은 동반자도 될 수 있는 동시에 훌륭한 사역견으로도 손색이 없다.

위와 같은 일곱 가지 그룹은 개들의 행동 경향, 라이프 스타일, 그리고 각 기질에 근거한 것으로 어떤 그룹 내 견종의 특성과 성격을 마음에 들어 한다면 같은 그룹에 속한 다른 개 역시 맘에 들어 할 가능이 매우 높다는 것을 의미한다.

이제 자신이 어떠한 그룹의 견종과 어울리는지 알아보기 위하여 자신의 성격을 확인해야 한다. 성격 검사는 브리티시 콜롬비아 대학교의 심리학자인 제리 위긴스가 고안한 인터퍼스널 어드젝티브 스케일(IAS)을 사용한다.

문항	전적으로 아니다(1)	매우 아니다(2)	어느 정도 아니다(3)	약간 아니다(4)	약간 그렇다(5)	어느 정도 그렇다(6)	매우 그렇다(7)	전적으로 그렇다(8)
A. 당신은 자신감이 부족하여 다른 사람 주위에 있으면 불편하게 느끼는 경향이 있다.								
B. 당신은 다른 사람에게 많은 것을 요구하거나 바라지 않는다.								
C. 당신은 다른 사람에게 따뜻하고 친절하다.								
D. 당신은 다른 사람과 만나는 것을 즐긴다.								
E. 당신은 호전적이고 거리낌 없는 경향이 있다.								
F. 당신은 신중하고 다른 삶의 생각이나 감정을 조작하는 일에 능수능란하며 약간 교활하다.								
G. 당신은 다른 사람의 문제 때문에 쉽게 동요하거나 감정적으로 흔들리지 않는다.								
H. 당신은 혼자 있는 것을 더 편안하게 느끼고 주변 사람들에게 별로 관심이 없다.								
I. 당신의 태도는 온화하고 주변 사람들에게 뭔가를 강요하지 않는다.								
J. 당신은 속임수를 쓰거나 애매하게 행동하지 않으며 남과 타협할 때 직선적으로 밀고 나가는 경향이 있다.								
K. 당신은 사려 깊고 남을 잘 배려하며 다른 사람과 잘 지낸다.								

L. 당신은 다른 이들과 함께 어울리기를 좋아하고 개방적이며 주변 사람들을 따뜻하게 대한다.								
M. 당신은 다른 사람을 이끌려는 경향이 있으며 지시하길 좋아하고 그룹 내에서 주도권 잡기를 좋아한다.								
N. 당신이 원하는 바를 이루기 위해서라면 남을 속이거나 다른 사람을 바보로 만들 수도 있다.								
O. 당신은 다른 사람을 전혀 개의치 않으며 다른 이들의 감정이나 기분에 대해선 전혀 관심이 없다.								
P. 당신은 사람들을 만나는 것을 좋아하지 않거나 타인과 동료관계에 놓이는 것을 그다지 좋아하지 않는다.								
합계								

성격 유형	계산식	총점	결과		
				남자	여자
외향성	L( ) + D( ) + 20 = ( ) H( ) + P( ) = ( )	①-②=( )	높음	>=28 ( )	>=28 ( )
			중간	>=20 ( )	>=21 ( )
			낮음	<=19 ( )	<=20 ( )
지배성	M( ) + E( ) + 20 = ( ) A( ) + I( ) = ( )	③-④=( )	높음	>=24 ( )	>=23 ( )
			중간	>=19 ( )	>=17 ( )
			낮음	<=18 ( )	<=16 ( )
신뢰성	B( ) + J( ) + 20 = ( ) F( ) + N( ) = ( )	⑤-⑥=( )	높음	>=25 ( )	>=26 ( )
			중간	>=19 ( )	>=19 ( )
			낮음	<=18 ( )	<=18 ( )
따뜻함	K( ) + C( ) + 20 = ( ) O( ) + G( ) = ( )	⑦-⑧=( )	높음	>=28 ( )	>=30 ( )
			중간	>=21 ( )	>=24 ( )
			낮음	<=20 ( )	<=23 ( )

각 성향별 점수를 등급별로 구분해 자신의 성격 특성이 어느 등급에 속하는지를 확인한다.

상대적 등급	외향성		지배성	
	여성	남성	여성	남성
높음	독립적인 그룹 방어적인 그룹	영리한 그룹 자신감 넘치는 그룹	자신감 넘치는 그룹 안정적인 그룹	자신감 넘치는 그룹 안정적인 그룹
중간	일관성 있는 그룹 영리한 그룹	친구 같은 그룹 일관성 있는 그룹	일관성 있는 그룹 친구 같은 그룹	친구같은 그룹 영리한 그룹
낮음	안정적인 그룹 자신감 넘치는 그룹	독립적인 그룹 안정적인 그룹	방어적인 그룹 독립적인 그룹	방어적인 그룹 독립적인 그룹
상대적 등급	신뢰성		따뜻함	
	여성	남성	여성	남성
높음	방어적인 그룹 독립적인 그룹	방어적인 그룹 영리한 그룹	방어적인 그룹 친구 같은 그룹	영리한 그룹 친구 같은 그룹
중간	친구 같은 그룹 영리한 그룹	친구 같은 그룹 자신감 넘치는 그룹	독립적인 그룹 영리한 그룹	방어적인 그룹 독립적인 그룹
낮음	안정적인 그룹 자신감 넘치는 그룹	안정적인 그룹 독립적인 그룹	자신감 넘치는 그룹 안정적인 그룹	안정적인 그룹 일관성 있는 그룹

각 성격별 등급마다 두 가지 견종 그룹을 기재해놓았으므로 자신의 성격 특성에 잘 어울리는 그룹이 통틀어 몇 번 언급되었는지 세어본다. 두 번 언급된 견종 그룹은 그것이 어떤 범주든 바로 자신이 기르고 싶어 하거나 자신에게 적합한 견종이라고 생각하면 된다. 세 번 언급된 견종 그룹은 자신의 기질과 똑 맞아떨어지는 견종 그룹으로 간주하면 되고 다음에 개를 선택할 때는 그 견종 그룹에 속한 개를 우선순위에 놓고 고려해볼 필요가 있다. 네 번 언급된 견종 그룹을 발견한 사람은 자기 인생의 '절대적 동반자'를 발견한 셈이다. 마음에 드는 견종의 크기나 활동성 등 세세한 부분만 잘 해결하면 최상의 선택이 될 수 있다.

물론 성격별로 어울리는 그룹 내 모든 견종이 누구에게나 똑같이 수용될 수는 없다. 여기엔 견종 선택 때 반드시 고려해야 할 두 가지 측면이 있다(선우미정, 2003). 첫째, 개의 크기 문제다. 같은 그룹에 속한다고 크기가 모두 같지 않기 때문이다. 안정적인 그룹의 경우, 소형견 비글부터 세상에서 가장 큰 개인 아이리시 울프 하운드에 이르기까지 체구가 천차만별이다. 그중에서 큰 개를 선호하느냐, 작은 개를 좋아하느냐는 개인의 성향뿐 아니라 기를 수 있는 공간의 문제와도 연결된다. 견종의 크기에 대해 고려해야 한다고 말하는 이유는 그것이 차지하는 실제 공간 때문만은 아니다. 거기엔 또 다른 측면이 있다. 즉 통제의 용이성에 관한 문제이다. 몸집이 작은 개일 수록 다루기 쉬운 것은 사실이다. 그러므로 견종을 고를 때는 자신의 체격과 힘도 고려해야 한다. 같은 그룹 내에서 견종을 선택할 때 주의 깊게 따져봐야 할 또 한 가지 사실은 개의 활동성이다. 개들은 저마다 활동성이 다르고 또 필요한 운동량도 제각각이다. 친구 같은 그룹에 똑같이 포함된다고 해도 카발리어 킹찰스 스패니얼은 거의 하루 종일 소파 위에 누워 얌전히 자는 것을 좋아하는 반면, 스프링거 스패니얼은 한번 움직였다 하면 12시간 동안 활동한다. 실외 활동에 적극적인 사람에게는 불독보다 휘펫이나 볼조이가 잘 어울리고, 거실에 앉아 이리저리 채널을 바꿔가며 TV 보는 것을 즐기는 사람에겐 퍼그나 잉글리시 토이 스패니얼이 최상의 짝이 될 것이다. 자기 성격에 잘 맞는 견종을 선택하면 서로에게 애착과 사랑을 느끼는 관계를 형성할 수 있다. 반면 자신의 성격에 전혀 어울리지 않는 견종의 개와 함께 지내다 보면 서로 경멸하게 될 뿐 아니라 악의까지 품게 된다.

② 사이트를 통한 견종 선택

자신에게 가장 적합한 개를 찾는다는 것은 쉬운 일이 아니다. 적합한 견종을 선택하기 위해서는 다음을 고려해야 한다.

- 당신의 개가 혼자서 집에 있어야 하는 시간
- 당신의 집과 마당의 크기 (또는 근처의 녹지 공간)
- 당신의 에너지 수준

당신의 개성과 라이프 스타일에 알맞은 견종을 선택할 수 있도록 도움이 될 수 있는 사이트를 소개한다.

☑ 동물의 왕국에서 견종 선택하기

동물의 왕국에서는 10개의 질문을 통해서 당신에게 가장 적합한 견종을 소개해 준다.

출처: http://www.animalplanet.com/breed-selector/dog-breeds.html

다음의 질문에 대해서 당신이 대답해야 한다.

- 이상적인 개 크기
- 에너지 수준
- 당신의 개와 함께 운동할 수 있는 시간
- 당신의 개와 함께 놀 수 있는 시간
- 당신의 개에게 줄 수 있는 애정의 정도
- 당신이 다른 반려동물을 기를 것인지 아닌지
- 당신 개의 훈련성
- 당신 개의 보호 능력
- 당신의 개를 관리하기 위한 시간
- 기후와 온도

견종 선택 후 결과

✅ 아이엠스(Iams)에서 견종 선택하기

아이엠스에서 견종 선택 도구는 당신의 라이프 스타일과 요구에 가장 적합한 견종을 소개해주기 위하여 다양한 수준에서 19개의 질문을 한다.

출처: http://www.iams.com/dog-breed-selector

아이엠스는 당신이 비교할 수 있는 몇 가지 다른 견종과 함께 가장 적합한 견종을 제안한다. 아엠스의 견종 선택기는 다음과 같은 내용을 질문한다.

- 크기
- 관리 / 코트
- 외모와 반려견 모습
- 우정
- 독립성
- 다른 소유자 / 가정에서 보호자
- 교육 경험과 훈련에 제공할 수 있는 시간
- 주택
- 기후
- 기타 애완 동물
- 어린이
- 개인 취미 활동
- 모든 특수 요구 사항 (경비견, 서비스 견, 탐지 등)

검색 결과

☑ 퓨리나에서 견종 선택하기

퓨리나의 견종 선택기는 9개의 질문을 통해서 당신에게 적합한 견종을 소개한다.

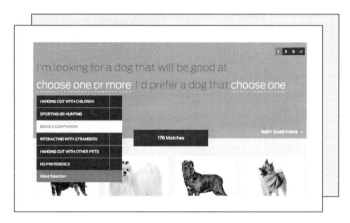

출처: https://www.purina.com/dogs/dog-breeds/dog-breed-selector

질문을 통해서 다양한 견종을 추천하며, 선택한 견종에 대해서 학습할 수 있는 내용을 제공한다.

- 짖기 (개 짖는 시간)
- 강아지의 목적 (반려동물, 집 지키기, 사냥 등)
- 낯선 사람을 향해 강아지의 태도
- 털갈이 / 미용
- 운동 요구 사항
- 개가 혼자 집에 남아있는 시간
- 옥외 공간에 대한 접근성
- 훈련 요구도

☑ 페디그리에서 견종 선택하기

페디그리에서는 17개 문항의 질문을 통해서 당신에서 적합한 견종을 소개한다.

출처: http://www.pedigree.com/all-things-dog/select-a-dog/BreedMatch.aspx

검색 결과

당신은 다음의 질문에 대해서 응답해야 한다.

- 집의 크기

- 마당의 크기

- 환경 (도시 또는 교외)

- 당신의 나이

- 가정에서 자녀들의 나이 (있는 경우)

- 당신과 함께 사는 노인이 있는지 없는지

- 개가 혼자 있는 시간

- 활동 수준

- 개를 경비에 사용할 것인지의 유무

- 개 소유에 대한 경험

- 코트와 미용

- 예산

✓ 도그타임(Dog Time)에서 견종 선택하기

도그타임에서는 21가지 문항에 대한 질문을 통해서 당신에게 적합한 견종을 소개해 준다.

출처: http://dogtime.com/quiz/dog-breed-selector

당신은 다음의 질문에 대해서 응답해야 한다.

- 크기
- 개 지능
- 당신은 당신의 강아지와 함께 시간을 보내고 싶어 하는 방법
- 운동
- 당신에 대한 일반의 성격 질문
- 집의 크기
- 가정에 아이가 있을 가능성
- 현재 가정에서 아이들의 나이
- 알레르기
- 당신의 건강
- 개는 혼자 있어야 하는 시간
- 손질
- 훈련
- 개 양육 스타일
- 침을 흘리는 정도

☑ 도그 채널(Dog Channel)에서 견종 선택

도그채널에서는 13개 문항에 대한 질문을 통해서 당신에게 가장 적합한 견종을 소개한다.

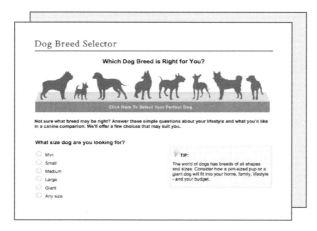

출처: http://www.dogchannel.com/dog-community/dog-breed-selector.aspx

당신은 다음의 질문에 대해서 응답해야 한다.

- 크기
- 손질
- 에너지
- 일반 기질
- 당신은 집에 있는 아이들이 있습니까?
- 당신은 다른 애완동물이 있습니까?
- 얼마나 자주 손님은 당신의 가정을 자주 합니까?
- 당신의 개가 짖는 것에 대해서 얼마나 관대합니까?
- 얼마나 똑똑한 개가 되고 싶어 합니까?
- 당신의 개는 훈련하기 쉽게 해야 합니까?
- 당신은 당신의 개를 위해서 운동에 시간을 투자할 수 있습니까?
- 알레르기
- 크기와 가정의 공간

요약

Chapter 1: 개를 기르면 얻는 혜택

개를 기르면 더 많은 운동을 하게 된다.

개를 기르면 성격과 행동이 활발해진다.

개를 기르면 건강에 도움이 된다.

인간-개의 상호작용은 엄마-아기의 상호작용과 똑같이 옥시토신의 양성 피드백 작용을 일으킨다.

개는 외양이나 주인의 외모와 무관하게 그 자체로 사람들의 관심을 끄는 매력이 있다.

고양이가 주인의 건강에 긍정적인 도움을 준다.

Chapter 2: 가족 구성원에게 주는 혜택

1. 아동

개와 함께 생활하면 건강에 도움으로 주며 면역 체계가 강화되고 혈압이 낮아진다.

동물들은 어린아이가 인간관계와 감정 교류를 배우는 학습의 원천이 된다.

반려동물과 함께 자라지 않은 아이들보다 지능지수와 공감 능력이 높다.

2. 청소년

반려동물은 청소년들의 건강을 개선하고 정서적 및 심리적 문제에 도움을 준다.

반려동물은 사회적 상호작용 기술을 향상시키는 데 도움을 준다.

반려동물은 동반자로써 우울증과 불안감을 이겨낼 수 있도록 도움을 준다.

3. 성인

성인들에게 정서적 안정감을 제공한다.

반려동물과 함께 사는 여성들은 수면 문제가 적어서 잠을 푹 자고, 아파서 회사를 쉬는 날이 적었으며, 병원 출입 횟수도 적어진다.

개를 소유 한 사람은 심혈관 질환이나 다른 원인으로 인한 사망 위험이 상대적으로 적다.

4. 노인

노인들이 반려견과 함께 살면 산책을 통해 활동성을 유지할 수 있다.

중간 강도 신체 활동을 가장 많이 한 여성들은 신체 활동량이 가장 적은 여성보다 사망 위험이 약 60~70% 더 낮다.

반려동물과의 함께 지내는 것이 노인의 정신 건강에도 도움이 된다.

Chapter 3: 가정에서의 견종 선택

1. 성격검사를 통한 견종 선택

사람마다 성격, 성향, 기질이 다르듯 견종의 성격, 성향, 기질도 다양하기 때문에 자신에게 잘 어울리는 견종도 다르다.

2. 사이트를 통한 견종 선택

견종 선택을 위한 유용한 사이트들을 활용하며 여러 사이트를 통한 교차 점검을 통해서 공통된 견종을 선택할 필요가 있다.

08

우리나라의 개

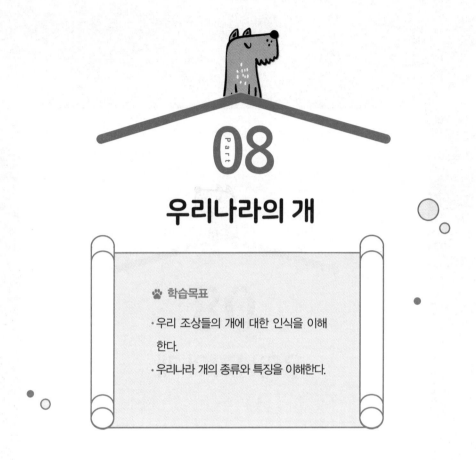

우리나라의 개

🐾 학습목표

· 우리 조상들의 개에 대한 인식을 이해
한다.

· 우리나라 개의 종류와 특징을 이해한다.

아시아 토종개들에 대한 유전자를 비교 분석한 결과 우리나라의 개들은 북방견인 몽고, 시베리아 개들과 혈연적 관계가 가장 깊다(하지홍. 2008). 이는 북방 유목민들과 함께 남하한 개들이 우리 개들의 직계 선조라는 직접적인 증거로 처음에는 중대형 개가 유입되었으나 논농사 위주의 환경 변화로 지금의 진돗개나 삽살개 정도로 소형화되었다. 일부 조공 무역의 영향으로 중국 지배층에서 좋아하던 소형 애완견들이 우리나라로 수입되면서 이미 한반도에 정착하여 살고 있는 개와 자연스럽게 융화 과정을 거치면서 토종개로 자리를 잡게 되었다.

우리나라는 근대에 이르기까지 서양의 분류체계인 품종에 따라 구분하지는 않았지만 외형적 특징에 따라 삽살개, 바둑이, 발발이로 구분하거나 개의 크기에 따라 다른 한자어로 구분하였다. 이렇게 오랫동안 유지되어 오던 우리 토종개들은 일제 강점기와 해방 후 서양 문물의 급격한 도입 시기를 거치면서 그 모양과 유전자 구성이 크게 바뀌게 되었다.

우리 토종개들에 대해서 대규모 도살을 감행한 조선총독부의 정책으로 중대형 개들이 일제 강점기 시기에 거의 전멸하게 되면서 현재는 진도의 진돗개, 경산의 삽살개, 북한의 풍산개, 경주의 댕견(동경이)이만 우리나라의 대표적 토종개로 공식 인정하고 있다. 한국의 문화 속에서 개는 충성과 의리의 충복, 심부름꾼, 애완견, 안내자, 지킴이, 보양식, 조상의 환생 등 다양한 모습으로 우리의 동반자가 되어 함께 살아가고 있다.

Chapter 1 개의 어원

개라는 어휘는 개가 짖는 소리로부터 유래되었다(박영수, 2005). 우리의 조상들은 개가 짖는 소리를 "강강", "캉캉", "깡깡"으로 표현하였는데, "강강"하고 짖는다 하여 "가히" 또는 "가이"라고 하였고, 그 뒤 "가이"가 줄어서 "개"가 되었다. 개의 새끼를 의미하는 "강아지"는 "가히"에 조그마한 것을 나타내는 접미사 "아지"가 붙어서 "가히아지 → 가야지 → 강아지"가 된 말이다.

1527(중종 22)년 최세진(崔世珍)이 지은 한자(漢字) 학습서인 훈몽자회(訓蒙字會)에 개를 지칭하는 한자어로 구(狗), 견(犬), 오(獒), 방(尨)이란 네 글자가 나온다(하지홍, 2003). 구(狗)와 견(犬)자는 지금까지도 많이 쓰이고 있으나, 오(獒)자와 방(尨)자는 거의 사어가 되어 버렸다. 일반적으로 큰 개는 "견(犬)", 작은 개는 "구(狗)"라고 부르며 상갓집의 개라는 뜻으로 여위고 기운 없이 초라한 모습으로 이곳저곳 기웃거리는 사람을 놀림조로 이르는 말인 "상가지구(喪家之狗)"나 토끼가 죽으면 토끼를 잡던 사냥개도 필요 없게 되어 주인이 삶아 먹는다는 뜻으로 필요할 때는 쓰고 필요 없을 때는 버리는 경우를 이르는 말인 "토사구팽(兎死狗烹)"에서 구(狗)는 체구가 작은 개를 의미한다. 견(犬)자는 일반적으로 큰 개를 의미하며 기능적 이름으로도 쓰이는데 싸움을 목적으로 키우는 큰 개는 "투견(鬪犬)", 사냥할 때 쓰는 몸집이 큰 개를 "엽견(獵犬)"이라고 한다. 훈몽자회에 사자개, 더펄개, 삽살개, 락사구(絡絲狗) 등 털이 긴 개를 지칭하는 말이 많이 등장하는데 아마 그 당시에는 여러 가지 모양의 긴 털을 가진 개들이 많았을 것으로 추측된다. 1820년대 유희(柳僖)가 여러 가지 사물의 이름을 모

아 한글 또는 한문으로 풀어놓은 물명고(物名攷)라는 어휘사전에는 4가지 종류의 개 이름이 기록되어있다. 대마 섬유가 길게 늘어진 것 같은 장모의 개를 삽살개, 사자처럼 두상이 크고 털이 많은 개를 더펄개, 꽃처럼 눈에 띄거나 바둑알처럼 희고 검은 무늬가 있는 얼룩무늬 개를 바둑개라 불렀다. 금사구(金獅狗)는 황금 사자개를 칭하는데 중국의 소형 사자개라 불리는 페키니스를 닮은 개 즉, 소형 장모종개를 말하며 우리말로는 발발이로 기록되어있다. 큰 개 오자는 우리말로 호박개라고 부르며, 더펄개 방자는 우리말로 사자개라고 불렀다. 색깔로 보면 노란색이 대부분이며 검은색도 적지 않다. 또한 집에서 키우는 작은 개는 똥도 망설이지 않고 먹기에 똥개라고도 불렸다. 남은 음식을 처리하게 하거나 애완 삼아 기르는 개는 황구(黃狗)라고 표기한다.

Chapter 2 유적과 문헌

☑ 유적

우리나라 구석기시대의 동물상에 보면 갯과에 속하는 여우, 이리, 너구리의 뼈가 유적에서 나타난다(국사편찬위원회, 1984 A; 박희현, 1983). 개뼈는 통영 상노대도(上老大島), 연대도(煙臺島), 김해 수가리(水佳里) 등의 남해안 패총 유적을 비롯해서 웅기 서포항(西浦項), 농포(農圃), 무산 호곡동(虎谷洞) 등의 북한 지역의 신석기와 청동기시대에 해당되는 층위에서 출토된 바 있다(국립민속박물관, 2005; 국사편찬위원회, 1984 B). 그러나 모두 작은 조각들로 나이나 그 특징을 파악하는데 어려움이 있다.

2008년 인천 옹진군 연평도의 까치산 패총에서 찾은 개 유존체(遺存體·동물 유골의 잔해)를 탄소 연대 측정한 결과, 신석기 전기인 기원전 4460~기원전 4310년경부터 개를 기른 것으로 확인되었다(이준정, 2013 A; 2013 B). 이것은 신석기시대부터 개가 중요한 가축으로 길러왔음을 보여주는 것이다(김종대, 1994). 또한 정성 들여 다듬어진 물건이라는 점과 차고 다닐 수 있게 만든 조각품이라는 점에서 신석기시대 주민과 밀접한 관계가 있는 동물의 조각이며, 수렵이나 호신의 주술적 목적을 위해 만들어졌다고 생각할 수 있다(국립민속박물관, 2005). 부산 동삼동패총의 출토유물에서도 개의 머리뼈가 발견되었는데 출토된 머리뼈는 완전한 상태로 2~3살쯤의 중형의 개로 앞머리 부분이 직선화되어 있어 야생개가 가축화되어 가는 초기 과정의 특징을 잘 보여주고 있다. 1998년과 2000년 경주박물관 경내에서 통일신라시대의 우물 2기가 발굴됐는데 우물 속에서는 토기, 목기, 금속기 등의 생활유물과 함께 많은 동물 뼈가 발견됐다. 개의 경우 남아있는 상태가 좋아 개체 복원이 가능하며 우리나라 고대 유적에서 확인된 것 가운데 가장 큰 개체(길이 108㎝, 높이 53㎝)로 추정된다. 고분에서 개뼈가 출토되는 경우는 드문데 1982년 경북 경산군 임당동 제2호분에서 2마리 분의 개뼈가 출토된 적이 있으며 전남 해남 군곡리 패총에서도 두개골이 발견되었다(천진기, 1993). 중국 길림성(吉林省) 집안현(集安縣) 여산(如山) 남록에 있는 고구려 시대의 벽화고분인 무용총(舞踊塚) 주실(主室) 오른쪽 벽화 한가운데에 관모를 쓰고 단정하게 차린 주인 남자가 말을 타고 있는데, 남자 주인의 앞쪽에는 목걸이를 한 개가 두 귀를 쫑긋 세우고 이빨이 드러날 정도로 생생한 모습을 하고 있다(국립민속박물관, 2005).

우리나라에서 발견된 동물 무덤이나 출토 뼈를 살펴본 결과 우리 조상들이 처음 가축을 기른 것은 생계나 경제적 요인보다 제례(제사를 지내는 예법이나 예절)적인 목적이 더 크다는 것을 알 수 있다(이준정, 2013 A; 2013 B). 실제로 지금까지 출토된 개 관련 유적 60여 곳을 살펴보면, 잡아먹은 뒤 폐기물로 처리한 사례는 9곳 정도밖에 안 된다. 또 대부분 철기나 삼국시대의 유적이다. 반면 신석기나 청동기시대에 발견되는 유적은 개 무덤이거나 사람 묘에 함께 순장한 것이 대부분이다. 연구자에 의하면 한반도 신석기 인류는 개를 애완이나 경비, 사냥 보조용으로 쓰며 특별한 관계를 형성한 것으로 보인다고 하였으며 당시만 놓고 보면 한국의 보신탕 문화에 반감을 가진 서구지역에서 오히려 식용 흔적이 더 많이 발견되었다.

☑ 문헌

동양에서 개에 관한 기록이 처음 보이는 곳은 '서경'이다. 3,000년 전에 쓰인 '서경'의 여오(旅獒)편에는 "주나라 문왕이 상나라를 쳐부수니 여(旅) 땅의 오랑캐들이 개(獒)를 공물로 바쳤다"고 기록되어 있다.

우리나라와 관련되어 최초로 개가 문헌에 등장하는 것은 중국의 역사서인 「후한서」 동이열전 부여국 조, 「삼국지」 위서동이전 부여 조에 보면 부여의 관직 명칭의 하나로

'구가'라는 말이 나온다(국립민속박물관, 2005). '구'란 곧 개를 말하며, 이것이 마가, 우가, 저가 등의 가축화된 동물 이름과 함께 나타나는 것으로 보아 이미 그 시대에는 개의 순화가 완료되었다고 볼 수 있다. 「삼국사기」 권제1 고구려 조에 보면 '유화부인이 다섯 되 크기의 알을 낳았는데 금와왕이 개와 돼지에게 주어도 먹지 않았다'는 기록으로 보아 우리나라에서는 일찍부터 개가 사육되었음을 알 수 있다(국립민속박물관, 2005). 「삼국사기」 권제4 신라본기 진평왕 조에 보면, '53년 춘이월에 흰 개가 궁중의 담장 위에 올라갔다. 5월에 이손과 아손이 모반한 것을 왕이 알았다'라고 적고 있다. 여기서 흰 개가 궁중의 담장에 올라 간 것은 모반을 암시하는 것으로 기록하고 있다. 「삼국사기」 권제8 신라본기 제8 성덕왕 조에 보면, '35년 겨울 11월에…개가 궁성의 고누(鼓樓)에 올라가 삼일 간을 울었다. 36년 춘이월에…왕이 죽었다'란 기록이 있다. 개가 궁성의 북치는 누각에 올라가 삼일간이나 울었던 이상한 행동은 불과 3개월 이내 왕이 죽을 것을 예시하는 행동으로 연관지어 적혀 있다.

일본 사서인 '속 일본기'에는 서기 732년 신라 사신 김장손 등이 성무천왕에게 개 한 마리를 전했다는 기록이 있는데, 이때 김장손이 일본 성무천왕에게 선물한 개가 오늘날 일본에서 자랑하는 '제패니스 친'이다(윤신근, 2012). 그런가 하면 '책응원구'에는 중국 당나라의 현종 11년(723년)과 18년(730년)에 각각 신라에서 개 한 마리를 보냈다고 나오며, '당서'에는 동왕 21년(733년)에 신라 성덕왕에게 개 세 마리를 보냈다는 기록이 전해 온다(윤신근, 2012). 「삼국사기」 권제38 백제본기 제6 의자왕 조에도 개가 백제 멸망을 예시하는 이상한 행동을 적고 있다. '이십년…유월에…들사슴 모양을 한 개가 서쪽에서 와서 사비성 강둑에 이르러 왕궁을 보고 짖어대다가 갑자기 사라졌다. 서울에 여러 마리의 개들이 길에 모여 어떤 놈은 짖고 어떤 놈은 울었다.'

삼국시대를 지나 통일신라시대에 이르러서는 개에 관한 기록이나 문헌이 더욱 많이 등장한다. 우선 일본의 역사서인 '일본서기'에 따르면, 서기 680년에는 신라의 아찬 김정나가 당시 일본의 천왕인 천무에게 개를 가져와서 '바쳤다'고 되어있고, 그로부터 6년 뒤인 686년에는 다시 신라의 왕이 일본에 개 3마리를 보내주었다고 되어 있다(윤신근, 2012). 고려시대로 넘어오면 최자 보한집에 오수개 이야기가 나온다. 최자는 그 이야기의 주인공이 바로 선비, 김개인 이라고 밝혔다. 또, 김개인 개의 충절을 기려 노래를 지었는데, 이 노래가 바로 '고려악부'에 실린 견분곡, 즉 '개 무덤 노래'라고 밝히고 있다. 역사서인 '고려사' 권

29 충렬왕 8년 4월에는 '진고개의 충견이야기'도 실려 있다. 고려 충렬왕 8년(1282)에 개성의 진고개에서 개가 사고무친의 눈먼 아이를 데리고 다니면서 밥을 얻어 먹이고 물을 먹여 키웠으므로 이에 관청에서는 개에게 벼슬을 내리고 그 충직함을 기렸다고 한다. '조선왕조실록'에 의하면 세종 2년(1420년)에는 대마도 사람이 개를 구하러 왔으나 마침 명나라에 진공할 물건이라 거절당했고, 동왕12년(1438년)에는 대마도에 큰 개 한 마리를 하사했다고 하였으며, 문종 때에 이르러서는 일본 비후의 국지위방이 청에 의해 개 두 마리를 하사하였다고 기록되어 있다. 또한, 세종 11년과 12년에 각각 명나라에 개를 보냈다는 기록이 있고, 세조 14년에는 전국 각 도에 '진헌에 쓸 개를 많이 보내라'는 명령을 내린 사실도 남아있다.

궁궐 내에 개가 있었음은 승정원일기 등의 자료에서 확인된다(정민, 고연희, 김동준, 2013). 궁궐에서는 내의원에서 백구와 흑구를 키웠다. 백구의 젖은 안질에 좋고 낙상하여 어혈 한 것을 푸는 데 잘 듣는다고 한다. 또 흑구의 똥은 사분산이라는 약의 재료로 사용되었다. 백구는 항상 키웠지만 흑구는 필요에 따라 수시로 길렀다. 속담에 개똥도 약에 쓰려면 없다는 말이 있는데, 개똥도 잘 준비해두지 않으면 안 되었기에 내의원, 곧 약방에서 개를 키웠던 것이다. 영조도 내의원에서 기르는 백구를 보았다고 했고, 개 짖는 소리 때문에 잠을 잘 이루지 못한다는 글을 남기기도 했다.

개에 대한 우리 선조들의 사고는 우리들의 일상생활에서도 쉽게 찾아볼 수 있다. '개가 지붕 위에 올라가면 흉사가 있거나, 가운이 망한다'는 속언이나, '개가 문 앞의 땅을 파면 불길(不吉)하고, 문 앞에 굴을 파면 주인이 죽는다'는 말에서 볼 수 있듯이 개의 비일상적인 행위는 가운의 쇠망과 불운·죽음을 예고하는 징조로 생각되어 왔음을 알 수 있다(국립민속박물관, 2005). 이처럼 우리나라 사람에게 있어서 개의 변태적 비일상적(變態的 非日常的)인 행태(行態)는 불길의 전조(前兆), 암시(暗示), 혹은 예시나 상징으로 인식되어 왔음을 알 수 있다.

Chapter 3 민속에서의 개

민속(민간 생활과 관계된 생활 풍속이나 습관, 신앙, 기술, 전승 문화 등을 통틀어 이르는 말)에서 개는 '충복'(忠僕, 마치 종처럼 어떤 사람을 충직하게 받드는 사람을 비유적으로 이르는 말)과 '비천'(卑賤, 낮고 보잘것없음)의 양면성을 띤다.

세시풍속(해마다 일정한 시기에 되풀이하여 행해 온 고유의 풍속)에서 개와 관련한 내용은 정월의 상술일(上戌日)과 정월 보름의 개보름쇠기, 그리고 유월의 삼복과 관련한 복날음식 등을 들 수 있다. 또한 매년 정초에 대문에 개 그림을 그려 붙여 귀신이나 도둑을 지키는 벽사(辟邪, 요사스러운 귀신을 물리침)용 영수(靈獸, 신령한 짐승)로 여겼다. 정월의 첫 개날을 상술일이라고 하는데, 이 날에 일을 하면 개가 텃밭에 해를 끼친다고 해서 하루를 쉬었다. 그리고 풀을 쑤면 개가 먹을 것을 토한다고 해서 풀을 쑤지 않았다. 정월 보름에 개에게 먹이를 주지 않는 개보름쇠기가 있는데 이날 개에게 먹이를 주면 개의 살이 오르지 않을 뿐만 아니라 집안에 파리가 들끓는다고 한다. 정월 보름에 개에게 먹이를 주지 않은 중요한 이유는 달과 개가 상극 관계에 있기 때문에 개에게 밥을 준다는 것은 달의 정기를 빼앗기는 것으로 생각하였다.

여름의 삼복에 먹는 대표적인 음식으로 우리는 보신탕과 삼계탕을 들 수 있다. 이런 음식은 여름철의 더위에 의해 지친 심신에 영양을 보충해주는 보양제로써 효과가 있다고 믿어 왔다. 우리나라의 『동국세시기(東國歲時記)』 삼복조에는 마늘을 넣고 삶은 개고기를 '구장(狗醬)'이라 하여 이것을 먹고 땀을 빼면 더위가 가시고 보신하는 데 효과가 있다고 하였다(한국민족문화대백과사전). 또한, 병후 회복에 삶은 개를 먹는 것이 좋다고 알려져 있다. 식용으로는 노란개(黃狗)를 제일로 쳤고 그것도 수컷일수록 보신에 좋다고 여겼다. 황구로 빚은 술을 무술주(戊戌酒)라 하여 공복에 마시면 기력이 좋아진다고 하였다. 『동의보감』에서도 수캐 고기는 오로칠상(五勞七傷, 갖가지 질병)을 보하고 피는 난산(어렵고 힘들게 아기를 낳음), 음경은 상중절양(傷中絕陽, 몸 안의 오장 육부의 손상과 살갗에만 나는 화종성 염증)과 음위불기(陰痿不起, 생식기의 발기불능)를 다스린다고 하였다. 복날이 되면 사람들은 개를 개울가로 끌고 가서 잡아 먹는데, 이를 충청북도에서는 복다림이라고 한다. "복날 개패듯이"라는 속담은 복날에 개를 잡아먹는 것을 비유한 것이기도 하다(이두현, 1984). 그러나 전라북도에서는 복날 개를 잡아 먹지않고 "복달음"이라고 하여 병아리나 돼지고기를 사다 먹는다고 한다(임동권, 1985). 이러한 점에서 개는 살아있을 때 집을 지켜주고 죽어서는 주인의 몸보신을 위해 희생하는 동물로써 상징된다. 이것은 소와 유사한 희생을 하는 동물로 인식되어 왔다는 것을 보여주는 것이며, 특히 주인을 구하는 동물로는 유일한 존재라는 점에서 다른 동물과는 차이가 있다는 것을 알 수 있다.

개가 이야기의 주인공으로 등장하는 경우는 대개가 의구(義狗)관련 전설이며, 이때의 개는 인간에게 충의 상징적인 존재로 제시했다(김종대, 1994). 충성과 의리를 갖추고 우호적이며 희생적인 행동을 보여준 대표적인 개 이야기는 고려시대의 시화집인 "파한집(破閑集)"을 통해 전북 임실군 오수리의 김개인(金蓋人) 이야기가 전해지며 개나무라는 뜻으로 "오수(獒樹)"라는 지명이 오늘날에도 전해지며 의견비(義犬碑)와 동상이 남아있다. 이처럼 개가 인간의 아둔함을 지켜주고 막아주었다는 이야기들은 여러 곳에서 찾아볼 수 있다. 이와는 달리 민담 속에서는 희롱적인 존재로 나타나 흥미 위주의 이야기로 전개되는 특징이 있다(우리문학연구회, 1981). 조선시대에 들어와서는 통치이념이나 도덕률이 충효사상을 우위에 내세우고 있기 때문에 효자나 열자설화가 국가적인 장려 차원에서 활발한 보급을 이루었다. 이런 차원에서 사람에게만 오륜이 있는 것이 아니라, 개에게도 오륜이 있다고 알려져 있는 것도 이러한 사실을 설명하는데 도움을 준다(김선풍, 1983; 윤열수, 2010).

개의 오륜(五倫)

불범기주(不犯基主) = 군신유의(君臣有義) : 주인에게 덤비지 않는 것
불범기장(不犯基長) = 장유유서(長幼有序) : 큰 개가 작은 개에게 덤비지 않는 것
부색자색(父色子色) = 부자유친(父子有親) : 아비의 털빛을 새끼가 닮은 것
유시유정(有時有情) = 부부유별(夫婦有別) : 때가 아니면 어울리지 않는 것
일폐군폐(一吠群吠) = 붕우유신(朋友有信) : 한 마리가 짖으면 온 동네의 개가 다 짖는 것

이와 같은 개의 오륜은 물론 인간이 지켜야 할 도리인 오륜을 모방하여 개에게 부여한 것이다. 개의 오륜이 형성될 수 있었던 것은 무엇보다도 개가 인간의 삶과 밀접한 관련을 맺어왔다는 사실, 특히 사람을 잘 따르는 개의 충복성을 바탕으로 한 것임이 분명하다.

옛사람들은 개가 액(厄)을 막고 죽은 이의 영혼을 저승으로 인도해주는 길잡이라고 생각했다. 동국세시기(東國歲時記)에는 새해가 되며 부적으로 개 그림을 그려 곳간 문에 붙였다는 습속(習俗, 습관이 된 풍속)이 전한다. 민화 가운데 벽사적 성격을 띤 네분박이 또는 세눈박이 개를 부적처럼 그린 그림이 있다. 이러한 모습의 개 이야기는 전생에 사람이었던 자가 개로 환생하여 삼목대왕(三目大王)으로 대우를 받는다는 불교 설화에 나타난다. 고려 때 제작된 해인사 팔만대장경에 있는 설화에 의하면(박영수, 2005), 옛날 이거인이라는 사람이 길

을 가다 눈이 셋 달린 강아지를 발견하고는 주워 길렀다. 이거인은 다른 개와 달리 눈이 하나 더 많은 개를 불쌍하게 여겨 잘 돌보아 주었다. 그러다가 어찌 된 일인지 3년이 지나자 아무 이유없이 죽었다. 그리고 그로부터 얼마 지나지 않아 이거인도 고통 없이 죽었다. 이거인은 두려운 마음으로 저승길을 걷다가 첫째 관문에 들어섰다. 그곳에는 눈이 셋 달린 삼목대왕이 지키고 서 있었는데, 삼목대왕은 자신이 죄를 지어 이승에 개로 태어났을 때 정성껏 보살펴 준 주인을 알아보고 반가이 맞아 주었다. "염라대왕께서 할 말이 있느냐고 하면 이런 말을 하시오" 삼목대왕으로부터 귀띔을 받은 이거인은 염라대왕 앞에 가서 마음을 침착하게 다지며 물음에 답했다. "그래 마지막으로 할 말이 있거든 말하여라". "법보(法寶, 불교의 경전)의 고귀함을 판에 새겨 세상에 널리 알리지 못하고 온 것이 후회스럽습니다". 염라대왕은 그 말을 기특하게 여겨 귀록(鬼錄, 저승에서 죽은 사람의 이름을 기록한다는 장부)에서 그의 이름을 지워 다시 살아나게 해 주었다고 한다. 이러한 설화의 영향으로 불교에서는 개고기를 멀리한다. 그 대표적인 예가 당삼목구(唐三目狗)이다. 우리나라에서는 삼(三)을 강조하는데 남성을 상징하는 1과 여성을 상징하는 2가 합해지면 3이 되는데 이는 생명의 탄생을 의미하는 완전한 수로 여겨진다고 한다(윤열수, 2010). 도둑을 막는 개를 그린 그림을 신구도(神狗圖)라 한다. 이것은 도둑을 지키는 액막이 부적처럼 일종의 벽사 그림이다. 신구와 유사한 개로 천견(天犬)이 있다. 중국 당나라 영호덕분이 황제의 명에 따라 지은 북주의 역사서 "주서(周書)"에 나오는 천견은 개처럼 생긴 흉수(凶獸)로 온몸이 붉은색이어서 불개라는 표현도 쓴다(윤열수, 2010).

민화 속에는 하얀 개가 많이 등장하는데 종교적인 측면에서 살펴보면, 개는 이승과 저승을 연결하는 매개의 기능을 수행하는 동물로 인식되었다. 이러한 사유 형태는 중앙아시아에 광범위하게 분포되어 있다. 그중에서 알타이 샤먼의 경우, 저승에 갈 때에 지옥문에서 개를 만날 수 있다고 믿고 있다. 개가 인간의 영혼을 저승으로 인도한다고 생각한 것이다. 무속 신화인 차사 본풀이, 세민황제 본풀이, 저승 설화에서 이러한 관념이 빈번히 나타난다. 즉 이승과 저승, 저승과 이승으로 가는 길을 안내하는 동물이 하얀 강아지이다. 티벳과 동남아 산간지역에서는 지금도 부모가 죽으면 개로 현신(現身)한다고 믿어 개를 먹지 않고 신성시하고 있다(윤열수, 2010).

인간은 개를 잘못된 인생이나 팔자, 욕, 행동, 언행, 심성, 음식, 하찮은 존재 등에 비유하거나, 부정적인 이미지와 우둔하고 어리석은 약자로 묘사하기도 한다. 예를 들면, 개판이 군!, 개밥에 도토리, 개새끼도 주인을 보면 꼬리친다, 개가 똥을 마다한다, 개같이 벌어서 정승같이 쓴다, 개 눈에는 똥만 보인다, 개도 먹을 때는 안 때린다, 하룻강아지 범 무서운 줄 모른다, 개 팔자가 상팔자다, 복날 개 패듯 한다, 서당 개 삼 년이면 풍월을 읊는다, 제 버릇 개 못 준다, 똥 묻은 개 겨 묻은 개 나무란다, 개똥도 약에 쓰려면 없다, 개똥이 무서 워서 피하나 더러워서 피하지, 닭 쫓던 개 지붕 쳐다본다, 지나가던 개가 웃겠다 등 이 있 다. 개가 들어가는 속담은 매우 많은 편이다(김종대, 1994) : 개가 개를 낳지, 개가 똥을 마다 할까, 개는 나면서부터 짖는다, 개 눈에는 똥만 보인다, 개도 부지런해야 똥을 먹는다 등. 위의 예들은 개의 미천함을 통해서 사람을 비유하는 경우에 사용되는 속담들이다. 평소 에 좋아하는 것을 싫다고 할 때에 '개가 똥을 마다 할까'라고 한다. 그리고 "개도 부지런해 야 똥을 먹는다"는 다른 짐승과 달리 개만이 인간의 똥을 먹는다고 해서 생겨난 속담이다. 이것들은 개의 식성을 바탕으로 해서 형성된 속담이기는 하지만, 천박한 사람들을 빈정거 릴 때 주로 사용된다. 그러나 개와 관련한 속담의 대부분은 인간의 품성을 속되다고 말할 때 사용되고 있다 : 개 꼬리 삼년 두어도 황모 못된다, 개도 닷새가 되면 주인을 안다, 개 를 따라가면 측간으로 간다, 개와 친하면 옷에 흙칠을 한다, 못된 개가 부뚜막에 올라간다 등. 이러한 속담은 개의 행위를 통해 눈으로 나타나는 것을 인간의 행실에 비유할 때 사용 되고 있기 때문에 좋은 뜻으로 보기는 어렵다. 예컨대 "개꼬리 삼년 두어도 황모 못된다" 는 것은 본래의 제 천성은 고치기 어렵다는 뜻으로 인간의 본래 속성은 속이지 못한다는 것을 속되게 말하는 것이다. 특히 "개도 닷새가 되면 주인을 안다"는 개도 자기를 키운 사 람은 알아보는데, 사람을 이보다 더 은혜를 알아야 한다는 것을 뜻한다. 그러나 이것은 은 혜를 모르는 사람을 비꼬는 듯이 말할 경우 더 많이 사용되고 있어 간사하거나 도리를 함 부로 저버리는 사람들이 그만큼 주위에 많다는 것을 보여주는 예들이다. 이와는 달리 "개 를 따라가면 측간으로 간다"와 "개와 친하면 옷에 흙칠을 한다"의 경우는 사람을 사귈 때 올바르게 골라 사귀어야 함을 교훈적으로 말하는 것이다. 즉 나쁜 사람들과 어울리게 되 면 같은 부류의 사람이 된다는 것을 깨우치도록 하기 위해 사용되는 속담으로써, 이것은 개의 속성을 통해서 형성된 것이라고 할 수 있다.

그 밖에도 돈을 벌 때는 귀천을 가리지 않고 벌어서 값지게 산다는 뜻으로 '개같이 벌어서 정승같이 산다.'고 하며, 보통 때에는 흔하던 물건도 필요할 때에 찾으면 드물고 귀하다는 뜻으로 '개똥도 약에 쓰려면 없다'고 한다. '개똥밭에 굴러도 이승이 좋다'는 것은 아무리 구차하게 살더라도 죽는 것보다는 사는 것이 낫다는 말이다. '개밥에 도토리'는 여러 사람과 함께 어울리지 않고 혼자 외톨이로 돌 때에 하는 말이다. 그 밖에도 '개도 나갈 구멍을 보고 쫓아라', '개눈에는 똥만 보인다', '개고기는 언제나 제맛이다', '개 보름 쇠듯 한다', '개 팔자가 상팔자' 등의 속담이 있다.

Chapter 4 그림 속의 한국 개

우리의 오래 된 미술품 가운데 개가 등장하는 가장 오래 된 것으로 약 7000년에서 3500년 전 사이 신석기시대에 제작된 것으로 알려지고 있는 울주 암각화를 들 수 있다. 울산광역시를 가로지르는 태화강 상류의 지류 하천인 대곡천 절벽에 위치하고 있는 울주 대곡리 반구대 암각화로 여러 짐승들과 함께 개가 등장한다.

울주 대곡리 반구대 암각화(국보 제285호)

문화재청 문화유산 정보

출처: (http://www.cha.go.kr/korea/heritage/search/Culresult_Db_View.jsp?mc=NS_04_03_01&VdkVgwKey=11,02850000,26)

삼국시대에 와서 일종의 주술적 속신(俗信, 민간에 전하는 미신적인 신앙 관습)은 고구려 각저총(角抵塚, 고구려의 벽화고분으로 각저는 고구려의 씨름을 말하며 고분에 그려 있는 씨름 그림 때문에 각저총이라

부름)과 무용총, 황해남도 안악군에 위치한 안악 3호분 부엌 그림에 무덤을 잘 지키라는 뜻으로 개 그림을 그려 놓았다. 그러나 백제나 신라에서도 견도가 있었으리라 추측은 되지만 현존하는 것들은 찾아보기 힘들다. 단지 토우나 돌에 각인된 12지상 가운데의 개가 현존하는 유일한 유물들이다. 개의 상징은 "충성"으로 통했고, 그림에서도 그렇게 표현되었다, 조선시대의 민화에 개가 자주 등장하는 이유도 여기에 있다(박영수, 2005). 조선 전기에 활동했던 이암(李巖)에서부터 오원 장승업과 심전 안중식에 이르기까지 400년에 걸쳐 이어지면서 수많은 우리 토종개들의 순박한 모습을 묘사해 놓고 있다. 영모화(翎毛畵)는 새와 동물을 소재로 그린 그림을 말하는데 산수화, 인물화 다음으로 큰 비중을 이루어왔으며 조선시대에 이르러 영모화는 다른 분야의 회화와 더불어 문인화가와 화원들에 의하여 즐겨 애용되었다. 말, 소, 호랑이가 시대적 상징으로 많이 그려졌으나 개 또한 하나의 영모화의 소재이기도 하다. 상상으로 그렸던 호랑이와 다르게 개는 사실적인 묘사가 가능했다. 세종대왕의 넷째 아들인 임영대군(臨瀛大君)의 증손자로 두성령(杜城令)을 제수 받았던 이암(1499년~?)은 화조화나 동물화에서 조선 초기 한국적 화풍을 정립한 대가이다. 이암의 대표작인 모견도((母犬圖)는 인류가 남긴 가장 품위 있는 개 그림으로 자식에 대한 어머니의 사랑으로 어미 개의 따뜻한 정을 표현한 그림이다(인간동물문화연구회, 2012). 모견도에는 3마리의 개가 등장하는데 털 색깔이 흰색, 황색, 검은색으로 모두가 다르게 그려져 있다. 어미 개의 목에는 화려한 목걸이가 그려져 있는데 옛날 사람들은 빨간색이 귀신을 쫓아낸다고 생각했으며, 빨간색은 따뜻해 보이는 색이라 어미 개의 자식 사랑을 더욱 돋보이게 해 준다. 동양에서는 그림을 문자의 의미로 바꾸어 그리는 경우가 흔하다. 개 그림을 보면 개가 반드시 나무와 함께 그려져 있거나 혹은 누워 있는 모습이 많다. 이암의 화조구자도(花鳥狗子圖)와 모견도(母犬圖), 김두량의 흑구도(黑狗圖) 등이 그 예인데, 나무(樹) 아래에 그려진 개는 바로 집을 잘 지켜 도둑을 막는다는 것을 상징한다. 개는 '戌'(개 술)이고, 나무는 '樹'(나무 수)이다. '戌'은 '戍'(지킬 수)와 글자 모양이 비슷하고 '守'(지킬 수)와 음이 같을 뿐만 아니라 '樹'와도 음이 같기 때문에 동일시된다. 즉 "戌戍樹守(술수수수)"로 도둑맞지 않게 잘 지킨다는 뜻이 된다. 이와 같이 개 그림을 그리는 것은 재산이나 건강처럼 소중한 것들을 재앙으로부터 지키고자 하는 기원이 담겨 있다.

모견도(母犬圖) 종이에 담채, 73.2x42.4cm, 국립중앙박물관 소장

이경윤(1545~1611)은 조선 중기 사대부 출신의 화가로, 성종의 열한 번째 아들인 이성군 (利城君) 이관(李慣)의 증손이므로 왕족 출신의 화가이다. 이경윤이 그린 화하소구(花下搔拘)는 꽃나무 그늘 아래서 개 한 마리가 열심히 긁고 있는 모습을 묘사한 그림이다.

화하소구(花下搔拘: 꽃 그늘에서 긁적이는 개), 견본담채, 15.5 x 17.7cm, 간송미술관 소장

김두량(金斗樑, 1696~1763)의 자는 도경(道卿), 호는 남리(南里), 또는 예천(藝泉)으로, 영조 시대에 주로 활동한 화원이며, 산수, 인물, 영모 등에 두루 뛰어났다고 한다.

김두량의 긁는 개는 삽살개 한 마리가 뒷다리를 들어 가려운 곳을 긁는 모습을 순간적으로 포착하여 그린 그림인데, 그 화흥(畵興)이나 묘사의 기교 등에 있어 뛰어난 면모를 보여준다.

긁는 개, 종이에 수묵담채, 23.0 x 26.3cm, 국립중앙박물관 소장

뒤주에서 생을 마감한 사도세자는 그림에 뛰어난 재능을 갖고 있었다. 인물과 산수화, 새나 짐승을 소재로 한 영모(翎毛)화, 사군자류 등 많은 그림을 남긴 것으로 알려져 있다. 사도세자 작품이라는 견도(犬圖) 2점이 지금까지도 전한다. 국립고궁박물관은 사도세자 작품으로 추정되는 견도 2점을 보관 중이다. 2점 모두 즉흥적이면서도 간결한 소묘력이 돋보인다. 특히 '고궁회화 186번'으로 이름 붙여진 그림은 강아지가 어미로 보이는 개에게 달려가지만 어미는 귀찮다는 듯 외면하고 있어 아버지인 영조에게서 사랑을 받지 못하는 자기 처지를 묘사한 것으로 보인다(윤지영, 2013)

사도세자 견도, 지본수묵, 51.8×76.0cm, 국립고궁박물관 (고궁회화 186번)
출처: 국립고궁박물관

    농촌진흥청은 한국 토종개와 야생 · 고대 · 현대의 개 33품종 2천 258마리의 유전체 분석 결과를 비교해 발표했다(농촌진흥청, 2018; Choi, Wijayananda, Lee, Lee, Kim, Oh, Park, Lee, & Lee, 2017). 유전체 분석에 활용된 우리나라 토종개는 진돗개(백구, 흑구, 네눈박이-모색이 검은 바타에 얼굴, 복부, 다리가 황색이나 흰색을 띠는 품종. 호구-호랑이 무늬의 모색), 풍산개(백구), 경주개동경이(백구) 총 3품종, 6개 집단, 189마리이다. 갯과(犬科) 야생종으로는 늑대, 코요테 2종을, 고대 품종으로는 차우차우, 샤페이, 아프간 하운드, 시베리안 허스키 등을, 현대 품종으로는 복서, 보더콜리, 치와와, 그레이트 데인 등을 활용했다. 연구진은 개의 디엔에이(DNA)에 존재하는 유전자형 변화를 추적할 수 있는 유전자 칩을 이용해 개의 전체 유전체를 비교 · 분석했는데 한국 토종개는 중국 개, 일본 개와 더불어 고대 개 품종들과 유전적으로 비슷하다는 것을 확인하였다. 그러나 현대 품종들과 비교한 결과에서는 3품종(진돗개, 풍산개, 경주개동경이)의 유전적 근연관계(개의 품종이나 집단 간에 서로 공유하는 유전자형에 따라서 유전적 거리가 가까운 정도)가 매우 가까웠고 외국 품종과는 뚜렷한 차이를 보였다. 이는 한국 토종개들이 자신들만의 고유한 집단을 구성하고 있었다는 것을 의미한다. 또한, 한국 토종개는 다른 외국 개 품종에 비해 늑대 · 코요테의 유전자형을 많이 가지고 있었는데, 이는 한국 토종개들이 야생성을 더 많이 지니고 있음을 의미한다. 우리나라 토종개 중 야생 늑대의 유전적 특징은 풍산개, 경주개동경이, 진돗개 순으로 더 많이 지니고 있다. 한편, 한국 토종개들의 유효집단크기(유효집단크기가 작아질수록 그 집단은 근친도가 높아지고 유전적 다양성이 낮아짐. 유효집단크기가 50마리가 되면 멸종 위기종에 가까워짐)가 지속적으로 감소되고 있어 유전적 다양성 확보를 위한 보호 · 육성 사업이 시급하다. 한국 토종개의 유효집단크기는 진돗개 흑구 485마리, 진돗개 네눈박이 262마리, 풍산개 백구 110마리, 경주개동경이 백구 109마리에 머물고 있기 때문이다.

진돗개(백구)　　　진돗개(흑구)　　　진돗개(네눈박이)

진돗개(호구)　　　풍산개(백구)　　　경주개동경이(백구)

출처: 농촌진흥청

① 진돗개

　우리나라의 국견이자 천연기념물 제53호이며 전라남도 진도가 원산지인 견종이다. 진돗개란 말이 최초로 등장하는 문헌은 1937년 모리 교수가 작성한 시학 보고서이다(하지흥, 2003). 비슷한 모양의 개들이 삼국시대 당시에도 동북아 벌판에 서식했었음은 고구려 고분 벽화인 장천 1호분을 통해 알 수 있다. 고구려 옛 영토로부터 한반도 남쪽 그리고 일본에 이르기까지 비슷한 모양의 개들이 서식했었다는 사실은 아마도 역사시대 이전부터 진돗개와 합사한 개들이 한반도를 중심으로 널리 길러졌음을 시사해 주고 있다. 진돗개에 대한 관심과 체계적인 보호의 시발점은 1938년 5월 3일부터라고 할 수 있다. 모리 교수에 의해 1937년 진돗개의 형태와 성품에 대한 기초적인 조사가 이루어진 뒤 조선총독부는 진돗개를 천연기념물 제53호로 지정했다. 1962년에는 다시 문화재 보호법이 제정 공포되면서 진돗개가 우리 정부에 의해 천연기념물 제53호로 재지정되었다. 1967년에는 진돗개 보호육성법이 제정 공포되었다. 진돗개는 2005년에야 KC(켄넬클럽)과 FCI(세계축견연맹)

에 등재되었다. 일제시대에는 조선 총독부의 조선개 도살 정책에 의해 일본군의 방한복과 방한화를 제작한다는 명목으로 30~50만 마리의 개들이 도살되었다. 이 때문에 진돗개처럼 생긴 북방견 종류와 삽살개 등 토종개들이 멸종 위기에 이르렀다. 북방견 진돗개의 이중 털 구조가 방한복과 방한화를 만드는 데 안성맞춤이었던 탓이라고… 당시 이상오가 『수렵비화』에서 "죽은 개의 피가 시내를 이루었다"라고 기록하고 있다(이상오, 1965). 이런 고된 수모를 겪고도 한국의 국견으로 자리 잡은 진돗개는 한국인 특유의 근성을 닮았다고도 할 수 있을 것 같다.

② 풍산개

풍산개는 함경남도 풍산군 풍산면과 안수면 일대에서 오래전부터 길러 오던 북한을 대표하는 북한의 대표 견종이다(하지홍, 2008). 러시아 아무르 강 일대에서 호랑이 사냥하던 북방견인 라이카의 후손이라는 설이 있다. 만주의 고드레 개를 외형적으로 많이 닮았다고도 하는데 만주, 시베리아 등지의 북방견들과 혈연적인 연관이 있기 때문에 형태의 특징을 공유한 것으로 생각된다. 형태적으로 진돗개와도 많이 닮은 풍산개는 전형적인 북방견에 속한다. 우린 민족이 남하하여 반도에 정착할 당시 같이 이동하여 정착한 것으로 고원 산악지대라는 지리적 고립성으로 인해 고유의 토착 풍산개가 형성된 것으로 믿어진다. 개마고원 근처 함경남도 풍산은 육지의 섬이라고 불릴 만큼 고립된 지역이다. 타지 사람들과 교류가 차단된 이 지역에서 혈통을 순수하게 보존해온 풍산개는 개마고원 일대의 시베리아 호랑이를 사냥하는 데 사용된 용맹한 견종이라고 할 수 있다. 풍산개는 구한말 호랑이 사냥꾼인 백색 러시아 포수들과 갑산 포수들에 의해 그 용맹성이 알려지면서 유명하게 되었다.

풍산개의 천연기념물 지정은 일본인 모리 교수의 건의를 받아들여 1942년 6월 15일 조선총독부는 풍산개를 천연기념물 제128호로 지정하였으며 진돗개와 마찬가지로 정책적인 보호운동을 폈다고 한다. 해방 후 북한에서도 풍산개를 천연기념물로 지정하여 국가 보호개로 인정하였다. 1965년에는 몇 마리 남지 않은 풍산개를 국견으로 지정하였으며 1975년에는 풍산군 광동면 광덕리를 종축장으로 지정하여 국가사업으로 사육을 시작하였고 소수의 풍산개를 풍산 중고등학교와 평양축격 연구소, 군부대에서도 사육하게 되었다고 한다. 풍산개는 단모종과 장모종이 있으며, 사람에게는 순하지만 사냥에 나설 때면 눈빛이 달라진다고 한다. 2000년 남북 정상 회담 때 김정일 국방위원장이 김대중 대통령에게 풍산개 두 마리를 선물하였고, '우리' 와 '두리'로 이름 붙여져 현재 서울대공원에서 사육 관리 되고 있다.

3 삽살개

삽살개는 우리나라의 토종개로 1992년 천연기념물 제368호로 지정되어 보호받고 있으며 경상북도 경산의 하양이 원산지인 견종으로 풍성하고 복실거리는 털이 매력적인 견종이다. 여타 다른 한국견들과는 달리 이색적이고 매력적인 외모를 지닌 삽살개는 '귀신과 액운을 쫓는 개'로 알려져 있다. 신선 개, 귀신 잡는 개, 삽사리, 하늘 개로도 불리는데 이 개 근처에는 귀신이 얼씬도 못한다고 믿어왔다(윤열수, 2010). 이미 신라시대부터 있었다는 기록과 함께 우리말의 삽은 "없앤다" 또는 "쫓는다"의 의미이고 살(煞)은 귀신 또는 액운으로 풀이된다. 주인을 지키는 충성심은 나아가 귀한 것을 지키는 방범(防犯. 범죄가 생기지 않도록 미리 막음)의 상징이 되었고, 개는 재물이나 건강을 지키는 동시에 나쁜 귀신이나 질병을 물리치는 수호신의 의미를 지니게 되었다. 신라 시대 때 만들어진 개 모양 뿔잔은 그런 정서를 잘 보여주고 있는 술잔으로 신라인들은 뿔잔에 신의 모습을 한 개를 조각하여 사람을 잘 지켜 주는 수호신으로 삼았다.

삽사리는 신라 시대 때 티베트에서 들어온 털 긴 개의 변형으로 여겨졌으며 당시 티베트에서는 털 긴 개를 귀신을 쫓고 행운을 주는 개라 하여 돈으로 사고팔지 않고 선물로만 주고 받았다. 이런 문화 배경 때문인지 삽사리는 신라 시대 때 왕실에서만 키우는 신성한 개로 여겨졌으며, 때로 왕실과 가까운 귀족 가문에서 과시 목적으로 기르기도 했다. 경주 건천지방에서 전해오는 설화 중에도 김유신 장군이 전쟁에 나가 삽살개를 군견으로 썼다는 이야기가 전해오고 있다. 또한 신라시대 지장보살이라 불리던 김교각 스님은 삽살개를 데리고 중국에 건너가 고행하였는데 중국 불교성지에는 김교각 스님이 삽살개를 타고있는 지장보살도가 전해지고 있다고 할 정도다. 그만큼 삽살개는 품위 있는 개였으며 귀족들의 애완견이었던 것이다. 신라시대 주로 왕족들이 기르던 견종이었지만 통일신라의 멸망 이후 일반 백성들도 키우게 된 것으로 알려져 있다. 물론 여기에는 왕실견이라는 특수성과 더불어 "귀신을 쫓는 개"라는 이름이 크게 작용했다. 조선시대에 이르러서는 대부분의 민가들에 다 보급이 되었다. 이렇게 되다 보니 노래까지 생겨났는데 경남 통영 지역에 내려오는 개타령은 님을 그리워하는 내용이 담겨있다 : "~개야 개야 삽살개야. 개야 개야 삽살개야. 나뭇잎만 달싹해도 멍멍 멍멍 짖지 마라. 한산도야 말 물어보자. 우리님 오시거든 개야 개야 삽살개야. 개야 개야 삽살개야~".

삽사리의 원래 이름은 "삽살가히"로서 한자로는 삽살(揷煞)이라고 쓴다. 여기서 "삽"은 꽂음, "살"은 사람을 해치는 무서운 액운을 뜻하므로 살을 꽂는 개, 즉 살기를 찔러 쫓는 개를 의미한다. 삽살이는 이후 삽사리 혹은 삽살개로 표기가 바뀌면서 서민들에게 널리 사랑받았다. 삽사리는 일제 강점기 때 전쟁용 모피 징수 계획에 따라 거의 멸종하다시피 하였으나 경상북도 외진 땅에서 살아남은 종들에 의해 오늘날 그나마 명맥을 이어 가고 있다. 삽살개는 황 삽살이와 청 삽살이로 나눈다. 황 삽살이는 대체로 황색을 띄는 삽살개를 뜻하고, 청 삽살이는 강철색이라고 하여 요크셔테리어의 스틸 블루 빛깔을 띠는 삽살개를 말한다. 보통 사람들이 생각하는 순한 삽살개는 황 삽살이가 많으며, 청 삽살이는 황 삽살이에 비해 주인을 보호하고자 하는 습성이 강하고 다른 사람들에게는 마음을 잘 주지 않는 편이라고 한다.

④ 경주개 동경이

경주개 동경이는 경상북도 경주가 원산지인 견종으로 댕견이라고도 하는데 댕견은 '꼬리가 없는 개'란 뜻이다. 예로부터 경주 지방에 많았고, 경주의 옛 지명이 '동경이'였기 때문에 '동경이 견'이라 부르기도 한다. 현재 국어 대사전에 "경주지역에 살고 있는 꼬리 짧은 개를 동경이, 동경개라 한다"는 기록이 있다. 태어날 때부터 선천적으로 꼬리가 없지만 한때 장애견으로 오해받아 멸종 위기에 처할 뻔하기도 했다.

댕견은 조선 현종 10년(1669) 경주부윤 민주면이 쓴 동경잡기(東京雜記)속 "동경(경주)에 살고 있는 꼬리 짧은 개를 사람들이 동경구(동경의 개)라고 부른다", 조선 영조 46년(1770) 홍복한이 쓴 '증보문헌비고(增補文獻備考)'에는 "동경(東京·경주의 옛 지명)의 지형이 머리만 있고 꼬리가 없는 형세여서 이곳에서 태어난 개는 꼬리가 없다. 그래서 꼬리 없는 개를 '동경개'라고 불렀다." 는 구절에 등장하며, 『삼국사기』 백제본기 의자왕 20년 6월 "꼬리 짧은 개 한 마리가 서쪽으로부터 사비하 언덕에 와 왕궁을 향해 짖었다"는 구절을 통해서도 확인할 수 있다. 신라 고분군에서 발견된 개 토우 가운데 절반가량이 꼬리가 짧은 사실로 미루어볼 때 그 당시 우리나라에 널리 퍼져있는 견종일 것이다.

농촌진흥청과 건국대 연구팀은 동경이의 유전적 특성을 유전자 연결망(네트워크) 분석법을 이용하여 짧은 꼬리가 약 5,000만 년 전에 형성된 것이라는 것을 밝혔다(Daehwan, Dajeong, Daehong, Juyeon, Jongin, Mikang, Bong-Hwan, Seog-Gyu, & Jaebum, 2017). 생물학 연구에서 사용되는 유전자 연결망 분석법은 유전자 하나하나를 분석하는 것이 아닌, 유전자 사이의 상호 관계와 진화 과정을 추적해 유전적 특징을 찾아내는 방법이다. 예를 들어, 인간도 성향이 비슷한 사람끼리 서로 친구 관계로 연결돼 사회관계망(소셜 네트워크)을 구성하고 그 구성이 변화하듯, 유전자 역시 비슷한 기능을 하는 것끼리 관계를 맺고 진화를 거듭한다. 연구진은 동경이의 전체 염기서열(유전 정보 860만여 개와 유전자 2만 5천여 개)을 유럽, 베트남, 아프리카, 중국 등에 서식하는 해외 개 12품종(독일 셰퍼드, 중국(디칭. 쿤밍. 리장. 잉장) 서식 품종, 티베티안 마스티프, 유럽, 인도, 레바논, 베트남, 나미비아, 포르투갈 서식 품종), 6개 척추동물(소. 돼지. 말. 고양이. 사람. 쥐)과 동시에 비교해 동경이만이 지닌 유전자 연결망을 찾았다. 이 유전자 연결망은 다른 척추동물과 비교할 때 현재로부터 약 5천만 년 전부터 발생한 것으로 나타났다. 또한, 동경이 유전자와 연결된 많은 유전자가 감각 기능, 신경 발달과 관련된 것을 확인했다. 이 안에는 성장호르몬(Growth Hormone 1), 뉴로텐신(Neurotensin) 유전자 등이 포함돼 있다. 특히, 유전자 연결망 분석으로 꼬리가 짧은 집단에서 204개 유전자, 꼬리가 없는 집단에서 324개 유전자, 공통으로 54개의 유전자가 동경이 집단에서 상호 작용해 동경이의 특성을 결정짓는 것으로 추정했다.

진돗개가 한 주인만을 섬기는 반면 댕견은 집에 낯선 사람이 와도 꼬리를 흔들며 좋아해서 일부 지역에서는 '바보개'라고 부르기도 한다. 진돗개와의 구분은 외모만으로도 가능한데, 비단 꼬리가 없어서만은 아니다. 귀가 쳐져 있는 것이 특징이며, 뒷발의 발가락과 발바닥이 6개라는 특징을 가지고 있다. 꼬리가 없으니 재수 없는 개라고 하여 장애견으로 오인받았으며 복날에는 어떤 개들보다 먼저 식탁에 올랐던 불운한 과거를 가진 견종이기도 하다. 2012년 진돗개, 삽살개에 이어 천연기념물 제540호로 지정되었다.

요약

Chapter 1: 개의 어원

개라는 어휘는 개가 짖는 소리로부터 유래되었다.

일반적으로 큰 개는 "견(犬)", 작은 개는 "구(狗)"라고 부른다.

Chapter 2: 유적과 문헌

신석기시대부터 개가 중요한 가축으로 길러졌었다.

우리 조상들이 처음 가축을 기른 것은 생계나 경제적 요인보다 제례(제사를 지내는 예법이나 예절)적인 목적이 더 컸다.

우리나라 사람에게 있어서 개의 변태적 비일상적인 행태는 불길의 전조, 암시, 혹은 예시나 상징으로 인식되어 왔다.

Chapter 3: 민속에서의 개

민속에서 개는 '충복'과 '비천'의 양면성을 띤다.

종교적인 측면에서 개는 이승과 저승을 연결하는 매개의 기능을 수행하는 동물로 인식되었다.

Chapter 4: 그림 속의 한국 개

개 그림을 그리는 것은 재산이나 건강처럼 소중한 것들을 재앙으로부터 지키고자 하는 기원이 담겨 있다.

Chapter 5: 한국의 토종개

진돗개는 우리나라의 국견이자 천연기념물 제53호이며 전라남도 진도가 원산지인 견종이다.

풍산개는 함경남도에서 오래전부터 길러 오던 북한을 대표하는 북한의 대표 견종으로 1942년 천연기념물 제128호로 지정하였다.

삽살개는 우리나라의 토종개로 1992년 천연기념물 제368호로 지정되어 보호받고 있으며 경상북도 경산의 하양이 원산지인 견종으로 풍성하고 복실거리는 털이 매력적인 견종이다.

경주개 동경이는 경상북도 경주가 원산지인 견종으로 댕견이라고도 하며 2012년 진돗개, 삽살개에 이어 천연기념물 제540호로 지정되었다.

Part

09

개의 활용

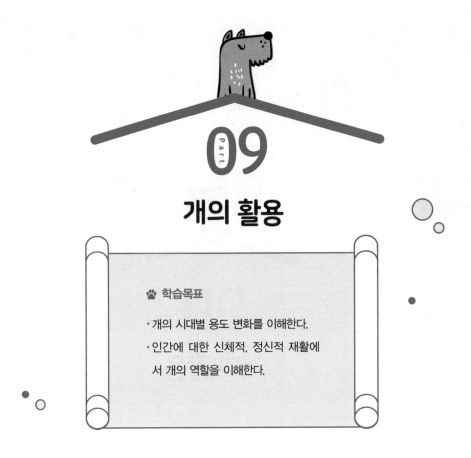

개의 활용

😺 학습목표

·개의 시대별 용도 변화를 이해한다.
·인간에 대한 신체적, 정신적 재활에
  서 개의 역할을 이해한다.

Chapter 1 개의 용도 변화

　개는 가장 오랫동안 사람과 같이 살아온 동물이다. 근본적으로 늑대와 유사한 면이 많기 때문에 자연에 방사되면 늑대와 유사한 무리생활과 생존본능을 발휘하며 늑대와의 교배도 가능하다. 그러나 늑대들과 달리 개는 인간과 공존해왔으며 인간에 대해서 의존적이다. 개는 인간이 최초로 길들인 가축으로 추정되며 세계 대부분의 문화권에서 오래전부터 길러져왔던 대표적인 가축이다. 개는 물건이 아닌 생명이기에 목적을 갖고 태어나지는 않지만 사람에게 많은 도움을 주는 생명이기에 사람에게 목적이라 할 수 있을 만한 기능들이 있다. 이러한 목적은 시대적 상황과 개의 능력이 합치될 때 특별한 목적이 발생하여 견종 발전에 기여하게 된다. 유목생활을 하는 유목민들은 양몰이를 잘하거나 늑대나 곰 같은 대형 육식 포유동물들의 위협으로부터 양과 사람을 지켜 주는 보호자로서 역할을 할 수 있는 개가 필요하여 이러한 분야에서 뛰어난 능력을 보이는 양몰이견이나 경비견을 만들게 되었다. 개는 오랫동안 사냥과 목축, 경비 등의 목적으로 길러져 왔다. 오늘날에는 전통적인 목적에 따른 품종이 길러지고 훈육되고 있으나 최근에는 개의 역할이 더 넓어져서 시각장애인을 안전하게 인도하는 시각장애인 도우미견, 사람들의 건강 회복을 돕는 치료 도우미견과 같은 역할을 하는 개들도 있다(박우대, 김선균, 김용대 2005). 또한 개를 과거처럼 소유물로 보지 않고 그 자체의 관리로써 또는 확대 가족의 일원으로 보는 인식의 변화가 일어나고 있다(Hall, Dolling, Bristow, Fuller, & Mills, 2016).

과거 역사를 통틀어 인간들은 동물에 의지하여 음식, 의복 및 교통수단을 이용하게 되었을 뿐만 아니라 전 세계 많은 문화권에서 동물들은 또한 종교 숭배의 초점이었다. 이러한 동물들은 여전히 전통적인 용도로 이용되지만 사회의 변화에 따라 동물의 역할 또한 변하고 있다. 선사 시대에 원시 인간과 동물은 경쟁관계로 인간들은 동물을 음식과 의복의 원천으로 생각하였다. 야생에서 가축화된 상태로 전환 한 첫 번째 동물은 모든 현대 개들의 공통 조상인 늑대로 가축의 초기부터 개들은 사냥, 경비, 목축과 같은 실제적인 용도로 사용되었다. 선사시대를 마무리하고 유목민 사냥꾼에서 농부로 정착한 인간 생활의 점진적인 변화는 약 8000년 전에 중동의 비옥한 초승달에서 시작되었다. 양과 소떼를 보호하고 방목하는 역할을 수행하는 일하는 개는 점차 가치가 높아지고 있었다. 고대 문명에서는 개들이 인간의 죽음과 관련하여 문화적으로 중요한 가치가 있어 죽은 인간의 영혼이 개를 통해 지나간다고 생각하여 장사 의식에 개를 의도적으로 이용하였다. 이러한 개와 죽음 사이의 초기 연합은 개들이 죽음을 예방할 수 있다는 신념으로 점차 진화하여 고대 그리스에서는 개가 질병을 치료할 수 있는 능력이 있다고 믿어 치유 사원에서 공동 치료사로 함께 거주하였다. 이것은 넓은 범위에서 사람들을 돕기 위해 치료견을 사용하는 현대의 선구자로 볼 수 있다. 지배 계급의 애완동물 소유는 오랜 역사를 가지고 있으며 고대 이집트 시대까지 거슬러 올라간다. 이 시대의 벽화에서 동물을 키우는 파라오를 볼 수 있으며 그리스와 로마 귀족도 열렬한 애완동물 보호자였다. 문명이 발달함에 따라 인간과 동물의 관계는 인간의 삶에서 상징성이 강화되어 관심의 중심에서 멀어지면서 인간은 모든 동물에 대한 지배권을 갖게 되었다. 동물의 종교적, 문화적 중요성이 크게 떨어졌음에도 불구하고 일부 동물은 인간과 밀접한 관계가 있었다. 이 당시 개들은 스스로 음식을 찾아야 했으며 번식에 대한 어떠한 통제도 없었다.

중세 시대에는 애완동물 사육이 귀족과 일부 고위 성직자들 사이에서 인기가 있었다. 여성들 사이에는 무릎 위에 올려놓을 수 있는 개가 유행하였으며 남성들은 사냥개에 관심을 갖게 되었다. 이 시기에 사냥은 권력과 지위를 상징하기 때문에 귀족에게 매우 중요했다. 다른 사냥감을 추적하기 위해 개발된 다양한 유형의 사냥개가 유럽 전역으로 퍼져나갔다. 그러나 당시 교회 지도자들은 동물에게 제공되는 음식을 가난한 사람들에게 나누어 주어야 한다고 생각하고 있었기 때문에 애완동물에 대해서 매우 부정적인 시각을 가지고 있었다. 더욱이 교회는 동물과 가까워지는 것이 우상숭배와 밀접한 관련이 있다고 믿었으며 이러한 애완동물에 대한 편견은 이교도들이 동물과 밀접한 연관성이 있음을 언급하면서 극도로 불안해하였다. 16세기와 17세기의 마녀재판을 통해 수많은 무고한 사람들이 마법사로 기소되어 사형을 선고받았으며 이때 사탄의 상징으로 여겨지는 동물이 죄의 증거로 사용되었다. 기소된 사람들은 대부분 동물을 키우는 노인이나 사회적으로 고립된 여성이었다. 그러나 마법에 대한 관심이 줄어들면서 동물들은 다시 사랑을 받았으며 행운의 상징이 되었다. 역사를 통해 보았을 때 동물에 대한 부정적인 태도를 갖게 된 가장 큰 이유는 동물에 대한 애정 관계가 부도덕하고 자연스러운 삶의 질서에 위배된다는 것이었다. 상대적으로 최근까지 서양 세계에서 동물들은 감정이 없고 인류에 봉사하기 위해 창조되었다는 공통된 견해를 가지고 있었다. 한편으로 중세 시대에 농장이나 행상인 또는 여행자에게는 음식이나 물품을 실은 작은 손수레를 끄는 일에 개를 활용되었다.

18세기까지는 일반인들이 애완동물을 사육하는 것이 매우 힘든 일이었다. 애완동물을 사육하는 것이 다른 사회적 의무를 소홀히 할 수 있다고 믿었기 때문에 하급 계층에게는 적절하지 않다고 간주되었다. 19세기에 들어오면서 동물이 자연 세계와 연결하는 연결 고리로 인식되어 자연에 대한 인간의 지배에 대한 시연을 허용하면서 일반인들도 동물을 기를 수 있게 되었다. 찰스 다윈이 1859년에 종의 기원을 발표한 이후에 견종 기준이 수립되면서 개 사육이 공식화되었다.

현대 사회에서 반려동물이 인간 가정으로의 통합이 심화되어가면서 인간과 개 사이의 상호 작용이 변하고 있다. 오늘날의 개는 관상용에서부터 신분의 상징, 도우미, 동반자, 가족 구성원 등 다양한 기능적 역할을 수행하고 있다. 주인들은 자신이 소유한 개로 개성을 표현할 수 있기 때문에 개를 통해 자신만의 개성을 표현하는 통로로 활용하고 있다. 예를 들어, 희귀 품종은 대개 신분의 상징으로 사용된다. 시각 장애인을 위한 안내견과 청각 장애인을 위한 청각 도우미견은 도우미로 활용되는 경우이다. 그러나 현대 사회에서 반려동물을 소유하는 가장 일반적인 이유는 동반자로 이러한 관계가 인간의 건강과 심리적 안녕에 긍정적인 효과가 있다는 인식이 증가하면서 반려동물의 치유적 가치에 대한 인식이 높아지고 있다.

시대별 개의 용도

구분	용도
전통	양몰이, 보호자, 집지킴
선사시대	사냥, 경비, 목축
고대문명	영매, 애완
중세	애완, 사냥, 손수레 운반, 사탄
근대	관상
현대	신분의 상징(희귀 견종) 도우미(장애 : 시각장애인, 청각장애인 등, 위험: 마약, 폭발물 등, 구조: 재해, 사고 등, 추적: 실종, 범죄) 동반자(치료적 가치)

Chapter 2 인간 질병에 대한 도움 활동

콜리와 도베르만이 반씩 섞인 개가 주인의 다리에 난 여러 점 중에 유독 한 점에만 코를 대고 냄새를 맡았는데 심지어 주인이 치마를 입으면 그 점을 물려고 했다. 검사 결과 그 점은 악성 종양으로 밝혀졌다. 주인이 종양 제거 수술을 받은 후 반려견은 더 이상 주인의 다리에 관심을 보이지 않았다고 한다. 이러한 내용의 기사는 전 세계적으로 매우 많이 찾아볼 수 있다. 개가 인간 질병에 도움을 줄 수 있을지에 대해 의학계가 주목하면서 그 이유를 찾기 위해서 노력하고 있다. 개의 능력에 대해서 의학적 활용 가능성을 확인하기 위하여 두 마리 개를 데리고 시행한 소규모 실험에서 개들은 흑색종(melanoma)을 거의 매번 구분해냈다(Williams, & Pembroke, 1989). 위의 연구를 기반으로 더 많은 환자를 대상으로 한 실험에서도 유사한 결과가 나왔다(Church, & Williams, 2001; Dobson, 2003). 영국에서 종과 연령이 다양한 개 6마리에게 방광암 환자의 소변과 건강한 사람의 소변을 구별하는 법을 훈련시켜 개가 방광암 환자의 소변 샘플을 찾아내면 엎드리게 하였다. 실제 실험 단계에서 과학자들은 방광암 환자와 건강한 사람의 소변 샘플 54개를 사용했는데 개는 무작위로 선택하는 경우에 비해 세 배나 높은 성공률로 방광암 환자의 소변 샘플을 찾아냈다(Willis et al, 2004).

개의 이러한 능력에 대해서 과학자들은 여러 연구를 통해 종양조직에서 나는 냄새가 숨과 땀에서 나는 냄새 성분과 같다는 사실을 밝혀냈다(Di Natale, Macagnano, Martinelli, Paolesse, D'Arcangelo, Roscioni, Finazzi-Agrò, D'Amico, 2003; Phillips, Cataneo, Ditkoff, Fisher, Greenberg, Gunawardena, Kwon, Rahbari-Oskoui, Wong, 2003). 간질을 앓는 사람들은 졸도나 발작 직전 체내 호르몬 변화를 일으키는데 이때 나는 체취를 감지해 사전에 이를 알려주는 개에 대한 연구도 진행되고 있다(Dalziel, Uthman, Mcgorray, & Reep, 2003; Kirton, Winter, Wirrell, & Snead, 2008; Ortiz, & Liporace, 2005).

당뇨병 환자는 췌장에서 인슐린이 더 이상 분비되지 않기 때문에 혈중 당도의 균형을 맞추는 치료가 필요하다. 적절하게 관리가 이루어지지 않을 경우에는 저혈당으로 의식을 잃거나 위험한 상황을 겪을 수도 있기 때문이다. 개는 당뇨병 환자의 혈당 감소를 알아낼 수 있다(Lim, Wilcox, Fisher, & Burns-Cox, 1992). 당뇨병 환자와 함께 사는 개 중에서 1/3이 주인의 혈당 감소 증상에 따른 행동 변화를 보였고, 심지어 환자 자신이 초기 증세를 의식하기도 전에 혈당 감소 증상이 일어나리라는 것을 미리 알아차리고 주인에게 알려 준 개도 있다(Chen, et al., 2002). 당뇨병 환자가 저혈당으로 의식을 읽기 전에 땀이 나는데 개는 땀에서 생화학적 변화를 탐지하는 것으로 보인다(McAulay, Deary, & Frier, 2001). 혈당 변화를 감지하도록 훈련된 개가 당뇨병 환자의 저혈당 상태에 대해 신뢰성 있게 반응하는지를 알아보기 위한 연구가 있었다(Rooney, Morant, & Guest, 2013). 연구결과 훈련된 혈당 감지 개는 당뇨병 환자의 혈당 조절 능력을 증가시키고, 당뇨 환자의 독립된 삶의 질을 향상시켰으며, 장기간의 건강 복지 비용을 감소시키는 데 도움이 된다는 것을 확인하였다. 이탈리아 밀라노 소재 후마니타스 임상연구센터 비뇨기과 연구팀은 독일 셰퍼드(암컷)의 후각을 이용해 전립선암을 평균 98%의 정확도로 진단해 낼 수 있다는 사실을 입증했다(Bahnson, 2015). 연구팀은 900명의 남성을 두 그룹으로 나눠 실험을 진행했는데 한 그룹은 전립선암을 보유하고 있는 환자들 360명이었고 다른 그룹은 일반 남성 540명이었다. 연구팀은 이들의 소변 샘플을 받아 후각 훈련을 받아온 셰퍼드 2마리에게 냄새를 맡게 했다. 조사 결과 셰퍼드는 전립선암 환자의 소변샘플 앞에서는 앞다리를 굽히고 앉았지만 정상인 소변샘플은 그냥 지나쳤다. 두 마리의 셰퍼드는 각각 98.7%, 97.6%의 정확도로 전립선암 환자를 판별해 낼 수 있었다. 전립선암 환자의 소변에는 특이한 휘발성유기화합물(VOC: volatile organic compound)이 함유돼 있어 공기 속으로 증발하면서 냄새를 방출하는데 예민한 후각을 지닌 개는 이를 구분해 낼 수 있다고 한다. 현재 전 세계 의학계에서 전립선암을 판별하고 있는 가장 표준적인 검진 방법은 전립선 특이 항원(PSA: Prostate Specific Antigen) 검사라고 불리는 혈액검사다. 전립선암 환자의 경우 전립선의 정상적인 구조가 파괴돼 전립선 세포에서 생성되는 당단백질인 PSA 수치가 높게 나타나는 게 일반적이다. PSA 검사의 문제는 정확한 측정 기준이 없다는 것이다. 또 전립선비대증이나 전립선염을 가지고 있는 환자에게서도 PSA 수치가 높아질 수 있기 때문에 PSA 검사만으로는 정확한 암 환자를 판별해 낼 수 없는 것으로 알려져 있다. 정확한 진단은 전립선 조직을 떼어내 분석하는 조직생검(組織生檢)으로 가능하다. 앞으로 개의 후각 탐지 능력을 바탕으로 정밀 진단 기계를 만들 예정이라고 한다.

Chapter 3 장애에 대한 도움 활동

인간 건강에 대한 동물 동반자의 가치에 대한 인식이 커지면서(Mills, & Hall, 2014) 장애인 도우미 개의 수요와 역할은 세계적으로 확대되고 있다(Walther, Yamamoto, Thigpen, Garcia, Willits, & Hart, 2017). 장애를 가지고 있는 사람들에게 도우미견을 활용하여 요구되는 도움을 제공할 수 있다. 도우미견이란 시각장애, 청각장애, 정신질환, 발작장애, 이동성 장애와 같은 장애를 가지고 있는 사람들을 도와주기 위해서 특별히 훈련된 개를 말한다. 이러한 도우미견은 일반적으로 성품, 기질(순종성과 훈련성), 건강(신체 구조 및 체력)에 대한 요구 조건을 만족시킬 수 있는 특성을 가지고 있어야 한다. 현재 미국에서는 라브라도 리트리버, 골든 리트리버, 라브라도 및 골든 리트리버 교배종, 저먼 셰퍼드가 가장 많이 활용되고 있다. 그러나 순종 이냐 잡종이냐에 관계없이 어떠한 개도 도우미견이 될 수 있지만 도우미견이 되기 위한 요 구 조건을 모두 만족시킬 수 있는 개를 만나는 것은 쉬운 일이 아니다. 시각장애인 도우미 견, 청각도우미견, 신체장애인을 위한 도우미견들은 주인의 이동성과 독립성을 향상시킨 다 (Kiddoo, & LaFleur, 1993).

☑ 시각장애인 도우미견

시각장애인 도우미견은 안내견이라고도 하는데 시각장애인에게 안전하게 길을 안내하 거나 위험을 미리 알려 시각장애인을 보호하고 시각장애인이 독립적인 활동을 할 수 있도 록 이동성을 보장해 주는 역할을 한다(Deshen, & Deshen, 1989; Goddard, & Beilharz, 1984; Lloyd, Budge, La Grow, & Stafford, 2016; Lloyd, La Grow, Stafford, & Budge, 2008 a; Lloyd, La Grow, Stafford, & Budge, 2008 b; Oxley, 1995). 안내견은 시각 장애인의 이동에 도움을 줄 뿐만 아니라 고립감 을 줄이고 자신감과 독립심, 사회적 정체성을 증진시키며 심리적 안정에도 기여한다(Hart, Zasloff, Benfatto, 1995; Lanea, McNicholasb, & Collisb, 1998; Sanders, 2000; Steffens, & Bergler, 1998). 부 가적으로 시각장애인이 도우미견을 통해서 우정, 동반자 관계, 사회적 기능 향상, 자부심 과 자신감 향상의 효과를 얻을 수 있다(Lloyd, La Grow, Stafford, & Budge, 2008 a; Lloyd, La Grow, Stafford, & Budge, 2008 b; Refson, Jackson, Dusoir, & Archer, 1999 a; Refson, Jackson, Dusoir, & Archer, 1999 b; Sanders, 2000; Steffans, & Bergler, 1998; Whitmarsh, 2005). 또한 시각장애인 도우미견은 장애인의 대인관계를 넓혀주는 역할도 한다. 휠체어를 타는 사람들이 시각장애인 도우미 견과 함께 시장을 볼 때는 모르는 사람들과 평균 8회 다정하게 인사를 나눈 반면 도우미 견이 없을 때는 1회밖에 하지 못한 것으로 나타났다(Hart, Hart, & Bergin, 1987).

시각장애인을 위한 도우미견은 제1차 세계대전 말 독일 포츠담 외곽에 있던 환자 요양 소의 의사가 전쟁으로 시력을 잃은 군인들이 계단을 향해 움직일 때마다 저먼 셰퍼드가 그 길을 가로막는 것을 본 후 안내견의 역사가 시작되었다(정재경 역, 2011). 독일에서만 진행 되었던 안내견에 대한 관심은 당시 스위스에 살고 있는 미국 사육사인 도로시 해리슨 유스티스(Dorothy Harrison Eustis)가 1927년 11월 5일 "The Saturday Evening Post"에 독일 포츠담에 있는 안내견 훈련 학교에 대한 내용을 "The Seeing Eye"라는 제목으로 기사를 기고하면서 시각장애인 도우미견에 대한 관심이 전 세계로 확산시키는 시발점이 되었다. 이후 내쉬빌에 거주하는 모리스 프랭크(Morris Frank)가 도로시 해리슨 유스티스가 훈련시킨 버디라는 암컷 저먼 세퍼드와 스위스로부터 귀국하면서 시각장애인 안내견에 대한 활동이 본격화되었는데 귀국 직후 프랭크와 버디(Frank and Buddy)는 미국인들에게 시각장애인 안내견의 능력을 확신시키고 시각장애인 안내견을 가진 사람들이 대중교통, 호텔 및 기타 공공장소에 접근할 수 있도록 허용할 필요성에 대한 홍보 여행을 다녔다. 1929년에 유스티스와 프랭크는 테네시주 내슈빌(이후 1931년에 뉴저지로 옮김)에 "The Seeing Eye"라는 장애인 도우미견 학교를 공동 설립했으며 영국에서 최초의 시각장애인 안내견은 "플래쉬", "주디", "메타", "몰리"라고 하는 4마리의 저먼 세퍼드로 1931년 10월 6일에 영국의 항구도시인 왈러시에서 제1차 세계 대전에서 시력을 상실한 시각장애 참전 용사들에게 이 안내견을 인도하였다. 1934년부터 영국의 시각 장애인을 위한 안내견 협회가 운영되기 시작하였다. 우리나라의 최초 시각 장애인 안내견은 대구대학교 임안수 교수로 1972년 미국 유학을 마치고 세퍼드 종인 "사라"와 함께 귀국하면서 시작되었다. 그러나 국내 양성기관에서 체계적인 교육을 받아 배출한 최초의 안내견은 1994년 양현봉씨가 삼성화재 안내견학교에서 분양받은 "바다"이며, 이후 꾸준한 활동을 진행하고 있다.

☑ 청각장애인 도우미견

청각장애인 도우미견을 보청견이라고도 부른다. 청각장애인 도우미견은 청각 장애인의 생활을 돕기 위하여 방문자 알림(노크, 챠임), 약속시간 알림(시계, 전화), 재난 알림(화재 경보음, 자동차 경적), 호출 알림(타인이 부를 때, 아기가 울 때) 등의 업무 수행을 하는 특별히 훈련된 개를 말한다. 청각장애인 도우미견은 청각 장애가 있는 개인의 삶의 질에 유의하고 구체적이면서 잠재적으로 일반적인 이익을 제공한다(Hall, MacMichael, Turner, & Mills, 2017). 청각장애인 도우미견은 주인과의 협력이 불안, 우울증, 긴장감과 같은 심리적 안정감에 긍정적 영향을 미친다(Guest, Collis, & McNicholas, 2006).

NEADS(National Education of Asistance Dog Services) : 미국 최고의 보청견 양성기관

세계도우미견협회 : http://www.assistancedogsinternational.org

☑ 발작 탐지 도우미견

발작 탐지 도우미견은 시각적인 징후를 통해 감지한다. 개는 사람의 몸짓과 표정, 근육의 긴장 여부, 호흡상의 특징, 땀을 흘리는지의 여부 같은 몇몇 시각적 징후를 바탕으로 발작을 자각한다(Kirton, Wirrell, Zhang, & Hamiwka, 2004). 주인의 움직임을 알아채는 훈련만 받는다면 어느 개나 발작 탐지견이 될 수 있다(Brown, & Goldstein, 2011; Di Vito, Naldi, Mostacci, Licchetta, Bisulli, & Tinuper, 2010; Strong, Brown, Huyton, & Coyle, 2002). 발작의 전조를 탐지하기 위해 발작 탐지견을 입양한다면 엄격하게 선발해서 체계적으로 훈련한 개를 들이는 것이 가장 중요하다(Strong, & Brown, 2000). 그렇지 않을 경우에는 발작이 왔을 때 개가 제대로 대처하지 못해 사람이 생명을 잃을 수도 있기 때문이다. 훈련을 받은 개들은 발작이 임박했음을 눈치 채면 큰 소리로 짖거나 특별한 신호를 통해 사람들에게 알리는 방식으로 주인을 지킨다(Brown, & Strong, 2001). 영국 데일리메일은 심한 간질 발작을 앓는 23세 여성 섀넌 로크의 사례를 소개하였다(Bianca, 2015). 간질 발작이 위험한 이유는 대처할 수 없는 상황에서 발작이 일어나는 경우가 많기 때문이다. 간질 환자들은 갑작스러운 발작으로 부딪히거나 넘어져 머리 부위가 손상되는 경우가 자주 일어난다. 하지만 섀넌은 이러한 위험에서 자유로운데, 그녀의 두 살 된 리트리버 반려견인 '포피'가 증상이 나타나기 전에 이상 행동을 보이며 경고를 보내기 때문이다. 포피의 이상 행동은 간질 증상이 나타나기 15~20분 전에 나타난다. 포피는 무릎 뒤쪽을 코로 짓누르거나 앞발을 이용해 발작을 경고한다. 포피가 이러한 행동을 보이면, 섀넌은 안전한 곳으로 피신해 발작에 대비할 수 있다. 포피의 활약은 '발작 예고'에 그치지 않는다. 섀넌이 경련하기 시작하면 그녀가 과도한 침으로 질식하지 않도록 혀로 핥아 타액을 닦아낸다. 그 후에는 섀넌을 안정시켜 그녀가 빨리 정상으로 돌아올 수 있도록 돕는다. 과학자들은 포피의 행동에 흥미를 느끼면서 이 강아지에 대한 연구에 들어갔으며, 벨파스트 퀸즈 대학 연구팀은 포피의 사례를 연구해 전 세계 간질 환자를 도울 길을 찾고 있다고 밝혔다고 한다.

☑ 이동 장애인을 위한 도우미견

이동에 어려움이 있는 장애인을 도와주기 위한 이동성 지원 도우미견은 휠체어에 의존하는 장애인을 포함하여 이동성에 문제가 있는 신체적 장애를 가지고 있는 모든 사람들을 도와주기 위해서 훈련된 개를 말한다. 이동성 지원 도우미견은 균형과 안정성 제공과 함께 휠체어를 당기거나 이동이 어려운 사람에게 물건을 집어주는 것 이외에도 문을 열고 닫기, 전등 스위치를 조작하기 등을 훈련받음으로써 이동 장애인의 삶에 긍정적 영향을 줄 수 있다. 이동성 지원 도우미견은 일반적으로 손잡이를 부착할 수 있도록 특정 종류의 조끼를 착용하는데 이렇게 한 장치는 도우미견이 걸을 때 손잡이를 잡음으로써 도우미견이 장애인을 안내하거나 균형을 잡을 수 있도록 도와준다. 큰 개들은 특별히 설계된 하네스를 착용하고 휠체어를 끌기도 한다. 그러나 휠체어를 당기는 것은 논쟁의 여지가 있으며 현재 영국에서는 불법이다. 미국에서도 휠체어를 당기는 것은 짧은 직선거리로 제한하며 일반적으로 횡단보도를 건널 때 활용되는 것이 가장 일반적이다. 이동성 지원 도우미견이 휠체어를 당기는 것은 휠체어 사용자가 적은 노력으로 휠체어를 조작할 수 있도록 도와주기 때문에 신체적인 이점이 있다(Hubert, Tousignant, Routhier, Corriveau, & Champagne, 2013).

이동성 지원 도우미견의 또 다른 유형은 보행 지원 도우미견으로 주로 파킨슨 병이나 다발성 경화증 환자에게 사용된다. 보행 지원 도우미견은 보행자의 무게를 지탱하는 지팡이가 아니라 조정자 역할을 수행한다. 따라서 보행 지원 도우미견은 걷는 동안 보행과 균형을 유지할 수 있도록 도와주게 된다. 이러한 기법을 평형추(counterbalance)라고 한다. 이러한 방법은 직선으로 걸을 수 없는 고유 감각 손실 증상을 가지고 있는 사람들에게 도움을 줄 수 있다.

도우미견은 인간의 작업환경에서 개인의 기능적 능력을 유지하거나 향상시킬 수 있는 다양한 업무를 수행할 수 있다. 도우미견은 휠체어를 움직일 수 있도록 도와주고, 문을 열어주고, 떨어뜨린 물건을 가져다주고, 균형을 잡고 힘을 유지할 수 있도록 해주는 것같이 직장에 종사하는 이동 장애자를 돕기 위해 훈련할 수 있다. 이처럼 도우미견은 직업 수행 영역에서의 독립성을 높이고 심리 사회적 기능 향상에 기여한다(Camp, 2001). 도우미견은 이동 장애가 있는 사람들이 직업에 더 많이 참여하도록 돕는다(Fairman, &

Huebner, 2000; Rintala, Matamoros, & Seitz, 2008; Sachs-Erikson, Hansen, & Fitzgerald, 2002; Shintani, Senda, Takayanagi, Katayama, Furusawa, Okutank, & Ozaki, 2010; Winkle, Crowe, & Hendrix, 2011; Winkle, & Zimmerman, 2009). 이동 장애가 있는 여성의 직업 참여에 대한 도우미견의 효과성에 관한 연구에서 도우미견과 주인과의 협력관계가 직장에서 독립적으로 업무를 수행할 수 있는 능력에 영향을 주며, 또한 안전과 지원 증대에 도움을 줄 뿐만 아니라 가정과 지역 사회에서 보다 적극적으로 활동할 수 있도록 도와준다(Herlache-Pretzer, Winkle, Csatari, Kolanowski, Londry, & Dawson, 2017).

☑ 기타 도우미견

치과를 무서워하는 어린이들에게 강아지가 간호사 역할을 한다. 미국 일리노이주 노스브루크의 한 치과에서 조조(JoJo)라는 강아지를 간호사를 활용하고 있다. 조조는 두려움에 떨며 병원에 찾는 어린이 환자들을 편안하게 하는 보조 역할을 한다. 조조는 어린이들이 치과에 들어올 때부터 치료를 받을 때까지 편안함을 느끼도록 한쪽 발로 환자들의 손을 잡아준다. 치과 관계자에 의하면 "조조가 어린이 환자들과 있으면 환자들은 편안하게 치료를 받는다"라며 "과거에 병원 문에 들어서는 것조차 어려운 어린이 환자마저 이제는 병원 예약을 기다린다"라고 말했다.

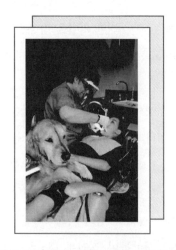

출처: https://www.thedodo.com/dentist-office-hires-comfort-dog-1700145805.html

미국 수의사 협회에 의하면 동물매개치료는 특정한 조건을 만족하는 동물이 치료과정에 참여하는 목표 지향적 중재를 의미한다(American Veterinary Medical Association, 2007). 동물매개치료는 자신의 전문분야에서 활동하는 전문가에 의해서 실천되며 인간의 신체적, 사회적, 정서적, 인지적 기능을 향상시키는 데 도움을 준다. 동물매개치료는 다양한 장면에서 개인과 집단에게 제공될 수 있으며 그러한 과정이 문서화되고 평가되어야 한다. 동물매개치료에서는 개와 고양이가 가장 일반적으로 활용되는 동물이지만 기준에 부합되면 모든 동물이 활용될 수 있다. 활용을 위해 선택된 동물의 유형은 대상자의 재활 계획의 목표에 따라 달라질 수 있다.

1 동물매개치료 효과

동물매개치료는 인간과 동물의 유대를 기반으로 치료 동물과의 상호작용을 통해서 신체적, 사회적, 정서적, 인지적 문제를 해결하고자 하는 것이다. 운동 능력 및 관절 운동 증진, 보조 또는 독립적인 운동능력 증진, 자아존중감 향상, 언어적 의사소통 능력 증진, 사회적 기술 발달, 활동 참여 의지 증진, 타인과의 상호작용 증진, 운동에 대한 동기부여 등은 동물매개치료가 중요하게 생각하는 해결 문제의 목표이다.

☑ 우울증

소크알링엄과 동료들은 심각한 우울증으로 잦은 자살 시도를 해서 여러 차례 정신병원에 입원한 경력이 있는 43세 남자를 치료하기 위하여 동물을 활용하였다(이소연, 2012; Sockalingam, Li, Krishnadev, Hanson, Balaban, Pacione, Bhalerao, 2008). 이 남자는 걸핏하면 울고, 말도 하지 않았으며, 자신감과 의욕도 낮았다. 불안에 휩싸여 뜬 눈으로 밤을 지새우기 일쑤였고, 집중력도 떨어졌다. 어떤 결정도 내리지 못하는 우유부단한 모습을 보였으며 심리적으로 불안정했다. 과거에 그는 어린 나이에 어머니를 여의고 평생 일자리를 찾아 이리저리 떠돌며 생활했으며 어렸을 때 잠시 마음을 깊이 나눈 개와 함께 살기도 했다. 의사들은 그에게 신경안정제, 항우울제 등을 처방했지만 아무런 효과도 없었다. 고민 끝에 개로 치료해 보자는 결정을 내렸고 골든 리트리버 1마리를 치료팀에 합류시켰다. 치료를 위해 이 환자에게 개에게 밥을 주고, 산책을 시키는 등 하루에 몇 시간씩 돌봐야 했다. 그런데 3주가 지나자 이 환자에게 여러 가지 변화가 나타나기 시작했다. 우울함이 줄어들었고, 삶을 희망적으로 보게 되었으며, 불안감이 감소했고, 말수가 늘었으며, 수면의 질이 향상되었고, 집중력도 좋아졌다. 개를 산책시키면서 매일 운동을 하자 신체 건강도 좋아졌다. 또한 다른 사람, 특히 여성들에게 소외되는 현상이 줄어들었다. 개와 함께 있는 것이 여성의 관심을 끌었기 때문이다. 덕분에 이 환자는 옛날 친구들에게 다시 연락하기 시작했으며 치료에 참여한 개가 자신에게 의지하자 전반적인 자기 통제력이 높아지면서 되는 대로 살지 않게 되었다. 이전에는 혼자서 아파트를 구하지도 못하고 집안일도 할 줄 모르던 사람이었다. 치료견을 통해서 자신이 좋은 사람이고 꼭 필요한 존재라고 인식하면서 삶에 자신감을 갖게 된 것이다. 이처럼 우울증 치료를 위해 반려동물을 활용해 성공적인 성과를 얻고 있다 (Souter, & Miller, 2007). 개는 대인관계에 어려움을 느끼는 사람에게 도움을 줘서 우울증 환자에게 특징적으로 나타나는 자폐 증상을 피하게 해 준다 (Wells, 2004).

☑ 정신분열증

헝가리의 부다페스트 정신병원에서 여러 해 동안 생활하고 있던 30~60세의 정신분열증 환자 7명을 연구 대상으로 9개월 동안 주 1회씩 동물 매개 치료를 진행했다 (이소영, 2012; Kovács, Kis, Rózsa, Rózsa, 2004). 만성 정신분열증 환자는 사회 활동 수준이 낮고 수용 생활을 하면 할수록 장애가 더 심해지는 경향이 있다. 환자들은 매회 50분 동안 병원 뜰이나 병실에서 개를 만났다. 치료가 시작되면 개는 환자의 관심을 끌기 위해 주위를 맴돌았고, 연구진은 환자들에게 개와 감정과 생각을 나누라고 요청했다. 간단한 운동을 통해 환자의 반응을 유도해 사람과 동물 사이의 우정과 상호작용을 늘리기도 했다. 환자들은 개에게 먹이를 주고 빗질을 하고 함께 운동을 했다. 모든 활동은 놀이를 하듯 자연스럽게 이루어졌다. 동물 매개치료가 진행된 뒤 다양한 활동의 변화를 조사했다. 조사 결과 모든 부분에서 능

력이 현저하게 향상된 것으로 나타났다. 정신분열증 환자의 사회적 능력 향상에 동물 매개
치료가 큰 영향을 끼친 것으로 결론지었다.

또 다른 연구로 동물매개치료가 다양한 정신질환을 앓는 환자들의 불안 심리를 줄이는
데 영향을 끼치는지를 조사했다(Barker, & Dawson, 1998). 정신질환으로 입원한 환자 230명에
게 동물매개치료를 받게 해서 이들이 겪는 장애를 줄이는 것이 연구의 목표였다. 연구진은
동물매개치료의 효과를 비교하기 위해서 취미 활동과 여행 등을 통해 치료하는 여가 치
료를 병행했다. 연구진은 두 치료를 받기 전과 후에 환자가 느낀 불안 정도를 평가했다. 연
구결과 여가 치료를 받았을 때는 기분장애 환자만 불안이 감소하는 결과를 보인 반면, 동
물 매개치료를 받은 후에는 정신장애와 기분장애, 다른 장애가 있는 환자 모두 불안심리
가 크게 줄어들었다. 따라서 다양한 정신질환 환자들에게 동물매개치료를 실시하면 불안
심리가 줄어드는 효과가 있음을 알 수 있다.

☑ 동물공포증

개 공포증을 겪는 48명의 3~5세 아이들의 치료를 위해 세 가지 동영상을 보여 주었다
(Bandura, & Menlove, 1968). 가장 먼저 어린이와 개 사이에 이루어지는 상호작용에 관한 동영
상을 보여 주었다. 내용이 전개될수록 상호작용은 점진적으로 증가해서 마지막에는 아이
의 품에 안긴 개가 아이의 얼굴을 핥아 주는 장면이 나온다. 두 번째 동영상은 여러 명의
아이들이 여러 마리의 개와 상호작용을 나누는 내용이었다. 세 번째 동영상은 개와 상관
없는 내용이 나오는 만화영화였다. 실험결과 개와 상호작용을 나누는 동영상을 본 아이
가 이후에 동물을 대하는 행동에 긍정적인 변화를 보인 것을 확인할 수 있었다. 개와 상
관없는 만화 영화를 본 아이들의 행동은 변하지 않은 반면 동영상에서 여러 명의 아이
와 여러 마리의 개가 상호작용을 나누는 장면을 본 뒤에는 동물에 대한 접근 수준이 훨
씬 더 높게 나타났기 때문이다. 동영상을 통해 동물과 성공적으로 상호작용을 나누는
모습을 보여 주면 개 공포증을 겪는 아이들에게 긍정적인 영향을 끼칠 수 있다는 점을
알 수 있다.

☑ 사회성 발달

정신질환을 가지고 있는 아동에서 노인에 이르기까지 다양한 환자들에게 동물매개치료가 사회성을 발달시키는 데 효과가 있으며 또한 다양한 정신적 효과를 제공한다(Rossetti, & King, 2010). 동물매개치료는 대화를 나누고, 상호작용을 하고, 사회화되는데 도움을 줄 수 있다(Barak, Savorai, Mavashev, & Beni, 2001; Bernstein, Friedman, & Malaspina, 2000; Corson, Corson, Gwynne, & Arnold, 1977; Kováacs, Bulucz, Kis, & Simon, 2006; Kováacs, Kis, Róozsa, & Róozsa, 2004; Levinson, 1969, 1970; Martin & Farnum, 2002; Prothmann, Bienert, & Ettrich, 2006; Richeson, 2003; Walsh, Mertin, Verlander, & Pollard, 1995).

☑ 공감 능력 향상

2006년 댈리와 모튼은 155명의 아동에 대하여 공감과의 연계성에 대해서 연구하였다(Daly, Morton, 2006). 연구 결과 첫째, 개나 고양이를 모두 좋아하는 아동이 둘 중 하나만 좋아하는 아동보다 공감능력이 뛰어났다. 둘째, 개와 고양이를 모두 기르는 아동이 개나 고양이 또는 전혀 기르지 않은 아동보다 공감능력이 뛰어났다. 셋째, 자신의 반려동물에 깊은 애정을 느끼는 아동이 그렇지 않은 아동보다 공감능력이 뛰어났다. 이 연구를 통해 공감과 반려동물에 대한 긍정적 태도는 상호 긍정적인 상관관계가 있음을 확인하였다. 넷째, 여자 아동이 남자 아동보다 공감 능력이 뛰어난다. 심리학자인 캐롤린 재웬슬러(Carolyn ZahZahn-Waxler)는 많은 관찰을 통해 반려동물이 반려인과 감정을 교류하려는 현상을 알아냈는데 그녀는 반려인의 가족 구성원이 울거나 슬퍼하거나 고통을 느끼면 반려동물은 반려인 근처를 서성이거나 슬쩍 건드리면서 위로하려 하고, 어떤 때는 괴로워하는 사람의 무릎에 머리를 부드럽게 파고들면서 그를 위로하며 감정을 함께 나누려는 행동을 한다는 사실을 확인했다(윤성호, 2011).

☑ 자아존중감 향상

서울시에서 2015년에서 2016년까지 지역아동센터, 보육원 등에서 동물매개활동 사업을 실시하였는데 참여 아동의 자아존중감이 긍정적으로 변화하는 결과를 얻었다. 동물연구가 알렌은 반려견의 서비스를 받은 장애인 48명과 반려견의 서비스를 받지 않은 장애인 48명을 비교한 실험에서 1년이 지나자 전자는 자부심과 심리적 안정, 수업 출석, 파트타임 작업에서 유익한 개선을 보였으며 반려견의 서비스를 받은 장애인들은 도우미의 이용이 크게 줄었다. 이는 정서적으로 여유가 생기면서 대부분의 일을 스스로 해내기 때문이다(허현회, 2013). 또 다른 연구로 중학생 12명 중 학교 폭력의 희생자인 6명을 대상으로 2011년 9월에서 11월 사이에 동물매개치료를 12회기 진행하였으며 나머지 6명의 소년들은 자유롭게 책을 읽을 수 있도록 하였다(Park, & Kim, 2012). 우울증과 자존감의 척도를 사용하여 분석한 결과, 동물매개치료 프로그램에 참여한 실험 집단이 비교 집단보다 더 중요한 치료 효과를 나타냈으며 치료 효과도 프로그램 종료 후 1개월 동안 지속되는 것으로 확인하였다. 따라서 우울증을 앓고 있거나 학교 폭력으로 자아존중감을 상실한 민감한 청소년은 동물매개치료가 회복 시간을 줄이거나 정서적 안정에 많은 도움을 준다는 것을 알 수 있다.

☑ 마음읽기

신경학자 올리버 색스의 말처럼 자폐증 환자가 개를 키우는 경우 이 개는 그들을 대신해 인간 마음을 읽어 줄 수 있다(이은석, 2005). 자폐증 환자는 다른 사람이 걱정하는 눈썹이 찌푸려진다든가, 겁이 나 목소리가 커진다든가 한다는 것을 이해하지 못하는 반면 개는 그러한 행위 뒤에 숨겨진 인간의 마음을 매우 민감하게 느낀다.

☑ 심리적 안녕

반려견을 기르는 사람들은 반려동물을 기르지 않는 사람들에 비해 심박수와 혈압이 안정됐고, 반려동물이 곁에 있을 때는 스트레스에 훨씬 쉽게 대처한다. 또한 알츠하이머 환자들도 곁에 반려동물이 있는 경우에는 행동이 더욱 차분해지고 상냥해진다(박종윤, 2010).

지그문트 프로이트의 애견 차우차우종 조피는 심리요법 시간에 여러 차례 참여했다. 프로이트는 조피가 환자들의 마음을 진정시키고 안심시키는 역할을 했는데, 특히 나이 어린 환자들의 경우엔 그 효과가 더욱 컸다고 전했다. 훗날 프로이트는 환자들의 정신 상태에 대해 조피가 어떻게 판단을 내리는지 그 자신이 크게 의존했다고 고백했다. 즉 조피가 환자의 스트레스 정도에 따라 각기 다른 거리를 두고 누워 있곤 한다는 점을 십분 활용했다는 것이다(선우미정, 2003).

미국 5개 소아과 병원에서 3~17세 암 환자 106명을 대상으로 동물매개중재가 정신 건강에 미치는 영향을 조사했다(McCulough, Ruehrdanz, Jenkins, Gilmer, Olson, Pawar, Holley, Sierra-Rivera, Linder, Pichette, Grossman, Hellman, Guérin, & O' Haire, 2017). 환자 치료 목적으로 특별히 훈련된 개들을 활용하였다. 소아 환자들은 표준 암 치료 외에 매주 개들의 함께 10~20분 동안 쓰다듬기, 걷기, 말하기 등을 하며 노는 시간을 가졌다. 조사 결과 치료 기간 동안 정기적으로 개를 만난 어린이들은 일반적인 소아 환자들에 비해 건강에 대한 스트레스와 불안감 수준이 훨씬 낮은 것으로 나타났다. 연구자들은 4개월 동안 정기적으로 특수 설문지를 사용해 아이들과 부모들의 스트레스와 불안 수준 및 치료에 참여한 개들이 받는 스트레스도 측정했다. 개와의 접촉은 소아 환자뿐만 아니라 보호자들의 정신 건강에도 긍정적으로 작용했으며 개가 방문한 소아 환자들의 부모의 경우에도 상당한 수준의 스트레스가 감소하였다. 이는 동물매개중재가 가족 모두의 건강이 향상될 수 있는 것을 의미하며 중재에 참여한 개도 스트레스를 받아 나타나는 부작용도 없었다.

요약

Chapter 1: 개의 용도 변화

개는 오랫동안 사냥과 목축, 경비 등의 목적으로 길러져 왔다.

오늘날에는 개의 역할이 더 넓어져서 시각장애인을 안전하게 인도하는 시각장애인 도우미견, 사람들의 건강 회복을 돕는 치료도우미견과 같은 역할을 하는 개들도 있다. 또한 개를 과거처럼 소유물로 보지 않고 그 자체의 관리로써 또는 확대 가족의 일원으로 보는 인식의 변화가 일어나고 있다.

Chapter 2: 인간 질병에 대한 도움 활동

개가 인간 질병에 도움을 줄 수 있을지에 대해 의학계가 주목하면서 그 이유를 찾기 위해서 노력하고 있다.

Chapter 3: 장애에 대한 도움 활동

인간 건강에 대한 동물 동반자의 가치에 대한 인식이 커지면서 장애인 도우미 개의 수요와 역할은 세계적으로 확대되고 있다.

시각장애인 도우미견, 청각도우미견, 신체 장애인을 위한 도우미견들은 주인의 이동성과 독립성을 향상시킨다.

Chapter 4: 동물매개치료

동물매개치료는 특정한 조건을 만족하는 동물이 치료과정에 참여하는 목표 지향적 중재를 의미한다.

찾아보기

이 QR 코드를 스캔하면 『반려견의 이해』의
참고문헌을 열람할 수 있습니다.

저자 약력

김원 Ph. D.

숭실대학교 컴퓨터시스템전공 석사, 박사
원광대학교 동물매개치료전공 석사
동물매개치료전문가
EBS 동물일기 등 자문
현) 대한동물매개협회 회장
현) 전주기전대학 반려동물과 교수

주요 저서:
반려견의 이해
반려견 용어의 이해
반려견 미용의 이해(기초),
동물교감치유의 이해
동물교감치유의 실제와 적용 등

반려견의 이해

초판발행   2019년 3월 2일
중판발행   2024년 4월 5일

지은이   김원
펴낸이   안종만·안상준

기획/마케팅 손준호
제 작   고철민·조영환

펴낸곳   (주) **박영사**
              서울특별시 금천구 가산디지털2로 53, 210호(가산동, 한라시그마밸리)
              등록 1959.3.11. 제300-1959-1호(倫)

전 화   02)733-6771
f a x   02)736-4818
e-mail   pys@pybook.co.kr
homepage   www.pybook.co.kr
ISBN   979-11-303-0735-0 93490

정 가 22,000원